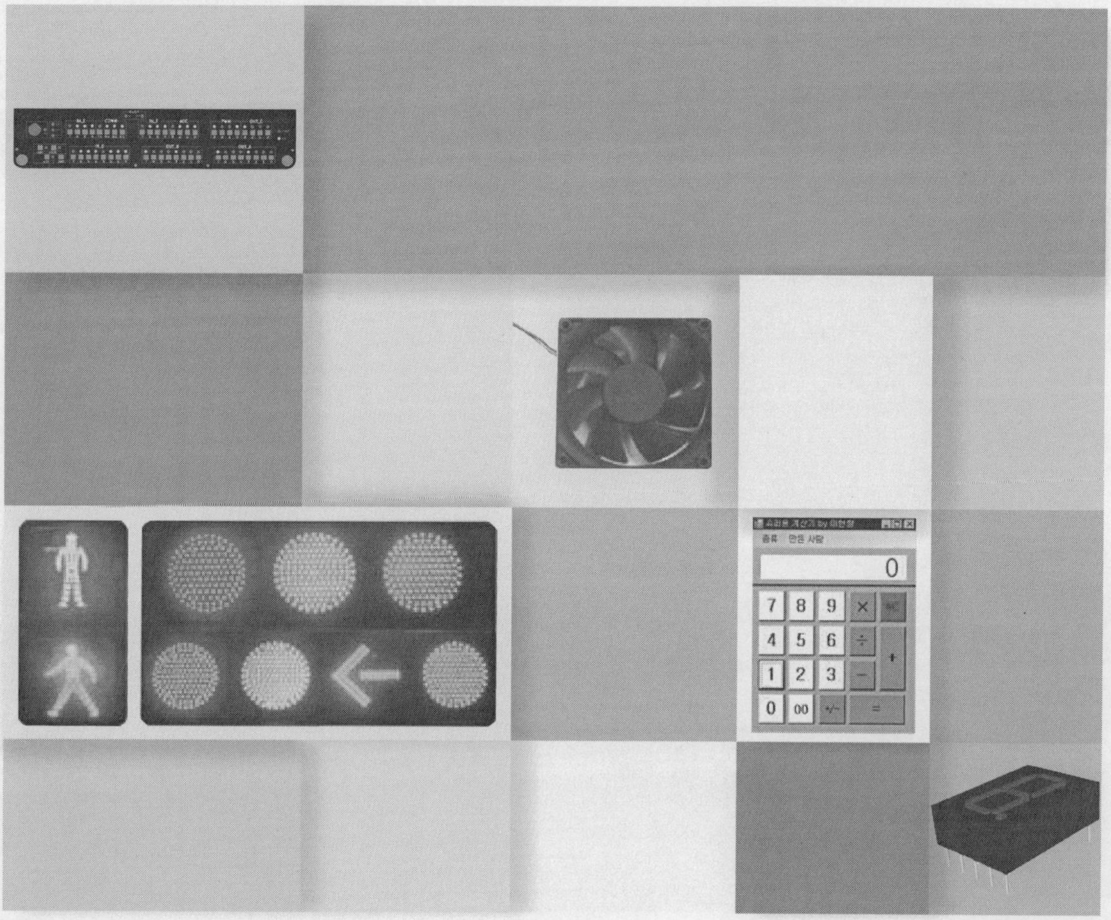

페트라박스와 비주얼 베이직을 이용한

PC기반 사물제어 코딩

이현창 · 강서익 · 차준혁 공저

도서출판 상학당

머리말

최근에 크게 유행하고 있는 아두이노와 라즈베리파이 등의 기기에 힘입어 사물제어 코딩, 사물 인터넷, 코딩기술 등에 관한 관심이 크게 높아지고, 교육기관에서도 이러한 교육을 위해 많은 노력을 기울이고 있다.

아두이노와 라즈베리파이, 특히 간편성 면에서 뛰어난 아두이노로 인해 많은 사람들이 이에 관해 관심을 가지고 있고, 교육기관에서도 이를 교육용으로 활용하기 위한 노력을 기울이고 있다. 마이크로컨트롤러를 활용하는 분야에서 이들 아두이노와 라즈베리파이가 미친 영향은 가히 평가할 만 하다. 그러나 정작 교육기관에서는 이들을 정식 교육용 기기로 활용하기에는 많은 미진한 면이 있어 교육이 시도되다가 도중에 중단되는 등 교육기관에서는 그다지 사용되지 않고 있는 것이 현실이다.

그 가장 큰 원인으로는 아두이노에서 사용되는 각종 용어들이 정통 프로그래밍 언어와 많은 차이가 있기 때문에, 이를 이용해 프로그래밍 교육을 진행하면 사회에 진출해 사용할 때 문제점이 발생하기 때문이다. 이에 따라 교육기관, 특히 대학의 경우 많은 교수님들이 아두이노를 교육용으로 사용하기 위한 시도를 하다 한 학기 정도 지나면 실제 프로그래밍 교육과의 차이점이 노출되면서 교육을 포기하는 사례를 많이 봐왔다.

특히 아두이노나 라즈베리파이는 본래 교육용 기기가 아니라 타 기기의 제어용으로 내장되는 부품의 개념이기 때문에, 교육 과정 중에 학습자의 뜻하지 않은 실수에 의해 기기가 매우 쉽게 파손되며, 교육자 입장에서는 항상 스페어 기기를 다량 준비하지만 이 마저 모두 소진되면 그 이후는 교육이 중단되는 상황까지 벌어지므로 교육을 진행하는 입장에서는 매우 어려운 문제이다. 특히 저자가 보았던 어려운 상황은, 기계공학과나 농과대학 등에서 아두이노를 이용해 기기를 제어하거나 스마트-팜 제어를 진행할 때, 아두이노의 특성 때문에 C-언어를 학습하고 있다는 것이다.

컴퓨터 프로그래밍 언어 중 C-언어는 어셈블리 언어 다음으로 어려운 언어이다. 어렵다는 것은 그만큼 기능이 강력하고 고성능을 발휘할 수 있다는 의미이다. 기계공학과에서 공압, 유압제어나 시퀀스 제어를 위해, 그리고 축산학과에서 현재의 조도를 검출해 조명을 제어하는 용도로는 지나친 언어이다. 기계공학과의 공정제어나 스마트-팜과 같은 용도에는 베이직 언어와 같은 단순하고 간편한 언어가 더 적합하고 학습하기도 훨씬 수월하다. 그러나 아두이노를 활용하기 위해서는 할 수 없이 C-언어를 학습할 수밖에 없기 때문에 전기·전자 계열 전공자들도 버거워하는 C-언어를 기계공학이나 농축산학 전공자들이 학습하고 있는 것이 현실이다.

이 책에서 다루는 페트라박스는 기본적으로 교육용 기기이다. 따라서 학습자의 뜻하지 않은 실수에 의한 파손을 최대한 방지하도록 구성되어 있고, 학습 진행 도중 문제점이 발생했을 때 이를 매우 쉽게 찾아 수정할 수 있다. 특히 제어 분야에서 쉽게 사용할 수 있도록 비주얼 베이직과 같은 매우 쉬운 언어에서도 사용되며 물론 C-언어에서도 사용이 가능하다. 또한 정통 프로그래밍 언어의 개념을 훼손하지 않도록 PC에서 사용되는 언어에서는 모두 사용 가능하도록 구성되어 있고, 프로그램의 실행 또한 PC에서 진행되고 그 결과만 하드웨어적으로 나타나는 기기이다. 페트라박스는 초기 개발 단계에서부터 기계공학과의 공정제어에서 출발하였다. 즉 전기·전자 계열이 아닌 전공에서 기기를 제어하기 위해 필요로 하는 기능과 그들이 쉽게 학습할 수 있는 언어를 기준으로 제작된 것이다. 앞으로도 페트라박스를 활용한 다양한 응용에 대한 교재를 꾸준히 개발할 예정이다.

또한 페트라박스는 PC에서 실행되는 언어에서 모두 사용 가능하기 때문에, 만약 PC에 리눅스와 같은 운영체재를 사용하면 리눅스의 인터넷 서버의 특징과 연결되어 인터넷을 통한 사물 제어인 IoT(Internet of Things)까지 간단히 가능해지는 특징이 있다.

이 책의 집필을 마무리하다 보니 미진한 점이 이만저만이 아니지만, 일단 빨리 여러분들의 실력향상에 조금이나마 도움이 되기를 간절히 희망하면서 출간을 서둘렀다. 이 책의 지면 관계상 비주얼 베이직의 배열변수 활용 부분과 페트라박스의 통신기능 등을 미처 다루지 못해 아쉬운 면이 있다. 이에 관한 내용은 다른 참고문헌을 참조하기 바라며, 이 책이 완성되기까지 큰 도움을 주신 도서출판 상학당의 남승우 대표님과 신송시스템의 신승철 사장님께 감사의 말씀을 올립니다. 또한 모든 방면에서 물심양면으로 지원을 아끼지 않으신 하나님 아버지께 감사의 말씀을 올립니다.

저자 올림

차 례

Chapter 01

서 론

1장에서는 비주얼 베이직의 특징을 간단히 소개하고, 여러 버전들과 윈도우 OS에서 선택해야 하는 종류들에 관해 소개한다. 또한 이 책에서 사용할 실습용 하드웨어 키트 페트라 시리즈에 관해 간단히 소개한다.

1-1 비주얼 베이직

필자가 다루는 저서와 강의에서 항상 강조하는 것은 '용어'이다. 이러한 용어를 한꺼번에 모두 나열하면 체계적이기는 하지만 초보자에게는 너무나 혼란스럽다. 따라서 내용이 진행되면서 필요할 때 마다 하나씩 소개하고, 그 용어에 익숙해 진 후 다음 용어가 나타나는 것이 바람직하다.

일부 교재에서는 처음부터 전문 용어들을 마구 사용하는데, 이 용어들이 저자와 전문가의 입장에서는 당연하고 자연스러운 말들이겠지만, 초보자에게는 굉장한 혼란을 야기한다. 필자가 다른 교재를 처음 접했을 때 "이 프로젝트 내의 인스턴스가 ... 그 메써드는 ... 따라서 아카이브가 ....그러므로 그 핸들러는 ..."이라는 식으로 적힌 문장을 읽으면 무엇을 말하고 있는지 도무지 이해할 수 없었다. 마치 운전을 처음 배우는 사람에게 한꺼번에 '이럴 때는 미등을 켜라', '이럴 때는 깜빡이를 켜라', '이럴 때는 에어컨을 켜서 서리를 제거해라' 등등을 한꺼번에 요구하면 정신이 없어 아무 것도 할 수 없다. 처음에는 오로지 차량을 가속하고 정지하고 핸들을 돌리는 기본 사항에만 몰두하고, 이 것이 어느 정도 익숙해지면 그 때 비로소 방향을 회전하기 전에 깜빡이를 켜는 것에 신경 쓰도록 하며, 이것이 또 익숙해지면 다음 것을 가르치도록 해야 한다.

1) 객체지향 언어(Object-Oriented Language)

객체지향 언어는 일반적인 프로그래밍 언어 구성법과 상당히 다른 개념을 지니고 있다.

(1) 객체지향의 개념

객체지향 언어는 어떤 사물(객체)을 중심으로 그 사물이 행해야 할 일을 정의하는 방식으로 작성하는 언어이다. [그림 1-1]은 우리가 인터넷을 이용하다보면 회원 가입 등에서 자주 접하는 입력양식 화면의 예로서, 이러한 입력양식은 이를 구성하는 여러 객체들이 사용되고 있다.

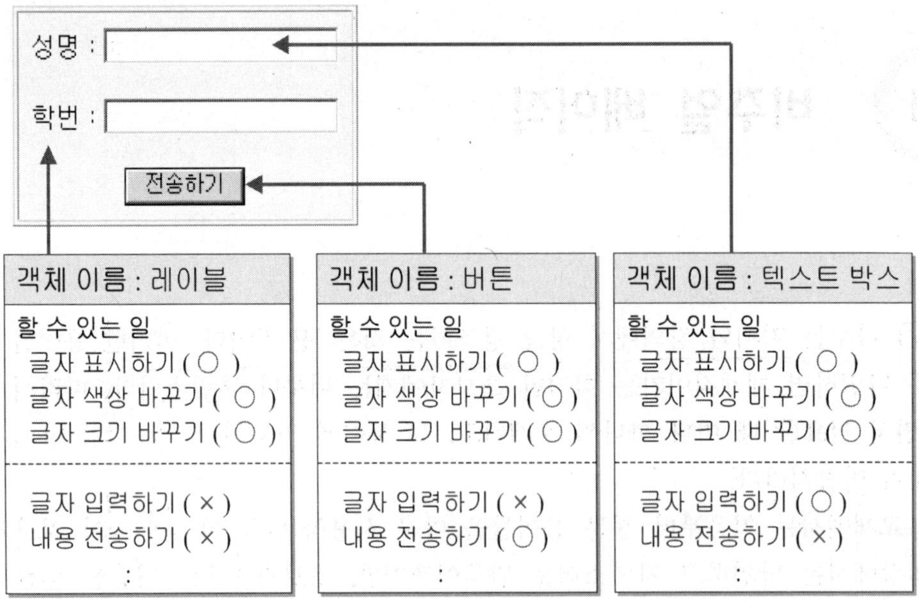

[그림 1-1] 객체들의 예

[그림 1-1]의 입력양식을 구성하고 있는 객체를 살펴보면, "성명:", "학번:"이라는 안내 글자를 표시하고 있는 레이블(Label)이라는 객체, 성명과 학번 같은 글자들을 입력받을 수 있는 텍스트 박스 객체, 그리고 "전송하기"라 표시된 버튼(Button) 객체들이 나열되어 있다. 이들 3가지 객체들의 특징을 살펴보면 각자 할 수 있는 일과 할 수 없는 일을 구분할 수 있는데, 레이블 객체의 경우 본래부터 글자를 표시할 수 있고, 글자의 색상이나 크기도 변경할 수 있을 것이다. 그에 비해 레이블에는 글자를 입력하는 일은 할 수 없다. 또한 이를 통해 어떤 내용을 전달하는 일도 불가능하다.

한편 버튼 객체의 경우 버튼 내부에 글자를 표시할 수 있고, 글자의 색상과 크기도 변경할 수 있다. 그런데 이 버튼에 어떤 글자를 입력하는 것은 불가능하다. 그러나 이 버튼을 누르면 위의 텍스트 박스에 입력했던 내용들을 전송하는 일을 할 수 있다.

글자를 입력받는 텍스트 박스의 경우에도 텍스트 박스 내부에 글자를 표시할 수 있고, 글자의 색상이나 크기도 변경할 수 있다. 또한 당연하지만 글자를 입력받을 수도 있다. 그러나 텍스트 박스의 역할은 글자를 입력받는 것뿐이고, 이 박스 자체가 내용을 전송하는 일은 할 수 없다. 내용을 전송하는 것은 아래에 위치한 버튼 컨트롤이 하는 일이다.

이상의 객체 예에서 살펴본 바와 같이 각 객체들은 각자 할 수 있는 일이 있고 할 수 없는 일이 있다. 이와 같이 각 객체마다 그 객체들이 할 수 있는 일을 만들어가는 방식으로 프로그램을 구성해 나가는 것을 객체지향 언어라 한다. 즉 일단 객체를 구성하고 그 객체에서 해야 할 일을 나열해 가는 방법으로 프로그램을 구성하는데, 이것이 정확히 어떤 것을 의미하는지는 아직 아리송하겠지만, 이후 비주얼 베이직을 학습해 보면 아주 쉽고 명확히 이의 의미를 알 수 있을 것이다.

(2) 객체지향 언어의 종류

컴퓨터에게 일을 시키기 위해 프로그램을 구성할 때 용도에 맞는 언어를 선택해 사용할 수 있다. 이들 중 C-언어나 베이직(BASiC), 포트란(FORTRAN), 코볼(COBOL), 파스칼(PASCAL) 등은 객체지향의 개념이 구현되어 있지 않은 일반 프로그래밍 언어들이다. 이에 비해 객체지향의 개념으로 프로그램을 구성할 수 있는 것으로는 대표적으로 C++언어를 들 수 있고, 비주얼 베이직과 비주얼 C++ 등도 객체지향의 개념으로 구성된 언어들이다.

특히 최근에는 컴퓨터 전체를 제어하고 다른 프로그램들이 원활히 실행될 수 있는 환경을 제공해 주는 OS(operating system)가 윈도우로 전환되었으며, 윈도우 환경에서는 객체지향 개념을 이용해 프로그램을 구성할 경우 일반 프로그래밍 언어에 비해 훨씬 간결한 내용으로 구성이 가능하다.

이 책에서는 이러한 여러 객체지향 언어 중 학습하기 쉽고 개념이 단순한 비주얼 베이직을 이용해 윈도우에서 실행되는 각종 프로그램, 특히 하드웨어를 제어하기 위한 프로그램을 제작하려 한다.

2) 비주얼 언어란?

(1) 비주얼 언어의 의미

비주얼(Visual) 언어란 기존의 고전적인 프로그래밍 언어와 달리 그림과 같은 형태로 구성하는 언어를 가리킨다. 윈도우용 프로그램은 대부분 글자를 입력하거나 출력하는 창이나 버튼, 메뉴 등을 이용해 구성되는데, 이러한 화면구성을 마우스를 이용해 그림을 그리듯이 배열하는 것이다. 물론 이 때 각 객체들이 해야 할 일을 기록하는 것은 텍스트로 입력해야 하지만, 기존의 언어에 비해서는 훨씬 흥미롭고 직관적으로 프로그램을 구성할 수 있다.

윈도우에서 가장 많이 사용되는 비주얼 언어는 비주얼 베이직과 비주얼 C++ 등이 있으며, 이들이 모두 함께 포함된 프로그래밍 도구 세트를 비주얼 스튜디오라 한다. 즉, 마이크로소프트 오피스라는 패키지를 구입하면 그 안에 마이크로소프트 액셀, 파워포인트, MS-워드, 액세스 프로그램들이 포함되어 있는 것처럼, 비주얼 스튜디오 안에 비주얼 베이직, 비주얼 C++, 비주얼 C# 등의 프로그래밍 도구들이 포함되어 있다.

(2) 비주얼 베이직의 선택 이유

이 책에서는 비주얼 베이직을 이용해 하드웨어 제어를 학습하는데, 비주얼 베이직을 선택하는 이유에 관해 간단히 살펴보고자 한다.

① 비주얼 베이직은 개념이 쉽다

비주얼 베이직은 다른 언어에 비해 개념이 쉽다. 예를 들어 많이 사용되는 C-언어의 경우 학습자가 가장 어려움을 겪는 부분이 '포인터(Pointer)'라는 개념이다. 베이직 언어는 이러한 어려운 개념이 없다. 사실 포인터의 개념은 매우 고기능의 미세한 제어를 하기에 적합한 것이므로 베이직 언어는 이러한 고기능, 미세 제어에는 부적합할 수도 있다. 그러나 이 책은 하드웨어 제어가 목적이므로 C-언어와 같은 고기능이 필요 없기 때문에 굳이 개념이 어려운 C-언어를 사용하지 않아도 충분하다.

② 하드웨어 제어용으로 적합하다

필자가 주변에서 본 여러 가지 경험 중 기계공학과의 경우 공압제어나 공정제어, 로봇제어 등을 위해 컴퓨터를 활용한 하드웨어 제어기술이 필요한데, 이 제어들은 센서를 입력받고 그에 따라 판단해 하드웨어 제어신호를 출력하는 비교적 단순한 기능들이다. 이를 위해 고성능이나 고기능이 필요한 것은 아니며, 전체적인 시퀀스 제어에 중심을 두고 있기 때문에 굳이 어려운 C-언어를 이용해 제어할 필요는 없는 것이다.

또한 다른 예로는 축산학과에서 현재의 외부 밝기를 감지에 그에 상응하는 조명을 제어하는 등 소위 말하는 '스마트-팜' 제어를 할 때 굳이 C-언어를 학습해 사용할 필요는 없다. C-언어는 우리가 PC에서 사용하는 일반적인 프로그램, 예를 들어 한글이나 액셀, 게임 프로그램 등을 제작할 때 탁월한 능력을 발휘한다. 그러나 일반적인 제어는 이와 같은 고성능이 전혀 필요치 않기 때문에 제어를 위해 C-언어를 학습한다는 것은 과잉학습에 해당한다 할 수 있다.

③ 윈도우용 프로그램을 쉽게 만들 수 있다

현재의 PC는 대부분 윈도우 운영체제를 사용하고 있다. 따라서 프로그램을 구성하려면 이러한 윈도우에서 가동될 수 있는 프로그램을 구성해야 하는데, 윈도우 프로그램은 사용자 입장에서는 매우 쉽게 사용이 가능하지만, 프로그램의 작성자 입장에서는 만들기 매우 어렵다는 특징을 가지고 있다. 예를 들어 매우 간단한 프로그램을 작성한다 할지라도 윈도우용이라면 기본으로 메뉴가 나타나야 사용자 입장에서는 모든 윈도우 프로그램에서의 공통점을 유지할 수 있기 때문에, 프로그램을 작성하는 입장에서는 이러한 메뉴를 모두 구성해야만 하는 의무를 가지게 되는 것이다. 만약 프로그램 작성자가 자기 마음에 드는 형태로 프로그램을 마음대로 쉽게 구성하면 다른 윈도우 프로그램과 형태나 구성이 다르기 때문에 사용자에게는 매우 생소하고 불편한 프로그램이 되는 것이다. 따라서 일반적으로 윈도우용 프로그램을 구성한다는 것은 어렵고 힘든 일로 구분되는 것이지만, 비주얼 베이직을 이용하면 윈도우용 프로그램을 매우 쉽게 작성할 수 있다.

3) 비주얼 베이직의 종류

비주얼 베이직은 다양한 버전이 있으나, 필자의 경험에 의하면 비주얼 베이직 6.0 이전의 버전들과 그 이후의 버전들[이를 닷넷(.net)이라 한다]로 분류할 수 있다.

(1) 비주얼 베이직 6.0과 그 이전

비주얼 베이직 6.0과 그 이전 버전들에서는 비록 구 버전이라 할지라도 본 서를 진행하는데 큰 문제는 없다. 새로운 버전에 비해 오히려 편리한 부분도 있고 불편한 부분도 있지만 초보자 입장에서는 혼란만 가중되므로 굳이 여기서 논하지는 않는다. (참고 : Active-X 컨트롤의 사용이 가능, 구형 데이터베이스 기능과의 호환 가능, 컨트롤 배열의 사용 가능 등) 그러나 아무래도 구형 프로그램이므로 우선 편집화면에서 마우스의 휠을 지원하지 않는 점이 가장 불편하다.

(2) 비주얼 베이직 닷넷

비주얼 베이직 6.0 이후부터는 닷넷(.net) 환경이라는 것으로 변경되었으며, 비주얼 베이직 2005, 2008, 2010, 2012 등과 그 이후 버전들이 이에 속한다. 이들은 아무래도 최신 환경에서 실행될 수 있도록 개발된 것이므로 언어의 기능이 많이 향상되었지만, 본서를 진행하는데 있어서는 비주얼 베이직 6.0이나 큰 차이가 없다. 본서에서는 비주얼 베이직 2012를 기준으로 내용을 진행하며, 이는 비주얼 베이직 6.0과는 메뉴 구성 등에서 약간의 차이가 있을 뿐이다.

(3) 사용 윈도우 버전

① 윈도우 XP 이하

필자의 경험으로는 윈도우 XP 이하에서는 비주얼 베이직 6.0이 큰 무리 없이 사용가능하다. 비주얼 베이직 2008의 경우 윈도우 XP에서 실행된다. 비주얼 베이직 2010은 윈도우 XP-SP3 이상에서 사용가능하다. 비주얼 베이직 2012 이후부터는 윈도우 XP에서 사용할 수 없다.

② **윈도우-7 이상**

윈도우-7에서는 비주얼 베이직 6.0의 경우 실행에 다소 문제가 있으므로 가급적 비주얼 베이직 2008 이후를 사용하도록 권장한다.

③ **윈도우-10**

윈도우-10에서는 비주얼 베이직 2008의 경우 윈도우로부터 제공받아야 하는 라이브러리 파일 등의 서비스가 존재하지 않아 설치 시 별도의 파일을 인터넷을 통해 더 다운로드 받아야 하므로 실행이 가능하기는 하나 설치가 불편하다. 이에 비해 비주얼 베이직 2010 이후부터는 윈도우-10에서 무리 없이 설치되고 실행된다.

이상의 사항들을 정리하면 〈표 1-1〉과 같다.

〈표 1-1〉 윈도우와 비주얼 베이직의 버전 관계

윈도우 버전	권장 비주얼 베이직 버전	사용 가능
윈도우 98 이전	비주얼 베이직 6.0	
윈도우-XP	비주얼 베이직 6.0, 2005, 2008, 2010	※ 2010은 SP3부터 가능
윈도우-7	비주얼 베이직 2008, 2010, 2012	2013, 2015, 2017, 2019
윈도우-10	비주얼 베이직 2010, 2012	2013, 2015, 2017, 2019

비주얼 베이직 2013 버전은 한글화가 되어 있지 않고, 2013 이후 버전들부터는 우리의 학습에 필요치 않은 커뮤니티라는 기능으로 인해 용량이 엄청나게 커 그다지 권장하지 않는다. 그러나 이미 최신 버전으로 설치되어 있는 경우에는 그대로 사용해도 무방하다.

4) 비주얼 베이직의 설치

이 책에서 사용할 비주얼 베이직은 버전에 따라 기능이 다르지 않은 기본적인 기능만을 사용하므로 버전에 무관하다. 따라서 이미 다른 버전의 비주얼 베이직을 가지고 있거나 설치되어 있다면 그대로 사용하면 된다. 이 책에서는 윈도우 7 이상의 환경에서 모두 실행되는 비주얼 베이직 2012를 기준으로 설명을 진행하며, 비주얼 베이직 2005, 2008, 2010, 그리고 그 이후 버전과는 거의 차이가 없다.

비주얼 베이직 2005, 2008, 2010, 2012 등은 다운로더 프로그램을 다운 받은 후 이 프로그램을 실행하면 인터넷을 통해 실제 비주얼 베이직이 설치되도록 구성되어 있다. 또는 마이크로소프트 홈-페이지에 접속하면 비주얼 계열 언어들은 모두 무료로 개방되어 있으므로 다운받아 설치 후 사용한다.

(1) 비주얼 베이직 2005 이후 버전

① 비주얼 베이직 라이센스

비주얼 베이직 2005 이후의 버전들은 모두 마이크로소프트에서 무상으로 배포하고 있으므로 이를 다운로드 받아 사용하면 이후에 프로그램 재설치 과정에서도 인터넷을 통해 설치하지 않고 CD나 파일을 통해 직접 설치가 가능하다. 특히 학교나 개인이 사용하는 경우에는 라이센스 제약이 없다.

비주얼 베이직 2005 이후의 버전에는 익스프레스(Express) 버전을 이용한다. 이는 교육용이라 생각할 수 있으며, 기능이 축소되어 있지만 이 책을 진행하는데는 전혀 지장이 없다.

[그림 1-2] 비주얼 베이직 다운로더

② 다운로더 프로그램에 의한 설치

비주얼 베이직 2005 이후의 버전들은 인터넷을 통해 다운로드 받을 수 있다. 인터넷에서 검색하면 다양한 버전의 비주얼 베이직 다운로더를 입수할 수 있으며, 굳이 비주얼 베이직 2012가 아니더라도 관계없으므로 바이러스나 악성코드의 위험이 없는 안전한 사이트[예를 들어 마이크로소프트, 페트라박스 폼-페이지(www.SS-OMG.co.kr) 등]에서 다운로더를 다운 받는다.

또는 비주얼 베이직과 비주얼 C++ 두 가지 모두 필요한 경우에는 비주얼 스튜디오를 다운받아 설치한다. 단, 2010 이후 버전은 설치 후 사용하다 등록이 필요하다는 경고가 나타나지만 사용에는 큰 지장이 없고, 마이크로소프트사에 등록하면 무상으로 등록키를 보내주므로 이를 이용해 정품으로 등록할 수 있다.

비주얼 스튜디오 2012 이후는 비주얼 베이직과 비주얼 C++등이 구분되지 않고 한꺼번에 설치된다.

③ 설 치

다운로더를 실행하면 [그림 1-3]과 같이 설치시작 화면이 나타나며, 이 때 "설치 환경 개선 프로그램"은 체크를 해제하는 편이 좋다.

비주얼 스튜디오 2012 이후부터는 이 과정 없이 설치된다.

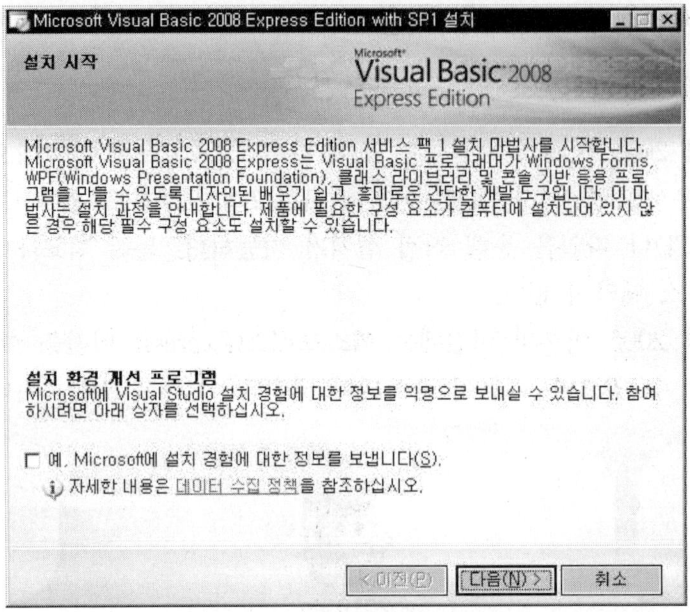

(a) 비주얼 베이직 2008

(b) 비주얼 베이직 2010

[그림 1-3] 초기 설치화면

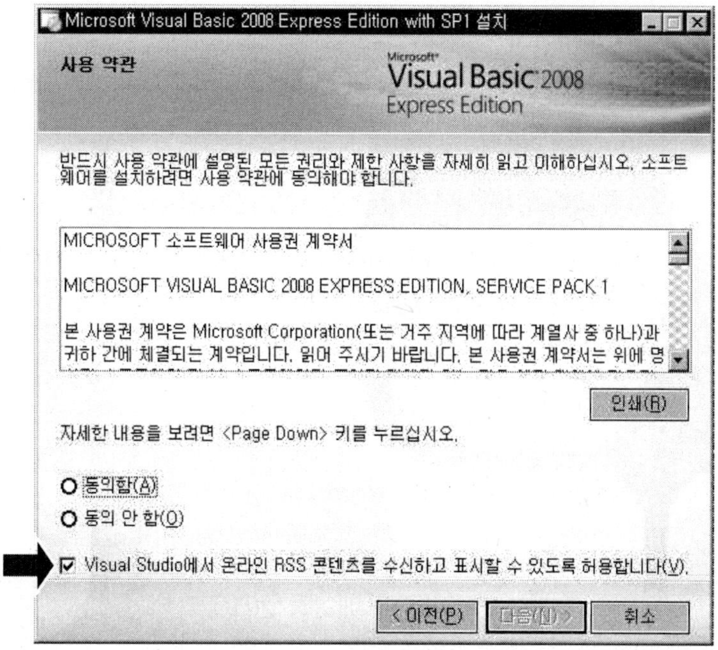

[그림 1-4] 옵션 해제 사항

소프트웨어의 부하를 줄이기 위해 [그림 1-3] (a)와 (b)의 체크들은 해제한다. 이후 설치를 진행하면 약관에 동의하는 과정을 거친 후 [그림 1-5]와 같은 설치 옵션이 나타나는데, 현재 이 책에서는 이러한 고급 기능은 필요 없으므로 다운로드 용량을 줄이기 위해 모든 체크를 해제하고 진행한다.

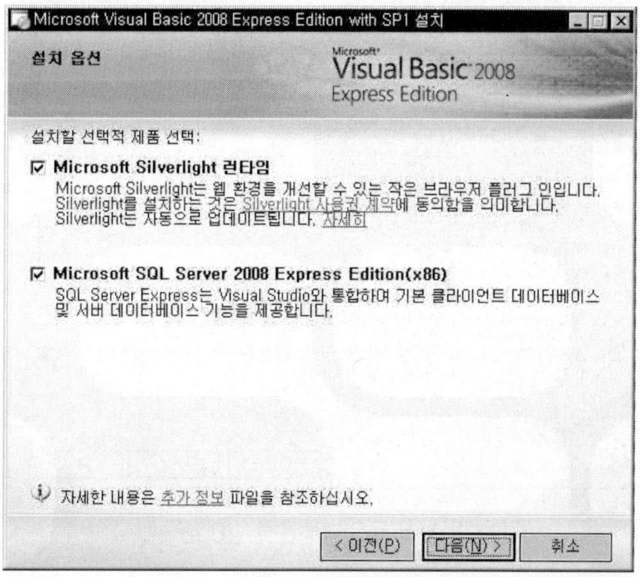

(a) 비주얼 베이직 2008

(b) 비주얼 베이직 2010

[그림 1-5] 설치옵션 화면 - 아무것도 선택하지 않는다

모든 절차를 종료하면 [그림 1-6]과 같은 진행과정이 표시되면서 비주얼 베이직의 다운로드와 설치가 시작된다.

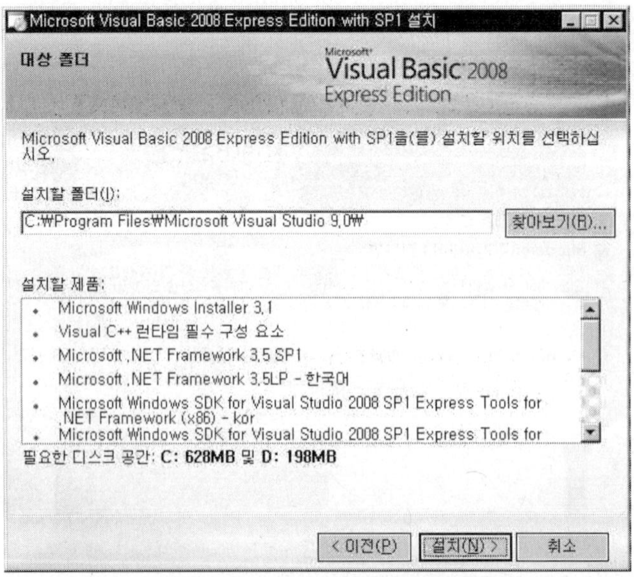

(a) 비주얼 베이직 2008

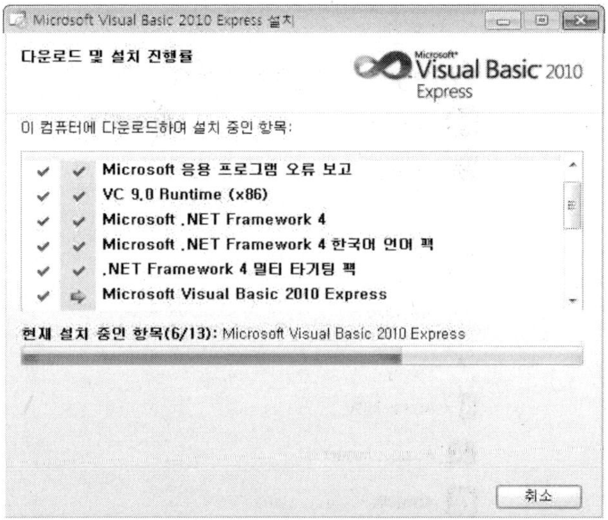

(b) 비주얼 베이직 2010

[그림 1-6] 설치 진행과정

윈도우 버전에 따라서는 윈도우를 다시 시작하는 경우가 있으며, 모든 설치가 완료되면 윈도우의 시작 단추를 누르면 [그림 1-7]과 같이 설치되었음을 확인할 수 있다. 앞으로는 이를 이용해 비주얼 베이직을 시작한다.

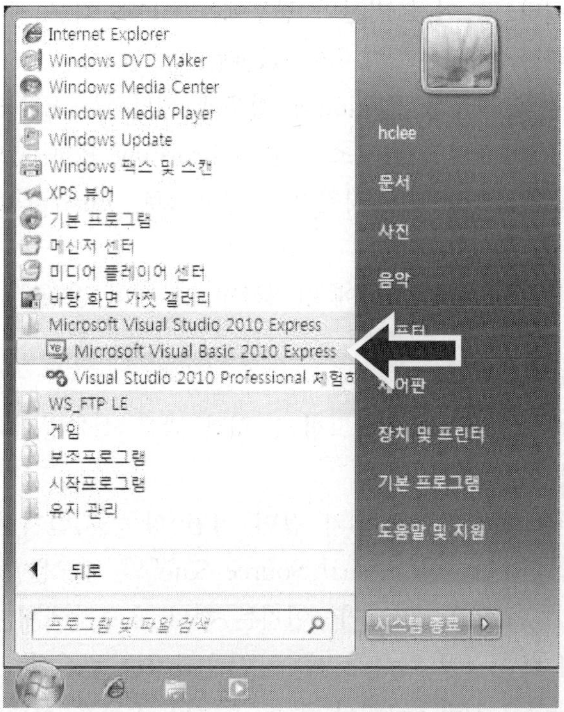

(a) 윈도우 7, 비주얼베이직 2010

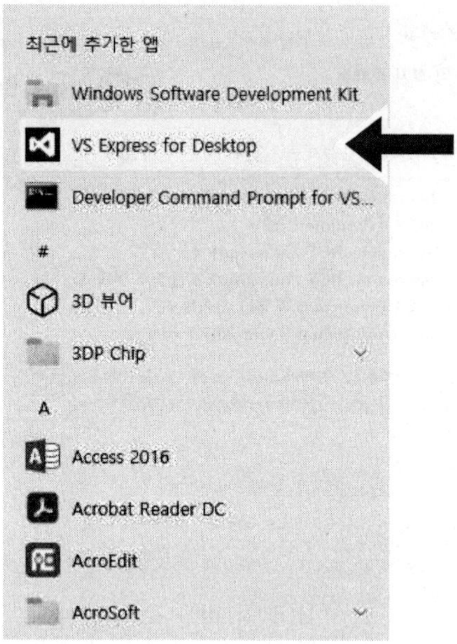

(b) 윈도우 10, 비주얼 스튜디오 2012

[그림 1-7] 설치 완료된 화면

(2) 비주얼 베이직 6.0

비주얼 베이직 6.0이나 그 이전 버전의 경우에는 CD와 같은 매체로 구성되어 있으므로 이를 이용해 설치한다. 버전은 2가지가 있는데, 학습용으로 사용하는, 즉 체험판 정도의 기능만 가지고 있는 Learning Edition과 정품에 해당하는 Enterprise Edition이 있다. 본 서에서 다루는 비주얼 베이직의 기초 부분은 Learning Edition으로도 무방하나, 하드웨어 제어는 Learning Edition에서 지원하지 않으므로, Enterprise Edition을 사용해야 한다.

비주얼 베이직의 설치 중 다음 사항에 유의하면 이 책의 진행에 있어 더 편리하다.

① 설치 방법의 선택

비주얼 베이직 6.0의 설치과정 중 [그림 1-8]과 같은 설치방법 선택화면이 나타나며, 이 중 "사용자 정의"를 선택한다.

사용자 정의를 선택하면 [그림 1-9]와 같이 어떤 항목을 설치할 것인지 선택하는 화면이 나타나며, 이 중 "Microsoft Visual Source Safe"의 체크를 해제한다. 이는 프로그램 구성 중 사용자에게 도움을 주는 기능이기는 하나 초보자에게는 오히려 더 혼란스러우므로 나중에 비주얼 베이직에 익숙해 진 후 사용하기를 권장한다.

이후 설치가 진행되면 [그림 1-10]과 같은 서버의 종류를 선택하는 화면이 나타나는데, 우리의 경우 이러한 서버 기능을 활용하지 않으므로, 학습 초기의 부담을 최소화하기 위해 아무 것도 선택하지 않고 진행한다.

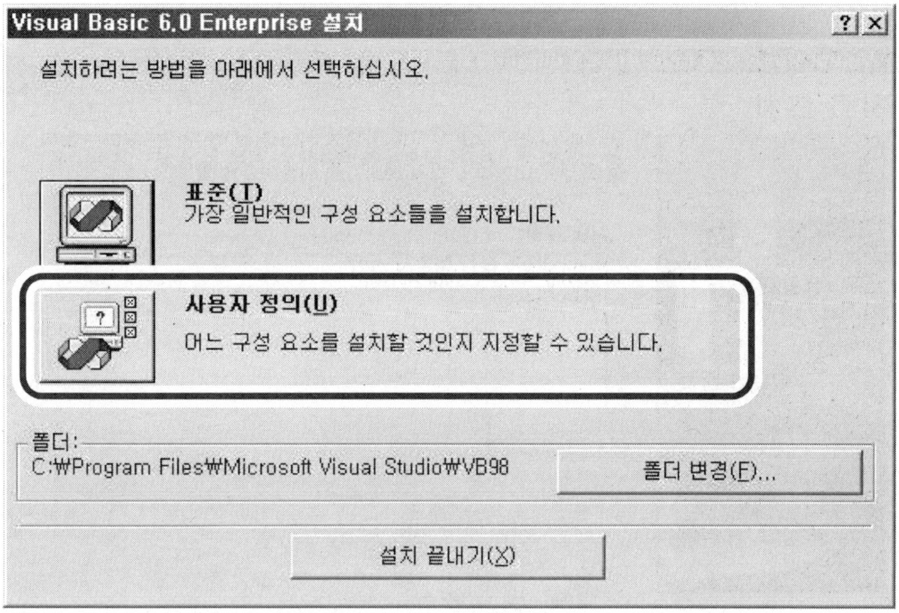

[그림 1-8] 설치방법의 선택

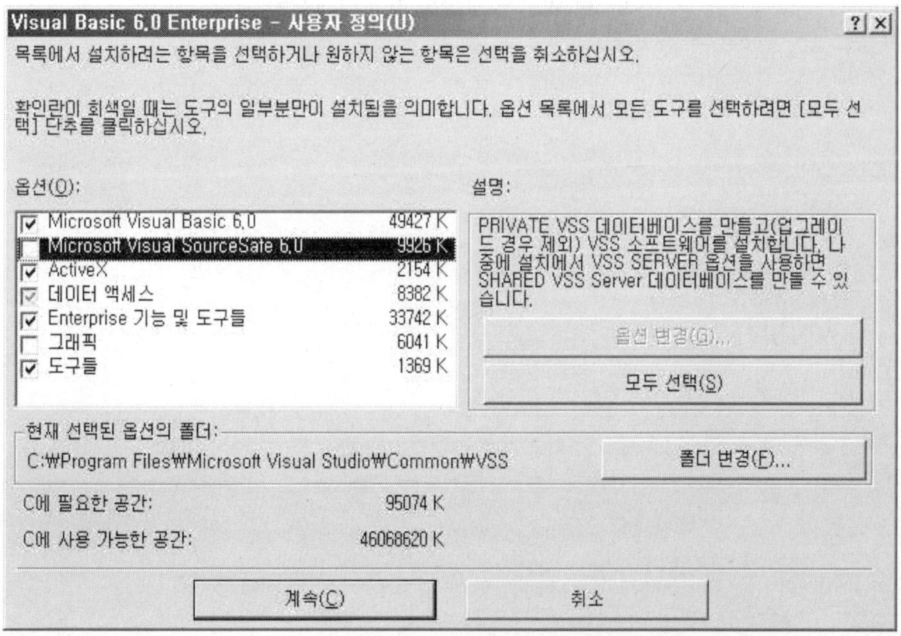

[그림 1-9] 설치 항목의 선택

모든 설치과정이 완료되면 최종적으로 MSDN을 설치할 것인지와 등록을 하라는 화면이 나타나는데, 비주얼 베이직 6.0은 구버전이므로 더 이상 모든 서비스가 제공되지 않아 학습 시 오히려 방해가 될 수 있으므로 아무 것도 선택하지 않는다.

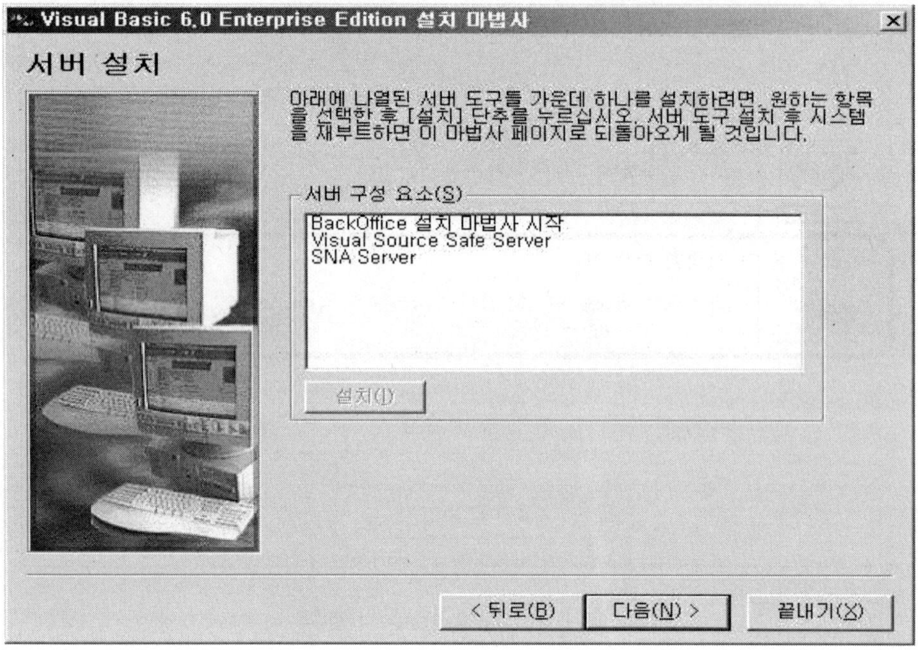

[그림 1-10] 서버 설치의 선택

1-2 페트라 시리즈

1) 페트라 시리즈와 다른 실습 기기들과의 차이

페트라 시리즈의 이해를 돕기 위해, 그리고 상식적인 지식의 습득을 위해 최근 유행하는 아두이노와 라즈베리파이에 관해 간단히 살펴본다.

(a) 아두이노 (b) 라즈베리파이

[그림 1-11] 다른 실습 기기의 예

(1) 아두이노(Arduino)

최근 유행하고 있는 [그림 1-11] (a)와 같은 아두이노 시리즈는 본래 다른 기기를 제어하는 부속품용으로 개발된 기기이다. 예를 들어 간단한 LED 조명기구나 장난감 로봇 등을 제작하고, 이를 제어하기 위해 컴퓨터 보드가 필요한 경우에 사용하는 기기이다. [그림 1-11] (a)의 우측 아래쪽에 28핀의 IC가 보이는데, 이것이 제어용 마이크로컨트롤러, 즉 컴퓨터 역할을 담당하는 소자이고, 기판의 위, 아래로 커넥터들이 나열되어 이곳을 통해 제어출력이나 입력신호를 주고받을 수 있다. 제어는 약 20개 비트, 즉 제어 대상을 20개 까지 접속 가능하다.

프로그램을 구성하는 방법은, PC에서 '스케치'라는 프로그램을 이용해 아두이노에 대한 프로그램을 구성하는데, 기본적인 문법은 C-언어이다. 이 프로그램에서는 아두이노를 제어하기 위한 기본적인 라이브러리를 제공하기 때문에 비교적 간단히 프로그램을 작성할 수 있다. 모든 프로그램이 구성되면 컴파일 과정을 통해 실행파일이 생성되는데, 이는 아두이노에 장착된 마이크로컨트롤러 ATmega168(또는 328)이 알아듣는 언어이다. 따라서 PC에서 실행되는 것은 아니고, USB를 통해 이 프로그램을 아두이노로 이송시키면 아두이노의 마이크로컨트롤러 내부에 프로그램이 기록되고, 이후 이 마이크로컨트롤러가 동작해 그 결과를 얻어낸다. 따라서 PC는 아두이노의 마이크로컨트롤러에서 실행될 프로그램을 작성하는 일종의 "도구" 역할이고, 프로그램의 실행은 아두이노에서 진행된다.

(2) 라즈베리파이(Raspberry-Pi)

라즈베리파이 또한 다른 기기를 제어하는 부속품용으로 개발된 기기이지만, 아두이노에 비해 더 고성능이 필요할 때 사용된다. 예를 들어 어떤 기기를 제작하고 이 기기가 인터넷까지 연결되어야 할 때, 아두이노에 인터넷 기능을 넣는 것은 거의 불가능하므로 이 때 라즈베리파이를 사용하면 인터넷은 기본으로 구성되어 있고, 터치스크린이나 USB도 부착할 수 있으며, SSD를 부착해 하드디스크의 용도로 사용하고, HDMI를 통해 모니터도 부착 가능하다. 즉 아두이노에 비해 훨씬 고성능 기기를 구성할 때 적용할 수 있는 기기이다. 라즈베리파이는 자체적으로 리눅스를 내장하고 있으므로 별도의 PC없이 직접 가동되는 초소형 컴퓨터라 할 수 있다. 따라서 프로그램 작업도 라즈베리파이에서 진행하는데, 기본적으로 리눅스를 사용하므로 리눅스에 내장된 언어는 모두 사용할 수 있다. gcc, C++, 자바를 비롯해 최근에 자주 사용되고 있는 파이썬(Python) 등을 모두 사용할 수 있다. 즉 라즈베리파이 자체에서 프로그램을 구성하고 실행한다.

(3) 페트라(Petra) 시리즈

이상에서 살펴본 바와 같이 아두이노는 간단한 내장형 제어기이고, 라즈베리파이는 고성능, 네트워크 기능을 가진 내장형 제어기라 할 수 있다. 두 기기의 가장 큰 특징은 기기 자체에 프로그램을 내장하므로 전기만 투입되면 기기 스스로 가동될 수 있는 것으로서, 다른 기기에 내장해 그 기기를 제어하는 용도라는 것이다. 이에 비해 페트라 시리즈는 PC에서 프로그램이 실행되고 그 결과가 하드웨어로 나타나는 기기이다. 즉 페트라 시리즈는 반드시 PC와 접속되고 PC에 의해 실행되는 기기이며, 모니터나 키보드와 같이 일종의 PC 주변부품으로 간주할 수 있다.

키보드는 인간의 손가락 움직임을 이용해 데이터를 입력받는 역할을 담당하고, 모니터는 인간의 눈을 통해 데이터를 보여주는 역할을 담당하듯이 페트라 시리즈는 PC 프로그램의 실행결과가 하드웨어로 나타나도록 하는 기기이다. 이는 아두이노나 라즈베리파이와 같이 PC 독립적인 기기에 비해 불편할 듯 보이지만, 나름 강점을 지니고 있다. 일단 PC에서 실행되는 언어는 어떤 것이든 이 기기를 통해 하드웨어 인터페이스가 가능하므로 정통 언어의 틀을 깨지 않는다는 것이다. 예를 들어 아두이노의 경우 아두이노 프로그래밍 전용 프로그램을 사용하기 때문에 이를 이용해 프로그래밍을 학습하고 나면 실재 사회에 진출해서는 이 프로그램에서 사용되던 용어나 라이브러리를 활용할 수 없다. 즉 언어의 기본적 사항인 "프로젝트"의 개념마저도 익힐 수 없다는 것이다.

페트라 시리즈의 또 다른 장점으로는 프로그램의 진행 상태 등을 PC의 모니터를 통해 표시할 수 있다는 것이다. 예를 들어 PC를 이용해 원격으로 어떤 기기를 제어하고 있다면, 그 제어 상태와 기기의 상태 등이 모두 PC의 화면에 표시될 수 있다. 또한 대량의 데이터를 장시간 수집하는 장치의 경우 PC에 모든 내용을 파일로 저장할 수 있는 등 PC에서 가지는 장점을 모두 지닐 수 있다. 물론 아두이노나 라즈베리파이를 이용해 이러한 기능을 구현할 수 있지만 기기에서 전송되는 데이터를 수신하는 하드웨어 등을 PC에 설치하고, 접수 프로그램도 구성해야 하는 등 전체적인 구성이 상당히 복잡해질 수밖에 없다. 이에 비해 페트라 시리즈는 PC에서 작성한 프로그램 자체가 기기를 제어하고, 그 중에 획득되는 데이터는 자체적으로 저장하는 등 PC와 연동되는 경우의 매우 편리한 장점을 지니고 있다.

또 다른 장점으로는 프로그램의 디버깅이다. 아두이노의 경우 PC에서 프로그램을 작성하고 컴파일 한 후 이를 아두이노로 옮겨 실행하면 그때 비로소 그 결과를 알 수 있다. 더구나 하드웨어적으로만 결과를 확인할 수 있고, 내부의 변수 상태 등은 확인하기 매우 어렵다. 이에 비해 페트라 시리즈는 PC에서 곧바로 실행하므로 변수의 내용을 확인할 필요가 있다면 프로그램 중에 변수의 내용을 PC 화면에 프린트하도록 하면 그만이다. 또한 프로그램을 즉시 중단하고 수정한 후 다시 실행해 볼 수 있고, 특정 부분만을 실행해 볼 수 있는 등 다양한 장점을 지닌다.

페트라박스는 프로그램의 실행 주체가 PC이다. 즉 PC에서 프로그램을 작성하고 실행하면 그 결과가 나타날 뿐이다. 그러므로 PC에서 프로그램 실행을 중지시키면 당연히 출력은 나타나지 않는다. 따라서 페트라 시리즈는 소프트웨어 교육 및 연구 개발용이라 할 수 있다. 페트라박스는 프로그램이 PC에서 실행되며, 그 결과가 나타나는 기기이므로 PC에서 사용되는 모든 언어에서 사용 가능하다. 즉 비주얼베이직, 비주얼C++, 비주얼C#, gcc 등이 모두 사용 가능하고, 심지어 액셀의 매크로 프로그램에서도 실행이 가능하다.

2) 페트라 시리즈의 종류

페트라 시리즈는 용도에 따라 여러 종류가 있다.

(1) 페트라박스(PetraBox)

페트라박스 시리즈는 교육기관용으로 개발된 것으로서, 가격이 비교적 비싼 편이지만, 교육기관에서는 필수적이라 할 수 있는 전원과 포트 등에 각종 보호회로 및 경고회로를 내장하고 있다. 교육기관에서 교육을 실시할 때 아직 숙련되지 않는 학습자는 어떤 실수를 일으킬지 알 수 없으며, 이에 따라 모든 실습장비는 이에 대한 보호 장치와 경고 장치를 구비해야 한다. 페트라박스는 사용자가 배선을 잘못해 포트 출력을 합선시키거나 전류가 과다하게 흐르거나, 또는 0*V*와 +5*V* 사이의 전압만 사용하는 포트에 +12*V*를 접속하는 등 학습자의 황당(?)한 실수에 대해 곧바로 감지해 이를 차단하고 어떤 부분에서 이상이 발생했는지 즉시 지시해주므로 학습자는 물론 교수자도 이상 위치나 원인을 매우 쉽게 파악할 수 있고, 기기는 안전하게 보호될 수 있다. [그림 1-12]에 페트라박스의 패널을 나타내었다.

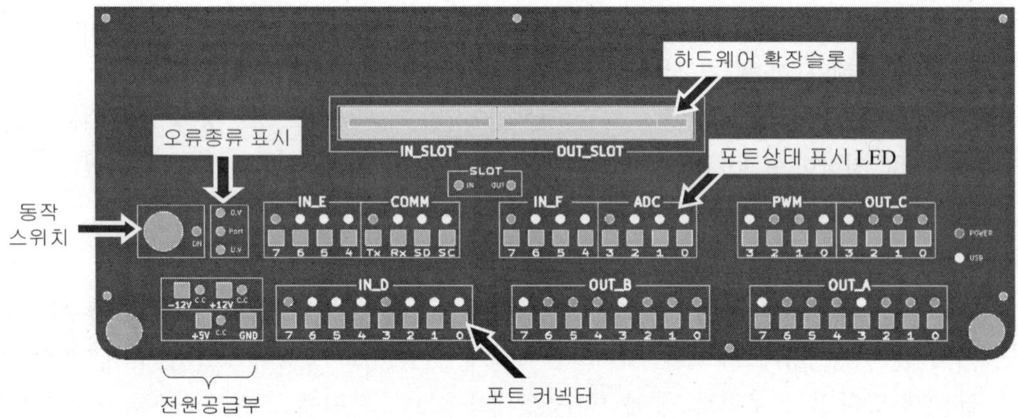

[그림 1-12] 페트라박스의 패널

① 동작 스위치

동작 스위치는 페트라박스의 커넥터를 통해 회로를 접속해 조립할 때 포트가 동작하거나 동작하지 않도록 제어한다. 만약 포트에서 출력전압이 발생하고 있는 상태에서 실험회로를 조립하면, 조립하다 잘못 접속하거나 조립 중의 이상상태로 인해 기기의 포트가 파손될 수 있으므로 동작 스위치를 눌러 기기의 동작을 멈추고 회로를 조립하거나 수정한다. 또는 기기에서 오류 경고가 발생했을 때 오류 원인을 제거하고 다시 원래대로 복귀할 때도 이 스위치를 사용한다. 비주얼 베이직 등으로 프로그램을 작성하고 실행하면 이 스위치는 자동으로 켜진다.

② 포트상태 표시 LED

현재 포트의 전압상태를 표시하는 모니터링용 LED로서, 조립한 회로가 정상동작하지 않을 때 이 LED 상태를 살펴봄으로서 오류를 매우 빠르고 쉽게 찾을 수 있다. 예를 들어 어떤 실험회로를 조립하고 프로그램을 가동시켰으나 정상동작하지 않으면, 일단 이 LED 상태를 확인해 PC 프로그램에서 이상이 발생한 것인지, 아니면 정상적으로 포트 출력이 발생하지만 조립한 회로에서 잘못된 것인지 오류의 영역을 구분지을 수 있어 오류를 찾는데 큰 도움을 준다.

하드웨어 확장실험이 아닌, 단순 프로그래밍 연습 때는 이 LED들을 제어하여 하드웨어 제어 연습용으로 활용할 수 있다.

③ 포트 커넥터

포트의 LED 상태와 함께 이 커넥터를 통해 전압 출력이 발생하거나, 또는 이 커넥터를 통해 입력을 받을 수 있다. 포트 커넥터는 브래드보드용 단선을 직접 사용할 수 있어 아두이노와 같이 전용 핀 커넥터를 사용할 필요가 없다. 또한 각 커넥터는 4개의 접속구가 있으므로 최대 4개의 전선을 접속할 수 있다.

④ 오류종류 표시

페트라박스에서 어떤 오류가 감지되었을 때 자동으로 전원을 off하고 오류가 발생한 해당 포트의 LED와 이 오류종류 표시 LED가 함께 점멸한다. 만약 포트 출력이 쇼트되었거나 지나치게 많은 전류가 흐르면 오류종류의 "Port" LED와 해당 포트의 LED가 점멸한다. 포트에 +5*V*를 넘어서는 과전압이 입력되면 오류종류의 "OV(Over Voltage)"와 해당 포트의 LED가 점멸한다. 포트에 마이너스 전압이 입력되면 오류종류의 "UV(Under Voltage)"와 해당 포트의 LED가 점멸한다.

⑤ 전원공급부

페트라박스는 교육기관용 기기이므로 교육실습에 편리하게 사용할 수 있도록 +5*V*와 +12*V*, −12*V*의 3종류 전압을 출력한다. 이들은 앞서 동작 스위치가 off되어 있으면 전압이 출력되지 않고, 동작 스위치가 on일 때 전압이 출력된다. 또한 각 전압 출력들은 실수에 의해 과도한 전류가 흐르면 "CC(Current Cut)" LED가 점멸하며 동작 스위치가 off되어 기기의 전원을 보호한다. 사용자의 실수에 의해 +12*V* 전압이 회로를 통해 +5*V* 전압 커넥터로 입력되는 경우에는 "OV"와 "CC"가 함께 점멸하며 동작 스위치가 off된다.

공급되는 전류는 실험에 충분하도록 +5*V*와 +12*V*는 각각 2*A*까지, 그리고 −12*V*는 300*mA*까지 공급되며 이 이상의 전류가 흐르면 오류로 감지해 자동으로 차단한다.

⑥ 하드웨어 확장슬롯

본래 페트라박스는 소프트웨어에 의해 하드웨어를 제어하는 실습이므로 포트 커넥터와 브래드보드를 이용해 회로를 구성하고 실험을 진행하는 것이 기본적인 목적이다. 그러나 예를 들어 이전 시간에 이미 하드웨어를 구성해 실험을 진행했었고, 이번 시간에는 이전의 하드웨어를 이용해 다른 소프트웨어 제어를 진행하려 한다면 이전의 하드웨어를 또다시 조립해야 하는 번거로움이 발생할 수 있다. 물론 하드웨어 조립의 연습이 되기는 하겠지만 실제 교육현장에서는 이러한 시간적 여유가 없는 경우가 대부분이다. 또한 직접적으로 하드웨어를 다루지는 않고 이미 구성된 하드웨어를 제어하는 소프트웨어 관련학과의 학습자는 하드웨어에 대한 학습 및 구성이 결코 쉬운 일이 아니다. 따라서 이러한 경우에 대비해 미리 하드웨어가 구성된 기판을 확장슬롯에 끼우면 이후에는 소프트웨어에만 전념할 수 있다.

확장슬롯은 왼쪽의 작은 슬롯 1개와 오른쪽의 큰 슬롯 1개로 구성되는데, 왼쪽의 작은 슬롯은 입력포트, 오른쪽의 큰 슬롯은 출력포트들이 배치되어 있으므로, 필요에 따라 입력 보드와 출력 보드를 서로 다르게 조합하면 다양한 실험을 진행할 수 있다. 또한 슬롯에 카드를 끼울 때 정확히 끼우지 않으면 카드의 접점들이 합선되어 우리가 사용하는 PC의 경우 이러한 카드를 끼우거나 제거할 때 반드시 전원을 off한 상태에서 진행하도록 되어 있다. 그러나 페트라박스는 설령 동작 스위치가 동작 중이라 할지라도 카드를 끼우거나 빼도 파손되지 않도록 구성되어 있으며, 카드가 정확히 삽입되면 슬롯 아래의 표시 LED가 켜지면서 카드에 비로소 전원이 공급된다.

(2) 페트라키트(PetraKit)

페트라키트 시리즈는 페트라박스의 저가형 버전으로서 보호회로 및 경고회로가 내장되지 않고, 모니터링 LED와 확장슬롯도 없으며, 전원도 +5V만 출력된다. 형태는 [그림 1-13]에 나타낸 바와 같이 아두이노와 유사하며, 학습자의 실수에 의해 기기가 쉽게 파손될 수 있어 교육현장에는 적합하지 않고, 어느 정도 숙련된 개인 사용자에게 권장된다. 이 책은 페트라박스를 대상으로 진행되므로 이에 관해서는 다른 자료를 참조하라.

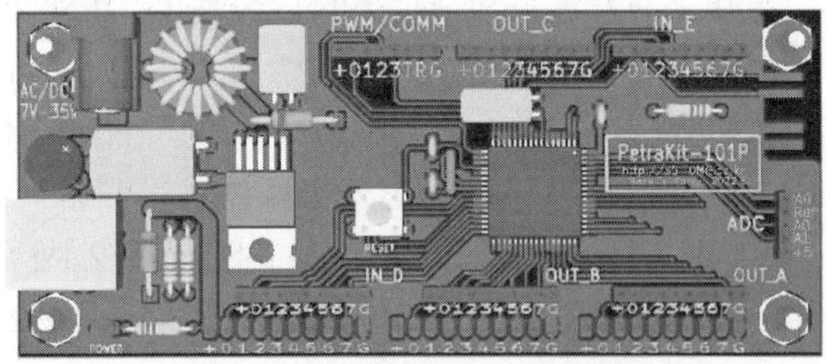

[그림 1-13] 페트라키트의 외형

(3) 페트라랩(PetraLab)

페트라랩 시리즈는 논리회로(디지털 공학) 수업 때 사용하는 랩 유닛 장비의 페트라판으로서 기본적으로는 랩 유닛이지만 PC와 USB를 통해 접속하면 페트라박스나 페트라키트와 동일하게 PC에서 제어할 수 있다. 이 또한 이 책에서는 페트라박스를 대상으로 진행되므로 이에 관해서는 다른 자료를 참조하라.

Chapter

02

비주얼 베이직의 기초

이 장에서는 비주얼 베이직의 기본적인 사용법과 기능을 학습한다.
따라서 이미 비주얼 베이직에 익숙한 사용자는 이 장을 생략하고, 3장의 기본 페트라 실험으로 진행해도 무방하다.

2-1 비주얼 베이직의 기본

1) 비주얼 베이직 시작하기

비주얼 베이직을 시작하려면 [그림 2-1]에 나타낸 바와 같이 윈도우에 설치된 비주얼 베이직을 선택한다. 비주얼 베이직 2012 이후부터는 [그림 2-1] (b)와 같이 비주얼 스튜디오라 되어있다.

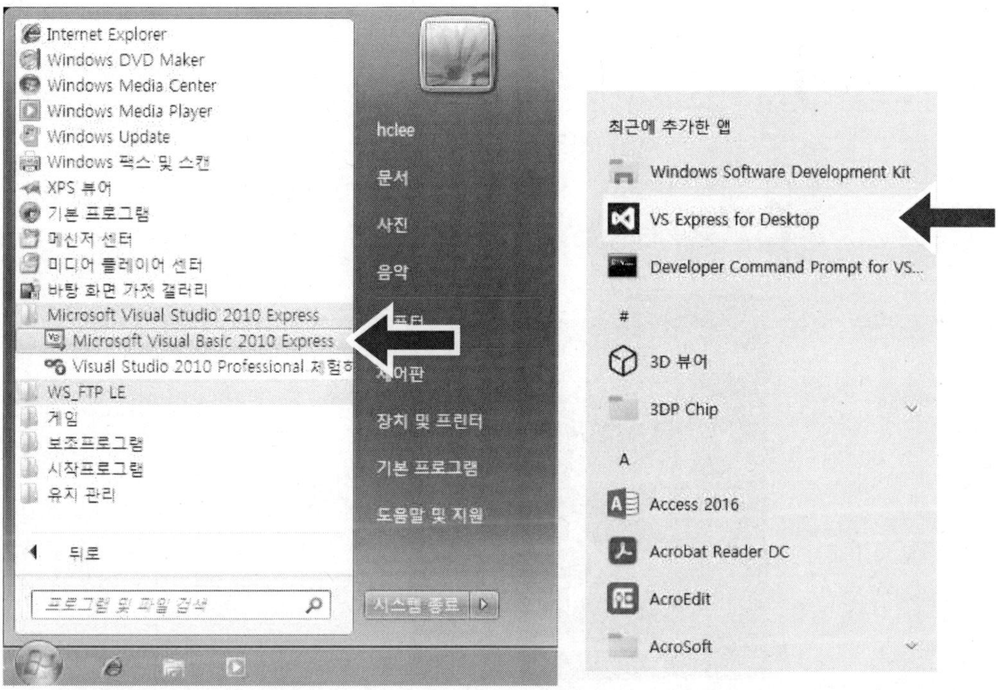

(a) 윈도우 7, 비주얼베이직 2010　　(b) 윈도우 10, 비주얼 스튜디오 2012

[그림 2-1] 비주얼 베이직의 시작

(1) 처음 시작할 때(프로젝트 구성)

① 프로젝트의 구성

비주얼 베이직(2012버전부터는 비주얼 스튜디오에서 시작)을 시동하면 [그림 2-2]와 같은 화면이 나타나며, 여기서는 새로운 프로젝트, 즉 새로운 작업을 시작할 것인지, 아니면 이전에 수행하던 작업을 계속 할 것인지 선택한다.

우리는 처음 시작할 것이므로 새 프로젝트를 선택한다.

(a) 비주얼 베이직 2010

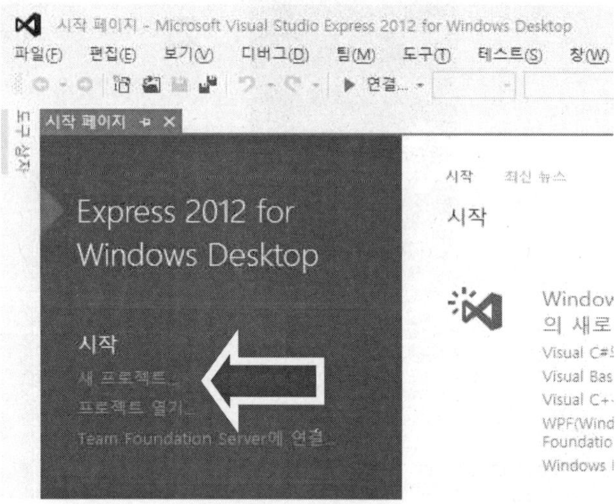

(b) 비주얼 스튜디오 2012

[그림 2-2] 비주얼 베이직의 처음 시작

② 작업의 선택

새 프로젝트를 선택하면, 수행할 작업을 선택하는 화면이 [그림 2-3]과 같이 나타나며, 이 중 Windows Forms 응용 프로그램을 선택한다. 앞으로는 계속 이 작업만 사용할 예정이다.

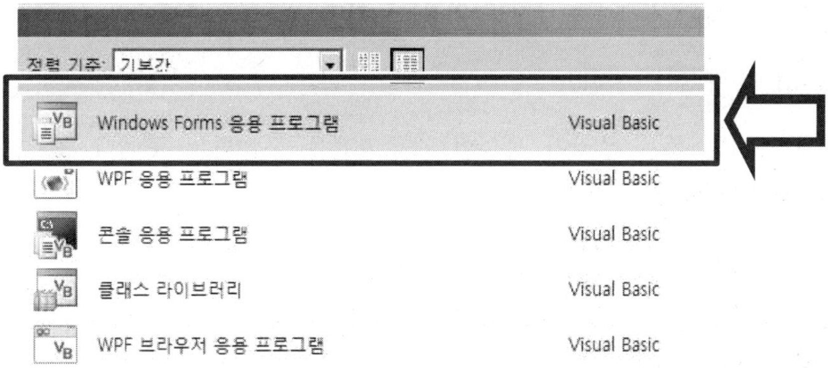

(a) 비주얼 베이직 2010

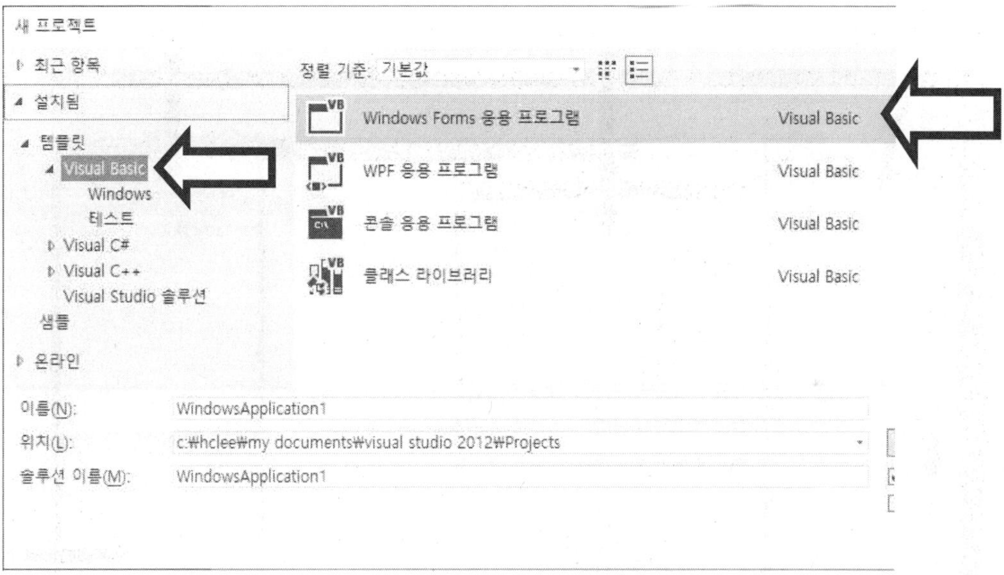

(b) 비주얼 스튜디오 2012

[그림 2-3] 작업 선택 화면

비주얼베이직 2010 이전버전까지는 비주얼 베이직과 베주얼 C++를 선택해 사용하였지만, 비주얼 스튜디오 2012 이후부터는 [그림 2-3] (b)에 나타낸 바와 같이 왼쪽 부분에서 사용언어를 선택하고 오른쪽 부분에서 작업선택을 진행하도록 구성되었다.

(2) 비주얼 베이직의 작업환경 및 용어

어떤 새로운 툴을 학습할 때 가장 어려운 점이 그 툴에서 사용하는 용어를 정확히 숙지하지 못해 발생하는 혼란이다. 따라서 비주엘 베이직에서 앞으로 자주 사용될 용어에 관해 몇 가지 살펴본다.

비주얼 베이직이 처음 시작되면 [그림 2-4]와 같은 화면이 나타난다.

① **폼**(form)

화면 중앙에 위치한 폼은 우리가 작성할 프로그램을 구성하는 곳이다. 즉 모든 프로그램은 이 폼 위에 작성한다.

② **도구상자**(Control)

화면 좌측의 도구상자는 일명 컨트롤 모음이라고도 하는데 프로그램 작성 시 필요한 여러 도구들이 나열되어 있다.

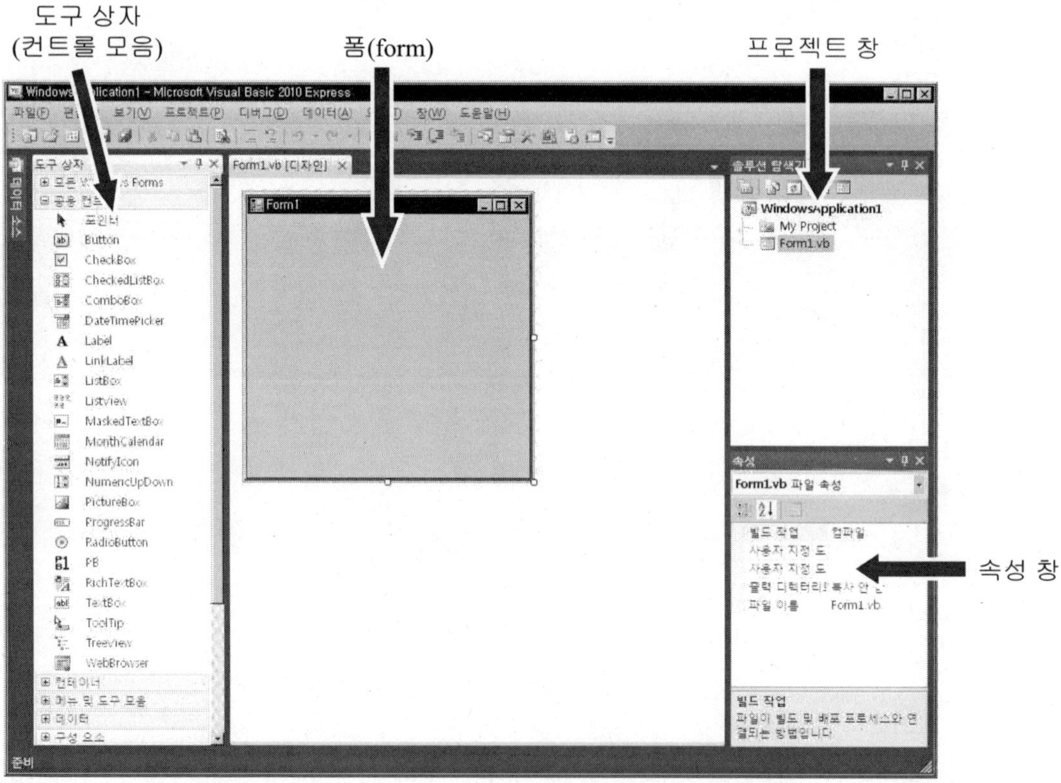

[그림 2-4] 비주얼 베이직 프로그램의 각 부분 명칭

③ **속성 창**(Attribute)

화면 우측 아래의 속성창은 우리가 사용할 각종 개체들에 대한 세부적인 성질을 편집할 수 있는 곳으로서, 예를 들어 화면의 색상이나 글자 크기 등을 조절할 수 있다. 속성에 관해서는 학습이 진행되면서 점차 익숙해질 것이며, 지금 당장 알아야 할 것은 앞으로 "속성"이라는 용어가 나타나면 이 창을 의미한다는 것뿐이다.

④ **프로젝트 창**(Project)

프로그래밍을 처음 접하는 학습자가 가장 이해하기 어려운 용어 중에 프로젝트라는 것이 있다. 이는 어떤 한 프로그램을 작성하기 위해 필요로 하는 각종 부속 요소들을 통합해 관리하는 간단한 파일을 의미한다. 예를 들어 한 프로그램을 구성하기 위해 프로그램 본체가 있어야 하고, 나중에 이 프로그램이 완성되었을 때 프로그램의 아이콘을 표시할 그림 파일도 있어야 한다. 이러한 식으로 한 프로그램을 구성하기 위해 여러 파일이 함께 한 그룹을 이루기 때문에 이들을 쉽게 관리하기 위해 이 그룹을 "프로젝트"라는 단위로 취급한다. 프로젝트의 개념에 대해서도 지금 당장 이해가 가지 않더라도 이후에 학습이 진행되는 과정에서 점차 숙달될 것이다.

2) 기본 컨트롤 연습

비주얼 베이직 프로그래밍의 첫 단계는 항상 컨트롤(객체들)의 배치이다. 그 후 각 컨트롤이 해야 할 일을 정의하는 순서로 프로그래밍이 이루어진다.

(1) 컨트롤의 배치

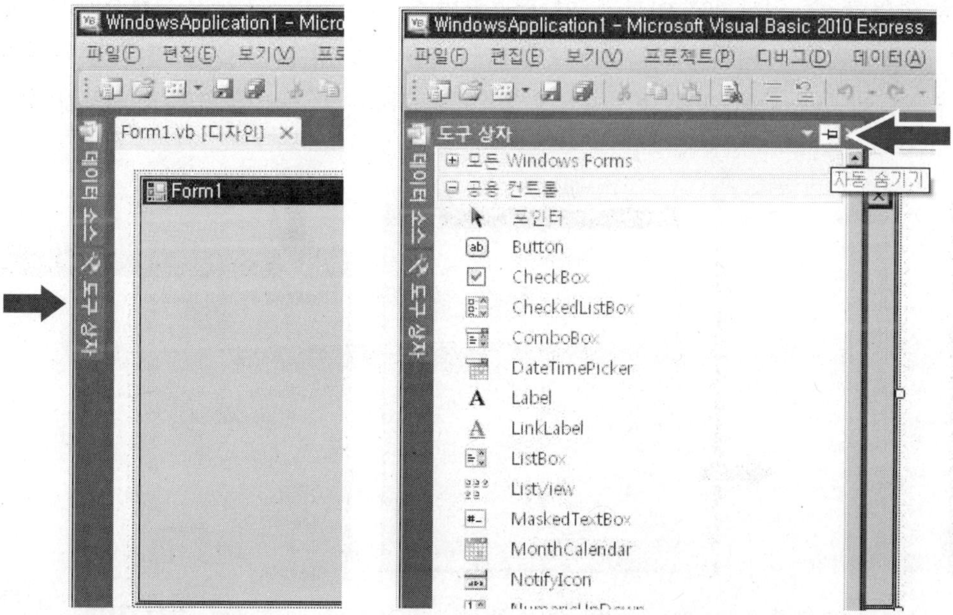

(a) 기본형태 (b) 도구 상자의 고정

[그림 2-5] 비주얼 베이직의 도구 상자

프로그램 구성을 위한 폼(form)에 사용할 수 있는 컨트롤은 매우 다양하게 존재하나, 일단 가장 단순한 것부터 실습한다. 비주얼 베이직 6.0에서는 처음 시작부터 모든 컨트롤들이 컨트롤 모음에 나타나지만, 비주얼 베이직 2005 이후부터는 컨트롤의 종류가 많아지면서 [그림 2-5] (a)와 같이 메뉴가 자동으로 숨겨져 있다. 앞으로의 사용이 편리하도록 [그림 2-5] (a)의 "도구상자" 부분에 마우스를 대면 [그림 2-5] (b)와 같이 자동으로 도구상자가 열리는데, 이 때 [그림 2-5] (b)의 압핀 모양으로 표시된 부분을 클릭하면 압핀 그림이 세워지면서 이후로는 자동으로 접히지 않고 계속 나타나 있다.

이 중 가장 많이 사용하는 "공용 컨트롤"을 펼쳐 놓으면 편리하게 사용할 수 있다.

① 텍스트박스 컨트롤

컨트롤 모음 중 [그림 2-6] (a)와 같은 아이콘으로 구성된 컨트롤을 텍스트 박스(Text Box) 컨트롤이라 하며, 이 컨트롤은 글자를 입력받거나 표시할 수 있다. 인터넷에서 회원 가입 시 글자를 입력하던 박스와 동일한 역할을 한다. 이 컨트롤을 클릭해 선택하고 (드래그 할 필요는 없고, 선택만 한다) 폼의 적당한 위치에 네모를 그리면 [그림 2-6] (b)와 같이 컨트롤이 폼에 배치된다.

컨트롤의 크기는 컨트롤 주변의 점들을 이용해 변경할 수 있고, 컨트롤 자체를 이동시켜 위치를 변경할 수 있다. 이 컨트롤이 선택된 상태에서 화면 오른쪽 아래에 위치한 속성 창을 살펴보면 [그림 2-6] (c)와 같이 이 컨트롤의 이름이 "TextBox1"이라 명명되어 있음을 확인할 수 있다. 이 이름은 이 텍스트박스 컨트롤의 고유한 이름으로서, 예를 들어 한 프로그램에서 여러 개의 텍스트박스가 사용되는 경우 그들을 각각 구분하기 위한 것이다. 이 이름에 관한 것은 학습이 진행되면서 차츰 그 개념이 익숙해 질 것이다.

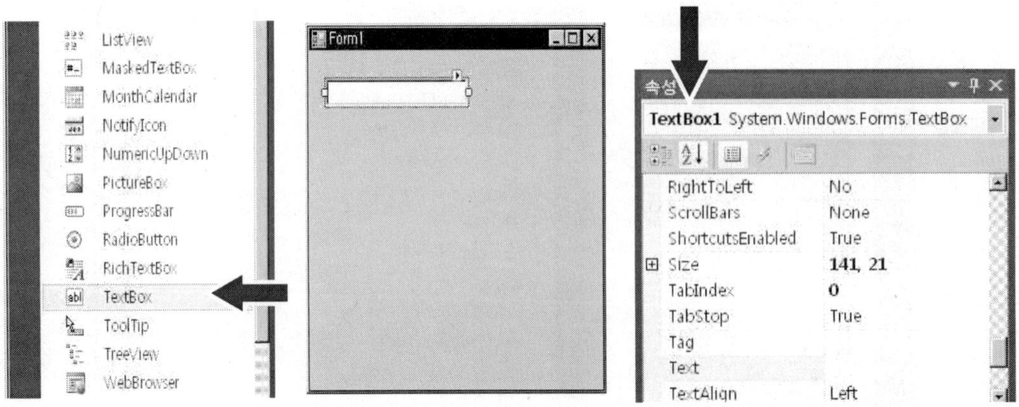

(a) 도구 상자 (b) 폼의 배치 (c) 속성 창

[그림 2-6] 폼에 텍스트박스 컨트롤 배치하기와 속성 창의 예

② **버튼 컨트롤**

컨트롤 모음 중 [그림 2-7] (a)와 같은 아이콘으로 구성된 컨트롤을 버튼(Button) 컨트롤이라 하며, 이 컨트롤은 사용자가 프로그램에게 어떤 지시를 내릴 때 스위치 역할을 한다. 인터넷에서 회원 가입 시 모든 작성이 완료되고 단추를 누르던 것과 동일한 역할을 한다. 이 컨트롤을 클릭해 선택하고(드래그 할 필요는 없고, 선택만 한다) 폼의 적당한 위치에 네모를 그리면 [그림 2-7] (b)와 같이 폼에 컨트롤이 배치된다.

이때 설치된 버튼 컨트롤에는 "Button1"이라는 글자가 나타나 있는데, 이는 이 버튼의 이름을 의미한다.

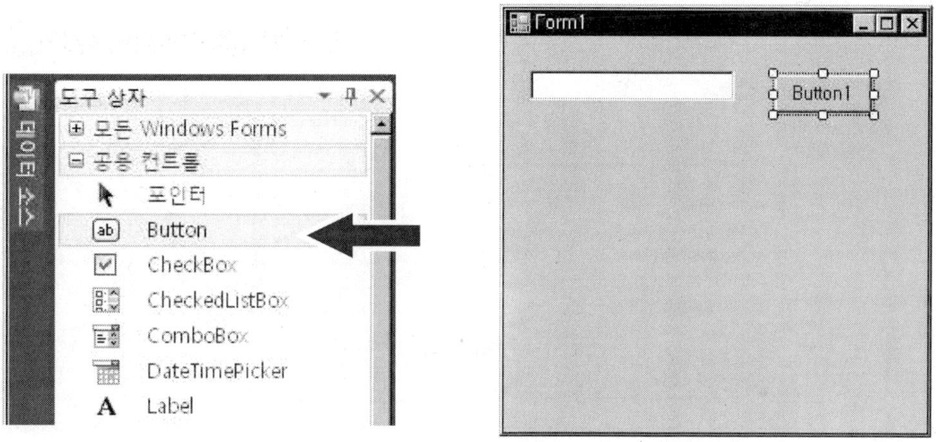

(a) 도구 모음의 버튼 컨트롤 (b) 폼의 배치

[그림 2-7] 폼에 버튼 컨트롤 배치하기

(2) 실행 코드의 구성

이상의 과정에 의해 폼 구성이 완료되면, 각 컨트롤이 해야 할 일을 지정함으로서 프로그램이 완성된다.

① **버튼을 누르면 텍스트 박스에 글자 나타나기**

여기서는 버튼을 누르면 텍스트 박스에 어떤 글자가 나타나도록 지정할 예정이다. 이는 버튼을 눌렀을 때 어떤 동작이 발생하는 것이므로 버튼 객체에서 할 일이며, 따라서 Button1에 할 일을 지정한다. Button1에 할 일을 지정하기 위해 폼 위의 버튼을 더블 클릭하면 [그림 2-8]과 같은 코드창이 나타난다.

이곳에 표시된 내용 중 "Private Sub"라는 문장은 이후에 상세히 설명하기로 하고, 그 후의 "Button1_Click( )"은 "Button1" 버튼이 클릭(Click)되었을 때 하는 일이라는 의미이다. [그림 2-8]에서 Private Sub 문장과 End Sub 문장 사이에 해야 할 일을 기록한다.

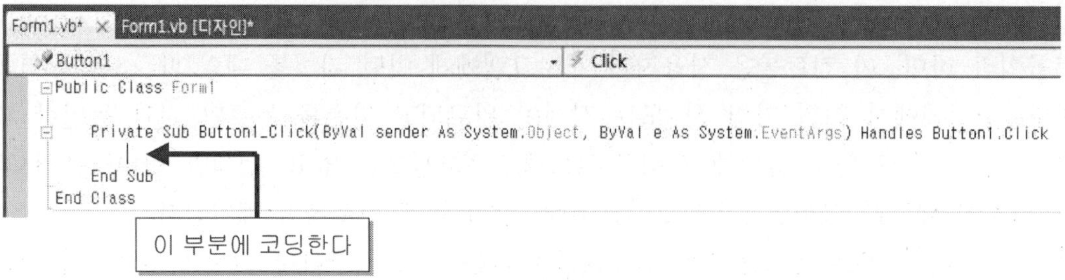

[그림 2-8] 코딩하는 위치

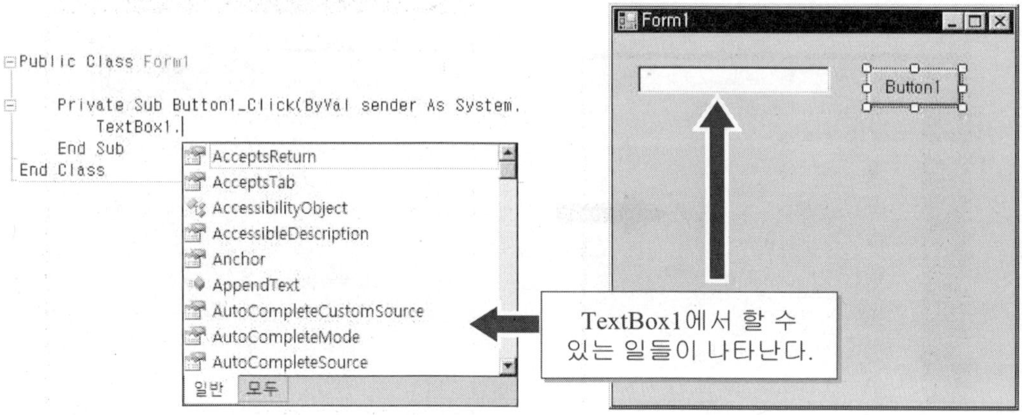

[그림 2-9] 할 수 있는 일의 목록 예

코딩 부분에 "textbox1"을 입력하고 점(.)을 입력하면 [그림 2-9]와 같은 화면이 나타난다.

이는 앞서 우리가 배치했던 "TextBox1"이라는 텍스트박스가 할 수 있는 일들의 목록이 나타난 것이다. 계속해서 다음과 같이 입력한다.

```
TextBox1.Text = "글자를 표시합니다"
```

[리스트 2-1] 텍스트 박스에 글자 표시하기

이 문장에서 "TextBox1." 다음 "Text"의 의미는 TextBox1의 "내용물"이라는 뜻이다. 즉 위 문장의 뜻은 TextBox1 이라는 텍스트박스의 내용물에 "글자를 표시합니다"라는 글자를 넣으라는 것이다. 이와 같이 비주얼 베이직에서는 객체의 이름에 점(.)을 표시하고 그 객체의 할 수 있는 일을 표시하는 방법으로 특정 작업을 지시한다.

② 프로그램의 실행

이상의 과정에 의해 폼과 코드가 완성되면 곧바로 실행이 가능하다. [그림 2-10]에 나타낸 바와 같이 비주얼 베이직 프로그램의 상단에 프로그램 실행 버튼과 중지 버튼이 있으며, 실행 버튼을 누르면 지금 작성한 프로그램이 즉시 실행된다.

실행 결과를 확인하고, 프로그램을 중지시킨 후 자신이 표시하고 싶은 글자가 나타나도록 변경해보라.

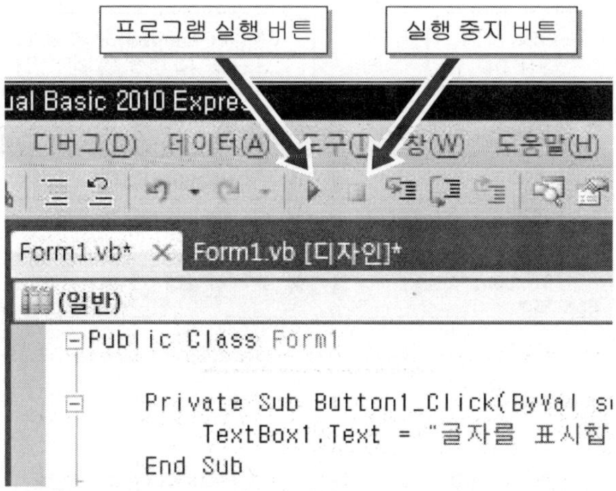

[그림 2-10] 프로그램 실행하기

③ 다른 동작의 구성

앞서 예제에서는 버튼을 클릭했을 때 어떤 동작이 발생하도록 구성하였다. 이와 유사한 원리로 이번에는 텍스트박스를 더블클릭했을 때 어떤 동작이 발생하도록 구성해 보도록 한다. 이는 텍스트박스에 관한 동작이므로 텍스트박스를 더블클릭해야 하는데, [그림 2-11]에 나타낸 바와 같이 코드를 표시하는 탭과 폼이 나타나는 탭 중 폼 탭을 선택하면 앞서 작성한 폼이 나타난다.

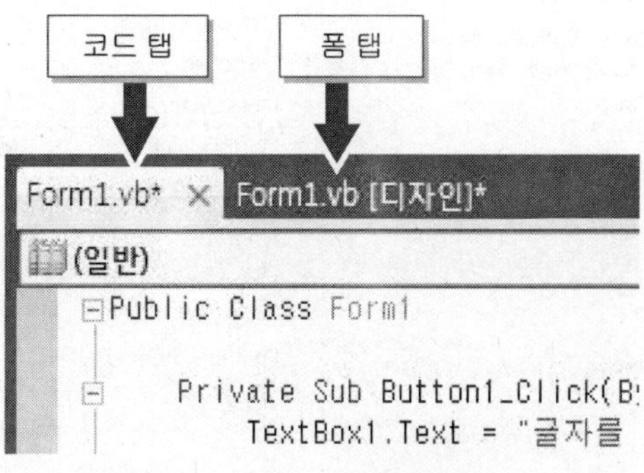

[그림 2-11] 비주얼 베이직의 작업 탭들

비주엘 베이직 6.0 사용자는 만약 화면이 코드 창으로 덮여있어 폼이 나타나지 않는다면, 프로젝트 창의 form1을 더블클릭하면 폼이 다시 나타난다.

폼의 텍스트박스를 더블클릭하면 [그림 2-12]와 같이 텍스트박스에 관한 코드를 작성하는 코드창이 나타난다. 이때 ⓐ 부분에 나타난 코드창의 내용을 살펴보면, "TextBox1_TextChanged"라 표시되는데, 이는 TextBox1의 내용이 변경(Changed)되었을 때의 코드를 구성하는 것으로서, 우리가 원하는 더블클릭 했을 때의 코드가 아니다.

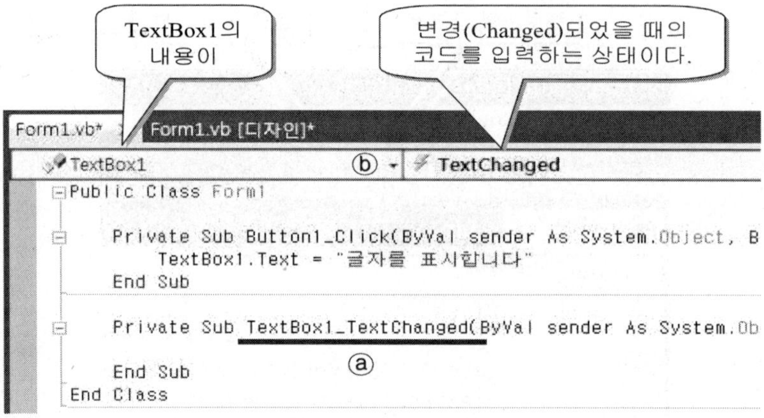

[그림 2-12] 코드 창의 텍스트박스 코드 부분

한편 코드 창의 위쪽 ⓑ 부분에는 왼쪽에 TextBox1, 즉 객체명이 표시되고, 오른쪽에 TextChanged라는 동작명이 표시되어 있는데, TextChanged쪽을 클릭하면 [그림 2-13] (a)와 같은 더블클릭(DblClick)이라는 메뉴를 확인할 수 있고, 이를 선택하면 [그림 2-13] (b)와 같이 Text1 텍스트박스를 더블클릭 했을 때의 코드를 입력할 수 있는 코드가 생성된다.

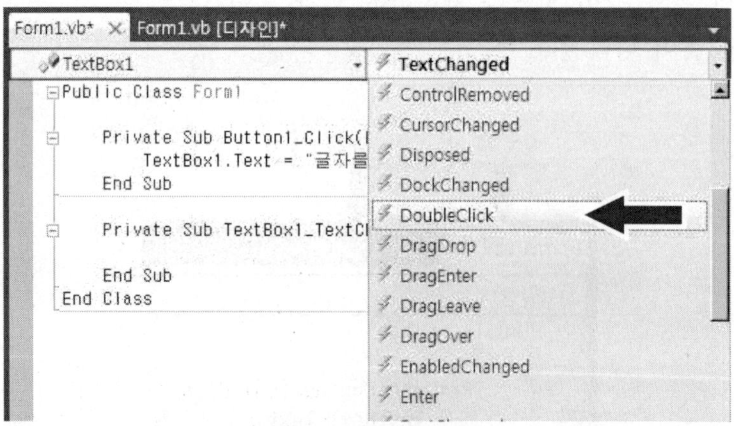

(a) 다른 동작의 선택

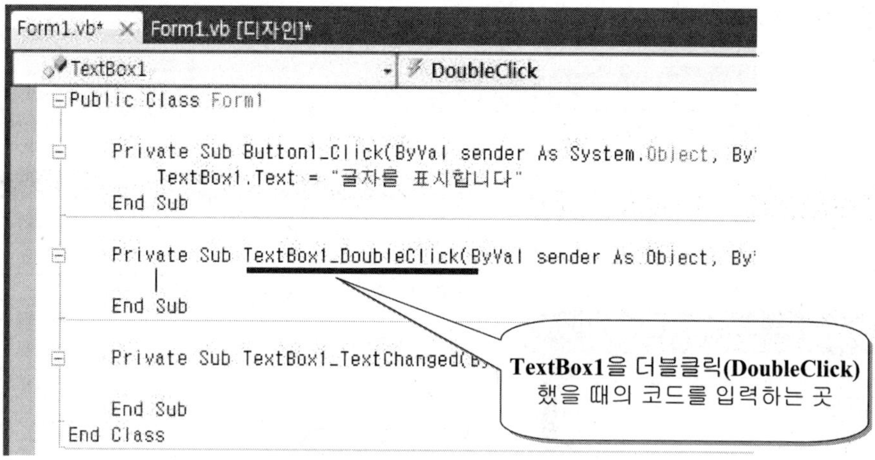

(b) 동작에 대한 코드 위치

[그림 2-13] 이벤트의 선택 예

이 위치에 다음과 같이 코드를 기록한다.

```
Private Sub TextBox1_DoubleClick( ... ) Handles TextBox1_DoubleClick
  TextBox1.Text = "하지 마!!"
End Sub
```

[리스트 2-2] 더블클릭 시 수행할 코드

즉, 이 코드는 TextBox1을 더블클릭 했을 때 실행되며, TextBox1의 내용물(Text)에 "하지 마!!"라는 글자를 표시하라는 의미이다.

이와 같이 코드를 구성한 후 프로그램 실행버튼을 눌러 실행하고, 버튼을 클릭했을 때와 텍스트박스를 더블클릭했을 때의 동작을 확인하라.

(3) 저장하기

지금까지 작성했던 파일을 저장하기 위해 [그림 2-14] (a)와 같은 "모두저장"버튼을 클릭하면 [그림 2-14] (b)와 같이 저장할 위치와 파일이 나타나며, 이 때 저장할 적당한 위치, 예를 들어 그림과 같이 기록하면 바탕화면에 "VB연습" 폴더가 생성되고 그 내부에 "01_TextBox1"이라는 폴더가 생성되며 그 내부에 모든 내용들이 저장된다. 이 때 "솔루션용 디렉터리 만들기"의 체크는 해제하는 편이 폴더 관리 상 조금 더 편리하다.

물론 체크 되었다 해도 큰 지장은 없다.

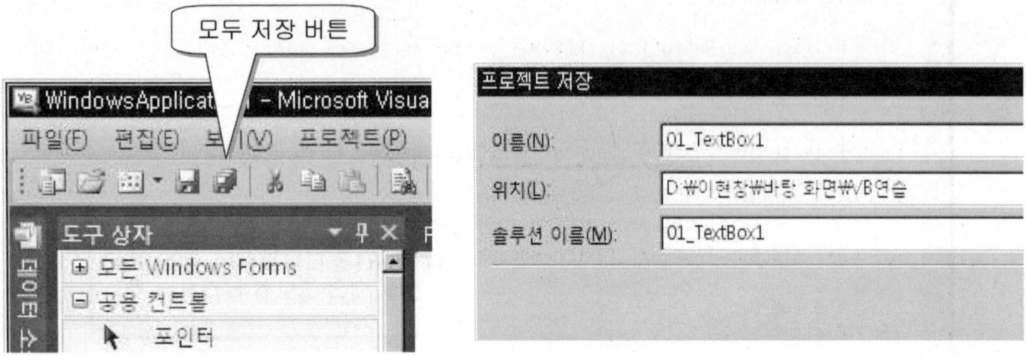

(a) 저장하기 메뉴 (b) 저장 위치의 설정

[그림 2-14] 작성된 프로그램의 저장하기

즉, 한 프로그램을 작성하고 저장하면 많은 수의 파일이 저장되므로 폴더 단위로 관리하는 것이 편리하다. 이상과 같이 저장한 경우, 이후에 비주얼 베이직을 종료한 후 다시 불러오려면, 바탕화면의 "VB연습"이라는 폴더 내에 "01_TextBox1"이라는 디렉토리로 찾아간 후 그 안에 또 "01_TextBox1"이라는 디렉토리로 진입해 [그림 2-15]와 같은 "01_TextBox1.vbproj"라는 파일을 열면 우리가 작업했던 내용들이 그대로 다시 나타난다.

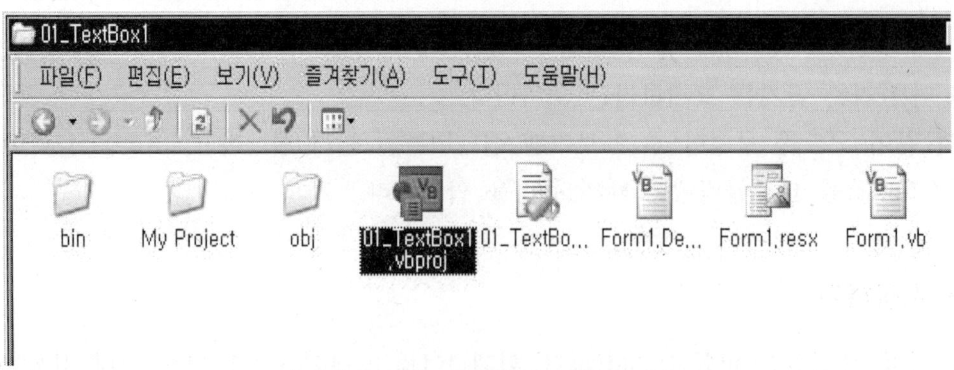

[그림 2-15] 프로젝트 파일의 예

또는 비주얼 베이직을 시동하면 첫 화면에 [그림 2-16]과 같이 이전에 작업했던 프로젝트들이 나타나며 여기서 선택해도 동일한 결과를 얻을 수 있다.

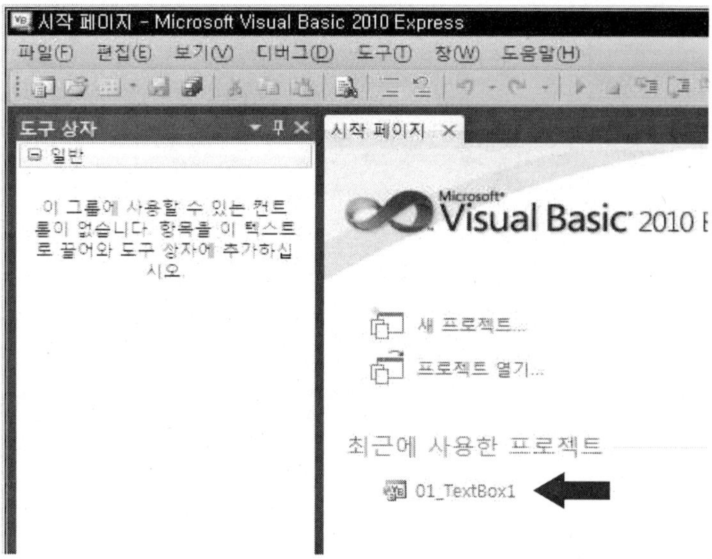

[그림 2-16] 비주얼 베이직 시작화면에서의 선택

3) 사칙연산 프로그램의 제작

이번에는 비주얼베이직에서 숫자를 다루는 방법과 여러 개의 컨트롤을 취급하는 연습을 위해 2개의 숫자를 입력받아 이에 대한 계산을 수행하는 간단한 사칙연산 프로그램을 제작한다.

비주얼베이직을 이미 종료한 경우에는 앞서 설명한 바와 같이 비주얼베이직을 실행하고 새 프로젝트를 만든 후 종류 중에 "Windows Forms 응용 프로그램"을 선택하고, 비주얼베이직이 아직 실행 중이라면 "파일" 메뉴에서 "새 프로젝트"를 선택한 후 "Windows Forms 응용 프로그램"를 선택한다. 비주얼 베이직 6.0 사용자라면 새 프로젝트 선택 후 "표준 EXE"를 선택한다.

(1) 폼의 구성

① 컨트롤의 배치

[그림 2-17]에 나타낸 바와 같이 컨트롤들을 배치한다.

비주얼 베이직 6.0의 경우, 폼에 이미 배치시킨 컨트롤을 복사해 붙이지 말고 반드시 컨트롤 모음에서 한번씩 클릭해 새롭게 배치한다. 만약 폼에 이미 배치시킨 컨트롤을 복사해 붙이면 비주얼 베이직 2008 이후로는 사라진 기능인 "컨트롤 배열"이라는 다른 내용으로 구성된다.

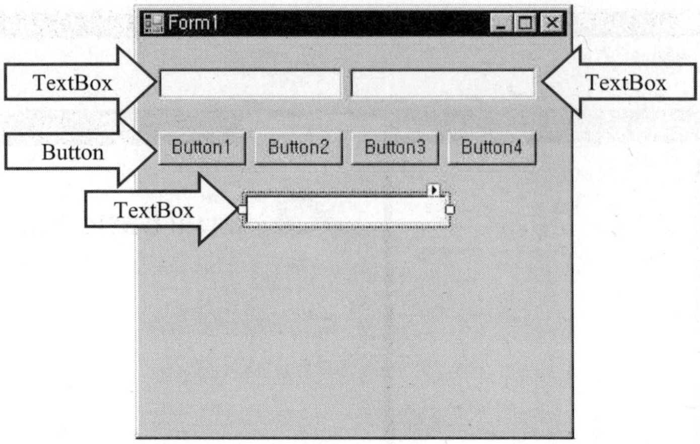

[그림 2-17] 사칙연산 프로그램용 폼의 구성.

② 컨트롤의 속성 변경

[그림 2-17]에 나타낸 바와 같이 각 버튼들에는 Button1, 2라는 내용들이 표시되어 있는데, 이를 우리의 목적에 맞도록 변경할 수 있다.

Button1 버튼을 선택하면 비주얼 베이직 우측 아래에 위치한 속성 창에 [그림 2-18] (a)에 나타낸 바와 같이 이 버튼에 관한 속성들이 나타난다.

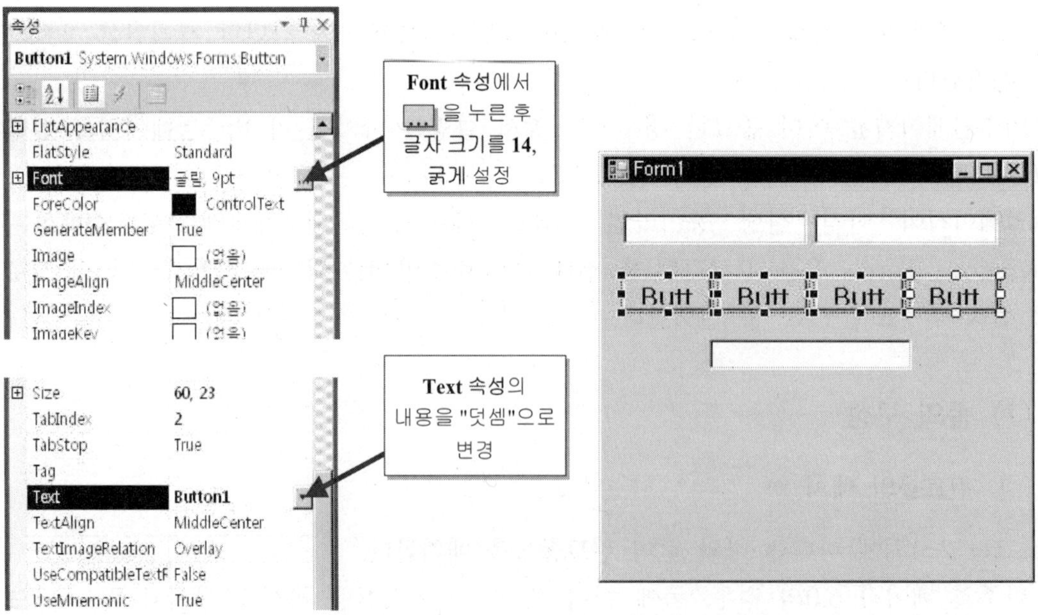

(a) 텍스트박스 속성 창 (b) 한꺼번에 선택해 변경하기

[그림 2-18] 텍스트박스 속성의 변경

이 속성들 중 (비주얼 베이직 6.0에서는 "Caption"이라 되어 있다) Text라는 속성은 Button1 컨트롤에 표시될 글자를 설정하는 것으로서, 이 위치에 "덧셈"이라 기록하면 배치된 버튼에 글자가 변경된다. 또한 글자의 크기를 크게 변경하기 위해 "Font" 속성을 선택하고 글자 크기를 14, "굵게"를 선택하면 [그림 2-18] (b)와 같이 큰 글자로 변경된다. 동일한 방법으로 Button2 버튼을 선택하고 Text 속성을 "뺄셈"으로, 글자 크기를 14와 "굵게"로 변경하고, 나머지 버튼들도 [그림 2-19]와 같이 변경한다. 이 때 글자 크기에 적당하게 버튼의 크기와 위치, 폼의 크기 등을 조절한다.

참고로 현재와 같이 4개 버튼들에서 공통적으로 적용되는 글자 크기의 변경과 같인 경우에는 [그림 2-18] (b)와 같이 버튼들을 한꺼번에 마우스로 드래그해 선택한 후 변경하면 편리하다.

텍스트박스들도 동일한 방법으로 "Font" 속성에서 글자 크기를 14, "굵게"로 변경한다. (더 크게 해도 무방하다) 텍스트 박스의 크기는 폰트의 크기를 변경하면 자동으로 변경된다. 이 때도 한꺼번에 변경하고 싶으면 컨트롤키 또는 시프트키를 누른 상태에서 원하는 텍스트 박스들을 선택하면 모두 선택되며, 이 상태에서 폰트의 크기를 일괄적으로 변경할 수 있다.

비주얼 베이직 6.0의 경우 텍스트박스에 이미 나타나있는 "Text1" 등의 글자들은 앞서 버튼의 표시용 글자가 아니라 텍스트박스의 내용물이므로 "Text"라는 속성에 저장되어 있다. 이 내용을 모두 삭제하면 [그림 2-19]와 같이 텍스트박스 내의 내용들이 제거된다.

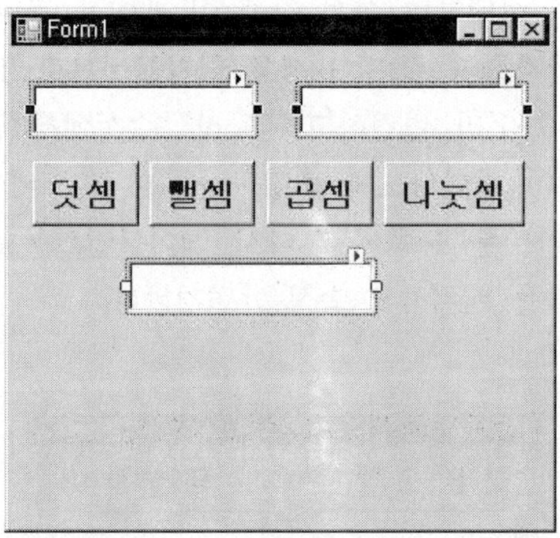

[그림 2-19] 속성들이 변경된 폼

③ **레이블(Label)의 배치**

[그림 2-19]와 같이 완성된 폼의 경우 버튼에는 어떤 역할을 담당하는지 글자가 표시되어 있지만, 텍스트박스들은 어떤 박스가 어떤 역할을 하는지 알 수 없다. 따라서 텍스트박스들에 일종의 제목을 붙여주는 것이 바람직하며, 이와 같은 용도에 사용하는 것이

레이블 컨트롤이다.

[그림 2-20] (a)와 같이 컨트롤 모음 중에서 레이블 컨트롤을 선택하고 [그림 2-20] (b)와 같이 배치한다.

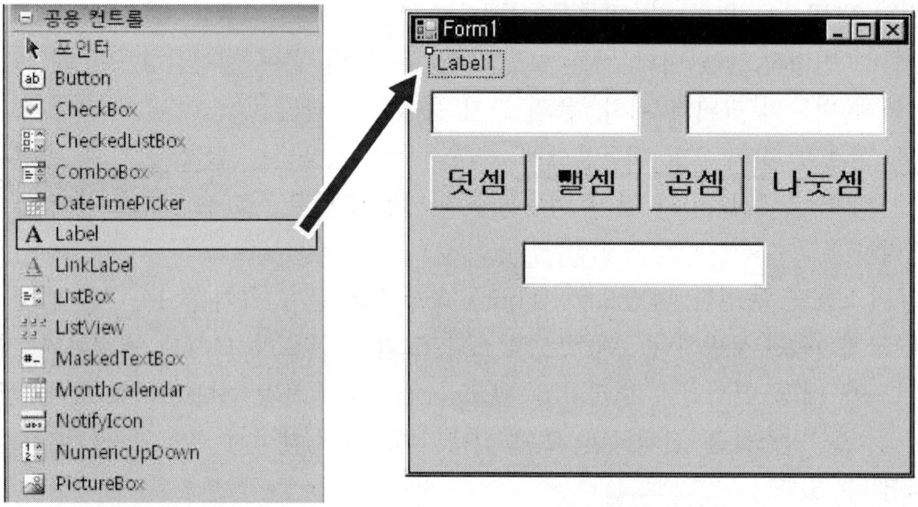

(a) 레이블 컨트롤 (b) 폼에 배치

[그림 2-20] 레이블 컨트롤의 배치

배치된 레이블 컨트롤을 선택하면 속성 창에 이 레이블 컨트롤에 대한 속성들이 나타나며, 레이블은 버튼의 글자들과 같이 표시용 글자들이므로 Text에 표시내용이 저장된다. 따라서 이를 "첫 째 숫자"라 변경하고, "Font" 속성에서 글자 크기를 14, "굵게"로 선택해 [그림 2-21]과 같이 나타나도록 변경한다. (비주얼 베이직 6.0에서는 "Caption" 속성) 동일한 방법으로 컨트롤 모음에서 다시 레이블컨트롤을 선택하고 배치해 [그림 2-21]과 같이 모든 레이블을 배치하고 속성을 변경한다.

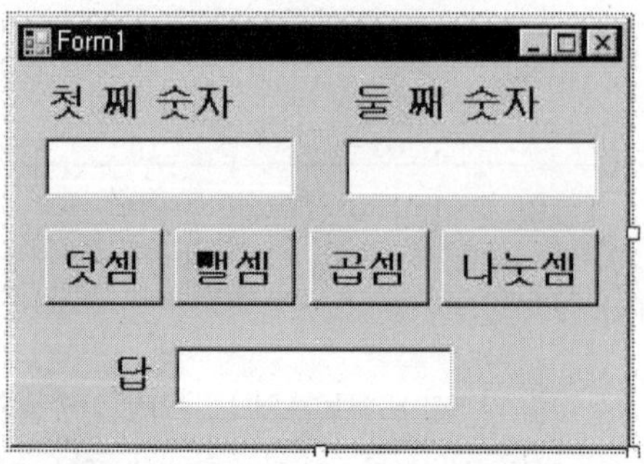

[그림 2-21] 완성된 사칙연산용 폼

이상의 과정에서 모든 폼이 배치되었으므로 [그림 2-21]과 같이 윈도우 크기를 적당한 크기로 조절한다.

(2) 코드의 구성

우선 첫 번째 버튼의 덧셈기능을 구현한다.

① 덧셈 기능의 구현

덧셈을 구현하기 위해 "덧셈" 버튼을 더블클릭한 후 다음 리스트를 입력한다. 단, 첫 줄 괄호 내의 내용은 우리에게 당장 중요하지 않은 부분이므로 이후로는 이와 같이 간략화해 나타낸다.

```
Private Sub Button1_Click( ... ) Handles Button1_Click
  TextBox3.Text = TextBox1.Text + TextBox2.Text
End Sub
```

[리스트 2-3] 덧셈 버튼 실행 코드

이는 다음과 같은 의미를 가진다.

> TextBox1의 내용물(Text)과 TextBox2의 내용물(Text)을 덧셈해
> TextBox3의 내용물(Text)로 저장하라.

코드 입력 후 프로그램을 실행하고 숫자 입력창들에 숫자들을 입력한 후 덧셈 버튼을 클릭해 결과를 확인하라.

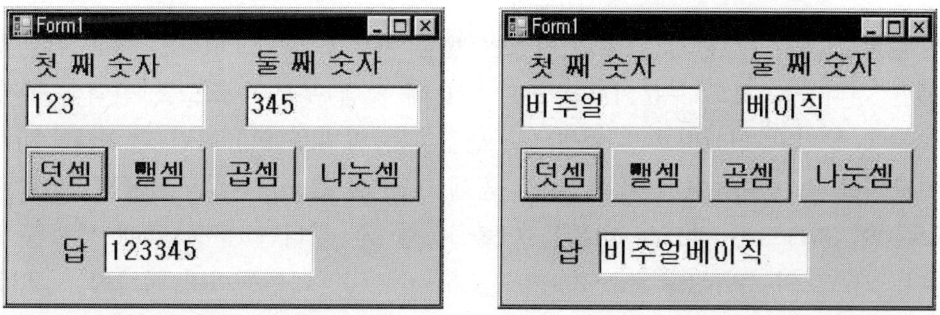

(a) 숫자 입력 시　　　　(b) 글자 입력 시

[그림 2-22] 덧셈 기능의 실행 예

실행결과를 확인하면 [그림 2-22] (a)와 같이 예상과는 다른 결과를 표시하는데, 예를 들어 [그림 2-22] (b)와 같이 글자를 입력하면 연속으로 나타남을 알 수 있다.

이러한 결과가 나타난 이유는, 앞서 입력한 리스트에서 "Text1.Text", "Text2.Text"는 텍스트박스의 내용물을 문자로 취급하며, 베이직 언어에서는 이와 같이 문자들을 덧셈 연산하는 경우 문자들을 연속으로 이어주는 처리를 행하기 때문이다. 따라서 각 텍스트박스로부터 추출된 내용물들은 문자가 아닌 숫자로 변환해 덧셈해야 하며, 이와 같은 역할을 수행하는 Val( )이라는 함수가 있다.

Val( ) 함수 : 문자들을 해당 숫자로 변환하는 함수.

Val은 "Value"의 약자로서, 문자들 중 숫자로 구성된 문자들을 실재의 숫자로 변환한다. 이 때 영문자와 같이 숫자 이외의 문자들은 0으로 변환된다. 따라서 리스트를 다음과 같이 변경한다.

```
Private Sub Button1_Click( ... )  Handles Button1_Click
  TextBox3.Text = Val( TextBox1.Text ) + Val( TextBox2.Text )
End Sub
```

즉, TextBox1의 내용 문자들을 숫자로 변환하고, TextBox2의 내용 문자들을 숫자로 변환한 후 이들을 덧셈해 그 결과를 Text3의 내용물로 저장한다. 이와 같이 변경 후 실행하면 정상적인 덧셈이 이루어짐을 확인할 수 있다.

② 나머지 기능들의 구현

나머지 기능들을 구현하기 위해 이번에는 뺄셈 버튼을 더블클릭하면 뺄셈 버튼을 클릭했을 때를 처리하는 코드 부분이 나타난다. 이 때 덧셈 부분의 코드를 선택해 복사한 후 뺄셈 부분에 붙이고 연산기호만 뺄셈으로 변경하는 방법을 이용하면 더 쉽고 실수 없이 코드를 구성할 수 있다. 이와 마찬가지로 곱셈, 나눗셈도 구성한 후 실행해 확인하라.

참고로, 이 리스트는 반드시 버튼을 더블클릭한 후 나타난 문장 중에 복사를 행하고 변경한다. 리스트의 "Private Sub Button1_Click(...)" 라인들까지 복사해 사용할 경우에는 문장 마지막에 기록된 "Handles Button1.Click"의 번호까지 변경해야 한다.

```
Private Sub Button1_Click( ... ) Handles Button1_Click
  TextBox3.Text = Val( TextBox1.Text ) + Val( TextBox2.Text )
End Sub

Private Sub Button2_Click( ... ) Handles Button2_Click
  TextBox3.Text = Val( TextBox1.Text ) - Val( TextBox2.Text )
End Sub

Private Sub Button3_Click( ... ) Handles Button3_Click
  TextBox3.Text = Val( TextBox1.Text ) * Val( TextBox2.Text )
End Sub

Private Sub Button4_Click( ... ) Handles Button4_Click
  TextBox3.Text = Val( TextBox1.Text ) / Val( TextBox2.Text )
End Sub
```

[리스트 2-4] 4칙 연산 프로그램 전체 리스트

③ 오류의 방지

이상에서 작성한 프로그램을 실행하고, 두 번째 숫자에 0을 기록한 후 나눗셈을 실행해 보라. 비주얼 베이직 6.0의 경우 [그림 2-23] (a)와 같은 오류가 나타나면서 프로그램의 실행이 정지되고, 비주얼 베이직 2005 이후 버전에서는 [그림 2-23] (b)와 같은 답이 나타난다.

비주얼 베이직 2005 이상에서는 [그림 2-23] (b)와 같이 다행히 오류 상황을 프로그램에서 방어해 주지만, 일반적인 프로그래밍 언어에서는 대부분 [그림 2-23] (a)와 같이 오류가 발생하고 프로그램의 동작이 정지한다. 프로그램을 작성할 때는 사용자가 잘못된 동작을 수행했을 경우 이와 같은 오류가 발생하는 것을 최대한 방지해야 "완성도가 높은" 프로그램이 될 수 있다.

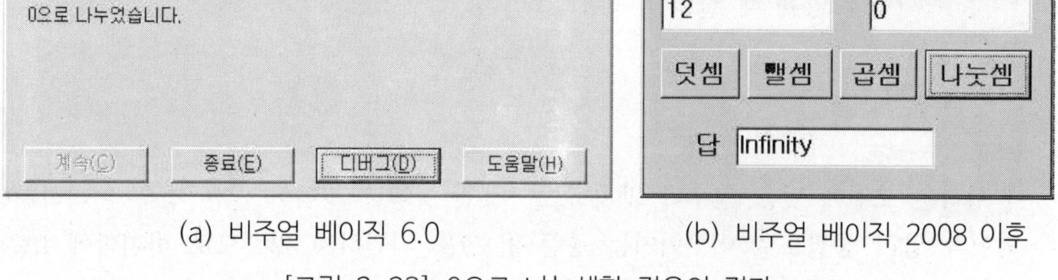

(a) 비주얼 베이직 6.0 (b) 비주얼 베이직 2008 이후

[그림 2-23] 0으로 나눗셈한 경우의 결과

이러한 오류를 미리 방지하려면, 나눗셈 연산 전에 먼저 두 번째 숫자가 0인지 판단해 0이라면 경고 메시지를 출력하고, 0이 아니라면 정상적인 나눗셈 연산을 수행하도록 구성할 필요가 있다. 이와 같이 어떤 상태를 판단해 처리를 다르게 행할 수 있는 명령으로 "If"문이 있다.

> If문 : 주어진 조건을 판별해 결과에 따라 명령을 실행하는 문

If문은 비주얼 베이직에서 2가지 형식이 있다.

```
한 줄로 구성된 If문 :
  If (조건) Then (맞을 때 실행할 명령) Else (맞지 않을 때 실행할 명령)
```

한 줄로 구성하는 If문은 본래의 베이직 언어에서 사용되던 형식으로서, If문 이후에 조건을 기록하고, Then 이후에 조건이 맞을 때 실행할 명령을 기록한다. 만약 이 때 실행할 명령이 2개 이상인 경우 콜론(:)을 이용해 계속 나열할 수 있다. Else 이후에는 조건에 맞지 않을 경우에 실행할 명령들을 기록하는데, 만약 맞지 않을 때 실행할 것이 없다면 Else를 포함해 이후의 것은 생략할 수 있다. 비주얼 베이직에서는 이상과 같은 형태의 If문을 지원하지만 조금 더 구조화하기 위해 다음과 같은 형식도 지원한다.

```
여러 줄로 구성된 If문 :
  If (조건) Then
    (맞을 때 실행할 명령-1)
    (맞을 때 실행할 명령-2)
              :
   Else
    (맞지 않을 때 실행할 명령-1)
    (맞지 않을 때 실행할 명령-2)
              :
  End If
```

이 형식은 조건에 맞을 경우나 맞지 않을 경우 실행할 명령이 많은 경우 편리하지만, C-언어와 달리 중괄호로 이루어지는 중문(重文)을 지원하지 않으므로 마지막에 If문이 종료되는 것을 알리는 End If문이 추가되어야 한다.

본 실습에서는 두 번째 형식을 이용해서 나눗셈 처리 부분을 다음 리스트와 같이 수정한 후 실행하고 0으로 나누는 계산을 실행하라.

```
Private Sub Button4_Click( ... )
  If Val(TextBox2.Text) = 0 Then
     TextBox3.Text = "0으로 나눔 오류!"
   Else
     TextBox3.Text = Val( TextBox1.Text ) / Val( TextBox2.Text )
  End If
End Sub
```

[리스트 2-5] 나눗셈 부분의 수정

(3) 독립된 프로그램으로 구성하기

지금까지 구성된 프로그램은 모두 비주얼 베이직의 실행버튼(▶)을 이용해 실행했는데, 이는 비주얼 베이직 환경에서 비주얼 베이직이 여러분의 프로그램을 실행한 결과이다. 이제는 여러분의 프로그램을 완전히 독립된 프로그램으로 구성하고 독자적으로 실행되도록 한다.

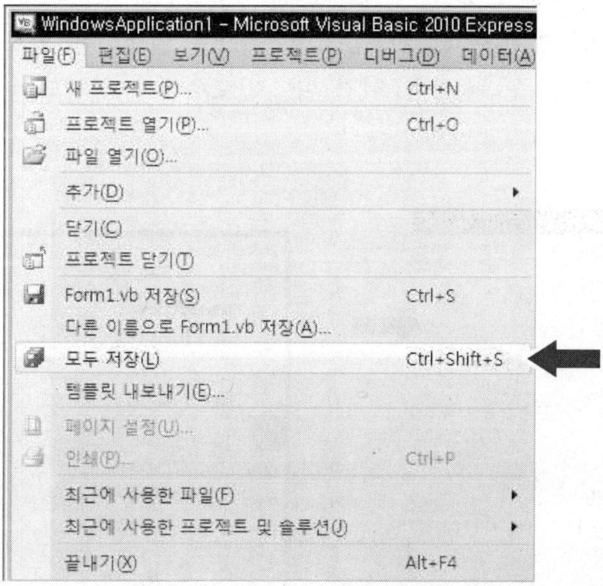

(a) 저장 메뉴

(b) 저장 화면

[그림 2-24] 프로젝트 저장하기

[그림 2-24] (a)와 같이 "파일" 메뉴에서 "모두 저장"을 선택하고 [그림 2-24] (b)와 같이 (필자의 경우 "02_사칙연산") 지금까지 작성된 모든 프로그램을 특정 이름으로 설정해 저장한다. 이후 [그림 2-25] (a)와 같이 "디버그 메뉴"를 선택하면 지금 저장했던 명칭으로 프로그램을 작성하는 "02_사칙연산 빌드"라는 메뉴가 나타나며, 이를 선택하면 최종적으로 완성된 프로그램이 생성된다. 또는 비주얼 베이직의 오른쪽 위에 위치한 "솔루션 탐색기"의 "01_사칙연산"을 우클릭하면 [그림 2-25] (b)와 같이 빌드 할 수도 있다. 비주얼 베이직 2008, 2012의 경우에는 [그림 2-25] (c)와 같이 "빌드" 메뉴가 별도로 있고 이 내부에 빌드하기가 있다.

프로그램이 생성되는 위치는 "02_사칙연산" 디렉토리 내의 "02_사칙연산" 디렉토리에서 "bin"이라는 디렉토리 내의 "Release"이며, [그림 2-25] (d)와 같이 "02_사칙연산.exe"라는 파일로 생성되어 있다. 이후 비주얼 베이직을 종료하고 생성된 사칙연산 프로그램을 실행하면 비주얼 베이직의 도움 없이 스스로 실행되는 윈도우용 프로그램이 실행됨을 확인할 수 있다. 즉 이로서, 여러분은 윈도우에서 실행되는 프로그램을 구성한 것이다.

(a) 디버그 메뉴에서 빌드

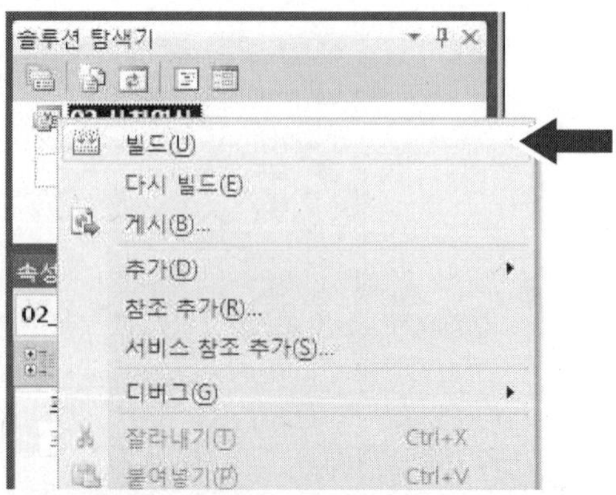

(b) 솔루션 탐색기에서 빌드

(c) 비주얼 베이직 2008, 2012에서 빌드

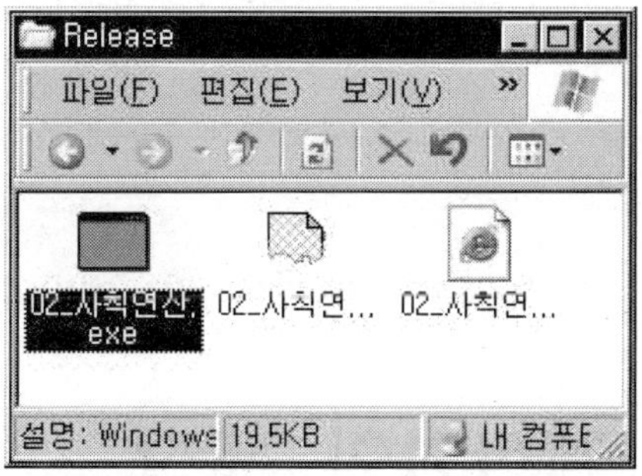

(d) 빌드 후 결과

[그림 2-25] 독립된 프로그램으로 제작하기

비주얼 베이직 6.0의 경우에는 파일 메뉴를 선택하면 [그림 2-26] (a)와 같은 메뉴 중 "Project1.exe 만들기"라는 메뉴를 확인할 수 있으며, 이를 선택하면 저장할 위치와 프로그램의 명칭을 묻는다. 저장 위치는 바탕화면으로 선택하고, 프로그램 명칭을 "사칙연산"이라 정해주면 [그림 2-26] (b)와 같이 바탕화면에 독립된 프로그램이 생성되며, 비주얼 베이직 프로그램을 종료하고 지금 생성된 프로그램을 직접 실행한다.

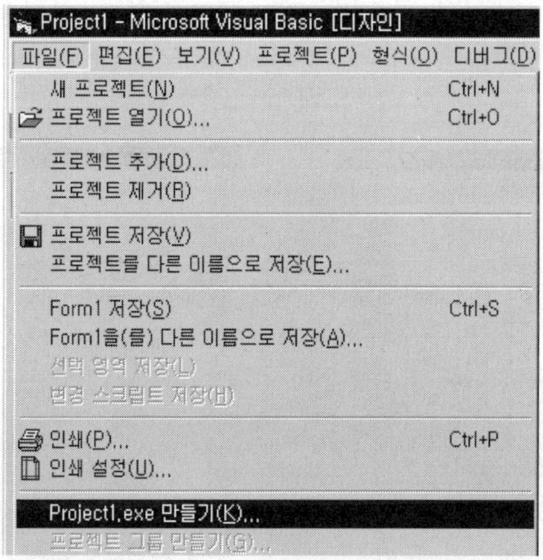

(a) 프로그램 만들기 메뉴 (b) 생성된 프로그램

[그림 2-26] 비주얼 베이직 6.0의 경우

이 과정을 정리하면, 비주얼 베이직 내부에서 실행했던 여러분의 프로그램은 프로그램에 오류가 있을 수 있고, 완성이 덜 되었을 수 있기 때문에 비주얼 베이직이 여러분의 프로그램 내용을 읽어와 그 내용 대로 실행해 주는 방식이었다. 따라서 오류가 발견되면 그 위치를 표시해 주거나 오류의 내용을 알려줄 수 있었다. 이와 같은 과정에 의해 프로그램이 구성된 후 완전히 독립적으로 실행할 수 있는 프로그램인 EXE 파일로 저장하면, 이후로는 비주얼 베이직의 도움 없이 스스로 동작하는 프로그램이 완성되는 것이다.

2-2 슈퍼용 계산기의 제작

독자 여러분이 빨리 페트라박스 하드웨어만을 제어하기 위한 것이라면 본 절은 생략하고 다음 장으로 진행해도 무방하지만, 이왕 비주얼 베이직에 관해 더 학습하기 위해 이 예제를 들었다.

이번 실습에서는 프로그래밍 인어에서 중요하게 사용되는 변수(Variable)의 개념과 서브루틴(sub-routine) 개념에 관해 학습하기 위해 슈퍼에서 사용하는 전자계산기를 제작하도록 한다. 단, 실습이 목적이므로 기능이 단순하도록 정수 숫자만 처리할 수 있는 것을 목표로 한다.

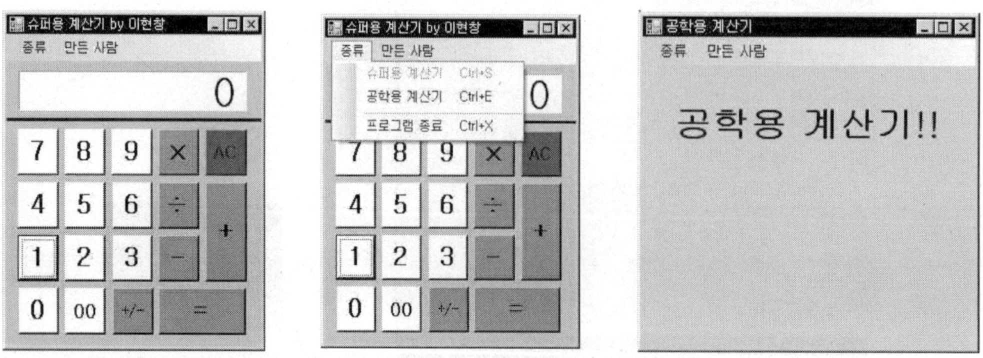

(a) 완성된 모양 (b) 메뉴의 표시 (c) 공학용 계산기 폼

[그림 2-27] 제작할 목표 프로그램

1) 계산기의 기본 기능

(1) 폼의 구성

새 프로젝트를 시작하고 "Windows Forms 응용 프로그램"을 선택한다. 폼 등이 모두 나타난 후 미리 "파일" 메뉴의 "모두 저장"을 선택해 "03_슈퍼 계산기"로 저장하면 이후로는 수시로 저장할 때 편리하다.

① 표시용 창

숫자가 표시될 창을 구성하기 위해 앞서 학습했던 텍스트 박스를 이용해도 되지만, 텍스트 박스의 경우 박스 내에 숫자를 직접 기록할 수 있는 특징이 있다. 이에 비해 실재의 전자계산기는 표시창에 직접 숫자를 기록하지 않고 오직 숫자를 표시만 하기 때문에 텍스트 박스와는 차이가 있다. 따라서 실재의 전자계산기와 동일하게 숫자를 표시만 하고 창을 통해 입력은 할 수 없는 컨트롤을 사용하는 것이 더 바람직하며, 이러한 용도에 사용할 수 있는 것이 레이블(Label) 컨트롤이다. 레이블 컨트롤은 오로지 글자를 표시만 하지 이를 통해 글자를 입력받을 수는 없으므로 전자계산기의 표시창과 동일하다. [그림 2-28] (a)와 같이 레이블 컨트롤을 이용해 화면에 배치한 후 Font 속성을 굵게, 28사이즈로 변경하면 [그림 2-28] (b)와 같은 형태로 나타난다.

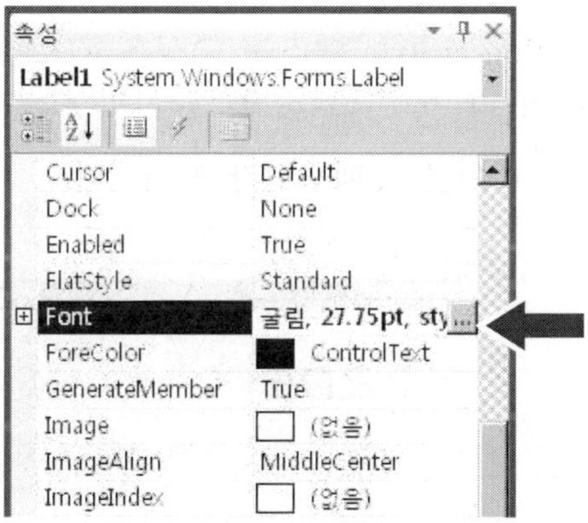

(a) Font 속성

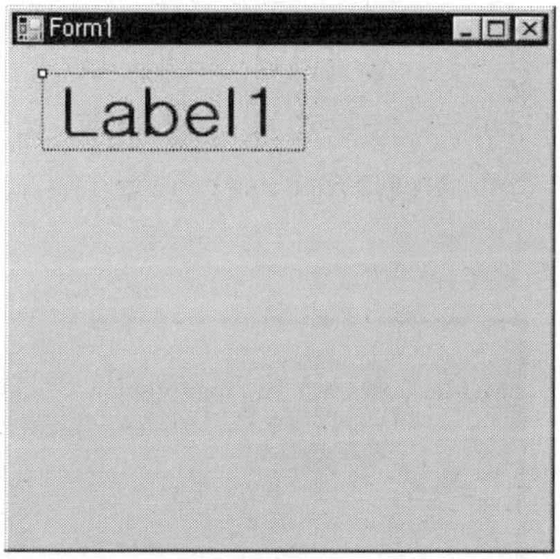

(b) 변경 후

[그림 2-28] 레이블 컨트롤에 의한 표시창 배치

배치된 레이블 컨트롤은 비록 우리의 목적에 맞는 컨트롤이기는 하지만 모양이 전혀 전자계산기의 표시창 같지 않다. 따라서 이 레이블의 속성을 조절해 전자계산기의 표시창과 유사하게 설정한다.

가. 표시창의 크기 고정

표시창의 크기가 내부 글자 수에 따라 변경되지 않도록, 즉 크기가 고정되도록 [그림 2-29] (a)에 표시한 “AutoSize” 속성을 “False”로 변경한다. 이와 같이 속성을 변경하면 레이블의 크기를 우리가 자유롭게 설정할 수 있으며, [그림 2-29] (b)와 같이 화면 양쪽에 가득 차도록 조절한다.

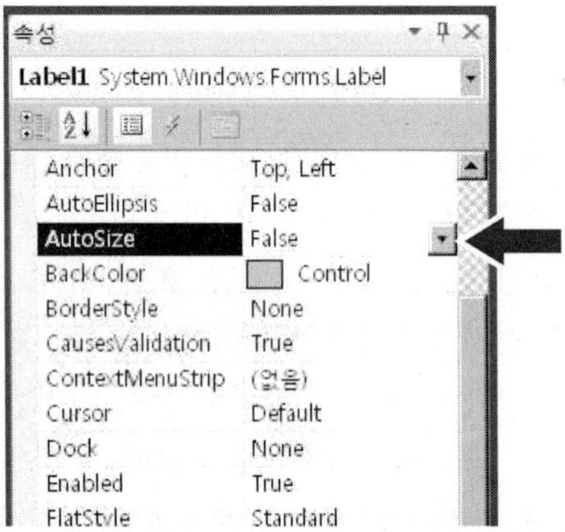

(a) AutoSize 속성

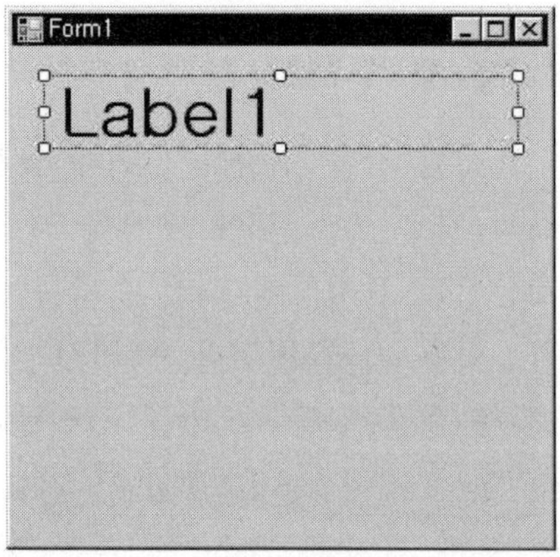

(b) 변경 후

[그림 2-29] 레이블 컨트롤 크기의 변경

나. 표시창의 테두리 설정

레이블의 속성 중 [그림 2-30] (a)와 같이 “BorderStyle”이라는 속성은 컨트롤의 테두리를 설정하는 것으로서, 현재의 레이블 컨트롤은 테두리가 없다. 이 속성에서 “Fixed3D”를 선택하면 [그림 2-30] (b)와 같이 레이블의 테두리가 표시된다.

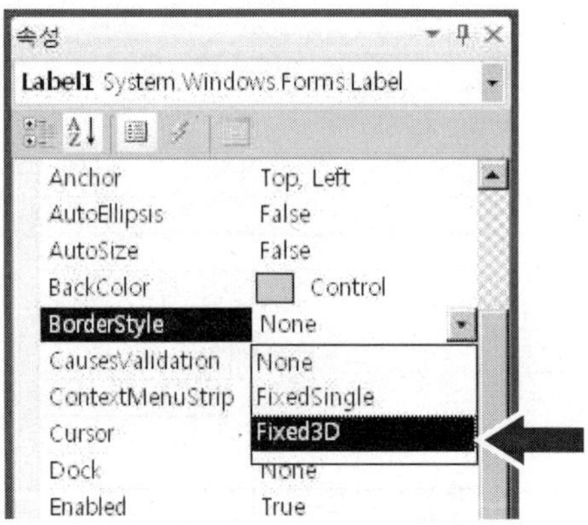

(a) BorderStyle 속성

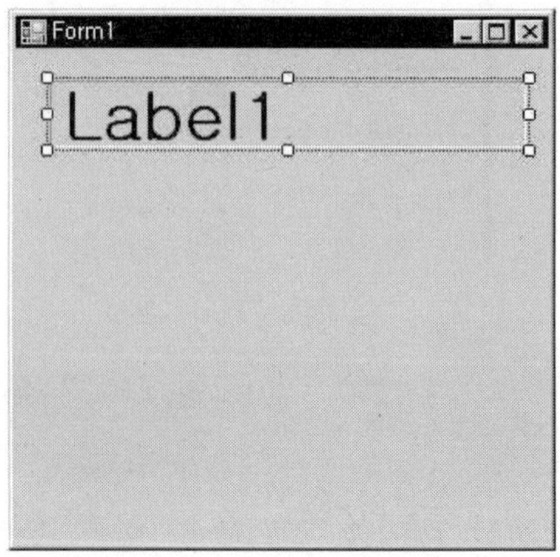

(b) 변경 후

[그림 2-30] 레이블 컨트롤 형태의 변경

다. 표시창의 배경색 설정

표시 창의 배경색을 설정하기 위해 [그림 2-31] (a)와 같이 "BackColor" 속성을 선택하고 그림과 같이 "Window"이라는 색상을 선택하면 [그림 2-31] (b)와 같이 배경색이 변경된다. (비주얼 베이직 6.0에서는 "창 배경")

이 과정에서 선택한 색상은 "시스템" 색상이라는 것으로서, 현재 여러분의 윈도우에서 사용되는 윈도우 배경색으로 설정된 색상을 적용한다는 뜻이다. 이는 윈도우 사용자마다 자신의 윈도우 색상 테마를 설정해 사용하는데, 예를 들어 여러분이 윈도우 배경색을 분홍색으로 설정해 놓았다면, 지금 작성하는 이 프로그램의 표시 창도 분홍색으로 변경되어 나타난다. 물론, 프로그램이 모두 완성된 이후에도 윈도우에서 색상을 변경하면 여러분의 프로그램 또한 윈도우의 색상을 따라 변경되어 나타난다. 즉 여러분이 프로그램을 구성할 때, 여러분이 사용하는 윈도우 환경에 따라 색상이 함께 변경되도록 설정하는 색상이 "시스템" 색상이다.

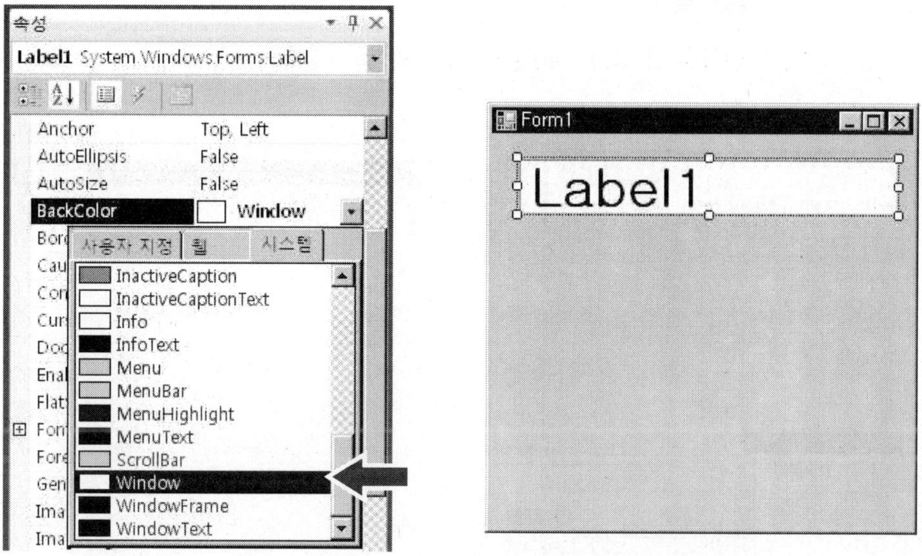

(a) BackColor 속성 (b) 변경 후

[그림 2-31] 레이블 컨트롤의 바탕색 변경

라. 표시 내용 및 표시위치 설정

일반적인 전자계산기는 처음 켜졌을 때 '0'자가 표시되므로 [그림 2-32] (a)와 같이 "Text" 속성의 내용을 0으로 변경한다. (비주얼 베이직 6.0에서는 "Caption")

[그림 2-32] (b)와 같이 표시 내용을 변경한 후 표시창에 표시되는 내용을 살펴보면, 실재 계산기와 약간 다른 면이 보인다. 즉 전자계산기에서는 숫자의 표시가 항상 오른쪽에서 시작된다. 따라서 [그림 2-33](a)와 같이 "TextAlign" 속성을 선택하면 표시될 글

자의 위치를 설정할 수 있으며, 이 중 오른쪽의 중앙 부분을 선택하면 [그림 2-33] (b)와 같이 숫자의 표시가 오른쪽으로 나타난다.

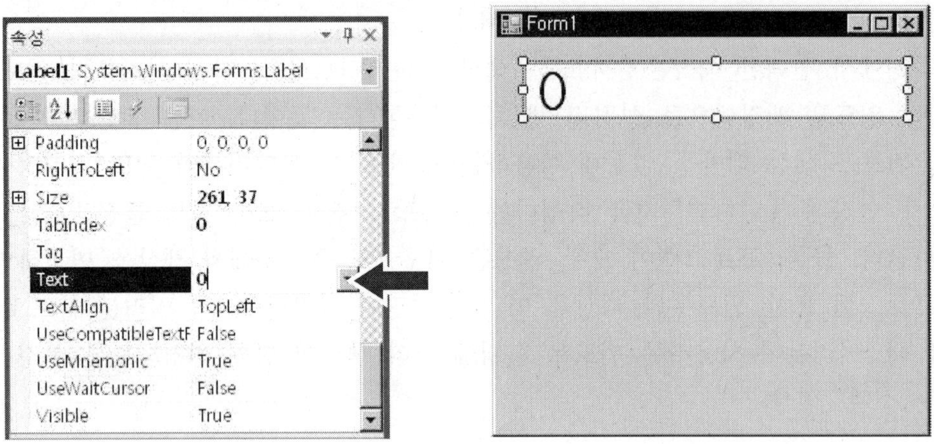

(a) Text 속성 (b) 변경 후

[그림 2-32] 레이블 컨트롤의 글자 내용 변경

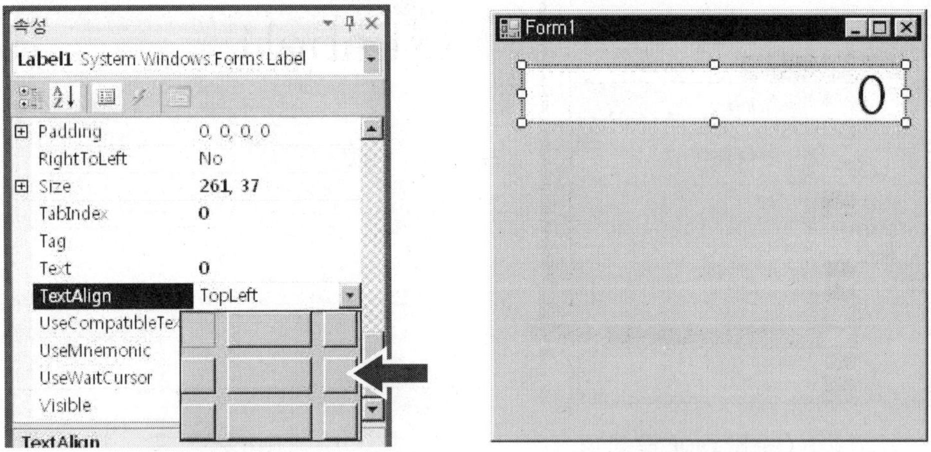

(a) Text 속성 (b) 변경 후

[그림 2-33] 레이블 컨트롤의 글자 표시방향 변경

이상의 과정에 의해 전자계산기의 표시용 창이 완성되었다. 이상의 과정에서는 여러분이 아직 비주얼 베이직의 컨트롤에 대해 익숙지 않으므로 매우 상세하게 진행하였다. 이제 어느 정도 속성에 대해 익숙해졌을 것이므로 이후로는 속성 변경사항에 대해서는 간단하게 표현하도록 한다.

② 컨트롤 이름의 설정

여기서는 비주얼 베이직을 이용해 프로그램을 구성할 때 매우 중요한 사항인 컨트롤 이름의 설정에 관해 살펴본다. 앞서 과정에서 완성된 표시창은 컨트롤 이름이 [그림 2-34] (a)와 같이 "Label1"이라 되어 있다.

ⓐ열에 표시된 "Label1 System....."이라는 내용은 "Label1"이라는 이름을 가진 레이블 컨트롤이라는 뜻이고, ⓑ열에는 이 컨트롤의 이름이 "Label1"이라는 것을 표시하고 있다. 이 이름은 우리가 프로그래밍 할 때 사용하는 컨트롤의 고유명칭으로서, 이 표시창에 어떤 내용을 표시하려면 이 이름을 이용해 이 컨트롤을 지정한다. 현재의 Lebel1이라는 이름은 비주얼 베이직이 자동으로 지정해 준 이름이며, 이 이름을 계속해서 사용하다보면 프로그램의 컨트롤이 많아지는 경우 어떤 컨트롤이 어떤 용도인지 몹시 혼동된다. 즉 예를 들어 어떤 프로그램에서 10개의 레이블이 각각 어떤 용도로 활용되고 있다면 이 이름들이 모두 Label1, Label2 ... 라 구성되어 혼동된다. 따라서 처음 폼을 구성할 때 명확한 이름을 설정해 두면 앞으로 이 이름을 이용하므로 구분하기 쉬워진다.

폼을 구성하고 코드를 이미 작성한 이후에 이 이름을 변경하면, 코드 중에서 지금까지 사용했던 모든 이름들을 찾아서 변경해야 하기 때문에 매우 번거로운 일이 되므로 폼을 구성할 때 신중하게 이름을 설정하는 것이 중요하다.

우리는 표시창이라는 의미로 "Display"라 정하도록 한다. [그림 2-34] (b)와 같이 표시창 컨트롤의 이름을 "Display"라 변경한다. 앞으로는 코딩 할 때 이 이름을 적용하면 혼동을 줄일 수 있다.

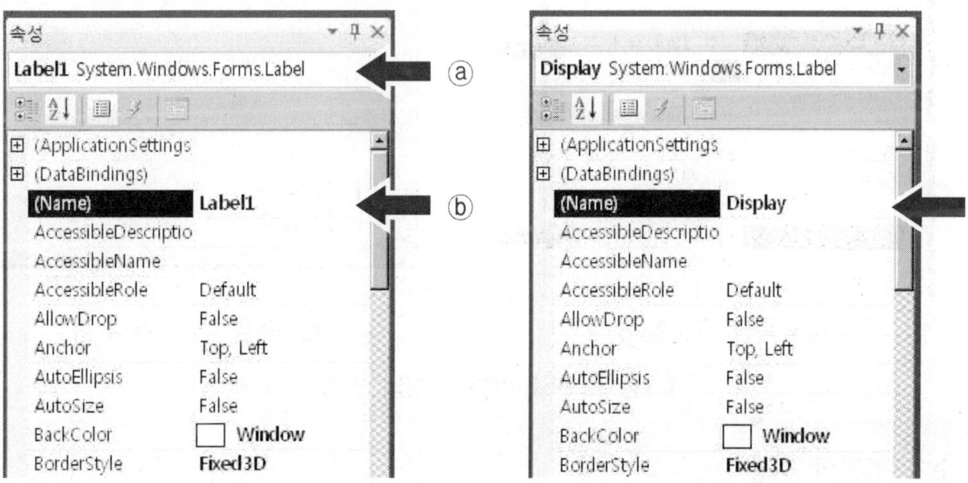

(a) Text 속성 (b) 변경 후

[그림 2-34] 레이블 컨트롤의 이름 변경

③ 숫자 버튼의 배치

Button 1:
(Name) : Btn_Num1
Font : 굵게, 18
Text : 1

Button 2:
(Name) : Btn_Num2
Font : 굵게, 18
Text : 2

(a) 버튼 컨트롤의 구성과 속성 조절

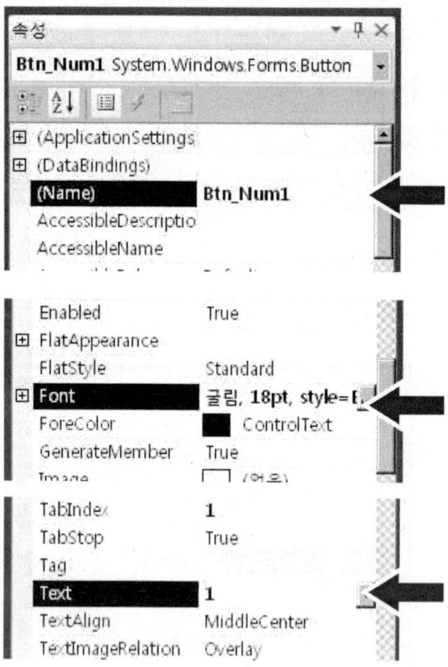

(b) 속성 조절할 곳

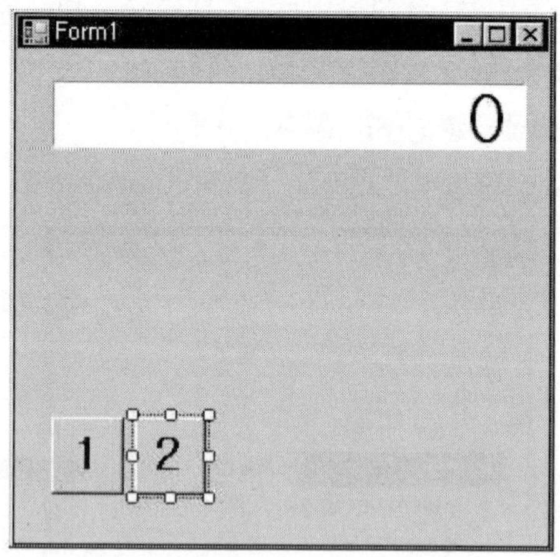

(c) 속성 변경 후의 폼

[그림 2-35] 버튼 속성의 변경

가. 숫자 버튼의 구성

이제는 0부터 9까지의 10개 숫자 버튼들을 배치할 예정이다. 그런데 이러한 경우 과거의 비주얼 베이직 6.0에서는 "컨트롤 배열(array)"이라는 기능을 이용하면 매우 쉽게 코드를 구성할 수 있었지만, 비주얼 베이직 2005 이후로는 이 기능이 사라지고 더 강력한 기능으로 대체되었다. 그러나 더 강력한 만큼 사용법이 복잡해져 초보자에게는 오히려 학습하기 어려운 내용으로 변해버렸으며, 이 책에서는 비주얼 베이직에 관해 심화 학습하는 것이 목적이 아니므로 간단하면서도 보편적인 방법을 이용하도록 한다. 이 방법은 비주얼 베이직 6.0이든 2005 이후 버전이든 관계없이 동작할 수 있다. 참고로 비주얼 베이직 6.0을 사용하고, 관련 서적을 가지고 있는 독자는 컨트롤 배열이라는 기능을 활용하면 훨씬 편리하게 숫자 버튼들의 구성을 할 수 있다.

일단 2개의 숫자를 입력할 수 있는 버튼을 구성해 골격을 완성한 후 나머지 버튼들에 대해 확장하도록 한다. [그림 2-35] (a)와 같이 2개의 버튼 컨트롤만 폼의 적당한 위치에 배치하고 이의 속성을 [그림 2-35] (b)와 같이 변경한다.

나. 숫자 입력 기능의 구현

"1"자 버튼을 더블클릭한 후 [리스트 2-6]의 2번 라인을, "2"자 버튼을 더블클릭한 후 [리스 트 2-6]의 6번 라인을 입력한다. 앞으로는 설명의 편의성을 위해 리스트 앞에 라인 번호를 표시하였다.

라인 2와 라인 6에서 각각 해당 버튼이 눌렸을 때 해당 숫자를 Display(앞서 설치했던 표시 창용 레이블 컨트롤)의 내용으로 대입하고 있다. 프로그램을 실행시킨 후 각 버튼들을 눌러 테스트하라.

```
1    Private Sub Btn_Num1_Click( ... ) Handles Btn_Num1.Click
2        Display.Text = 1
3    End Sub
4
5    Private Sub Btn_Num2_Click( ... ) Handles Btn_Num2.Click
6        Display.Text = 2
7    End Sub
```

[리스트 2-6] 1개 숫자 입력 코드

다. 숫자의 연속입력 기능의 구현

이상의 과정에 의해 작성된 코드에서는 한 버튼을 누를 때 마다 오로지 1개 숫자만 입력되어 나타난다. 실재 전자계산기에서는 이들 숫자가 일렬로 연속 입력되어야 하므로 [리스트 2-7]과 같이 변경해야 한다.

즉, 라인 2를 살펴보면 기존에 표시창에 표시하던 숫자가 있었다면 이를 Val( ) 함수에 의해 숫자로 변환하고 여기에 10을 곱셈하면 한 자리 왼쪽으로 이동된다. 즉, 만약 이미 표시창에 2가 입력되어 있었다면 10을 곱하면 20이 되며, 여기에 1을 덧셈하므로 21로 표시될 것이다.

라인 6에서도 동일한 방법으로 표시창에 자릿수가 증가하면서 숫자 2가 추가된다. 이를 실행하고 그 결과를 확인해 보라.

```
1    Private Sub Btn_Num1_Click( ... ) Handles Btn_Num1.Click
2        Display.Text = Val(Display.Text) * 10 + 1
3    End Sub
4
5    Private Sub Btn_Num2_Click( ... ) Handles Btn_Num2.Click
6        Display.Text = Val(Display.Text) * 10 + 2
7    End Sub
```

[리스트 2-7] 연속으로 숫자 입력하기

(2) 서브-루틴에 의한 프로그램 구성

① 서브-루틴의 필요성

이상의 과정에 의해 2개의 숫자 버튼이 완성되었다. 앞으로 이와 동일한 버튼을 8개 더 구성해야 하며, 이들에는 모두 [리스트 2-7]의 라인 2, 라인 6과 유사한 방법으로 코드가 구성될 것이다. 따라서 라인 2와 동일한 것이 모두 10개나 구성이 된다. 그런데 이후에 다루겠지만, 숫자 버튼에 대한 코드를 변경해야 하는 경우에는 10개 버튼 모두에서 변경해야 하며, 더구나 이 변경부분이 모든 버튼에서 동일한 내용일 경우에는 동일한 내용을 10개나 기록해야 한다.

이와 같이 거의 동일한 일을 계속 반복해 사용하는 경우에는 우리가 노래 가사의 반복된 부분을 "후렴"이라 정리하는 것과 동일한 방법으로 구성할 수 있다. 즉, 노래 가사의 후렴구는 반복되는 부분이 기록은 한 번만 되어 있지만, 실재로 노래를 부를 때는 계속 반복되어 부른다. 컴퓨터 언어에서는 이러한 부분을 서브-루틴(sub-routine)이라 하는데, 프로그램의 이곳저곳에서 동일하게 사용되는 내용을 한 곳에 정리하고, 마치 후렴구를 부르듯이 호출만 하면 해당 내용이 실행되는 것이다.

서브-루틴을 구성하기 위해 [그림 2-36] (a)에 나타낸 바와 같이 코드 창의 마지막 부분에 엔터를 입력해 새 줄을 만들고 [리스트 2-8]과 같이 입력하면 [그림 2-36] (b)와 같이 새로운 서브루틴이 구성된다. 참고로 비주얼 베이직 2005 이후 버전은 [리스트 2-8]의 첫 줄만 입력하면 뒷줄의 내용은 [그림 2-36] (b)와 같이 비주얼 베이직이 나머지 부분을 완성해준다.

```
private sub Num_Input( Num as integer )

end sub
```

[리스트 2-8] 서브루틴을 생성하는 코드

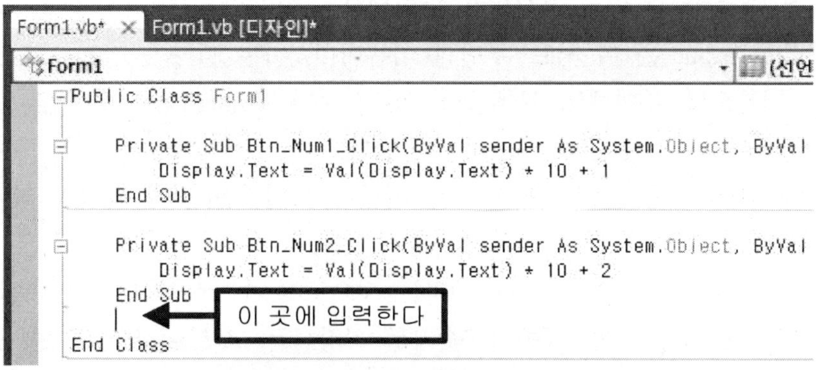

(a) 서브루틴의 입력 위치

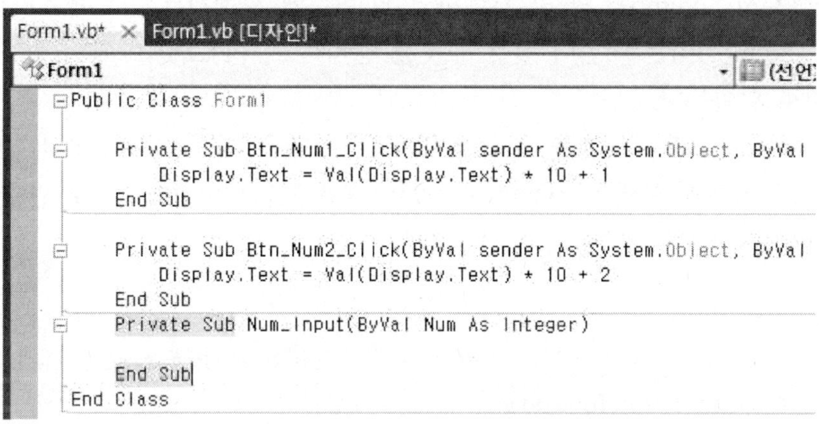

(b) 서브루틴 자리의 완성

[그림 2-36] 서브루틴의 작성방법

이와 같이 새로 생성된 부분에 [리스트 2-9]와 같이 코드를 입력한다.

```
Private Sub Num_Input(ByVal Num As Integer)
    Display.Text = Val(Display.Text) * 10 + Num
End Sub
```

[리스트 2-9] 서브루틴 코드의 구성

이 리스트의 의미는 다음과 같다.

라인 1에서 처음의 "Private"은 어떤 의미인지 아직 알 필요 없다. 물론 체계적인 지식을 위해 여기서 상세히 설명하는 것도 좋지만, 현재 다른 기본 개념들을 습득하기에도 벅찬 상황이므로 일단 생각을 단순하게 할 필요가 있다.

다음의 "Sub"는 서브-루틴(Sub-routine)의 약자로서, 노래할 때 "후렴"과 같이 다른 곳에서 이곳을 호출할 수 있는 부분임을 나타낸다.

다음의 "Num_Input"은 이 서브-루틴의 이름이며, 이는 필자가 정한 것으로서 여러분이 더 좋은 이름으로 부여해도 관계없다. 뜻은 숫자(Number)를 입력받는(Input) 곳의 약자로 정했다. 이것이 후렴구의 이름에 해당한다.

다음은 괄호 내의 내용으로서 "ByVal"은 여러분이 입력한 것이 아니라 비주얼 베이직이 알아서 입력한 것이며, 당장은 이해할 필요 없다.

다음의 "Num"은 변수(變數, Variable)라는 것으로서 수학식에서 숫자 대신 x, y라 기록하는 것과 동일한 기능이며, 일종의 "숫자를 저장하는 그릇"이고, 그 그릇에 "Num"이라는 이름표를 붙여 놓았다고 이해할 수 있다. 여기서의 "Num"이라는 이름 또한 필자가 정한 것으로서 "Number"의 약자로 하였다. 변수에 관해서는 이후에 더 상세히 다루며, 일단은 "Num"이라는 이름이 붙은 그릇을 준비하고, 이 그릇 안에는 숫자를 넣을 수 있다는 의미로 알아둔다.

다음의 "As Integer"는 숫자를 저장할 그릇의 형태를 지정한 것으로서, 이 그릇에는 소숫점이 없는 정수의 형태를 저장할 수 있는 그릇임을 의미한다. 이에 관한 사항도 이후에 더 상세히 다룬다.

```
1    Private Sub Btn_Num1_Click( ... ) Handles Btn_Num1.Click
2      Call Num_Input(1)
3    End Sub
4
5    Private Sub Btn_Num2_Click( ... ) Handles Btn_Num2.Click
6      Call Num_Input(2)
7    End Sub
8
9    Private Sub Num_Input(ByVal Num As Integer)
10     Display.Text = Val(Display.Text) * 10 + Num
11   End Sub
```

[리스트 2-10] 서브루틴에 의한 숫자 입력하기

라인 2에서는 현재 표시창에 표시된 내용을 숫자로 변환 후 10을 곱셈해 자릿수를 증가시킨 후 Num이라는 그릇의 숫자를 덧셈해 추가한다.

라인 2은 서브-루틴을 종료한다.

이상에서 작성된 서브루틴을 호출하는 코드를 [리스트 2-10]에 나타내었다. 즉 앞서 [리스트 2-7]에서 작성했던 부분의 라인 2와 라인 6을 변경한다.

라인 2와 6에서는 라인 9에서 작성된 Num_Input이라는 서브-루틴을 호출하되, 라인 2에서는 숫자 1을 건네주고, 라인 6에서는 숫자 2를 건네준다. 이렇게 건네준 숫자를 라인 9의 서브-루틴에서는 Num이라는 그릇으로 받아 이를 처리하는 것이다.

여기까지 입력하고 실행해 그 결과가 앞서 [리스트 2-7]에서의 경우와 완전히 동일함을 확인하라. 즉, 노래 가사를 반복되는 부분까지 모두 기록했느냐, 후렴구를 모아서 기록했느냐의 차이만 있을 뿐 노래를 불렀을 때는 동일해야 하는 것과 유사하다.

② 나머지 숫자 버튼들의 구성

전자계산기 폼에서, 앞서 작성했던 1이나 2 버튼을 복사해 붙여 [그림 2-37] (a)와 같이 구성하고 각각의 (Name) 속성을 [그림 2-37] (b)와 같이 이전 버튼들과 마찬가지로 Btn_Num3, Btn_Num4 ...로, Text 속성을 3, 4로 변경한다.

단, 비주얼베이직 6.0 이전 사용자는 버튼을 직접 복사하면 컨트롤 배열이라는 기능이 작동하므로,각 버튼마다 컨트롤 모음에서 직접 가져와 배치해야 한다.

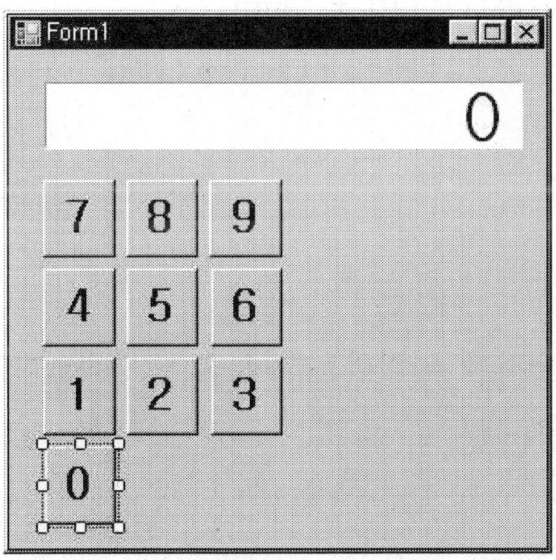

(a) 폼의 구성

버튼	속성	값
0	(Name)	Btn_Num0
	Text	0
3	(Name)	Btn_Num3
	Text	3
4	(Name)	Btn_Num4
	Text	4
:	:	:
9	(Name)	Btn_Num9
	Text	9

(b) 속성의 변경

[그림 2-37] 나머지 버튼들의 구성

각 버튼을 더블클릭해 [리스트 2-11]과 같이 코드를 구성한 후 실행하고 결과를 확인하라. 물론 코드 중의 버튼 순서는 반드시 리스트와 일치하지 않고 섞여 있어도 무방하다.

```
Private Sub Btn_Num0_Click( ... ) Handles Btn_Num0.Click
  Call Num_Input(0)
End Sub

Private Sub Btn_Num1_Click( ... ) Handles Btn_Num1.Click
  Call Num_Input(1)
End Sub

Private Sub Btn_Num2_Click( ... ) Handles Btn_Num2.Click
  Call Num_Input(2)
End Sub

          :

Private Sub Btn_Num9_Click( ... ) Handles Btn_Num9.Click
  Call Num_Input(9)
End Sub

Private Sub Num_Input(ByVal Num As Integer)
  Display.Text = Val(Display.Text) * 10 + Num
End Sub
```

[리스트 2-11] 나머지 버튼들의 코드

(3) 계산기능의 구현

이상의 과정에서 숫자 버튼들을 배치하고 숫자를 입력하는 부분을 코딩하였다. 이제는 계산을 하는 기능을 구현하는 부분을 구성한다.

① 폼의 구성

[그림 2-38] (a)와 같이 버튼 컨트롤을 배치한 후(숫자 버튼을 복사해 사용하면 편리. 단, 비주얼 베이직 6.0 이전에서는 컨트롤을 직접 배치) [그림 2-38] (b)와 같이 속성들을 변경한다.

버튼들의 배치가 완료되면 전체적인 전자계산기의 크기가 정해졌으므로 [그림 2-39] (b)와 같이 표시 창의 크기와 폼의 크기를 버튼 크기에 맞춰 조절한다.

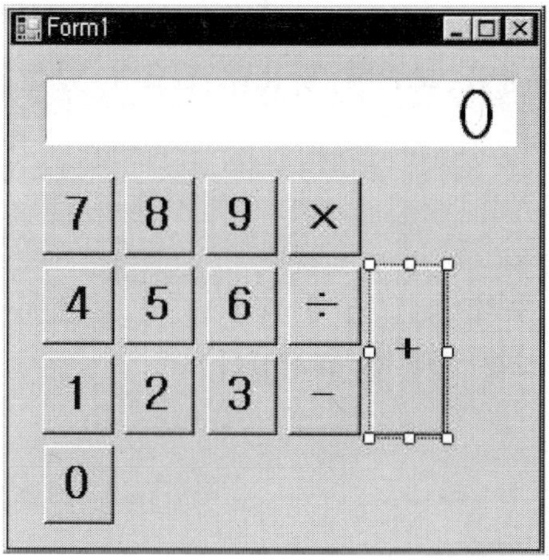

버튼	속성	값	참고
+	(Name)	Btn_Plus	
	Text	+	
−	(Name)	Btn_Minus	
	Text	−	
×	(Name)	Btn_Mul	한글 'ㄷ' 입력 후 '한자' 눌러 7번 선택
	Text	×	
÷	(Name)	Btn_Div	한글 'ㄷ' 입력 후 '한자' 눌러 8번 선택
	Text	÷	

(a) 폼의 구성 (b) 속성의 변경

[그림 2-38] 연산 버튼들의 배치

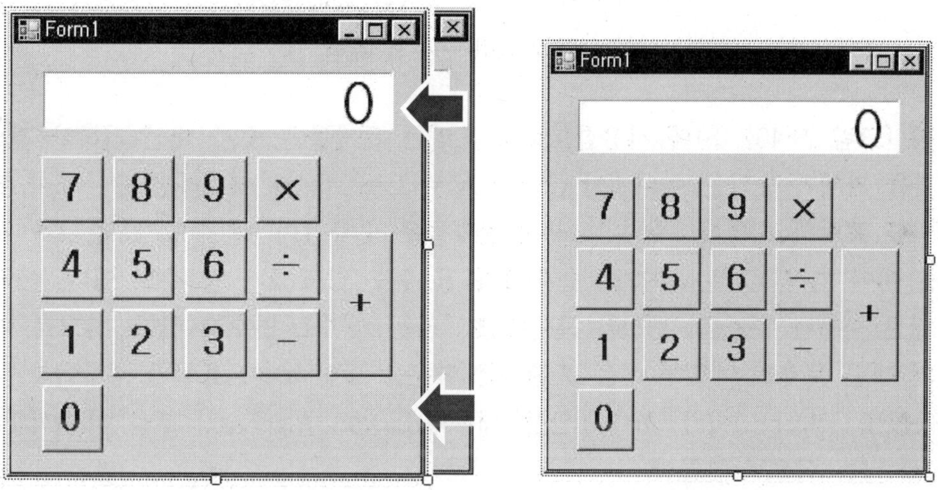

(a) 폼의 크기 변경 (b) 변경된 크기

[그림 2-39] 폼의 크기와 표시 창의 크기 조절

② 변수(variable)의 활용

가. 변수의 필요성

현재 작성하고 있는 전자계산기의 기능은 숫자 버튼들을 이용해 숫자를 입력받은 후 계산 버튼을 누르면 표시 내용을 0으로 지워 다음 숫자를 입력받을 준비를 할 것이다. 그런데, 이와 같이 앞서 입력받았던 숫자를 지워버린다면 나중에 정작 계산을 진행해야 할 때 첫 번째 숫자를 잃었으므로 계산을 할 수 없다. 따라서 계산 버튼을 눌렀을 때 우선 지금까지 입력되었던 숫자를 보관한 후 다음 숫자를 입력받기 위해 0으로 지워야 할 것이다.

이와 같이 컴퓨터 프로그램이 진행 중에 어떤 내용을 보관해 활용할 필요가 있을 때 변수(variable)이라는 기능을 사용한다.

나. 변수의 개념

변수(變數)란 "변(變)하는 수(數)"라는 의미로서, 우리가 [그림 2-40] (a)와 같은 수학식의 일반형을 표현할 때 [그림 2-40] (b)와 같이 식을 이용해 표시한다.

(a) 수학식	(b) 변수 식
1 + 2 = 3 5 + 7 = 12 :	A + B = C

[그림 2-40] 변수의 개념

이 때 [그림 2-40] (b)에 사용한 A, B, C라는 문자들은 숫자 대신 기록한 것으로서, 이 문자들 자체가 숫자는 아니지만, "만약 A = 2, B = 4라 가정하면 C = 6이 된다"라는 의미를 포함하고 있다. 즉 A, B라는 문자들은 숫자 1이 될 수도 있고, 2가 될 수도 있으며, 이에 따라 C라는 문자는 숫자 1이 될 수도 있고 2가 될 수도 있다. 이와 같이 숫자 대신 사용된 문자를 "변(變)하는 수(數)"라는 의미로 변수라 한다. 참고로 이와 같이 숫자 대신 문자를 이용해 식을 표현하는 학문을 대신(代身) 표현한 수학이라 하여 대수학(代數學, algebra)이라 하며, 선형 대수학(Linear Algebra), 부울 대수학(Boolean Algebra) 라는 식으로 부른다.

컴퓨터 내에서 이와 같은 수학의 변수 개념과 동일한 기능을 담당하는 것 또한 변수라 하며, "A = 3"이라 기록하면 "A라는 변수에 3이라는 숫자를 보관하라"는 의미이고, 컴퓨터의 어딘가에(사실은 메모리에) 이를 보관한다. 이는 [그림 2-41]과 같이 이름표가 붙어있는 그릇에 어떤 내용이 담겨있는 경우로 비유할 수 있다.

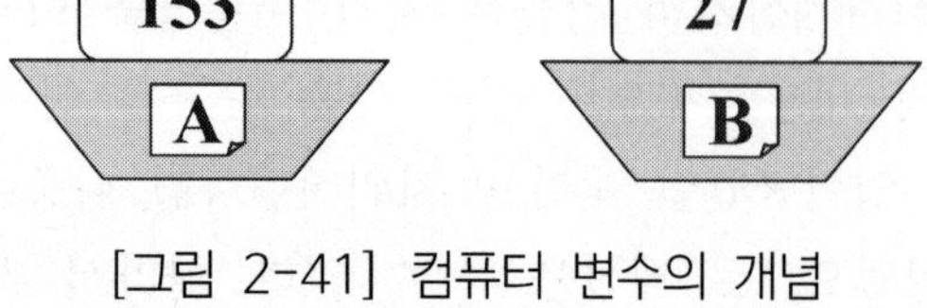

[그림 2-41] 컴퓨터 변수의 개념

즉 A라는 이름표가 붙은 그릇에는 숫자 153이 보관되어 있고, B라는 이름표가 붙은 그릇에는 숫자 27이 보관되어 있다. 이와 같이 변수에 이름을 붙여 그릇을 만드는 과정을 "변수를 선언한다"라 한다. 즉 변수를 생성하는 과정 중에 이름을 붙일 수 있다. 단, 변수의 이름은 숫자와 구분할 수 있도록 첫 글자는 숫자 이외의 다른 문자를 사용해야 한다. 즉 "312"라는 변수 이름은 사용할 수 없고, "3R12"도 첫 글자가 숫자로 되어 있으므로 사용할 수 없지만, "R312"라는 이름은 가능하다. 영문자로만 조합된 경우는 당연히 사용할 수 있지만, 이미 비주얼 베이직에서 사용되고 있는 컨트롤 명칭이나 명령어와 동일한 단어는 사용할 수 없다.

다. 변수의 종류

우리가 사용하는 그릇에는 [그림 2-42]와 같이 여러 가지 종류가 있다.

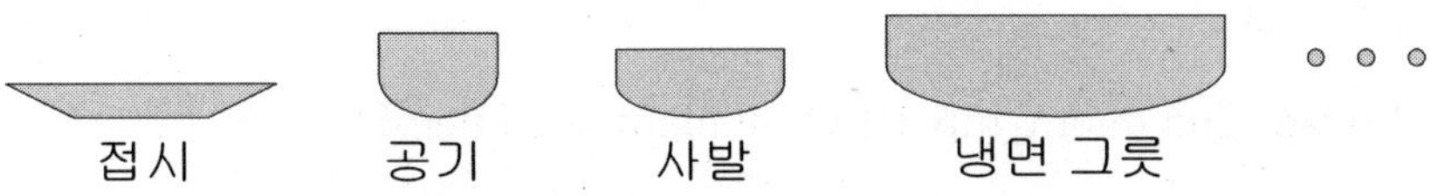

[그림 2-42] 컴퓨터 변수의 종류 비유

이와 같이 여러 종류가 존재하는 이유는 각각 용도에 맞게 사용하면 가장 편리하고 효율적이기 때문이다. 물론 밥도 냉면 그릇에, 반찬도 냉면 그릇에, 국도 냉면 그릇에 담아 사용하면 안 되는 것은 아니지만 아무래도 사용하기 불편하고 비효율적이다. 컴퓨터에서 사용하는 변수 또한 여러 종류의 것이 존재하며, 무조건 큰 그릇만을 사용해도 안 되는 것은 아니지만 아무래도 적당한 크기의 그릇을 사용하는 것이 효율적이다. 컴퓨터에서 그릇을 비효율적으로 사용하면 그만큼 컴퓨터 메모리를 많이 사용하기 때문에 큰 프로그램을 작성하려면 큰 메모리가 필요하고, 그 만큼 컴퓨터의 메모리 장치가 커져야 하므로 비용이 크게 증가한다. 또한 프로그램의 실행속도도 그만큼 느려진다.

비주얼 베이직에서 사용되는 변수의 종류도 여러 가지가 있지만, 비교적 가장 많이 사용되는 것은 "정수형"이라는 의미의 "Integer"라는 그릇이며, 다른 그릇의 "중간 정도"라 생각할 수 있다.

라. 변수의 구성방법

비주얼 베이직에서 변수를 생성(그릇을 준비하는 과정)의 예는 다음과 같다.

```
Dim ABC As Integer   ' ABC라는 이름의 그릇을 Integer라는 크기의 것으로 준비
```

처음의 Dim이란 "Dimension"의 약자로서, 컴퓨터 내에 자리를 잡으라(자리를 확보하라)는 의미이다. 다음의 ABC는 그릇에 붙일 이름이다. 다음의 "As Integer"는 사용할 그릇의 크기를 지정한 것이다.

마. 변수의 사용 범위

변수(그릇)을 준비할 때 어떤 위치에 준비하는가에 따라 그 변수를 사용할 범위가 정해진다. 지금까지 우리가 작성했던 코드 중 일부를 [리스트 2-12]에 나타내었다.

```
1   Private Sub Btn_Num9_Click( ... ) Handles Btn_Num9.Click
    ☜ ⓐ
2       Call Num_Input(9)
3   End Sub
4
5   Private Sub Num_Input(ByVal Num As Integer)
    ☜ ⓑ
6       Display.Text = Val(Display.Text) * 10 + Num
7   End Sub
```

[리스트 2-12] 변수의 생성 위치

만약 변수(그릇)를 라인 1과 2 사이인 ⓐ지점에 생성하도록 구성한다면, 생성된 변수는 Btn_Num9_Click이라는 서브-루틴에 소속되어 이 서브-루틴 내에서만 사용할 수 있고, 라인 5와 6 사이인 ⓑ 지점에 생성하도록 구성한다면, 생성된 변수는 Num_Input이라는 서브-루틴에 소속되어 이 서브-루틴 내에서만 사용할 수 있다.

이를 비유로 설명하면 라인 1번부터 3번까지는 Btn_Num9_Click이라는 처리를 행하는 곳, 즉 이름이 "Btn_Num9_Click"이라는 사람의 집이고, 5번부터 7번까지는 "Num_Input"이라는 사람의 집이다. 따라서 각 사람의 집에서 구입한 그릇은 그 집 사람이 사용할 뿐이지 다른 사람의 것이 아닌 것이다. 이와 같이 어떤 변수가 한 부분에 소속되어 그 부분에서만 사용할 수 있는 것을 "Local 변수"("국소변수", 또는 "지역변수"라 번역하기도 한다)라 한다.

이에 비해 어떤 집에서도 누구나 공용해 사용할 수 있는 변수(그릇)을 "Global 변수"("전역변수"라 번역하기도 한다)라 하는데, 누구에게 소속되지 않고 누구나 사용할 수 있으려면 어떤 집에도 소속되지 않아야 한다. 즉 리스트 중의 라인 1의 위쪽이나 라인 4번 위치, 또는 라인 7 아래쪽에서 변수를 선언하면 이는 어느 집에도 속하지 않으므로 전역변수로 사용되는 것이다.

바. 변수를 이용한 코딩

우리가 사용할 변수는 첫 번째 입력된 숫자를 보관하는 역할을 하므로 전자계산기 전체에서 누구나 사용할 수 있는 전역변수로 생성되어야 한다. 따라서 [리스트 2-13]과 같이 코드가 시작되는 첫 위치에 변수 선언을 추가한다.

```
Public Class Form1
    Dim First As Integer

    Private Sub Btn_Num0_Click( ... ) Handles Btn_Num0.Click
        Call Num_Input(0)
    End Sub

    Private Sub Btn_Num1_Click( ... ) Handles Btn_Num1.Click
        Call Num_Input(1)
    End Sub
        :
```

[리스트 2-13] 전역변수의 생성

새로 추가된 부분은 첫 번째 숫자를 보관하는 곳이라는 의미를 강조하기 위해 그릇의 이름을 "First"라 붙였고, 그릇은 Integer라는 정수 숫자만 넣을 수 있는 종류로 구성하며, 특히 어느 집의 소속에도 속하지 않도록 문장 가장 위에 위치하였다. 따라서 First라는 그릇은 어떤 집에서도 모두 사용이 가능하다.

이와 같이 변수(그릇)이 준비되었으면 덧셈 버튼을 더블클릭한 후 [리스트 2-14]와 같이 코드를 삽입해 덧셈 버튼이 눌리면 표시창의 내용을 숫자로 변환해 변수에 저장한 후 표시 창을 지우도록 구성한다.

```
Private Sub Btn_Plus_Click( ... ) Handles Btn_Plus.Click
    First = Val(Display.Text)
    Display.Text = 0
End Sub
```

[리스트 2-14] 덧셈 버튼의 코드

*참고 : 이상의 코드를 테스트하는 과정 중 21억을 넘는 큰 숫자를 입력한 후 계산 버튼을 누르면 오류가 발생하는데, 이는 이후의 ④ 과정에서 설명하며, 일단 21억 이하의 숫자만 사용한다.

③ "=" 기능 코딩

가. 계산 종류의 저장

현재까지 진행된 전체의 과정을 정리하면 다음과 같다.

- 첫 번째 숫자를 입력 받는다.
- 계산 종류(덧셈, 뺄셈 등)버튼을 누르면 첫 번째 숫자를 보관하고, 두 번째 숫자를 입력받을 준비를 한다.
- 두 번째 숫자를 입력 받는다.
- 최종적으로 "=" 버튼을 누르면 첫째 숫자와 둘째 숫자를 계산한다.

이러한 과정 중 두 번째 과정에서 눌렀던 계산 버튼이 어떤 종류인지 알고 있어야 "=" 버튼 클릭 시 해당되는 계산을 진행할 수 있다. 따라서 어떤 계산 버튼이 눌렸었는지를 기억하기 위한 변수가 필요하고, 계산 버튼을 처리하는 부분에서는 버튼의 종류를 저장해 놓을 필요가 있다. 이를 위해 코드 첫 부분과 덧셈 버튼 처리 부분에 [리스트 2-15]와 같이 코드를 추가한다.

```
1    Public Class Form1
2        Dim First As Integer
3        Dim Oper As Integer
:        :
5        Private Sub Btn_Plus_Click( ... ) Handles Btn_Plus.Click
6            First = Val(Display.Text)
7            Oper = 0
8            Display.Text = 0
9    End Sub
```

[리스트 2-15] 연산종류 구분 변수와 덧셈 버튼의 코드

즉, 라인 3에서 계산 버튼의 종류를 저장할 수 있는 변수 Oper(Operation의 약자로 정했다)을 선언하고, 라인 7에서는 덧셈을 눌렀다는 것을 기록하기 위해 이 변수에 0을 저장한다.

나. 주석(comment) 기능의 활용

앞서 계산 종류를 기록하기 위한 변수 Oper에는 앞으로 덧셈은 0, 뺄셈은 1, 곱셈은 2, 나눗셈은 3이라 기록해 놓을 예정인데, 프로그램의 작성이 진행되다보면 혼동되고 잊을 수 있으므로 [리스트 2-16]과 같이 주석(comment)를 붙여놓으면 이후에 편리하다.

```
Public Class Form1
    Dim First As Integer
    Dim Oper As Integer ' 덧셈:0, 뺄셈:1, 곱셈:2, 나눗셈:3
    :
```

[리스트 2-16] 연산종류의 주석

주석은 프로그램의 코드 내용과는 관계없이 우리가 임의로 마치 메모를 삽입하듯 내용을 자유롭게 작성할 수 있는 설명으로서, 코드 중에 주석을 넣으려면 [리스트 2-16]과 같이 주석이 시작되는 부분에 홑따옴표(')를 붙이고 내용을 기록한다. 비주얼 베이직에서는 이 내용이 주석이라는 의미로 이 부분은 녹색으로 표시된다.

다. 나머지 계산 버튼 코드의 완성

덧셈에 관한 코드가 대략적으로 구성되었으므로 이를 기초로 나머지 버튼들, 즉 뺄셈, 곱셈, 나눗셈 버튼들을 구성한다면 [리스트 2-17]과 같은 형태가 될 것이다.

```
Private Sub Btn_Minus_Click( ... ) Handles Btn_Minus.Click
    First = Val(Display.Text)
    Oper = 1
    Display.Text = 0
End Sub

Private Sub Btn_Mul_Click( ... ) Handles Btn_Mul.Click
    First = Val(Display.Text)
    Oper = 2
    Display.Text = 0
End Sub

Private Sub Btn_Div_Click( ... ) Handles Btn_Div.Click
    First = Val(Display.Text)
    Oper = 3
    Display.Text = 0
End Sub
```

[리스트 2-17] 다른 연산 버튼들의 코드

그런데 이들의 내용을 살펴보면 Oper 변수에 대입하는 숫자 이외에는 모든 내용이 동일함을 알 수 있고, 더구나 이후에는 이 내용들을 동일하게 수정할 것이므로 이 또한 숫자 버튼 처리에서와 마찬가지로 서브-루틴을 활용하는 것이 편리하다. 따라서 실제 사용하는 코드는 덧셈 버튼을 포함해 [리스트 2-18]과 같이 구성한다.

```
1   Private Sub Btn_Plus_Click( ... ) Handles Btn_Plus.Click
2       Call Oper_Input(0)
3   End Sub
4
5   Private Sub Btn_Minus_Click( ... ) Handles Btn_Minus.Click
6       Call Oper_Input(1)
7   End Sub
8
9   Private Sub Btn_Mul_Click( ... ) Handles Btn_Mul.Click
10      Call Oper_Input(2)
11  End Sub
12
13  Private Sub Btn_Div_Click( ... ) Handles Btn_Div.Click
14      Call Oper_Input(3)
15  End Sub
16
17  Private Sub Oper_Input(ByVal Num As Integer)
18      First = Val(Display.Text) ' 첫 숫자 보관
19      Oper = Num ' 계산 코드 저장
20      Display.Text = 0 ' 표시창 지움
21  End Sub
```

[리스트 2-18] 서브루틴을 이용한 연산 버튼들의 코드

[리스트 2-18]의 라인 2는 앞서 구성했던 덧셈 버튼의 내용을 변경한 것이고, 라인 5-7은 뺄셈 버튼을 더블클릭한 후 입력되는 부분, 9-10은 곱셈 버튼을 더블클릭한 후 입력되는 부분, 13-15는 나눗셈 버튼을 더블클릭한 후 입력되는 부분이다.

라인 17-21은 계산 버튼들에서 공통적으로 적용되는 부분을 구성한 서브-루틴이다. 라인 17은 이 서브-루틴을 호출하는 라인 2, 6, 10, 14에서 보내온 숫자를 Num이라는 정수형 변수(그릇)을 준비한 후 이곳에 저장한다. 라인 18에서는 첫 숫자를 보관하고, 라인 19에서 계산 코드를 저장하며, 라인 20에서 표시 창을 0으로 지운다.

참고로, 이곳에서 사용하는 그릇의 이름을 Num이라 하였지만 앞서 숫자를 입력받는 서브루틴에서도 그릇의 이름을 Num이라 하였다. 이와 같이 그릇의 이름이 동일하다 할지라도 이 그릇들은 각자 자신의 서브루틴에서 숫자를 받기위해 준비한 것이므로 서로 다른 것임에 유의하라. 즉, 우리집에 어느 회사 그릇이 있는데, 다른 집에도 그와 동일한 회사 그릇이 있다하여 그 그릇이 내 것이 아닌 것이다.

라. "=" 버튼 폼의 구성

전자계산기에 입력된 최종 답을 구하는 "="을 [그림 2-43] (a)와 같이 버튼 컨트롤을 이용해(또는 다른 버튼을 복사해) 배치하고, [그림 2-43] (b)와 같이 속성들을 변경한다.

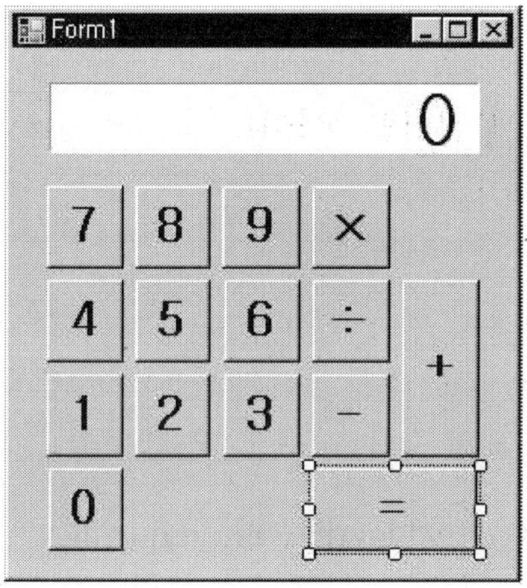

(a) 폼의 구성

속성	값
(Name)	Btn_Equ
Text	=

(b) 속 성

[그림 2-43] '=' 버튼의 추가

마. 계산 처리 코딩

계산에 관한 코드를 구성하기 위해 "=" 버튼을 더블클릭하면 이에 해당하는 코드 창이 나타난다. 계산 버튼의 종류에 따른 처리를 행하기 위해 앞서 학습한 If문을 이용하려면 현재의 경우에는 Oper이라는 변수 내에 저장된 계산 버튼의 종류에 따라 4가지로 분리해야 하므로 If문에 4개가 필요하다. 한 변수의 상태나 조건에 따라 2갈래로 분리되는 경우에는 If문이 편리하지만, 현재와 같이 한 개의 변수 내용에 의해 여러 갈래로 분리되는 경우에는 select문을 이용하는 것이 간편하고 코드의 구성이 간결해진다. 참고로, select문은 C-언어에서의 switch문과 동일한 기능이다.

비주얼 베이직에서의 select문은 [리스트 2-19]와 같은 구성으로 이루어진다.

[리스트 2-19] 라인 1의 Select case 이후에 조건을 판단할 변수명을 위치시키고, 다음 줄부터 Case와 조건을 기록한다. 그 다음 줄(라인 3)에 처리할 코드들을 기록하는데, 여러 개를 기록할 수 있다. 모든 경우들이 완료되면 라인 9와 같이 End Select문으로 종료

한다. 사실상 여기에 소개한 내용은 비주얼 베이직의 Select문 기능 중 기본만 소개한 것으로서, C-언어에서의 Switch문보다 더 편리하고 융통성 있는 구성으로 되어있으며, 이러한 내용에 대해서는 이후에 다시 소개된다.

"=" 버튼을 더블클릭한 후 이상에서 살펴본 Select문을 이용해 [리스트 2-20]과 같이 코드를 입력하고 실행해 보라.

```
Select case 변수명
  Case 조건-1
                조건-1일 때 처리할 코드들
                            :
  Case 조건-2
                조건-2일 때 처리할 코드들
                            :
        :
End Select
```

[리스트 2-19] Select case문의 구조

```
Private Sub Btn_Equ_Click( ... ) Handles Btn_Equ.Click
    Select Case Oper
        Case 0 ' 덧셈
            Display.Text = First + Val(Display.Text)
        Case 1 ' 뺄셈
            Display.Text = First - Val(Display.Text)
        Case 2 ' 곱셈
            Display.Text = First * Val(Display.Text)
        Case 3 ' 나눗셈
            If Val(Display.Text) = 0 Then
                Display.Text = "0 나눔 Error"
            Else
                Display.Text = First / Val(Display.Text)
            End If
    End Select
End Sub
```

[리스트 2-20] '=' 버튼 클릭 때 실행할 코드

- 라인 2 : Oper이라는 변수의 내용에 의해 여러 갈래로 분기한다.
- 라인 3 : Oper 변수의 내용이 0일 때(즉 덧셈 버튼) 처리하는 부분임을 나타낸다.
- 라인 4 : 저장했던 첫째 숫자와 현재의 표시창 숫자를 덧셈해 다시 표시창에 나타낸다.
- 라인 5 - 6 : Oper 변수의 내용이 1일 때(즉 뺄셈 버튼) 처리하는 부분이다.
- 라인 7 - 8 : Oper 변수의 내용이 2일 때(즉 곱셈 버튼) 처리하는 부분이다.
- 라인 9 - 14 : Oper 변수의 내용이 3일 때(즉 나눗셈 버튼) 처리하는 부분이다.
- 라인 13 : 나눗셈을 처리하기 전 현재 표시창의 숫자가 0일 경우, 즉 0으로 나눗셈을 시도하는지 확인한다.
- 리인 11 : 0으로 나눗셈을 시도할 경우 오류 메시지를 표시한다.
- 라인 12 - 13 : 그렇지 않다면 나눗셈을 시행한다.
- 라인 14 : If문을 종료한다.
- 라인 15 : Select문을 종료한다.

④ 변수 크기의 변경

작성된 프로그램을 실행시켜 첫 숫자가 21억보다 큰 숫자, 예를 들어 30억을 입력하고 계산 버튼을 누르면 [그림 2-44]와 같은 오류가 발생한다.

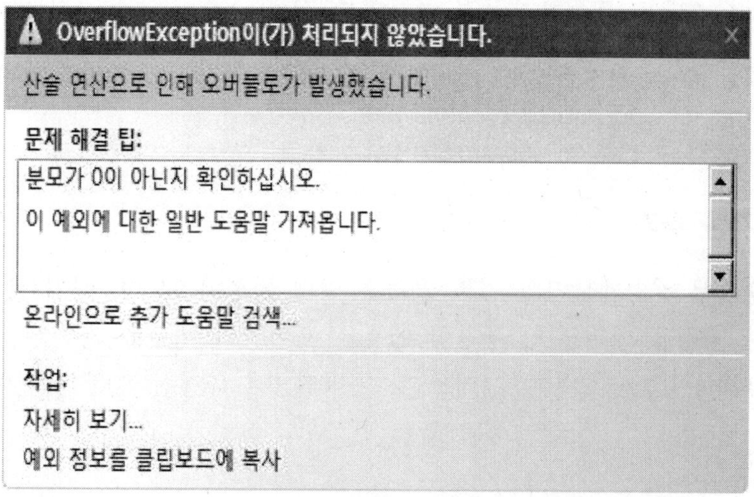

[그림 2-44] 너무 큰 숫자일 때 오류

이는 [리스트 2-21] (a) 중 라인 1번에 의해 발생하는 오류로서, 첫 번째 숫자를 저장할 변수 First의 크기가 너무 작아 발생한 것이다. 즉 라인 1에서 First라는 변수를 "Integer"라는 크기로 생성하라 했는데, Integer라는 크기는 약 -21억에서 +21억 정도의 숫자를(더 정확히는 -2,147,483,648 ~ +2,147,483,647 까지) 저장할 수 있는 변수이다. 이러한 제약이 어떻게 발생하는지는 이후에 과정이 진행되면서 설명한다.

이 숫자보다 더 큰 숫자를 저장할 수 있는 변수는 "Long"이라는 것으로서, 이는 약 -21억의 21억배 부터 +21억의 21억배 정도의 숫자까지 저장할 수 있다. 따라서 [리스트 2-21] (b)와 같이 변경하고 실행하면 21억보다 더 큰 숫자가 입력 가능함을 확인할 수 있다.

```
Dim First As Integer
Dim Oper As Integer ' 덧셈:0, 뺄셈:1, 곱셈:2, 나눗셈:3
:
```

(a) 숫자 오버플로 오류가 발생한 원인

```
Dim First As Long
Dim Oper As Integer ' 덧셈:0, 뺄셈:1, 곱셈:2, 나눗셈:3
:
```

(b) 큰 숫자를 취급할 수 있도록 변경

[리스트 2-21] 큰 숫자를 취급할 수 있도록 변경

사실상 필자는 억 단위만으로도 표시창이 꽉 차 더 이상 입력해도 보이지 않아 무의미했다.

(4) 기타 기능 추가

이상의 과정에서 전자계산기의 기본 골격은 거의 완성되었으며, 여기서는 나머지 기능들을 추가하는 과정을 살펴본다. 추가할 기능은 표시창의 내용을 지우는 "AC" 버튼, 양수/음수를 전환하는 "+/-" 버튼, 그리고 두 자리의 0을 채우는 "00" 버튼이다.

① 폼 구성

버튼 컨트롤들을 [그림 2-45]에 나타낸 바와 같이 배치하고 속성을 조절한다.

이 때 버튼이 작아 버튼 내부에 글자가 모두 나타나지 않는 경우 Font 속성의 '굵게'를 '보통'으로 또는 글자 크기를 더 작게 줄인다. 필자의 경우 '+/-'는 글자가 정상적으로 나타나지 않아 '보통'으로 설정하였다.

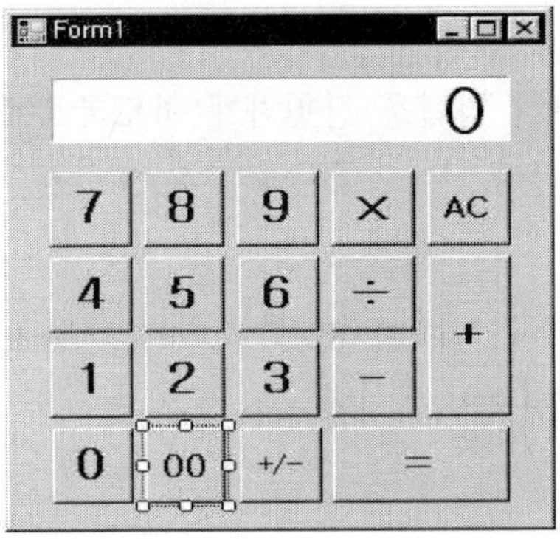

(a) 폼의 구성

버튼	속성	값
AC	(Name)	Btn_AC
	Font	굵게, 12
	Text	AC
00	(Name)	Btn_Num00
	Font	굵게, 14
	Text	00
+/-	(Name)	Btn_PM
	Font	굵게, 12
	Text	+/-

(b) 속 성

[그림 2-45] '00', 'AC', '+/-' 버튼의 추가

② AC 버튼

AC(All Clear) 버튼은 전자계산기의 표시 창에 표시된 모든 숫자를 지우는 역할을 한다. "AC" 버튼을 더블클릭하고 [리스트 2-22]와 같이 코드를 입력한다. 리스트의 2번과 3번 라인에서는 각각 표시창의 내용을 0으로, 첫 숫자의 내용을 0으로 초기화한다.

```
1    Private Sub Btn_AC_Click( ... ) Handles Btn_AC.Click
2        Display.Text = 0
3        First = 0
4    End Sub
```

[리스트 2-22] 'AC' 버튼 클릭 때 실행할 코드

③ "+/-" 버튼

현재 표시되고 있는 숫자의 양수/음수를 전환하기 위한 것으로서, "+/-" 버튼을 더블클릭한 후 [리스트 2-23]과 같은 코드를 입력한다.

```
1    Private Sub Btn_PM_Click( ... ) Handles Btn_PM.Click
2        Display.Text = Val(Display.Text) * (-1)
3    End Sub
```

[리스트 2-23] '+/-' 버튼 클릭 때 실행할 코드.

라인 2에서는 입력창에 입력되었던 숫자에 (-1)을 곱셈해 부호를 반전한 후 다시 표시한다. 이 때 (-1)은 괄호 내에 기록하며, 괄호를 사용하지 않으면 뺄셈 연산으로 인식할 수 있다.

④ "00" 버튼

슈퍼에서 사용하는 전자계산기의 경우 큰 숫자의 입력을 간편하게 하도록 “00”이라는 버튼이 설치되어 있다. “00” 버튼을 더블클릭한 후 [리스트 2-24]와 같은 코드를 입력한다.

```
1   Private Sub Btn_Num00_Click( ... ) Handles Btn_Num00.Click
2       Display.Text = Val(Display.Text) * 100
3   End Sub
```

[리스트 2-24] '00' 버튼 클릭 때 실행할 코드.

라인 2에서, 현재 표시되고 있는 숫자에 100을 곱하면 두 자리의 00이 추가되고, 이를 다시 표시 창에 표시한다.

이상의 과정에서 구성된 프로그램을 실행하고 결과를 확인하라.

⑤ 숫자 입력방법의 개선

지금 다루려는 내용은 우리가 실재 전자계산기와 반드시 동일하게 작동하도록 하는 것이 목표가 아니라, 프로그램을 작성하는데 필요한 알고리즘, 즉 문제가 주어졌을 때 어떻게 해결할 수 있는지 그 방법을 배우고 훈련하는 것이 목적이며, 이를 위해 문제점을 제기한 것이다.

가. 입력방법의 개선사항

이상의 과정에 의해 구성된 전자계산기는 모든 기능이 완료되었다. 그러나 동작을 살펴보면 실재 전자계산기와는 다음과 같은 약간의 차이가 존재한다.

제작한 전자계산기	실재 전자계산기
1. 첫째 숫자 입력한다. 2. 계산 버튼 누르면 0으로 지워진다. 3. 둘째 숫자 입력한다.	1. 첫째 숫자 입력한다. 2. 계산 버튼 눌러도 숫자는 지워지지 않는다. 3. 둘째 숫자를 입력할 때 지워지면서 입력된다.

즉, 실재의 전자계산기에서는 계산 버튼을 누르면 화면은 지워지지 않고 첫째 숫자가 그대로 표시되고 있으며, 그 후 숫자 버튼을 누르면 숫자가 지워지고 새로운 숫자의 입력이 시작된다. 우리가 제작하는 전자계산기에도 이러한 기능을 추가해본다. 이는 이 기능이 중요해서가 아니라, 프로그래밍 연습을 위한 것이다. 또한 여러분이 프로그램 제작 주문을 받았는데 주문자의 요구가 이러한 경우 이 요구에 맞춰줘야만 한다.

이를 구현하기 위해서는 우선 숫자 버튼을 입력받을 때 직전에 계산 버튼을 누른 경우에는 처음부터 숫자를 다시 입력받고, 그렇지 않다면 현재 입력되고 있는 숫자에 추가하는 방법이 필요하다. 즉 직전에 계산 버튼이 눌렸는지 아닌지를 구분해야 한다. 이러한 기능을 구현하는 방법에는 여러 가지 아이디어가 있을 수 있지만, 여기서는 변수를 이용한 간단한 방법을 이용해 본다.

기능을 구현한 리스트는 다음과 같다.

```
1     Dim First As Integer
2     Dim Oper As Integer ' 덧셈:0, 뺄셈:1, 곱셈:2, 나눗셈:3
3     Dim Flag As Integer ' 표시창 지움 표시
:           :
4     Private Sub Num_Input(ByVal Num As Integer)
5         If Flag = 0 Then
6             Display.Text = Val(Display.Text) * 10 + Num
7         Else
8             Display.Text = Num
9             Flag = 0 ' 새로 입력되었으므로 다음부터는 연속입력
10        End If
11    End Sub
:           :
12    Private Sub Oper_Input(ByVal Num As Integer)
13        First = Val(Display.Text) ' 첫 숫자 보관
14        Oper = Num ' 계산 코드 저장
15        ' Display.Text = 0 ' 표시 창 지움, 주석으로 명령어 지움
16        Flag = 1 ' 다음 숫자 입력 시는 새로 숫자 시작
17    End Sub
```

[리스트 2-25] 계산 버튼 직후 숫자 버튼 눌렀을 때 새로 입력받기

- 라인 3 : 계산버튼을 누른 직후인지 아닌지를 표시하기 위한 Flag라는 변수를 준비한다. Flag라는 명칭은 "깃발"이라는 의미로 이름붙인 것이며, 무엇인가 "있다, 없다"를 표시할 때 깃발을 세웠다 눕혔다 하는 형태를 묘사해 자주 사용되는 이름이다.
- 라인 5 : Flag 변수의 내용이 0일 경우, 즉 직전에 계산 버튼이 눌리지 않은 경우에는 계속해서 숫자 입력을 진행한다.
- 라인 7, 8 : Flag 변수의 내용이 0이 아닐 경우, 즉 직전에 계산 버튼이 눌린 경우에는 새로운 숫자로 대체시킨다.
- 라인 9 : 새롭게 숫자가 시작되었으므로 Flag 변수에 0을 대입해 이후로는 계속적으

로 숫자의 입력이 진행되도록 한다.

- 라인 10 : If문을 종료한다.
- 라인 15 : 이 라인은 표시 창을 0으로 초기화하는 기능이므로 삭제해야 하지만, 여기서는 문장 가장 앞부분에 홑 따옴표를 삽입해 주석으로 처리해 이 명령을 무효화했다. 즉, 프로그램 작성 시 무작정 명령어들을 지운 경우 나중에 필요할 수 있으므로 이와 같이 주석으로 처리해 놓으면 편리한 경우가 많다.
- 라인 16 : 계산 버튼이 눌렸음을 표시하기 위해 Flag 변수에 1을 대입한다.

초기에 Flag변수가 0이었다면 숫자 버튼을 누를 때 마다 라인 5와 6에서 연속으로 숫자를 입력받는다. 그 후 계산 버튼이 눌리면 라인 18에서 Flag변수에 1이 대입되고, 그 다음 눌리는 숫자 버튼에서는 라인 7, 8에 의해 새로운 숫자의 입력이 시작된다. 그 후 라인 9에서 Flag 변수를 0으로 대입하므로 이후로 입력되는 숫자 버튼들은 모두 라인 5, 6에 의해 연속으로 입력된다.

참고로 라인 12-17의 서브-루틴은 숫자버튼을 입력받는 서브루틴으로서, 모든 숫자버튼들은 공통적으로 이곳을 call해서 사용하고 있는데, 만약 서브루틴을 활용하지 않고, 모든 계산 버튼마다 이러한 코드를 각각 작성해 사용하고 있었다면, 변경 시 얼마나 불편하고 많은 실수가 발생할 수 있을 지 생각해보라.

나. 변수의 초기화 방법

그런데 라인 3에서 Flag라는 변수가 생성되기는 했지만, 이 변수 내부에 어떤 내용이 저장되어 있는지 모르는 상태에서 숫자 버튼이 눌리면 라인 5번에서 예상치 못한 결과가 나타날 수 있다. (물론 비주얼 베이직에서는 변수가 처음 생성될 때 자동으로 0이 되기는 하지만, 이는 보이지 않으므로 정확히 알 수 없다.) 따라서 전자계산기 프로그램이 처음 시작될 때 새로 만들어진 변수에 정확한 값인 0을 기록해 놓는 것이 확실한 방법이다.

현재 구성된 전자계산기 폼의 바탕 부분을 더블클릭하면 다음과 같은 코드창이 나타난다.

```
1    Private Sub Form1_Load( ... ) Handles MyBase.Load
2
3    End Sub
```

라인 1의 "Form1_Load()"라는 것은 이 프로그램이 처음으로 시작되어 전자계산기 폼이 화면에 나타날 때 수행할 코드들을 기록하는 부분이다. 즉 앞서 설명한 Flag 변수와 같이 변수가 생성만 되고 내부에 어떤 정확한 값이 없는 상태에서 사용되어야 하는 경우 이곳에서 초기값을 설정할 수 있다. 따라서 다음과 같이 코드를 기록한다.

```
Private Sub Form_Load( ... ) Handles MyBase.Load
    Flag = 0
End Sub
```

[리스트 2-26] Form_Load 부분에서 변수 초기화하기

이와 같이 기록함으로서 이제 전자계산기 프로그램이 처음 시작될 때 Flag 변수를 확실한 0값으로 설정할 수 있다.

이상의 과정을 완료한 후 프로그램을 실행하고 첫째 숫자 입력 후 계산버튼을 눌렀을 때 반응과 다음 숫자를 눌렀을 때 반응을 확인하라.

다. "=" 버튼에도 추가

모든 계산을 입력하고 "=" 버튼을 눌러 답을 얻은 직후 계속해서 숫자 버튼을 눌러보라. 현재 나타난 답 이후로 계속해서 숫자가 입력됨을 알 수 있다. 실재 전자계산기에서는 "=" 버튼에 의해 최종 답이 얻어진 후 숫자 버튼을 누르면 새로운 숫자를 다시 입력받기 시작하므로 여기서도 다음 리스트의 추가만으로 매우 간단하게 동일한 기능으로 구성할 수 있다.

즉 "=" 버튼을 누른 경우도 앞서 계산 버튼과 동일하게 처리되도록 한다.

```
Private Sub Btn_Equ_Click( ... ) Handles Btn_Equ.Click
    Select Case Oper
        Case 0 ' 덧셈
            Display.Text = First + Val(Display.Text)
        Case 1 ' 뺄셈
            Display.Text = First - Val(Display.Text)
        Case 2 ' 곱셈
            Display.Text = First * Val(Display.Text)
        Case 3 ' 나눗셈
            If Val(Display.Text) = 0 Then
                Display.Text = "0 나눔 Error"
            Else
                Display.Text = First / Val(Display.Text)
            End If
    End Select
    Flag = 1 ' 이후 숫자 입력 시는 새로 입력 시작
End Sub
```

[리스트 2-27] '=' 버튼 처리 시에도 추가

2) 프로그램 장식하기

여기서는 전자계산기 본연의 기능 이외에 윈도우 프로그램의 중요한 요소 중 하나인 메뉴 기능과 각종 색상변경에 관한 내용을 진행한다.

(1) 메뉴의 구성

① 윈도우 메뉴의 구조

윈도우에서 사용되는 메뉴의 구조에 관한 지식이 있어야 우리가 사용할 수 있으므로 윈도우의 메뉴에 관해 간단히 이해한 후 메뉴를 추가하도록 한다. 윈도우에서 사용되는 메뉴는 [그림 2-46]의 ⓐ 부분과 같이 기본적으로 표시되는 주 메뉴(Main-menu)와 주 메뉴를 선택했을 때 펼쳐지며 나타나는 ⓑ 부분의 부 메뉴(Sub-menu)로 구성되며, 실제의 동작은 부 메뉴를 선택했을 때 발생한다. 즉 주 메뉴는 부 메뉴들의 묶음 역할만 담당할 뿐이다.

또한 부 메뉴의 우측에는 ⓒ와 같이 이 메뉴를 키보드에서 직접 실행할 수 있는 "단축키"(영어로는 "Shortcut"라 한다)가 할당되어 있으며, 부 메뉴 중 ⓓ와 같이 현재 활성화 된 것(enable)이 있는가 하면 ⓔ와 같이 활성화되지 않은 것도 있다. 또한 ⓕ와 같이 메뉴를 구분하는 구분선이 있으며, ⓖ와 같이 부 메뉴의 부 메뉴를 포함하는 것도 있다.

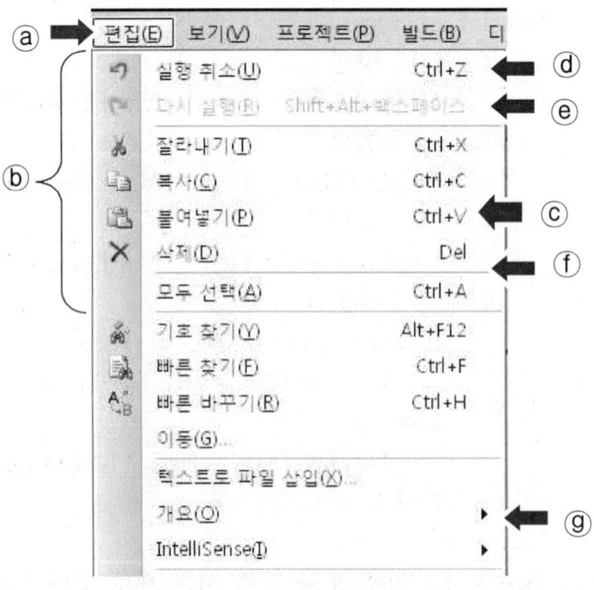

[그림 2-46] 메뉴의 구성 예

② 메뉴의 추가-1

우리의 프로그램에서는 일단 매우 간단한 메뉴, 즉 메뉴를 선택했을 때 표시 창에 만든 사람의 이름이 나타나도록 구성해본다.

가. 메뉴의 배치

메뉴는 폼에 나타나는 것이므로 이를 배치하고 편집하는 작업은 당연히 폼 창에서 이루어진다. 메뉴를 구성하는 기능은 [그림 2-47] (a)의 ⓐ에 나타낸 바와 같이 도구 상자 중 "메뉴 및 도구 모음"이라는 그룹에 모여 있으며, ⊞ 기호를 눌러 이를 펼치면 각종 메뉴에 관련된 도구들이 나타난다. 이 중 [그림 2-47] (a)의 ⓑ, 즉 "MenuStrip"이라는 것이 메뉴를 구성하기 위한 도구이며, 이를 선택하고 폼의 아무 곳이나 클릭하면 [그림 2-47] (b)와 같이 메뉴를 생성할 수 있는 영역이 나타난다.

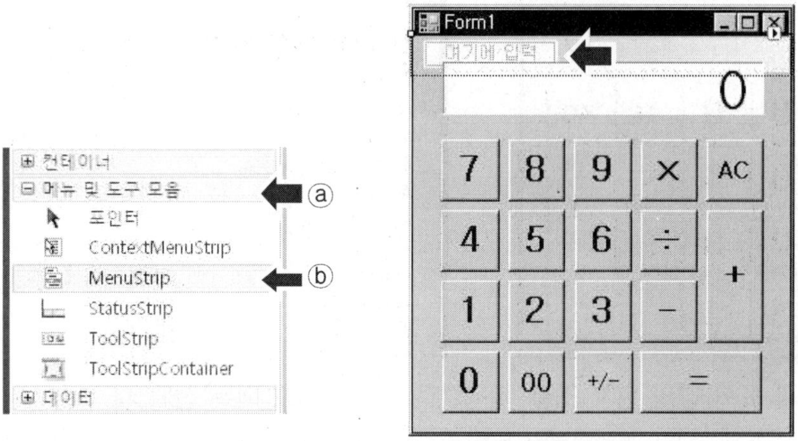

(a) 메뉴 도구 모음 (b) 메뉴의 구성 위치

[그림 2-47] 메뉴의 구성 방법

메뉴 위치에 있는 "여기에 입력" 박스를 클릭하면 [그림 2-48] (a)와 같이 메뉴가 확장된다. 확장된 메뉴의 ⓐ영역들은 폼에서 생성될 "주 메뉴"를 기록하는 곳이며, ⓑ 영역은 주 메뉴에 부속되는 "부 메뉴"를 기록하는 곳이다. 주 메뉴 영역의 박스에 "만든 사람"이라 입력한 후 폼의 다른 곳을 클릭하면 [그림 2-48] (b)와 같이 메뉴가 생성된다. 이와 같이 메뉴가 생성된 후 만약 [그림 2-48] (b)와 같이 메뉴가 위치한 곳이 표시 창을 가리면 표시창의 위치를 아래로 배치해 [그림 2-48] (c)와 같이 완전히 나타나도록 하고, 필요에 따라서는 버튼들의 위치도 조절한다.

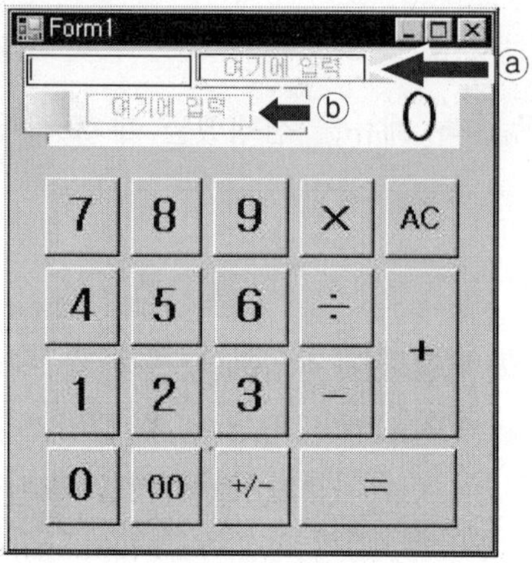

(a) 메뉴 입력 위치

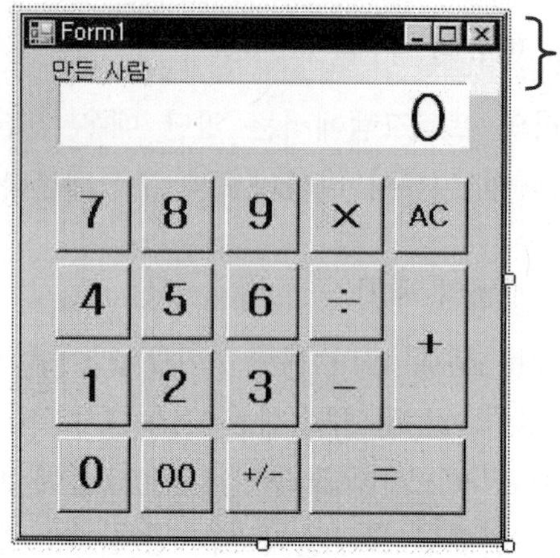

(b) 메뉴 구성 후 메뉴 영역

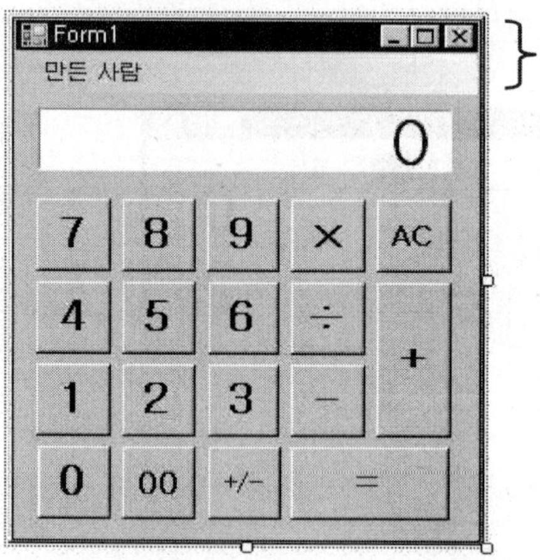

(c) 버튼과 표시 창의 위치 조정

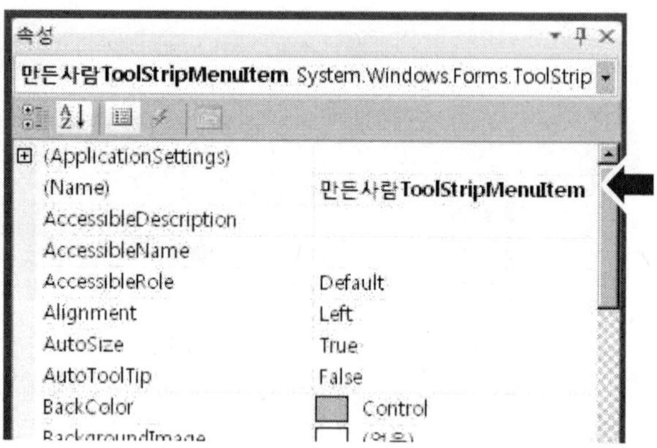

(d) 메뉴 선택 시 속성

[그림 2-48] 메뉴의 구성 과정

"만든 사람" 메뉴를 클릭하면 [그림 2-48] (d)와 같이 속성 창에 메뉴의 이름이 매우 길게 구성된 것을 확인할 수 있다. 이 (Name) 속성은 메뉴의 이름을 정하는 곳으로서, 이는 마치 지금까지 사용해 온 컨트롤의 이름과 동일한 역할을 하며, 이곳에 "Mnu_Who"라 기록한다. 이 이름의 "Mnu"는 메뉴의 이름이라는 의미로 붙였으며, 이와 같이 구분하는 이유는 이후에 코딩 시 알 수 있다.

나. 메뉴 실행 코드의 구성

프로그램을 실행하면서 메뉴를 선택했을 때 실행될 코드를 입력하기 위해 폼에 나타난 "만든 사람"이라는 메뉴를 더블클릭하는데, 만약 메뉴 박스 내에 이미 커서가 존재하는 상태라면 이 메뉴를 더블클릭해도 [그림 2-49] (a)와 같이 박스 안의 텍스트만 선택될

뿐이다.

따라서 폼의 다른 곳을 클릭해 [그림 2-48] (c)와 같이 메뉴가 정상적으로 나타난 상태이거나, 또는 [그림 2-49] (b)와 같이 커서가 박스 내부에 존재하지 않는 상태에서 "만든 사람" 메뉴를 더블클릭하면 [리스트 2-28]과 같이 코드를 입력할 수 있는 부분이 추가된다.

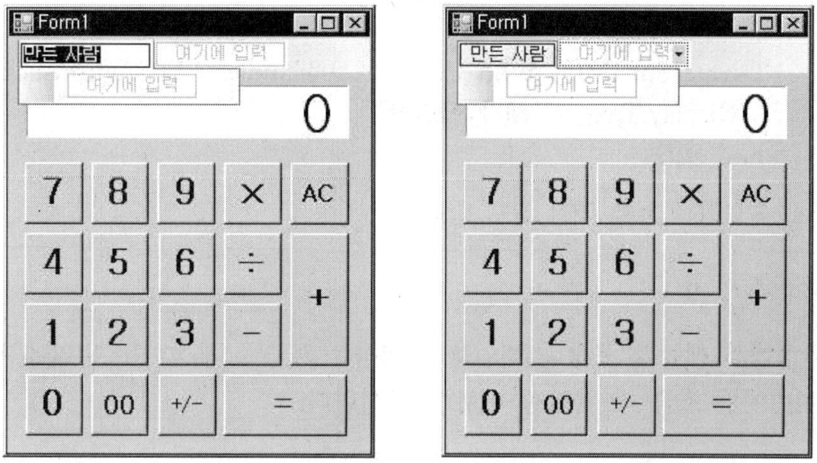

(a) 메뉴가 이미 선택된 상태 (b) 메뉴가 선택되지 않은 상태

[그림 2-49] 메뉴 코드를 입력하기 위한 더블클릭 상태

```
                    :
1   Private Sub Btn_Num00_Click( ... ) Handles Btn_Num00.Click
2       Display.Text = Val(Display.Text) * 100
3   End Sub
                    :
4   Private Sub Form1_Load( ... ) Handles MyBase.Load
5       Flag = 0
6   End Sub
                    :
7   Private Sub Mnu_Who_Click( ... ) Handles Mnu_Who.Click
8
9   End Sub
```

[리스트 2-28] 메뉴에 대한 코드 입력 부분

[리스트 2-28]에서 알 수 있듯이 메뉴를 선택했을 때 실행될 코드의 명칭은 라인 7과 같이 메뉴의 속성에서 설정한 "Mnu_Who"라는 이름이 사용된다. 또한 라인 1은 "Btn"

이라는 이름으로 시작되었으므로 버튼의 제어에 관한 코드이고, 라인 4는 "Form"으로 시작되어 폼에 관한 제어 코드이며, 라인 7은 "Mnu"로 시작되므로 메뉴에 관한 제어 코드임을 명확히 구분할 수 있다. 이 때문에 이름의 앞에 버튼의 약자, 메뉴의 약자를 적용한 것이며, 우리는 적용하지 않았지만 표시창과 같은 레이블은 "Lbl_", 텍스트 박스는 "Txt_" 등과 같이 구분하면 편리하다. 메뉴의 코드 부분에 [리스트 2-29]와 같이 자신의 이름을 이용해 코드를 기록하고 프로그램을 실행해 확인해 보라.

```
Private Sub Mnu_Who_Click( ... ) Handles Mnu_Who.Click
    Display.Text = "제작:이현창"
End Sub
```

[리스트 2-29] 메뉴에 대한 코드 입력

③ **메뉴의 추가-2**

이상의 과정에서 메뉴를 구성하고 이를 제어하는 코드를 구성하는 원리에 관해 학습하였으므로, 이번에는 조금 더 복잡한 메뉴를 구성한다.

가. 메뉴의 구성

이번에 구성할 목표는 "종류"라는 주 메뉴 내에 "슈퍼용 계산기", "공학용 계산기", "프로그램 종료"라는 부 메뉴가 나타나도록 구성한다.

현재 구성된 "만든 사람" 메뉴를 클릭하면 [그림 2-50] (a)와 같이 메뉴의 구성상태가 나타난다. "종류"라는 주 메뉴를 생성하기 위해 [그림 2-50] (a)와 같이 "만든 사람" 옆에 위치한 "여기에 입력"을 클릭하면 [그림 2-50] (b)와 같이 영역이 확장되며, 이 박스에 "종류"라 입력한다.

(a) 메뉴의 추가 (b) 추가 위치

[그림 2-50] 메뉴 추가하기

지금까지 구성된 주 메뉴는 "만든 사람"과 "종류"의 순서로 되어 있으나, 우리는 "종류" 메뉴가 더 왼쪽으로 배치되도록 구성하려 한다. 따라서 "종류" 메뉴를 이동하기 위해 [그림 2-51] (a)와 같이 다른 메뉴, 즉 여기서는 "만든 사람"을 클릭한 후, "종류" 메뉴를 마우스로 드래그해 [그림 2-51] (b)와 같이 이동한다. 이와 같은 방법으로 모든 메뉴 항목을 이동 가능하다.

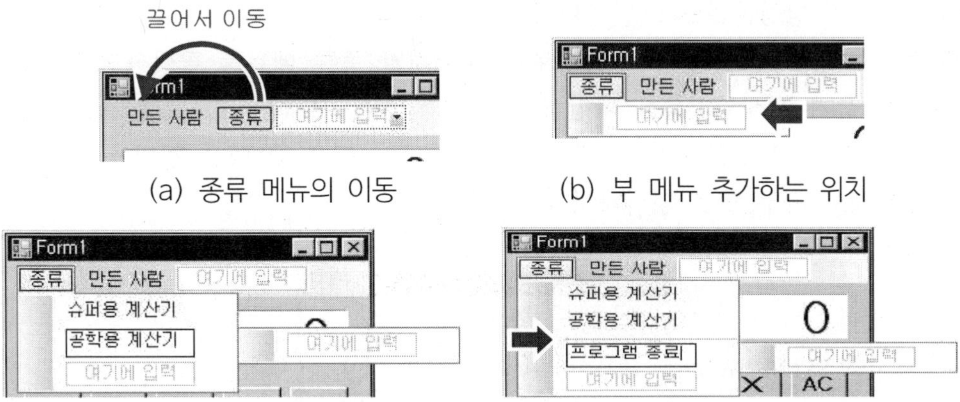

(a) 종류 메뉴의 이동 (b) 부 메뉴 추가하는 위치

(c) 부 메뉴의 추가 (d) 구분선의 추가

[그림 2-51] 메뉴 위치 이동과 부메뉴 추가하기

이후 [그림 2-51] (b)의 부 메뉴 영역의 "여기에 입력"을 클릭하면 부메뉴 입력 박스가 확장되며, 이 영역에 [그림 2-51] (c)와 같이 "슈퍼용 계산기"를 입력하고, 다시 확장 후 "공학용 계산기"를 입력한다. 부 메뉴 부분을 다시 확장하고 이번에는 "-" 한 글자만 입력하고 확장하면 [그림 2-51] (d)와 같이 구분선으로 변환된다. 나머지 확장 부분에 "프로그램 종료"라 입력한다.

나. 메뉴 이름의 할당

이상의 과정에서 생성된 메뉴 중 우리가 사용할 메뉴들에 대해서는 [그림 2-52]와 같이 쉬운 이름으로 할당한다. 즉, 해당 메뉴를 선택하고 속성 창에서 (Name) 속성을 변경한다.

메뉴	슈퍼용 계산기
(Name)	Mnu_Super

메뉴	공학용 계산기
(Name)	Mnu_Eng

메뉴	프로그램 종료
(Name)	Mnu_End

[그림 2-52] 메뉴 이름들의 변경

다. 프로그램 종료 메뉴의 코드 추가

생성된 메뉴 중 "프로그램 종료" 메뉴를 더블클릭하고 [리스트 2-30]과 같이 코드를 입력한다.

```
Private Sub Mnu_End_Click( ... ) Handles Mnu_End.Click
    End
End Sub
```

[리스트 2-30] 프로그램 종료 코드

라인 2의 End 명령은 프로그램 전체를 종료한다.

이와 같이 메뉴가 구성된 후 프로그램을 실행시켜 종류 메뉴를 클릭하면 [그림 2-53]과 같이 부메뉴가 생성되었음을 확인할 수 있다. 물론, 현재는 프로그램 종료 메뉴와 만든 사람 메뉴만 동작하고, 나머지 메뉴들에 대해서는 해야 할 일을 정의하지 않았으므로 메뉴를 선택해도 아무 일도 일어나지 않을 것이다.

[그림 2-53] 프로그램 실행 결과

(2) 다중 폼

윈도우용 프로그램은 한 프로그램 내에 여러 개의 폼을 가질 수 있으며, 이상의 과정에서 구성된 메뉴를 이용해 다른 형태의 폼을 선택할 수 있도록 한다.

① 공학용 계산기 폼 추가

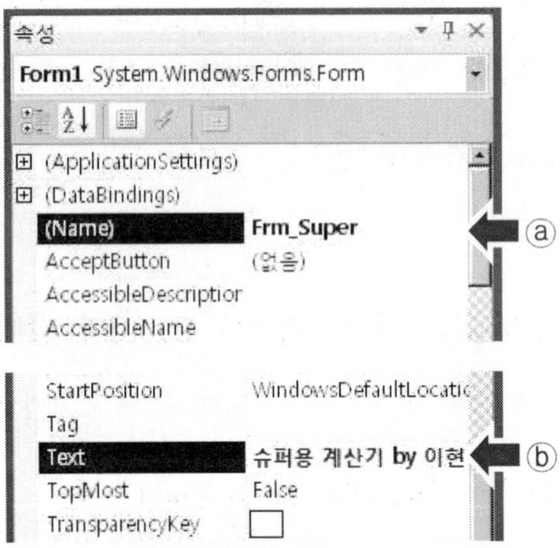

(a) 폼의 속성

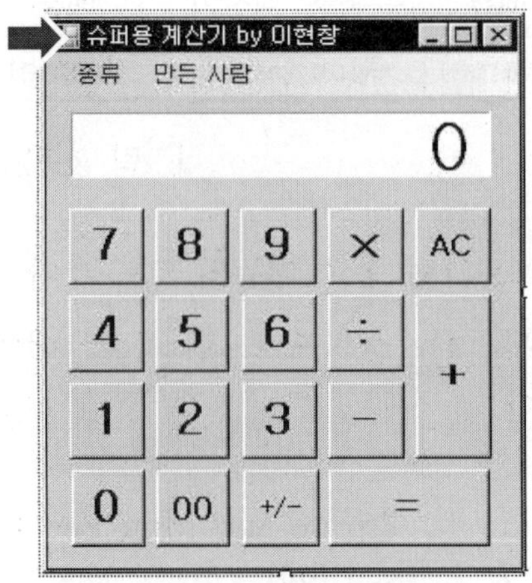

(b) 변경 후 결과

[그림 2-54] 폼의 명칭과 타이틀 속성 변경

가. 폼 이름의 변경

이제 지금까지 구성한 폼 이외에 또 다른 폼을 구성할 것이며, 따라서 2개의 폼이 구성되므로 폼을 서로 구분하기 위해 명확한 명칭을 부여하도록 한다. 폼 창에서 폼의 바탕, 즉 폼 자체를 선택한 후 속성창을 살펴보면 [그림 2-54] (a)의 ⓐ 부분에 폼의 이름이 표시되어 있으며, 이를 "Frm_Super"라 변경한다.

또한 이왕 변경하는 김에 ⓑ 부분의 "Text" 속성의 내용을 "슈퍼용 계산기 by 이름"이라 변경하면 우리의 전자계산기 상단에 [그림 2-54] (b)와 같이 명칭이 표시된다.

나. 새로운 폼 추가

새로운 폼을 추가하기 위해 [그림 2-55] (a)와 같이 "프로젝트" 메뉴의 "Windows Form 추가"를 선택하거나 또는 [그림 2-55] (b)와 같이 솔루션 탐색기 창의 프로젝트 제목에서 우클릭하고 "추가"를 선택한 후 이 중 "Windows Form"을 선택한다.

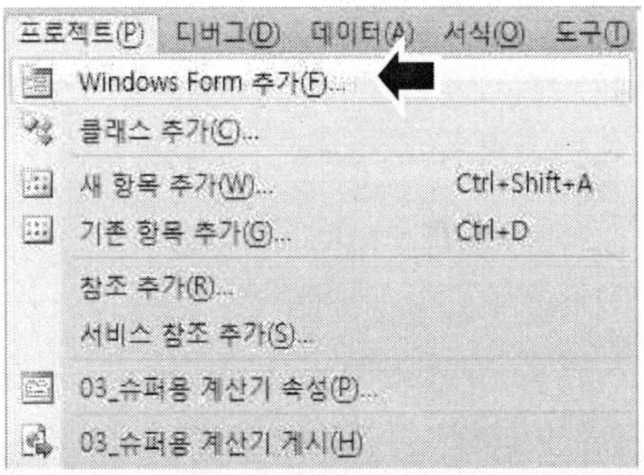

(a) 프로젝트 메뉴

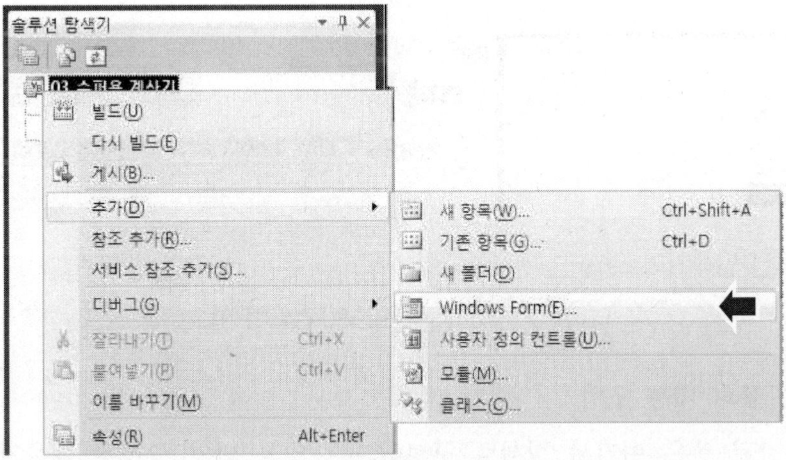

(b) 솔루션 탐색기

[그림 2-55] 새 폼의 추가 방법

[그림 2-55]의 두 가지 방법 중 한 가지로 선택하면 [그림 2-56] (a)와 같이 어떤 형태의 폼을 추가할 것인지 선택하는데, 가장 평범한 형태인 "Windows Form"을 선택하고 "추가" 버튼을 클릭하면 새로운 폼이 추가되며, 이 때 솔루션 탐색기 창을 살펴보면 [그림 2-56] (b)와 같이 2개의 폼이 존재하는 것으로 표시된다. 또한 작업 탭을 살펴보면 두 번째 폼에 대한 디자인 탭과 함께 새로운 폼이 생성되어 있음을 확인할 수 있다.

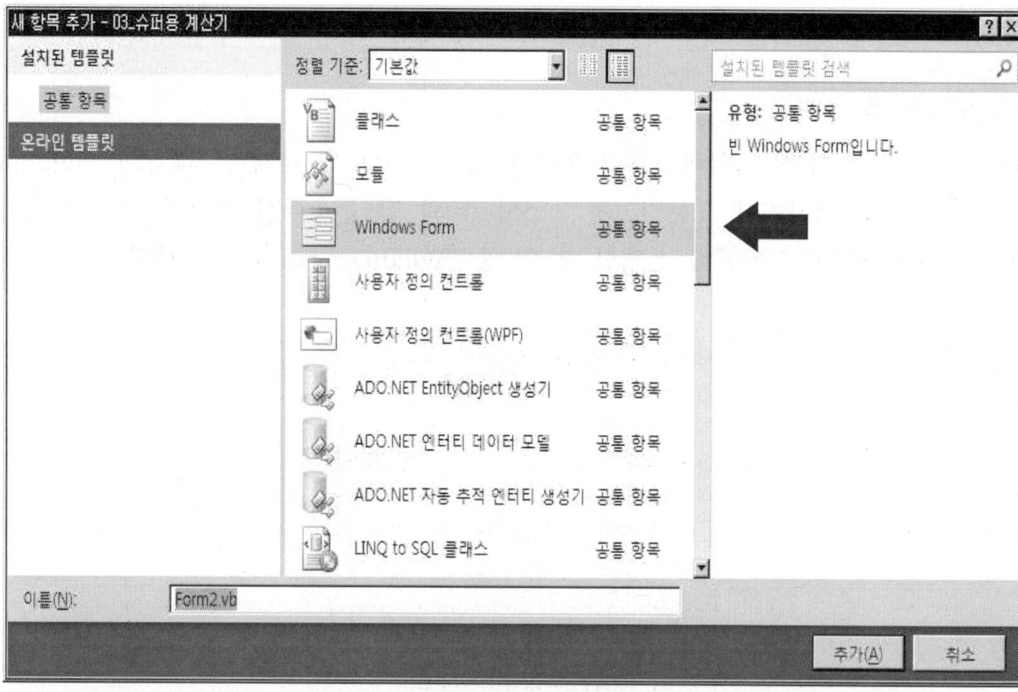

(a) 추가될 폼의 선택

(b) 솔루션 탐색기의 결과

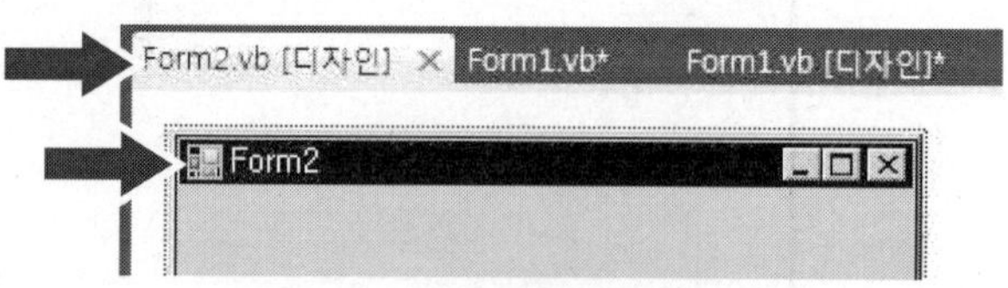

(c) 작업 탭의 결과

[그림 2-56] 새 폼의 추가와 그 결과

다. 새로운 폼의 내용 구성

새롭게 추가된 폼은 여기서 실제로 구성하지는 않고 단지 공학용 계산기라는 표시만 하기 위해 폼의 속성에서 폼의 이름과 Text를 [그림 2-57] (a)와 같이 변경한다. 그리고 폼에는 레이블 컨트롤을 이용해 [그림 2-57] (b)와 같이 공학용 계산기임을 표시만 한다.

(Name)	Frm_Eng
Text	공학용 계산기

(a) 속성의 변경

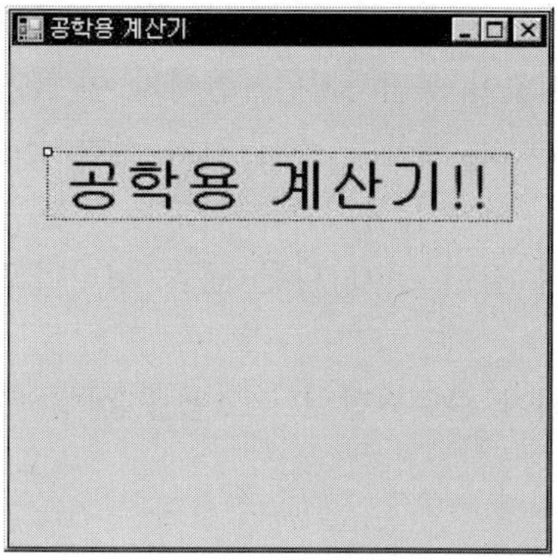

(b) 변경 후 폼

[그림 2-57] 새 폼의 속성 변경

② 메뉴에서 전환하기

가. 슈퍼용 계산기 폼의 메뉴에 코드 구성하기

이상의 과정에서 두 번째 폼이 완성되었으므로 슈퍼용 계산기의 메뉴에서 공학용 계산기를 선택하면 공학용 계산기가 나타나도록 구성한다. 슈퍼용 계산기의 폼에서 “종류” 메뉴 내의 “공학용 계산기” 부 메뉴를 더블클릭하면 [리스트 2-31]과 같이 이 메뉴를 선택했을 때 처리할 코드 부분이 나타나며, 리스트의 라인 2와 3을 입력하라.

```
1    Private Sub Mnu_Eng_Click( ... ) Handles Mnu_Eng.Click
2        Frm_Eng.Show
3        Frm_Super.Hide
4    End Sub
```

[리스트 2-31] 슈퍼용 계산기 폼의 "공학용 계산기" 메뉴 코드.

라인 2는 입력되면 자동으로 “Frm_Eng.Show( )”라 괄호를 추가해 준다. 이는 Frm_ Eng 개체, 즉 공학용 계산기 폼을 나타내라(Show)는 의미이다.

이에 비해 라인 3을 입력하면 다음과 같은 경고 메시지가 나타난다.

> '03_슈퍼_계산기.Frm_Super'은(는) 기본 인스턴스를 통해 자신을 참조할 수 없습니다. 대신 'Me'를 사용하십시오.

이 경고 메시지가 정확히 무슨 의미인지는 우리가 아직은 모르겠지만, 'Me'를 사용하라 안내하므로 [리스트 2-32]와 같이 변경한다.

라인 3은 나 자신 개체, 즉 슈퍼용 계산기 폼을 감추라(Hide)는 의미이다. 두 문장은 순서에 관계없이 동작하지만, 현재의 이 코드는 슈퍼용 계산기의 폼에 포함되어 있으므로, 혹시 슈퍼용 계산기 폼이 먼저 사라지도록 구성하면 이 코드조차 사라져 다음에 기록된 공학용 계산기 폼이 나타나도록 하는 명령이 실행되지 않을까 하는 노파심에 필자는 리스트와 같이 먼저 다른 폼을 나타나도록 하고 자신의 폼을 사라지도록 구성하고 있다.

코드 입력이 완료되면 프로그램을 실행하고 "종류" 메뉴의 "공학용 계산기" 부메뉴를 선택해보라.

```
1    Private Sub Mnu_Eng_Click( ... ) Handles Mnu_Eng.Click
2      Frm_Eng.Show( )
3      Me.Hide( )
4    End Sub
```

[리스트 2-32] 수정된 코드

나. 공학용 계산기 폼의 메뉴 추가하기

이상의 과정까지 완성된 프로그램을 살펴보면 슈퍼용 계산기에서 공학용 계산기로의 전환은 이루어지지만 공학용 계산기에서 슈퍼용 계산기로의 전환은 불가능함을 알 수 있다. 따라서 공학용 계산기 폼에서도 슈퍼용 계산기로 진행할 수 있도록 메뉴를 구성한다.

공학용 계산기 폼을 선택한 후 도구모음의 "메뉴 및 도구 모음" 중 "MenuStrip"을 이용해 슈퍼용 계산기에서 작성했던 메뉴와 동일하게 [그림 2-58] (a)와 같이 주 메뉴와 부 메뉴를 구성한다. 메뉴 오른쪽에 나타낸 명칭은 각 메뉴의 (Name) 속성값이다. 단, 현재의 공학용 계산기 폼에는 표시창이 설치되어 있지 않으므로 "만든 사람" 메뉴는 생략하였다.

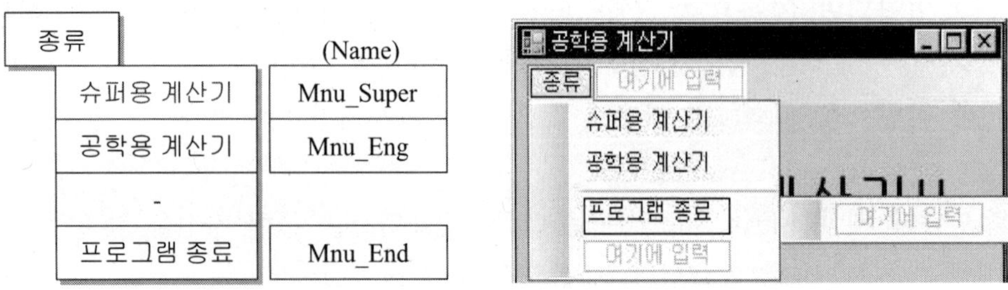

(a) 메뉴의 구성　　　　(b) 구성된 메뉴

[그림 2-58] 공학용 계산기 폼의 메뉴 추가하기

여기서 슈퍼용 계산기 폼에서 사용하던 메뉴 이름과 동일해도 오류가 발생하지 않으며, 이는 각 이름들은 한 폼 내에서만 동일하지 않다면 관계없기 때문이다. 즉 슈퍼용 계산기 폼에서의 개체 이름은 그 폼 내에서만 유효하고, 공학용 계산기 폼에서의 개체 이름은 그 폼 내에서만 유효하게 작용한다.

다. 공학용 계산기 메뉴의 코드 추가

공학용 계산기 폼에 설치된 메뉴 중 “슈퍼용 계산기” 부 메뉴를 더블클릭하면 공학용 계산기 폼용 코드 창이 생성되며, 이 부분에 [리스트 2-33]과 같이 코드를 추가한다.

```
1    Private Sub Mnu_Super_Click( ... ) Handles Mnu_Super.Click
2        Frm_Super.Show( )
3        Me.Hide( )
4    End Sub
```

[리스트 2-33] 공학용 계산기 폼의 "슈퍼용 계산기" 메뉴 코드

즉, 라인 2와 3에서 각각 슈퍼용 계산기 폼을 표시하고, 공학용 계산기 폼을 감춘다.

동일한 방법으로 “프로그램 종료” 메뉴를 더블클릭하고 [리스트 2-34]와 같이 코드를 추가한다.

```
Private Sub Mnu_End_Click( ... ) Handles Mnu_End.Click
    End
End Sub
```

[리스트 2-34] 공학용 계산기 폼의 "프로그램 종료" 메뉴 코드

코드가 완료되면 프로그램을 실행해 슈퍼용 계산기와 공학용 계산기를 전환해보라.

③ 메뉴에 단축키 기능 추가

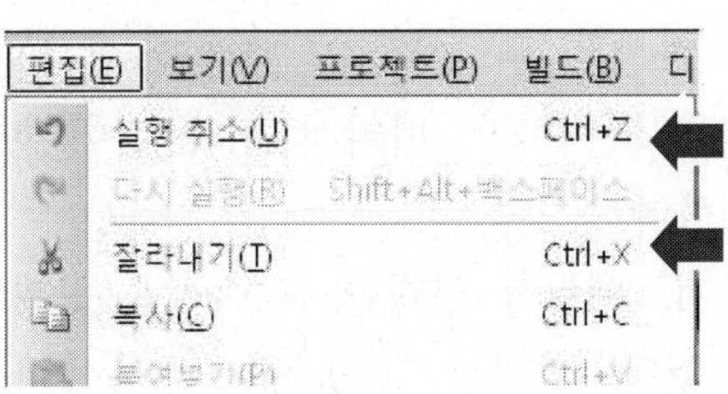

(a) 단축키의 예

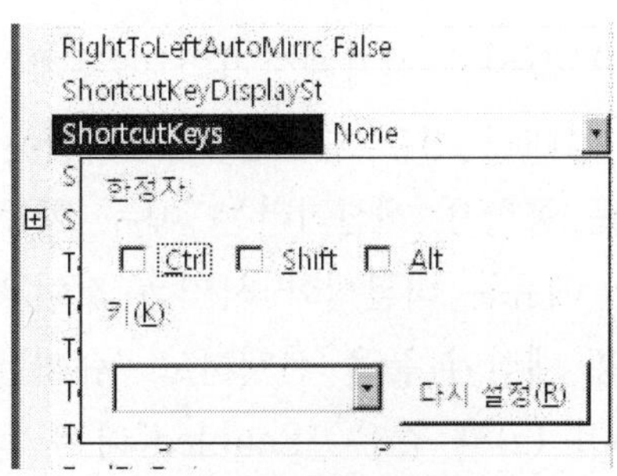

(b) 메뉴의 단축키 속성

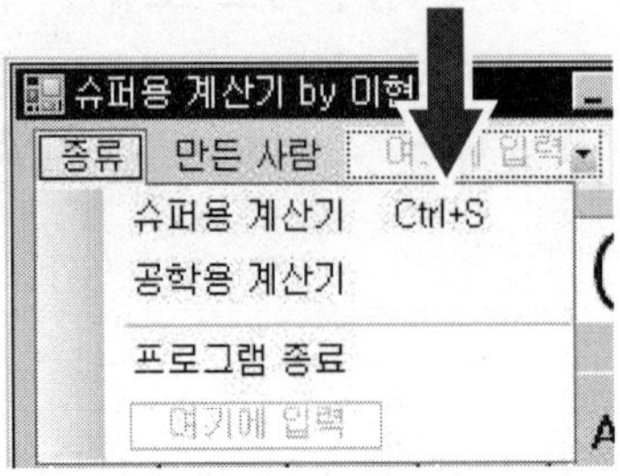

(c) 단축키가 추가된 결과

메뉴 항목	단축키
슈퍼용 계산기	Ctrl+S
공학용 계산기	Ctrl+E
프로그램 종료	Ctrl+X
만든 사람	Ctrl+W

(d) 각 메뉴의 단축키 할당

[그림 2-59] 단축기의 할당 과정

윈도우 프로그램에서 사용되는 메뉴를 살펴보면 [그림 2-59] (a)와 같이 자주 사용되는 메뉴에 각각 단축키가 할당되어 있으며, 사용자는 메뉴를 선택하지 않고 단축키를 이용해 곧바로 기능을 사용할 수 있다.

우리의 프로그램에서도 이러한 단축키를 할당한다. 우선 슈퍼용 계산기 폼의 "슈퍼용 계산기" 메뉴를 선택하고 속성을 살펴보면 [그림 2-59] (b)와 같은 "ShortcutKeys"라는 항목이 존재한다. 이 항목이 한국어로 "단축키"이며 이 속성을 선택하면 Ctrl, Shift, Alt 키 중 어떤 키와 조합을 할 것인지 고를 수 있다. 우리는 슈퍼용 계산기에 Ctrl-S를 할당할 것이므로 ctrl 체크박스에 체크하고, 아랫부분의 리스트 박스를 클릭하면 사용할 수 있는 모든 키의 종류들이 알파벳 순으로 나타난다. 우리가 찾는 S자는 한참 아래에 있으므로 이 창에 직접 S자를 입력하면 이 부분부터 나타나 쉽게 선택할 수 있다. 이와 같은 과정을 거쳐 단축키가 할당되면 [그림 2-59] (c)와 같이 메뉴 항목 옆에 단축키가 표시된다. 동일한 방법으로 [그림 2-59] (d)와 같이 단축키들을 할당한다. 단, 주 메뉴에는 단축키가 표시될 수 없으므로 메뉴에 나타나지는 않지만 동작은 가능하다.

동일한 방법으로 공학용 계산기 폼에서도 "만든 사람" 메뉴를 제외하고 [그림 2-59] (d)와 동일하게 단축키를 할당한다. 구성이 완료되면 프로그램을 실행하고 단축키를 이용한 제어를 확인하라.

④ 비활성 메뉴의 설정

우리가 작성한 전자계산기의 메뉴에는 한 가지 미진한 점이 있는데, 현재 이미 슈퍼용 계산기 상태인 경우 슈퍼용 계산기라는 메뉴 항목은 무의미하고, 반대로 공학용 계산기 폼에서는 공학용 계산기라는 메뉴 항목 또한 무의미하다. 따라서 이와 같이 현재 쓰일 수 없는 메뉴는 비활성화 시키는 것이 바람직하다.

슈퍼용 계산기 폼을 선택하고 "슈퍼용 계산기" 메뉴를 선택한 후 속성을 살펴보면 [그림 2-60] (a)와 같은 "Enabled"라는 항목이 있다. 현재는 "True"값으로서 활성된 상태이며, 이를 "False"로 변경하면 실행 시 메뉴는 [그림 2-60] (b)와 같이 비활성 메뉴로 나타난다. 동일한 방법으로 공학용 계산기 폼에서도 "공학용 계산기" 메뉴 항목의 속성을 비활성 상태로 변경하라.

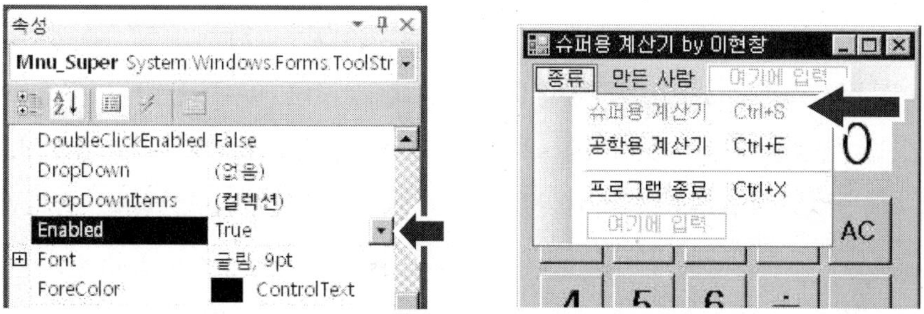

(a) 메뉴의 "Enabled" 속성 (b) 속성 변경 결과

[그림 2-60] 메뉴를 비활성화 하기

(3) 색상 변경과 모양내기

여기서는 현재까지 작성된 전자계산기 프로그램에서 각종 모양을 꾸미는 사항들에 관해 살펴본다.

① 줄 그리기

작성된 전자계산기의 표시 창과 키패드 사이에 경계를 명확히 두기 위해 [그림 2-61] (a)와 같이 도구 상자 중 "Visual Basic PowerPacks"라는 그룹 중 LineShape 컨트롤을 선택한 후 [그림 2-61] (b)와 같이 그린다. LineShape 컨트롤의 속성을 살펴보면 [그림 2-61] (c)에 나타낸 바와 같이 "BroderWidth"라는 속성이 있으며, 이는 선의 굵기를 설정하는 것으로서, 3 정도로 변경해 본다. 다른 속성들도 조절하면 다른 효과를 얻을 수 있다.

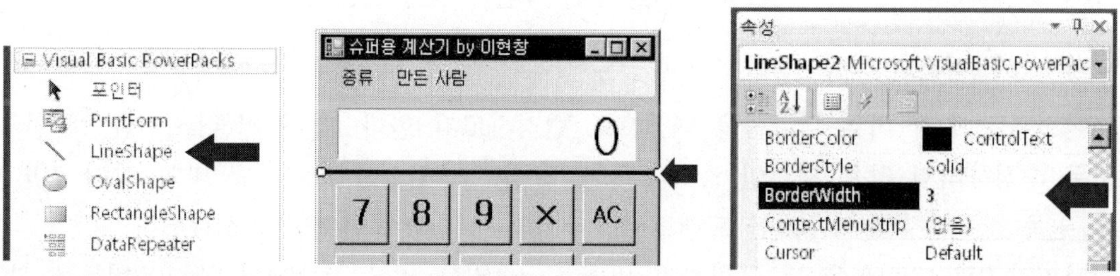

(a) 줄 그리기 (b) 배치 결과 (c) 굵기 속성의 조절

[그림 2-61] 경계 줄 그리기

② 버튼 색상의 변경

일반적인 전자계산기를 살펴보면 버튼의 특성에 따라 색상이 다른 것을 알 수 있다. 우리의 프로그램에서도 이와 같이 버튼 색상을 변경한다.

가. AC 버튼의 색상

AC 버튼은 모든 내용을 지우는 중대한 기능이므로 적색으로 표시하도록 한다. 슈퍼용 계산기 폼에서 AC 버튼을 선택하면 이의 속성이 나타나는데, 이 중 “BackColor” 항목이 버튼의 배경색을 변경하는 속성이다. 이를 클릭하면 [그림 2-62] (a)와 같은 색상표가 나타나며, 이는 앞서 표시 창 구성 과정 중에 설명한 바와 같이 윈도우 시스템에서 사용되고 있는 색상들이다. 이 중에는 우리가 원하는 색상이 존재하지 않으므로 “사용자 지정” 탭을 클릭하면 [그림 2-62] (b)와 같은 다양한 색상들이 나타나며, 이 중 적색 또는 여러분이 원하는 색상으로 선택한다.

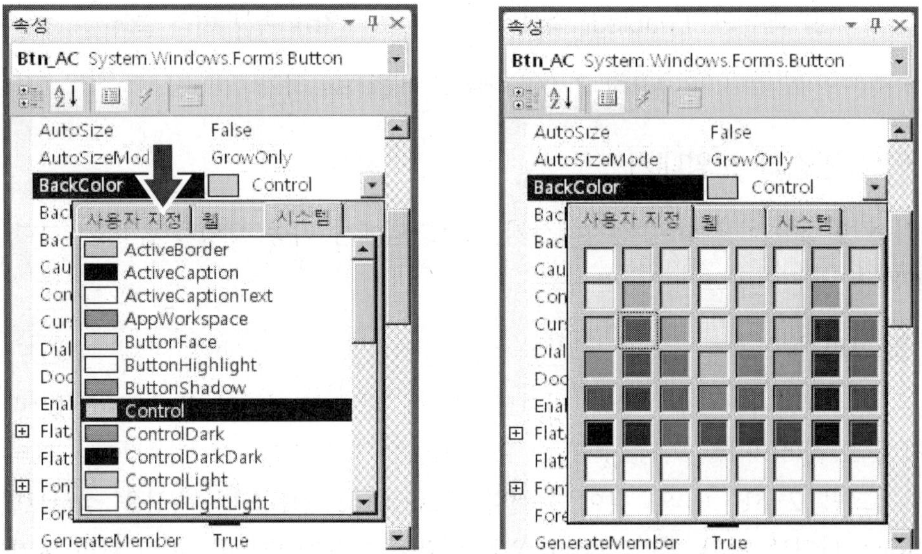

(a) 버튼 속성 중 색상 (b) 사용자 지정 색상

[그림 2-62] 'AC' 버튼의 색상 변경

나. 숫자 버튼의 색상

이번에는 숫자 버튼 그룹들을 백색으로 변경하고자 한다. 숫자 버튼들을 한 개 한 개 모두 수정하려면 많은 시간이 소요되므로 [그림 2-63] (a)에 나타낸 바와 같이 7번 버튼 왼쪽 윗부분부터 마우스를 드래그하면 9개의 버튼들이 한꺼번에 선택된다.

나머지 0과 00버튼을 더 포함하기 위해 Shift 키를 누른 상태에서 0과 00버튼을 각각 클릭하면 [그림 2-63] (b)와 같이 앞서 선택되었던 9개 버튼 그룹에 함께 포함된다. 이와 같이 그룹 단위로 버튼이 선택된 상태에서의 속성을 살펴보면 각 버튼마다 내용이 다른 부분, 예를 들어 (Name) 속성 등은 내용이 나타나지 않고, 모든 버튼에서 공통적인 사항들만 내용이 나타난다. 이 중 버튼의 배경색을 지정하는 "BackColor"를 선택하고 백색(저자는 ButtonHighlight)을 선택하면 숫자 버튼들의 색상이 백색으로 변경된다.

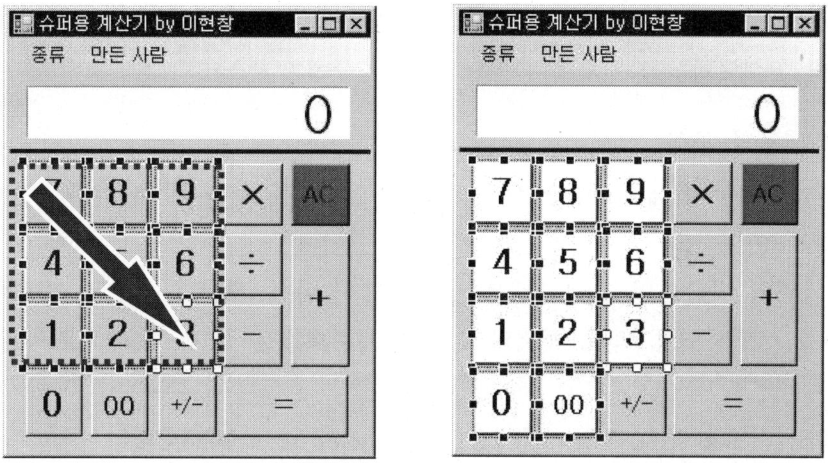

(a) 여러 개 버튼의 선택 (b) 색상 변경 후

[그림 2-63] 숫자 버튼 색상의 변경

③ **폼 색상의 변경**

계산기 폼의 색상을 변경하기 위해 폼의 바탕부분을 선택하면 슈퍼용 계산기 폼에 관한 속성들이 나타나며, 이 중 “BackColor” 속성의 항목 중 자신이 원하는 색상을 선택하면 그 즉시 폼의 바탕색이 적용된다.

④ **공학용 계산기에서 “만든사람” 표시하기**

이제 마지막으로, 공학용 계산기 폼에서 “만든 사람” 메뉴가 나타나도록 구성한다. 슈퍼용 계산기 폼에서는 표시창이 설치되어 있으므로 이곳을 통해 어떤 정보를 표시할 수 있었지만, 현재 우리의 공학용 계산기에서는 표시창이 없으므로 내용을 표시할 방법이 없다. 그러나 모든 프로그램들이 이와 같이 표시창이 설치되어 있는 것이 아니므로 어떤 표시 수단이 필요하며, 우리도 이를 사용해 보고자 한다.

가. 메뉴의 설치

메뉴	만든 사람
(Name)	Mnu_Who
Shortcutkeys	Ctrl + W

(a) 메뉴 생성 위치 (b) 메뉴의 속성들

[그림 2-64] 공학용 계산기 폼에서의 "만든 사람" 메뉴 추가

공학용 계산기 폼에 설치된 메뉴에 [그림 2-64] (a)와 같이 “만든 사람” 메뉴를 생성

한다. 이 때 메뉴의 Name은 슈퍼용 계산기 폼에서 사용했던 "Mnu_Who"로, 단축키도 "Ctrl-W"로 설정한다.

나. 표시 내용의 구성

메뉴가 구성되면 폼에 나타난 "만든 사람" 메뉴를 더블클릭해 코드 창에 [리스트 2-35]와 같이 입력한다.

코드의 입력이 완료되면 프로그램을 실행하고 공학용 계산기 폼으로 전환한 후 "만든 사람" 메뉴를 선택하면 [그림 2-65]와 같은 메시지박스를 통해 내용이 표시된다.

```
1    Private Sub Mnu_Who_Click( ... ) Handles Mnu_Who.Click
2        MsgBox("이 현창이 만들었음. 2020.2.", MsgBoxStyle.OkOnly, "만든 사람")
3    End Sub
```

[리스트 2-35] 메시지 박스를 출력하는 코드

[리스트 2-35]의 라인 2에서 MsgBox( )는 [그림 2-65]와 같이 메시지를 표시하는 박스를 생성하는 함수이다. 함수 중의 "MsgBoxStyle.OKonly"는 오로지 "확인" 버튼만 생성하라는 의미이며, 마지막의 "만든 사람" 문장은 메시지 박스의 제목에 표시되는 문장을 지정한다.

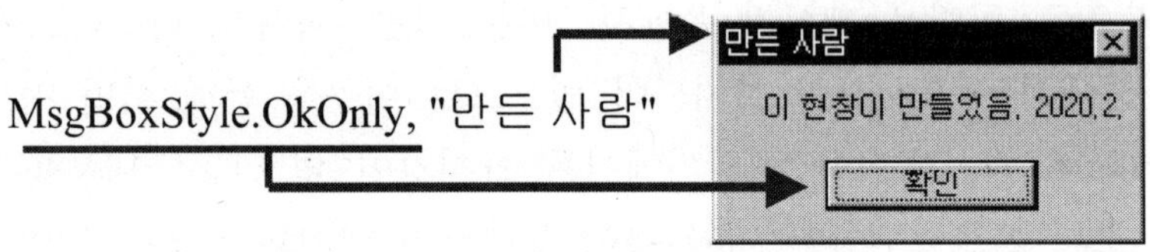

[그림 2-65] 메시지 박스에서의 표시

(4) 독립된 프로그램으로 구성하기

마지막 단계로서, 지금까지 만들었던 프로그램이 이제 완전한 윈도우용 독립된 프로그램으로 완성될 수 있도록 한다. 이를 내가 만든 프로그램이라며 친구들에게 복사해 줄 수도 있다.

① 독립된 프로그램으로 구성

[그림 2-66] (a)에 나타낸 바와 같이 디버그 메뉴 중 "슈퍼용 계산기 빌드"라는 메뉴가 여러분의 프로그램을 독립된 프로그램으로 구성해 주는 기능이다. 즉 현재까지 여러분은 비주얼 베이직이라는 프로그램의 환경상태에서 모든 진행이 되었지만, 이러한 빌드

과정을 거치면 완전히 독립적인 프로그램으로 구성되어, 비주얼 베이직 프로그램의 힘을 빌리지 않고서도 여러분의 프로그램이 독립적으로 실행될 수 있다.

빌드 메뉴를 선택하면 특별한 이상이 없는 경우 잠시 후 빌드가 종료된다. 비주얼 베이직은 이제 저장 후 완전히 종료시킨다.

이후 여러분의 프로그램이 저장된 디렉토리, 저자의 경우 바탕화면의 "VB 연습" 내의 "03_슈퍼용 계산기" 폴더이다. 이 폴더 내에서 "bin"이라는 디렉토리에 최종 2진수(Binary) 파일들, 즉 컴퓨터가 실제로 실행시킬 수 있는 파일들이 위치하며, "bin" 디렉토리를 열면 그 내부에 "Release"라는 디렉토리가 있다. 이는 프로그램을 개발하는 과정 중 버전(release고도 한다)을 업그레이드 했을 때 이 디렉토리가 차근차근 쌓이는 곳이다. 우리는 버전 업그레이를 한 적이 없으므로 이 디렉토리 하나밖에 없다. 이 디렉토리를 열면 [그림 2-66] (b)와 같은 독립된 프로그램이 완성되어 있다. 이 프로그램을 여러분의 바탕화면에 복사하고 이를 실행해 보라.

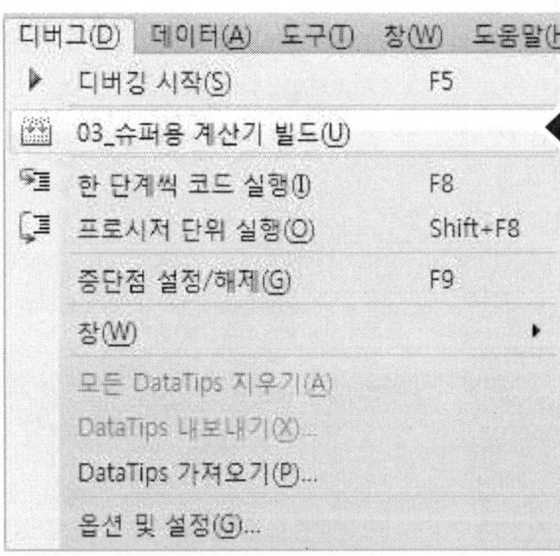

(a) 빌드 메뉴

(b) 완성된 프로그램

[그림 2-66] 독립된 프로그램으로 만들기

Chapter

03 기본 페트라 실험

이 장에서는 앞 장에서 학습한 비주얼 베이직을 이용해 페트라박스를 제어하고 이를 이용해 다양한 하드웨어 실험을 진행한다.
가장 기본적인 실험으로는 LED를 제어하는 것으로서, LED를 내 마음대로 제어할 수 있다면 다른 기기는 쉽게 제어할 수 있다.

3-1 페트라박스의 사용법

1) 페트라박스 윈도우 드라이버 및 컨트롤 모듈

비주얼베이직을 이용해 페트라박스를 사용하기 위해서는 2종류의 드라이버가 필요하다.

첫째는 윈도우에 이 기기의 조작법을 알려주기 위한 윈도우 드라이버로서, 만약 여러분이 윈도우 10과 그 이후의 윈도우를 사용하고 있다면 이 드라이버는 윈도우 내부에서 자동으로 설치된다.

두번째는 컨트롤 모듈이라는 것으로서, 이는 비주얼 베이직 프로그램에 이 기기에 관한 내용을 알려주는 것이다.

(1) 윈도우 드라이버

윈도우 드라이버란 우리가 지금 사용하려하는 페트라박스라는 장치에 대해 윈도우에게 알려주는 프로그램이다. 즉 페트라박스라는 장치를 윈도우가 어떻게 제어하는 것인지 알고 있어야 다른 프로그램에서 이 장치를 사용하려 할 때 윈도우에서 제어를 진행해 준다. 예를 들어 여러분이 새로운 키보드나 마우스를 컴퓨터에 장착하면 윈도우에서 이 새로운 장치에 대해 윈도우 드라이버를 설치하는 과정을 경험한 적이 있을 것이다. 마찬가지로 페트라박스가 연결되면 이러한 드라이버를 설치해야 윈도우가 제어를 진행할 수 있다.

① 윈도우10과 그 이후 버전 OS

윈도우10에서는 페트라박스의 하드웨어를 자동으로 인식하므로 별도의 하드웨어 드라이버 설치과정은 필요 없다.

② 윈도우10 이전 OS

여러분이 현재 윈도우10 이전의 OS, 예를 들어 윈도우7, 윈도우-XP 등을 사용하고 있다면 페트라박스를 처음 사용할 때 이들 윈도우에서는 페트라박스에 관한 정보를 가지고 있지 않으므로 윈도우 드라이버를 한번 설치해야 한다. Petra_Drv.inf 파일을 마우스 우클릭하여 [그림 3-1]과 같이 "설치" 메뉴를 선택하면 드라이버가 설치된다. 이 과정은 PC에서 단 한번만 진행하면 되며, 이 파일이 없다면 www.SS-OMG.co.kr에 접속해 다운받는다. 설치 과정 중 [그림 3-2] (c)와 같은 호환성 확인 화면이 나타나면 "계속"을 선택해 진행하면 드라이버의 설치가 완료된다.

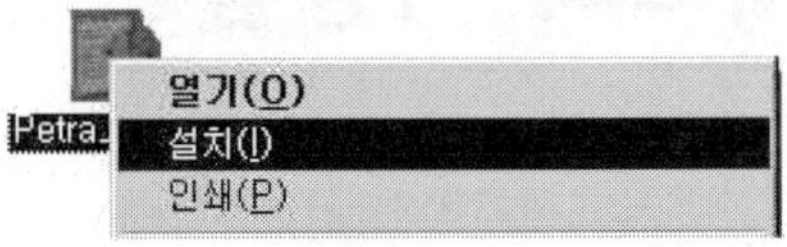

[그림 3-1] 페트라박스 윈도우 드라이버 설치 방법-1

또는 이전에 접속해 사용했더라도 PC의 USB 포트를 이전과 다른 곳을 사용할 경우 다시 하드웨어 검색을 하는데, 이 때는 [그림 3-2]의 과정을 따른다.

실습 키트를 USB에 접속했을 때 [그림 3-2] (a)와 같은 화면이 나타난다면, 이는 인터넷에 접속해 드라이버를 설치할 것인가를 묻는 것이며, 본 키트는 앞서 드라이버를 수동으로 설치했으므로 그림과 같이 "아니오, 지금 연결 안 함"을 선택하고 다음으로 진행한다.

다음은 [그림 3-2] (b)와 같이 소프트웨어를 어느 곳에서 찾을 것인지를 선택하는 질문이 나타나면, 우리는 이미 수동으로 컴퓨터 내에 설치했으므로 "소프트웨어 자동으로 설치"를 선택하고 다음으로 진행한다.

이후 [그림 3-2] (c)와 같이 호환성에 관한 경고가 나타나는데, 이는 이 키트의 드라이버가 마이크로소프트사에서 테스트 하지 않았음으로 잘못될 경우 책임을 지지 않는다는 의미이다. 이에 대해서는 "계속"을 선택해 진행한다.

최종적으로는 [그림 3-2] (d)와 같이 설치가 완료되었음을 보고하는 창이 나타나며 설치과정이 종료된다.

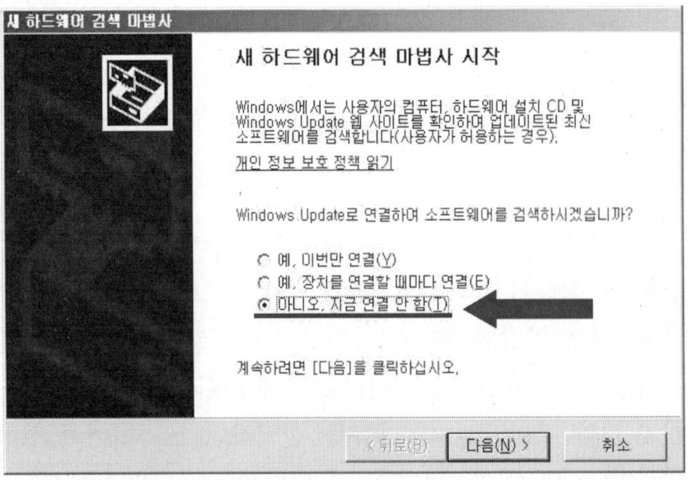

(a) 인터넷 연결 물음

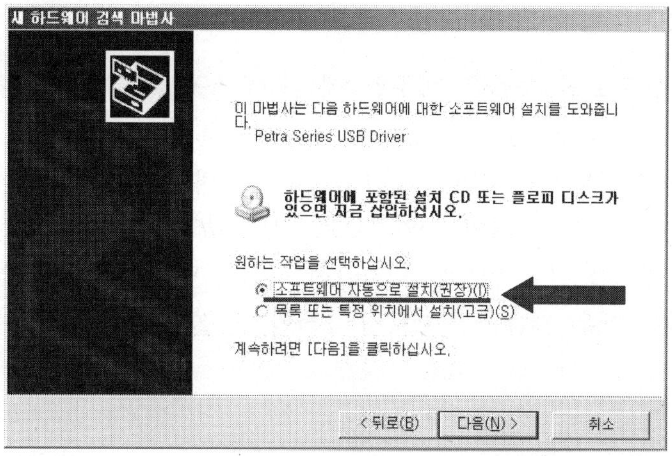

(b) 설치 방법 물음

(c) 안전성 통과 물음

(d) 설치 완료 보고

[그림 3-2] 페트라박스 윈도우 드라이버 설치 방법-2

(2) 비주얼 베이직용 컨트롤 모듈

비주얼 베이직용 컨트롤 모듈은 비주얼 베이직에서 이 기기를 조작하기 위한 내용을 포함하는 것으로서, 필요한 파일이 없을 경우 www.SS-OMG.co.kr에 접속해 다운받는다. 다운 받을 때 여러분이 사용하는 윈도우 버전과 비주얼 베이직의 버전에 따라 파일이 구분되어 있는데, 사실상 거의 동일하므로 어느 파일을 이용해도 큰 지장은 없지만, 오류가 발생하는 경우가 간혹 있으므로 가급적 버전을 맞춰 사용하는 것이 안전하다.

이 파일의 설치는 매우 간단한 것으로서, 2절의 첫 실험 단계에서 설명한다.

2) 페트라박스의 사용법

본 절은 앞서 서론에서 소개한 페트라박스 기기의 설명을 다시 나열하는 것이므로 이미 잘 알고 있다면 생략하고 2절로 진행해도 무방하다. [그림 3-3]에 페트라박스의 패널을 나타내었다.

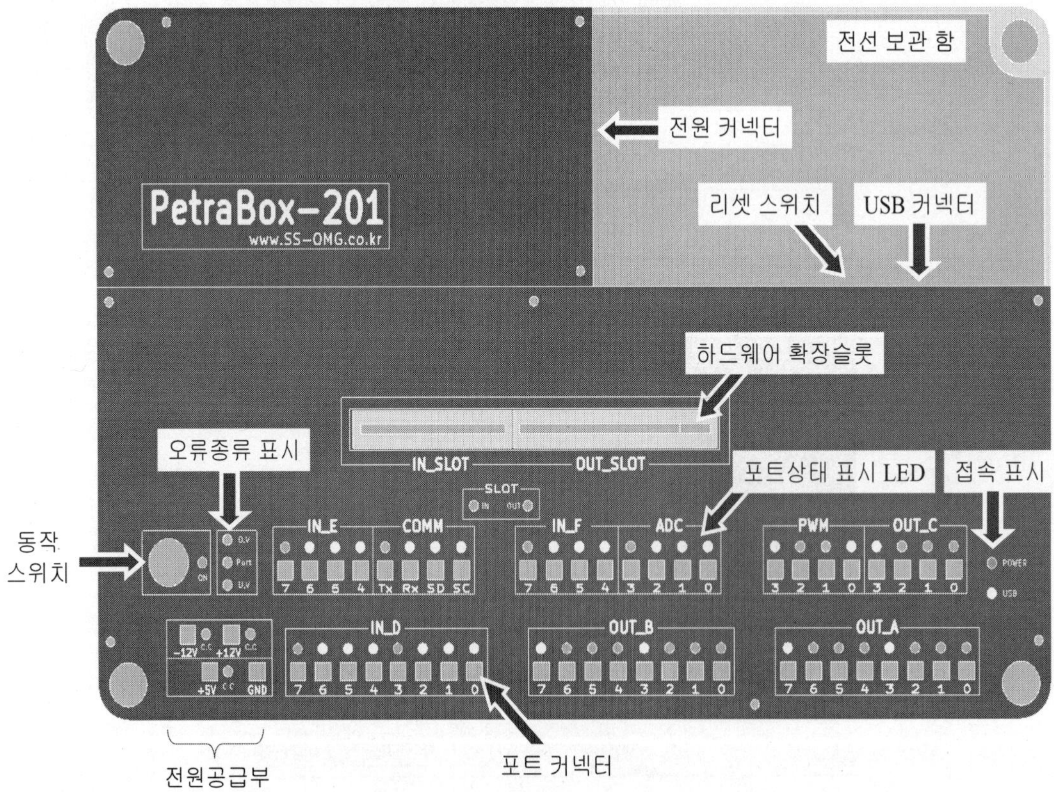

[그림 3-3] 페트라박스의 패널

① 전원 커넥터

기기 오른쪽 상단의 전선 보관함 내부의 왼쪽에 전원 커넥터를 접속한다. 본 기기는 기본적으로 USB만 접속해도 동작하지만, USB의 전기는 매우 약하기 때문에 외부에서 전원을 사용해야 하는 실험에서는 외부 220*V* 전기를 공급해야 한다. USB만 접속한 경우에는 기기에 설치된 LED 켜는 실험 정도만 진행할 수 있으며, 외부 전원이 접속된 경우에는 +12*V*는 2*A*까지, −12*V*는 약 300*mA*까지, +5*V*는 2*A*까지 공급 가능하다.

전원이 접속되면 기기 우측의 "POWER" LED가 점등되어 전기가 공급되고 있음을 알려준다. 또한 동작 스위치가 가동 중이라면 기기 좌측 아래의 전원 공급부에도 모든 LED가 켜져 전원을 사용할 수 있음을 알린다.

② USB 커넥터

전선 보관함 내부의 아래쪽에 USB 커넥터가 위치하며, 이곳에 USB-B형 커넥터를 접속하고 PC와 접속한다. USB가 정상적으로 접속되면 "USB" LED가 점등되어 PC와 접속되었음을 알린다.

본 기기는 기본적으로 USB의 전기만으로도 동작하지만 USB의 전류가 최대 500*mA*로 매우 작으므로 하드웨어를 확장해 기기 외부로 전원을 인출해 동작할 수는 없고 기기에 설치된 LED들을 이용한 실험만 가능하다. 즉 거꾸로 말하자면 LED 실험만 할 때는 USB 전원만 있어도 충분하다.

③ 리셋 스위치

전선 보관함 내부의 USB 커넥터 옆에 리셋 스위치가 위치하며, 이는 실험 중 뜻하지 않게 기기가 다운되었을 때 기기를 다시 재 기동하기 위한 것이다. 리셋 스위치가 가동되면 기기와 PC의 USB 접속이 잠시 끊겼다 재접속되므로 PC에서 프로그램이 진행 중일 때는 PC의 프로그램 가동에 문제가 발생할 수 있으므로 프로그램 가동 중에는 리셋을 하지 않도록 한다.

④ 동작 스위치

동작 스위치는 페트라박스의 포트가 동작하거나 동작하지 않도록 제어한다. 만약 포트에서 출력전압이 발생하고 있는 상태에서 실험회로를 조립하면, 조립하다 잘못 접속하거나 조립 중의 이상상태로 인해 기기의 포트가 파손될 수 있으므로 동작 스위치를 눌러 기기의 동작을 멈추고 회로를 조립하거나 수정한다. 또는 기기에서 오류 경고가 발생했을 때 오류 원인을 제거하고 다시 원래대로 복귀할 때도 이 스위치를 사용한다. 비주얼 베이직 등으로 프로그램을 작성하고 실행하면 이 스위치는 자동으로 켜진다.

⑤ **포트상태 표시 LED**

현재 포트의 전압상태를 표시하는 모니터링용 LED로서, 조립한 회로가 정상동작하지 않을 때 이 LED 상태를 살펴봄으로서 오류를 매우 빠르고 쉽게 찾을 수 있다. 예를 들어 어떤 실험회로를 조립하고 프로그램을 가동시켰으나 정상동작하지 않으면, 일단 이 LED 상태를 확인해 PC 프로그램에서 이상이 발생한 것인지, 아니면 정상적으로 포트 출력이 발생하지만 조립한 회로에서 잘못된 것인지 오류의 영역을 구분 지을 수 있어 오류를 찾는데 큰 도움을 준다.

하드웨어 확장실험이 아닌, 단순 프로그래밍 연습 때는 이 LED들을 제어하여 하드웨어 제어 연습용으로 활용할 수 있다.

⑥ **포트 커넥터**

포트의 LED 상태와 함께 이 커넥터를 통해 전압 출력이 발생하거나, 또는 이 커넥터를 통해 입력을 받을 수 있다. 포트 커넥터는 브래드보드용 단선을 직접 사용할 수 있어 아두이노와 같이 전용 핀 커넥터를 사용할 필요가 없다. 또한 각 커넥터는 4개의 접속구가 있으므로 최대 4개의 전선을 접속할 수 있다.

⑦ **오류종류 표시**

페트라박스에서 어떤 오류가 감지되었을 때 자동으로 전원을 off하고 오류가 발생한 해당 포트의 LED와 이 오류종류 표시 LED가 함께 점멸한다. 만약 포트 출력이 쇼트되었거나 지나치게 많은 전류가 흐르면 오류종류의 “Port” LED와 해당 포트의 LED가 점멸한다. 포트에 +5V를 넘어서는 과전압이 입력되면 오류종류의 “OV(Over Voltage)”와 해당 포트의 LED가 점멸한다. 포트에 마이너스 전압이 입력되면 오류종류의 “UV (Under Voltage)”와 해당 포트의 LED가 점멸한다.

⑧ **전원공급부**

페트라박스는 실험에 편리하도록 +5V와 +12V, −12V의 3종류 전압을 출력한다. 이들은 앞서 동작 스위치가 off되어 있으면 전압이 출력되지 않고, 동작 스위치가 on일 때 전압이 출력된다. 또한 각 전압 출력들은 실수에 의해 과도한 전류가 흐르면 “CC (Current Cut)” LED가 점멸하며 동작 스위치가 off되어 기기의 전원을 보호한다. 사용자의 실수에 의해 +12V 전압이 회로를 통해 +5V 전압 커넥터로 입력되는 경우에는 “OV”와 “CC”가 함께 점멸하며 동작 스위치가 off된다.

공급되는 전류는 실험에 충분하도록 +5V와 +12V는 각각 2A까지, 그리고 −12V는 300mA까지 공급되며 이 이상의 전류가 흐르면 오류로 감지해 자동으로 차단한다.

⑨ 하드웨어 확장슬롯

본래 페트라박스는 소프트웨어에 의해 하드웨어를 제어하는 실습이므로 포트 커넥터와 브래드보드를 이용해 회로를 구성하고 실험을 진행하는 것이 기본적인 목적이다. 그러나 예를 들어 이전 시간에 이미 하드웨어를 구성해 실험을 진행했었고, 이번 시간에는 이전의 하드웨어를 이용해 다른 소프트웨어 제어를 진행하려 한다면 이전의 하드웨어를 또다시 조립해야 하는 번거로움이 발생할 수 있다. 물론 하드웨어 조립의 연습이 되기는 하지만 실제 교육현장에서는 이러한 시간적 여유가 없는 경우가 대부분이다. 또한 직접적으로 하드웨어를 다루지는 않고 이미 구성된 하드웨어를 제어하는 소프트웨어 관련학과의 학습자는 하드웨어에 대한 학습 및 구성이 결코 쉬운 일이 아니다. 따라서 이러한 경우에 대비해 미리 하드웨어가 구성된 기판을 확장슬롯에 끼우면 이후에는 소프트웨어에만 전념할 수 있도록 확장슬롯이 준비되어 있다.

확장슬롯은 왼쪽의 작은 슬롯 1개와 오른쪽의 큰 슬롯 1개로 구성되는데, 왼쪽의 작은 슬롯은 입력포트, 오른쪽의 큰 슬롯은 출력포트들이 배치되어 있으므로, 필요에 따라 입력 보드와 출력 보드를 서로 다르게 조합하면 다양한 실험을 진행할 수 있다. 또한 슬롯에 카드를 끼울 때 정확히 끼우지 않으면 카드의 접점들이 합선되어 우리가 사용하는 PC의 경우 이러한 카드를 끼우거나 제거할 때 반드시 전원을 off한 상태에서 진행하도록 되어 있다. 그러나 페트라박스는 설령 동작 스위치가 동작 중이라 할지라도 카드를 끼우거나 빼도 파손되지 않도록 구성되어 있으며, 카드가 정확히 삽입되면 슬롯 아래의 표시 LED가 켜지면서 카드에 비로소 전원이 공급된다.

3-2 LED 출력을 이용한 실험

이 절에서는 페트라박스에 설치된 LED들을 이용한 기본적인 실험을 진행한다.

1) 기본 LED 제어 실험

(1) 버튼에 의한 LED on/off 제어 실험

① 프로그램의 구성

비주얼 베이직을 시동하고 새 프로젝트를 선택하고 [그림 3-4]와 같이 Windows Form 응용 프로그램을 선택한 후, 화면 아래의 프로젝트의 이름은 04_LED-01이라 정하도록 한다.

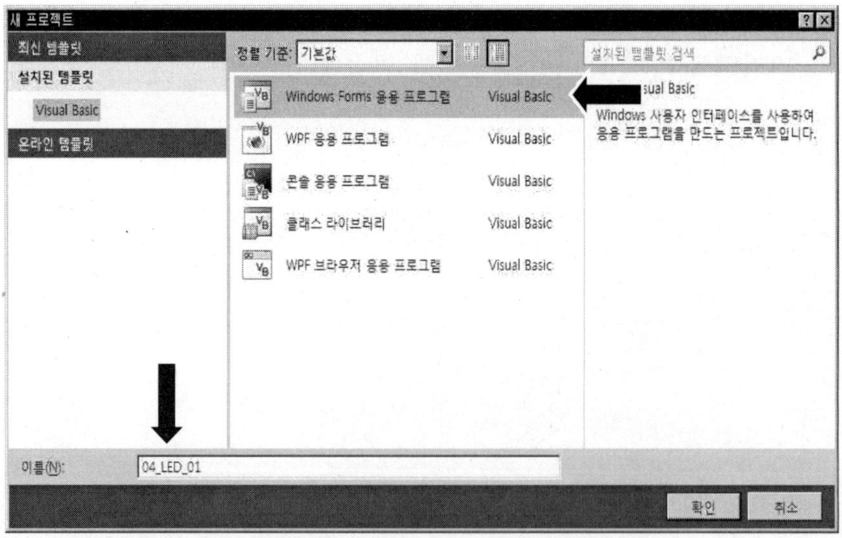

[그림 3-4] 새로운 프로젝트의 생성

이전에 이미 페트라박스의 컨트롤을 설치한 이후라면 [그림 3-5] (a)와 같이 도구 상자에 이미 컨트롤이 존재할 것이나, 만약 컨트롤이 존재하지 않는다면 페트라박스 컨트롤을 도구 상자에 드래그해 넣는다. 비주얼 베이직 6.0에서는 .ocx 파일을 사용하고, 비주얼 베이직 2005 이상에서는 .dll 파일을 사용한다.

※ 주의 : 비주얼 베이직의 도구 상자에 페트라박스 컨트롤(dll 파일)을 설치한 이후에는 dll 파일을 다른 곳으로 이동하면 비주얼 베이직에서 오류가 발생하는 경우가 있다. 이러한 경우에는 도구 상자에 설치된 컨트롤을 우클릭해 삭제한 후, 다른 곳으로 이동시켰던 dll 파일을 다시 도구 상자에 설치한다.

페트라박스 컨트롤을 선택하고 폼을 클릭하거나 네모를 그리면 [그림 3-5] (b)와 같이 폼에 페트라박스 컨트롤이 배치된다.

만약 [그림 3-5] (c)와 같은 오류 화면이 나타난다면 페트라박스와 접속이 잘못된 경우이므로 접속을 확인한다. 또는 다른 프로그램에서 이미 페트라박스를 사용 중인 경우에는 "다른 기기에서 사용 중"이라는 메시지가 나타나므로 다른 프로그램을 종료한다. 이상과 같은 조치를 취한 후 폼에 배치된 페트라박스 컨트롤 위치를 움직여보거나 폼에서 삭제 후 다시 배치하면 정상 화면이 나타난다.

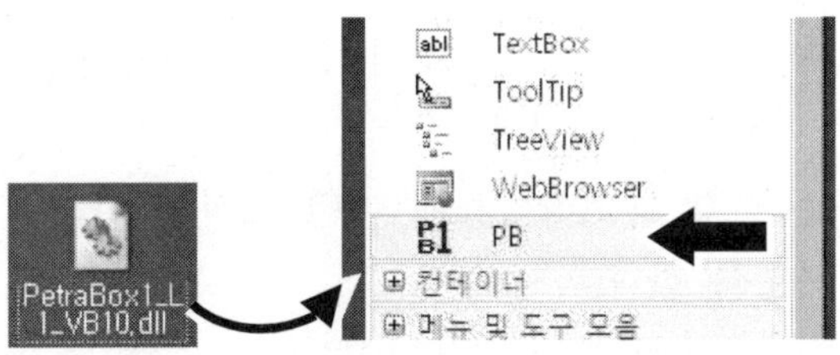

(a) 컨트롤 설치

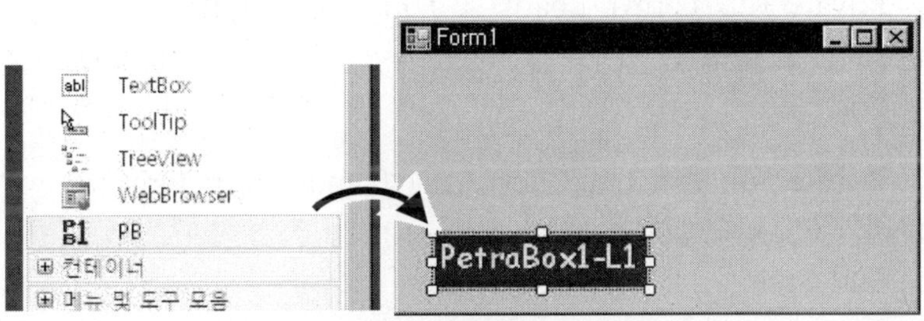

(b) 폼에 배치

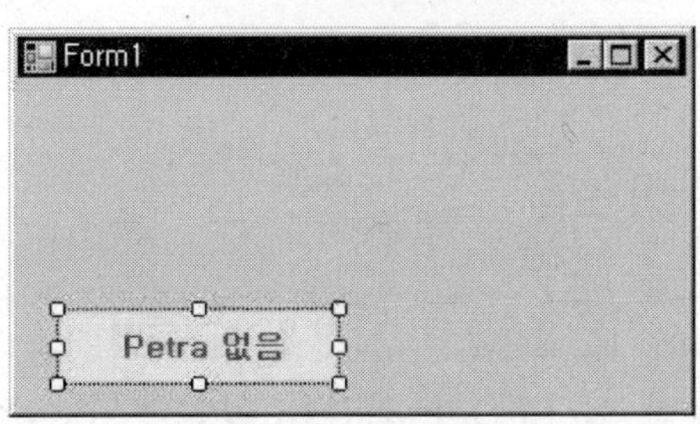

(c) 오류 화면

[그림 3-5] 페트라 컨트롤의 설치 및 폼 배치

폼에 [그림 3-6] (a)와 같이 버튼 컨트롤을 2개 배치하고 [그림 3-6] (b)와 같이 속성 값들을 설정한다. 폼이 완성되면 폼의 바탕을 더블클릭해 [리스트 3-1]의 Form1_Load 부분의 코드를, 버튼들을 각각 더블클릭해 각 버튼에 대한 코드를 기록한다.

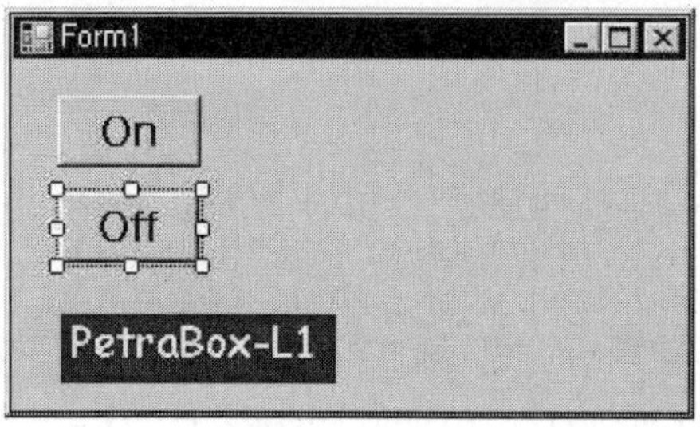

(a) 버튼 컨트롤의 배치

컨트롤	속성	값
Button1	(Name)	Btn_On
	Font	굵게, 14
	Text	On
Button2	(Name)	Btn_Off
	Font	굵게, 14
	Text	Off

(b) 속성의 변경

[그림 3-6] 버튼 컨트롤들의 배치와 속성 변경

[리스트 3-1]의 라인 1부터 3까지는 폼이 로드될 때, 즉 우리가 작성하고 있는 이 프로그램이 처음 시작될 때 실행되는 부분으로서, 2번 라인에서는 페트라박스 컨트롤을 초기화, 즉 사용할 준비를 하라는 명령이다.

라인 4-6, 라인 7-9는 각각 페트라박스에 어떤 조작을 하라는 명령인데, 이에 관해서는 이후에 상세히 설명하도록 한다.

```
1    Private Sub Form1_Load( ... ) Handles MyBase.Load
2        Pb1.Init( )
3    End Sub

4    Private Sub Btn_On_Click( ... ) Handles Btn_On.Click
5        Pb1.Out_A(1)
6    End Sub

7    Private Sub Btn_Off_Click( ... ) Handles Btn_Off.Click
8        Pb1.Out_A(0)
9    End Sub
```

[리스트 3-1] LED 켜기 코드

프로그램을 실행하면 On 버튼을 클릭한 경우 페트라박스 오른쪽 아래의 1개 LED가 켜지고, Off 버튼을 클릭하면 이 LED가 꺼짐을 확인할 수 있다. 만약 프로그램 실행 시 폼에 배치된 페트라박스 컨트롤에 "페트라 없음"이나 기타 오류가 발생하는 경우에는 페트라박스가 정상적으로 접속된 것인지 점검하고, 조치가 완료되면 다시 실행하라.

② **프로그램의 동작 원리**

[리스트 3-1]의 라인 1 - 3은 처음 프로그램이 가동되어 폼이 시작되면 페트라박스를 초기화하는 과정이다.

라인 5는 [그림 3-7]과 같은 의미를 가지고 있다.

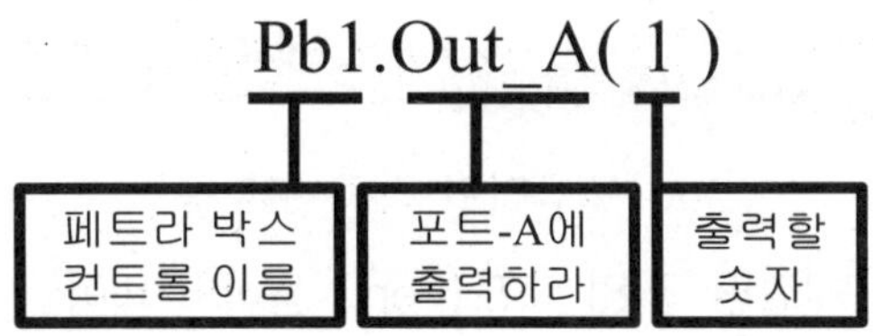

[그림 3-7] 페트라박스 제어 명령의 구조

처음의 "Pb"는 페트라박스(Petra Box)라는 컨트롤 명칭이고, 다음의 1은 우리가 지금까지 사용했던 컨트롤들이 버튼의 경우 "Button1", "Button2"라는 식으로 컨트롤에 자동으로 번호가 붙은 것을 의미한다.

"Out_A"라는 명령어는 페트라박스에 설치된 각종 입출력 장치들[이들을 포트(Port)라 한다] 중 포트-A에 출력하라는 의미이다. 이 명령어의 괄호 내에 숫자를 기록하면 이 내용이 포트로 출력된다.

③ **포트(Port)**

한 나라와 다른 나라 사이를 출입할 때 [그림 3-8] (a)와 같이 일정한 경로(항구나 공항)를 거쳐 출입해야 나가면 안 될 것이나 들어오면 안 되는 것은 통제를 할 수 있다.

이와 마찬가지로 컴퓨터와 외부와의 데이터 교신도 CPU의 통제 하에 일정한 경로를 통해 출입할 수 있는데, 이러한 일정한 통로를 포트(port)라 하며 예를 들어 [그림 3-8] (b)와 같이 프린터와 연결되는 곳이면 '프린터 포트', 인터넷으로 통신을 하는 곳이면 '통신 포트', 마우스를 연결하는 곳이면 '마우스 포트'라 한다. [그림 3-8] (c)에 PC 뒷면에 설치된 수많은 포트들의 예를 나타내었다.

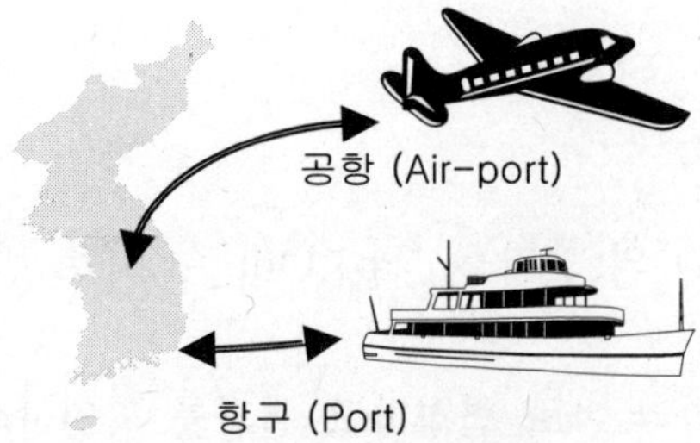

(a) 국가의 포트들

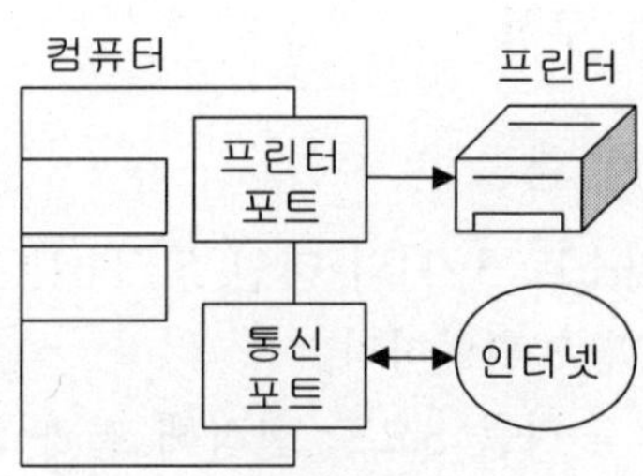

(b) 컴퓨터의 포트들

(c) 컴퓨터의 각종 포트들

[그림 3-8] 포트(Port) 용어의 의미

이와 마찬가지로 현제 사용하고 있는 실습키트의 경우에도 [그림 3-9]에 나타낸 바와 같이 이 기기로부터 외부와 접속하기 위한 커넥터들이 배치되어 있으며, 이들이 이 기기의 포트들이다.

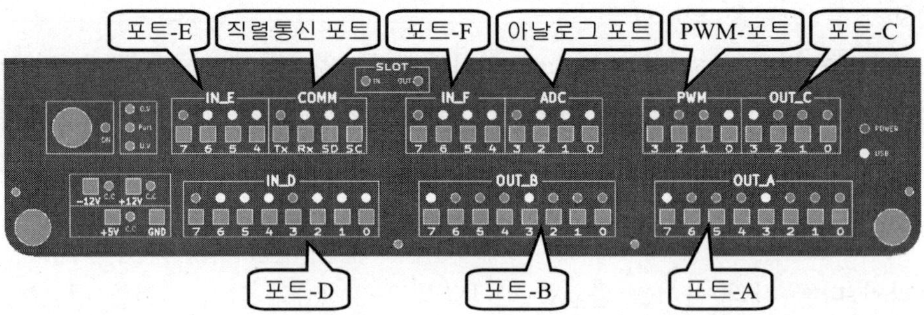

[그림 3-9] 실습 키트의 각종 포트들

이 키트에서는 포트-A, B, C들은 출력용으로, 포트-D, E, F는 입력용으로 구성되어 있어 이를 정확히 구분하기 위해 포트의 이름에 OUT, IN을 표기한 것이다.

(2) 임의의 숫자로 LED 켜기

① 폼의 구성

실 험

- [리스트 3-1]의 라인 5 "Pb1.Out_A(1)"의 숫자를 "Pb1.Out_A(2)"로 변경해 결과를 확인하라.
- 이 숫자를 3으로 변경해 결과를 확인하라. 4로 변경하고 결과를 확인하라.
- 255로 변경하고 결과를 확인하라.

이상의 실험에 의하면 여러분이 예상한 바와 상당히 다른 결과가 나타날 것이다. 이 숫자가 LED들과 어떤 관계가 있는지 살펴보기 위해 모든 숫자들을 이와 같이 대입해 실행하면 매우 번거로우므로 임의의 숫자를 대입해 실행할 수 있도록 프로그램에 기능을 추가한다.

현재 사용하고 있는 폼에 [그림 3-10] (a)와 같이 새로운 텍스트 박스 컨트롤 하나와 새로운 버튼 컨트롤 하나를 배치하고 [그림 3-10] (b)와 같이 속성을 설정한다.

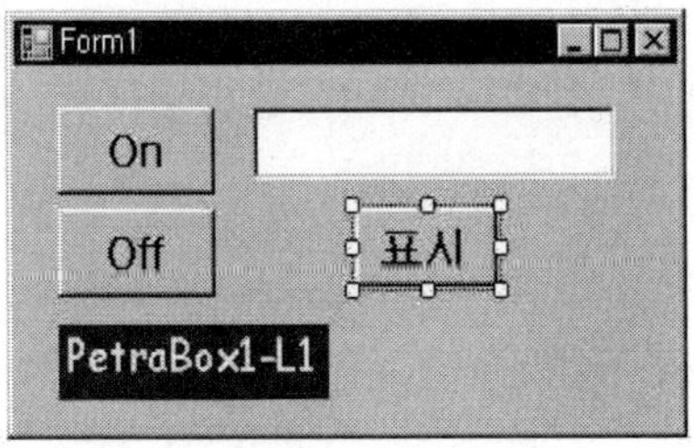

(a) 폼의 형태

컨트롤	속성	값
TextBox1	(Name)	Txt_In
	Font	굵게, 14
Button1	(Name)	Btn_Dsp
	Font	굵게, 14
	Text	표시

(b) 속성 설정

[그림 3-10] 컨트롤의 추가

② **코드의 구성**

"표시" 버튼을 더블클릭하고 [리스트 3-2]와 같이 코드를 기록한다.

```
Private Sub Btn_Dsp_Click( ... ) Handles Btn_Dsp.Click
  Pb1.Out_A(Val(Txt_In.Text))
End Sub
```

[리스트 3-2] 임의의 숫자로 LED 켜기 코드

[리스트 3-2]에 사용된 코드의 의미는 다음과 같다. 이전에 "Txt_In.Text"는 Txt_In 텍스트 박스의 내용물(Text)을 의미한다는 것을 배웠다. 따라서 다음과 같이 코드를 구성한다면 "실습 키트의 포트-A로 Txt_In 텍스트 박스의 내용물을 출력하라"는 의미가 될 것이다.

```
PB1.out_A( Txt_In.Text )
```

그런데 Txt_In.Text라는 문장에서 나타나는 결과는 그 이름에서도 알 수 있듯이 글자(Text)로서 결과가 나타난다. 즉 예를 들어 텍스트박스에 153이라는 숫자를 입력하면 Txt_In.Text에서 나타나는 결과는 '1'자, '5'자, '3'자의 글자들이며, PB1.out_A( )에서는 반드시 숫자만을 기록하도록 구성되어 있어 이러한 글자들은 입력할 수 없어 오류가 발생한다. 따라서 텍스트박스로부터 얻은 글자들을 그 글자들이 의미하는 실제의 숫자로 변환하는 함수가 Val( )이며, 이는 "Value"의 약자이다. 따라서 다음과 같이 코드를 구성하면 텍스트박스에 입력된 글자들이 실재의 숫자로 변환되어 나타난다.

```
Val( Txt_In.Text )
```

따라서 이와 같이 실재 숫자로 변환된 내용이 실습 키트로 출력되도록 다음과 같이 코드가 구성된 것이다.

```
PB1.out_A( Val( Txt_In.Text ) )
```

앞서 완성된 코드를 실행한 후 텍스트 박스에 0부터 255 사이의 임의의 숫자를 입력하고 표시 버튼을 누르면 이에 해당하는 출력이 실습 키트에 나타난다.

실습사항

- 0부터 순서대로 1, 2, 3, 4를 입력하면서 출력 상태를 확인하라.
- 1, 2, 4, 8, 16, 32, 64, 128을 입력하면서 출력 상태를 확인하라.
- 1, 3, 7, 15, 31, 63, 127, 255을 입력하면서 출력 상태를 확인하라.

(3) 2진수를 위한 기본지식

현재 여러분이 2진수에 관해 잘 알고 있는 경우라면 이 숫자와 포트 출력이 어떤 관계가 있는 것인지, 이 숫자가 어떤 의미인지 알 수 있을 것이다. 그러나 2진수에 관해 잘 알지 못하는 학습자를 위해 이에 관해 간단히 살펴본다. 컴퓨터를 이용해 어떤 제어를 행할 때 2진수를 알지 못하면, 더구나 정확히 알지 못하면 더 이상 학습의 진행이 불가능할 만큼 매우 중요한 내용이므로 정확히 그리고 이에 익숙해질 만큼 학습해야 한다.

① 디지털과 아날로그

2진수가 사용된 원리는 디지털과 아날로그의 차이로부터 비롯된다. '디지털(Digital)'이라는 용어와 '아날로그(Analog)'라는 용어는 우리 주변에서 흔히 들어왔던 말이다.

디지털(digital)의 원어인 'digit'이라는 용어는 영어사전에서 찾아보면 '손가락, 건반, 숫자'라는 의미로 되어 있으며, 이는 인간이 숫자를 셀 때 손가락을 이용했다는 의미로부터 '숫자'라는 의미가 파생된 것이다. 아날로그(Analogue)는 '유사한 물건'이라는 뜻을 가지고 있으며, 따라서 디지털이란 숫자로 완전히 표현할 수 있는 것을 의미하고, 아날로그란 숫자로 완전히 표현할 수 없는 것이라 정의할 수 있다. 이러한 의미를 확실히 하기 위해 [그림 3-11]과 같은 디지털시계와 아날로그시계를 예로 든다.

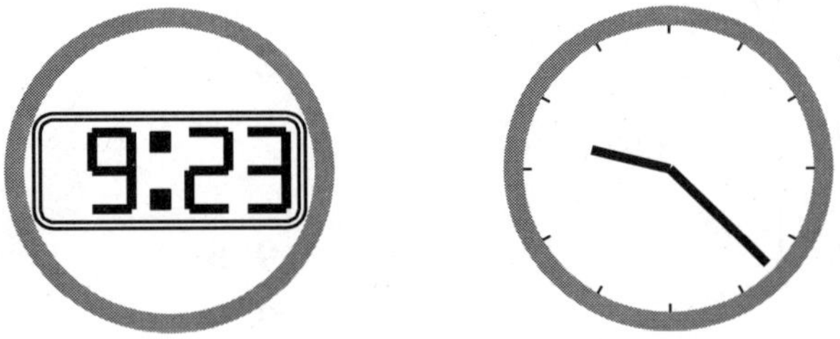

(a) 디지털시계 (b) 아날로그시계

[그림 3-11] 디지털시계와 아날로그시계의 예

[그림 3-11] (a)는 디지털시계를 나타낸 것으로서, 이는 시간을 직접 숫자로 표시하고 있다. 이 시계가 표시하고 있는 현재의 시간이 '정확히 9시 23분 00초 00000....'은 아니겠지만 시계라는 기계 자체에서 적당히 숫자를 잘라내어 표시한 것이다. 따라서 정보를 숫자로 표현하는 과정에서, 표시되어 있는 숫자 이외의 정보는 알 수가 없지만 인간이 별도로 숫자에 대한 생각을 할 필요 없이, 표시되어 있는 그대로 받아들이면 되므로 판독성이 좋다.

[그림 3-11] (b)는 아날로그시계를 나타낸 것으로서, 이는 시간을 바늘의 각도에 의해 표시하고 있다. 이러한 아날로그시계는 현재의 시간을 있는 그대로 보여주고 있으며, 인간이 바늘의 각도를 판별할 때에는 그 '근사치'를 읽는다. 즉, 예제 그림에서의 시간은 '약 9시 23분 쯤'이라고만 판독되지 실제로 9시 23분 45초 736453.... 등으로 정확히 표현할 수는 없다.

이와 같이 동일한 시간이라도 숫자로 표시를 행하면 '디지털 방식', 숫자 이외의 근사적인 방법으로 표시를 행하면 '아날로그 방식'이라 한다.

② 숫자 체계

앞서 설명한 바와 같이, 디지털이란 숫자를 이용하여 데이터를 표현하는 것을 의미한다. 그런데 현재 우리는 기본적으로 '10진수'를 사용하고 있으며, 우리가 이러한 10진수를 사용하는데 있어서 적용하고 있는 규칙을 살펴보면 [그림 3-12]와 같다.

[그림 3-12]에 나타낸 바와 같이, 10진수에서는 숫자를 나타내는 기본 요소가 0부터 9까지의 10개로 구성되어 있으며, 가장 마지막 숫자인 9 다음 숫자는 다시 첫 숫자인 0으로 복귀하면서 윗자리 숫자를 하나 증가시키는, 이른바 '자리올림'을 행한다.

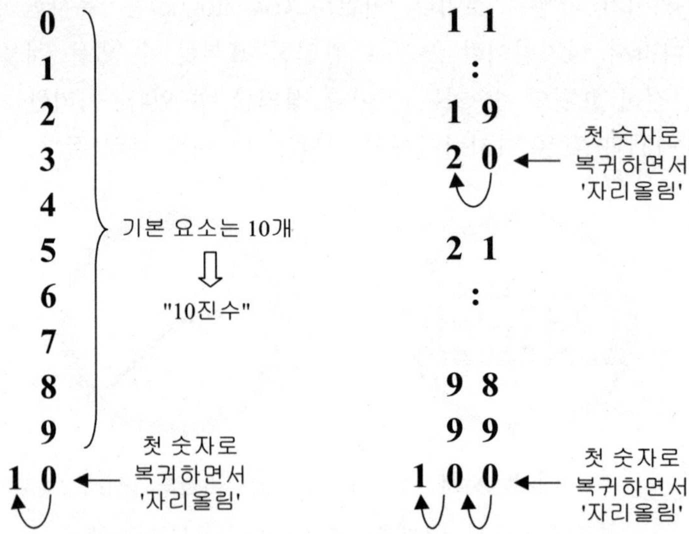

[그림 3-12] 10진수 체계의 규칙

이와 같은 규칙을 적용시키면 다른 숫자체계도 구성할 수 있으며, 예를 들어 [그림 3-13] (a)와 같이 기본 요소가 8개로 구성된 '8진수'나 [그림 3-13] (b), (c)와 같이 기본 요소가 5개인 '5진수'와 기본 구성 요소가 2개인 '2진수'를 구성할 수도 있다.

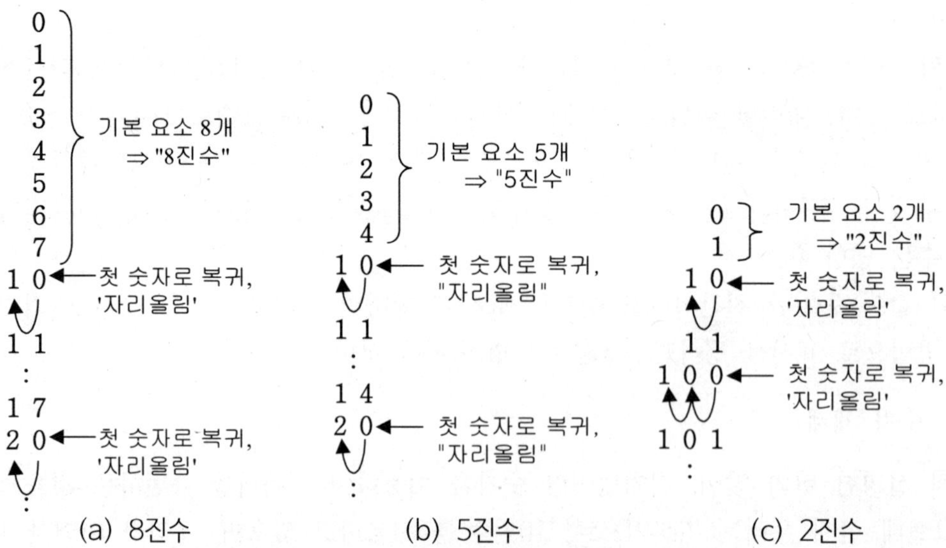

[그림 3-13] 여러 진수들의 구성 예

만약 기본 요소가 1개인 1진수를 가정한다면 이는 숫자가 0밖에 없으므로 처음에는 0이고 다음에는 자리올림해서 00이 되지만 수학적 의미로 이는 여전히 0이므로 숫자의 기능을 할 수 없는 한계에 도달한다. 따라서 여러 가지 숫자 체계 중 숫자로서 기능을 할 수 있는 가장 작은 진수는 2진수인데 현재 디지털에서는 대부분 2진수를 이용하고 있다.

③ 2진수 사용 이유

만약 [그림 3-14]와 같이 멀리 떨어진 번호판에 찍찍이 공을 던져 내가 원하는 숫자를 맞추는 경우를 가정하자.

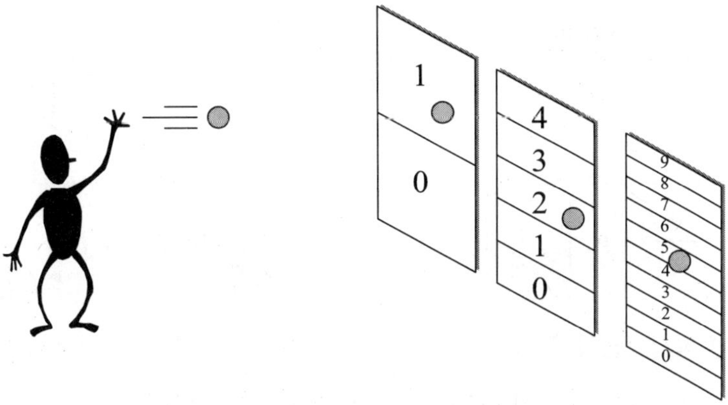

[그림 3-14] 공 던지기 예

왼쪽 번호판은 0과 1의 2개 구역만 구분되어 있고, 가운데 번호판은 동일한 크기이지만 0부터 4까지의 5개 구역으로 구분되어 있으며, 오른쪽 번호판은 동일한 크기에서 0부터 9까지의 10개 구역으로 구분되어 있다면, 공을 던지는 사람이 의도하는 번호에 맞출 확률은 당연히 왼쪽 번호판일 것이다. 내가 공을 정확히 던졌지만 약간의 바람이 불어 의도와는 다르게 공이 날아갈지라도 내가 원하는 번호에 맞을 확률은 0과 1로 구분된 판이 훨씬 더 높은 것이다. 이에 비해 오른쪽의 10개 구간으로 나누어진 경우에는 조금만 잘못되어도 원하는 번호를 맞추기 매우 어렵다.

전기 신호를 전선을 통해 전달할 때도 이와 유사한 상황으로서, 의도한 신호가 전선을 통해 진행되는 동안 주위에서 잡음이나 여러 가지 요인에 의해 의도와는 달라지는 경우가 많은 것이다. 이러한 이유, 즉 "전달의 정확성" 때문에 대부분의 디지털에서는 2진수를 사용한다. 이는 마치 객관식 시험문제에서 4개 중 하나를 고르는 문제보다 ○, × 문제가 나오면 비록 정답을 맞히지는 못해도 왠지 기분이 좋은 이유와 마찬가지이다.

2진수의 가장 독특한 특징은 답이 틀렸다는 사실을 알았을 때 답을 정정할 수 있다는 것이다. 예를 들어 4개의 답 중 하나를 고르는 문제를 풀고 있을 때, 나는 답을 3이라 적었는데 친구가 시험을 치루고 나가면서 내 답을 보고 "그 답 틀렸어! 틀렸어!"라 말해 줬다면, 내 입장에서는 틀린 사실은 알지만 답을 정확히 고칠 수 없을 것이다. 이에 비해

○, × 문제에서 내가 ○를 표시해 놓았는데 친구가 그 답이 틀렸음을 알려줬다면 이는 정정이 가능하다. 이러한 특징은 다른 숫자체계에서는 찾아볼 수 없는 유일하면서 독특한 특징인 것이다. 즉 틀렸다는 사실을 알았다면 정정이 가능한 것이 2진수의 특징이다.

④ 디지털의 특징 예

이와 같은 '전달의 정확성'에 기인하는 결과의 차이를 [그림 3-15]와 같은 복사의 예를 들어 살펴본다.

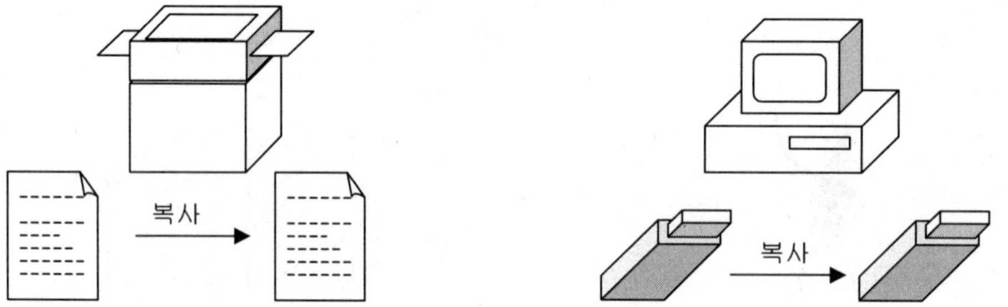

(a) 일반 복사 (광학 복사기) (b) 컴퓨터 파일의 복사

[그림 3-15] 아날로그 복사와 디지털 복사의 차이

[그림 3-15] (a)와 같이 종이 원고를 복사기를 이용하여 복사할 경우, 복사할 원본 원고 데이터(글자 모양, 그림 모양의 흑백 화소)가 완전하게 복사본 종이에 전달되지 않고 단지 '근사치'로서 복사되기 때문에, 원래의 글자는 약간 흐려지고, 여백 부분은 없던 점들이 생겨난다. 이러한 복사 과정을 여러 번, 즉 복사본을 가지고서 다시 복사하고, 그 복사본을 가지고서 다시 복사하는 작업을 반복하면 할수록 글자는 점점 흐려지고 여백의 점들은 많아짐을 알 수 있다. 이에 비해 [그림 3-15] (b)와 같이 컴퓨터에 담긴 원고 파일을 메모리 스틱 등을 이용해 다른 컴퓨터로 복사할 경우, 2진수로 구성된 데이터를 복사하므로 복사본은 원본과 완전히 일치하든지, 아니면 내용이 파손되는 성질을 나타낸다. 이와 비슷한 예로서 [그림 3-16]과 같은 음향 매체를 복사하는 경우를 들 수 있다.

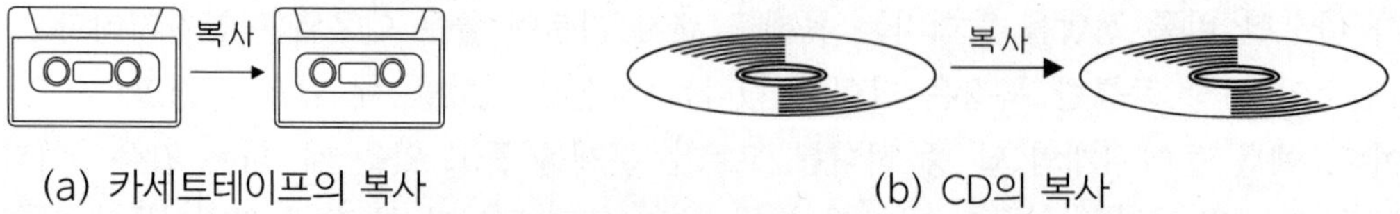

(a) 카세트테이프의 복사 (b) CD의 복사

[그림 3-16] 음향 매체 복사의 예

[그림 3-16] (a)와 같은 카세트테이프를 복사할 때는 원본 테이프의 아날로그 신호를 재생하여 새로운 테이프에 아날로그 신호로서 다시 기록하게 되는데, 이 과정에서 원래의 신호는 약간 변형되어 전달되고, 이 신호에 잡음이 섞여 들어가 음질이 많이 떨어짐을 알 수 있다. 반면, [그림 3-16] (b)와 같이 CD 또는 MP3 파일을 복사할 경우에는, 음악 데이터가 디지털로 기록되어 있으므로 새로운 복사본을 생성하더라도 원래의 데이터 그대로 전달되어 음질은 전혀 변화가 없음을 알 수 있다.

⑤ 디지털 기기와 아날로그 기기의 구분

앞서 설명한 바와 같이, '전달의 정확성'의 이유로 디지털에서는 대부분 2진수를 사용하기 때문에, 일반적인 가전기기들도 이러한 특징을 이용하여 디지털 기기와 아날로그 기기를 구분할 수 있다. 대표적인 예로서 교통 신호등의 경우를 살펴본다. 교통 신호등이 만약 아날로그적으로 동작한다면 어떠한 결과를 초래할지 가정해 본다.

어느 교통 신호등이 적색 등은 1/3 켜져 있고, 청색 등이 1/2 켜져 있다면 이는 본래의 교통 신호등의 역할을 다하지 못할 것이다. 즉, 켜져 있는 것은 확실하게 켜져 있어야 하고, 꺼져 있어야 할 것은 확실하게 꺼져있는 디지털적인 동작을 해야 신호등의 역할을 할 수 있으므로 신호등은 대표적인 디지털 기기에 해당된다.

[그림 3-17] 대표적인 2진수 디지털 기기

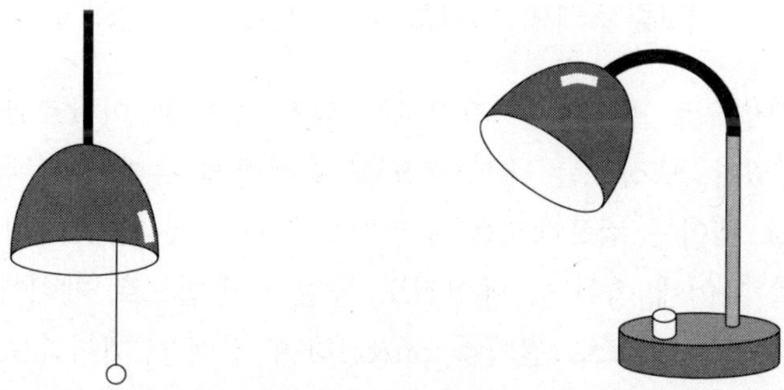

(a) On/Off 방식(디지털) (b) 조광 방식(아날로그)

[그림 3-18] 두 종류의 전기스탠드

책상에 두는 전기스탠드의 경우, 단순히 스위치만을 켰다 껐다 하는 전기스탠드가 있는가 하면, 가변저항(볼륨)을 돌려 전등의 밝기를 연속적으로 변화시킬 수 있는 전기스탠드가 있다. 이러한 경우, 단순히 스위치를 이용하여 켜고 끄기만 하는 전기스탠드는 2진수로서 정확히 표현할 수 있으므로 디지털 방식, 연속적인 변화를 줄 수 있는 전기스탠드는 그 밝기를 정확히 숫자로 표현하기 어려우므로 아날로그 방식에 해당된다.

최근에 많이 사용되고 있는 '디지털 오디오'라는 것은 실제로 오디오 자체가 디지털이라는 뜻이 아니라, 'Digital Processed Audio System'을 줄인 말로서, 소리는 크고 작게, 높고 낮게 연속으로 변화하므로 아날로그 기기이며, 이러한 아날로그 신호를 전달하는 과정에서 디지털 방식을 도입했다는 뜻이다.

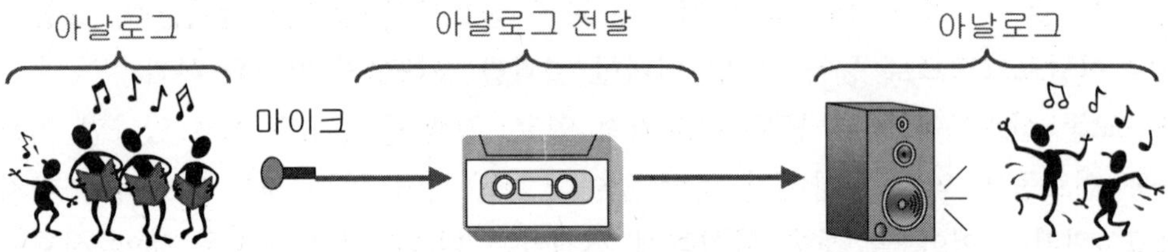

(a) 아날로그 전달

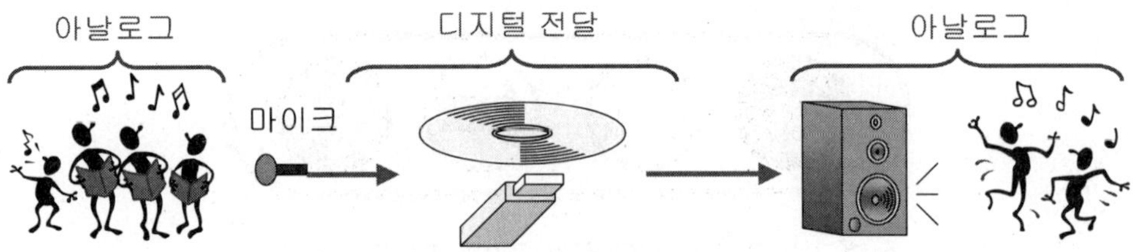

(b) 디지털 전달

[그림 3-19] 디지털 처리 아날로그 기기의 예

이와 비슷한 방법으로 동작하는 기기로는 앞서 설명한 아날로그 전기스탠드, 전기장판, 냉장고 등이 있다. 냉장고는 내부 온도를 일정하게 유지시켜주는 대표적인 아날로그 기기인데, 실제 그 제어는 컴프레서를 주기적으로 on/off 시켜 가며 내부 온도를 조절하기 때문에 디지털 제어에 속하며, 에어컨도 동일한 방법으로 제어한다. 전기스탠드나 전기장판 등은 아주 빠른 속도로 전기를 on/off하여 전력을 제어하므로 디지털 제어를 하고 있지만, 실제 출력은 평균값인 아날로그 값, 즉 스탠드의 밝기와 전기모포의 온도로서 나타난다.

전동기 제어에 있어서도 이와 같은 방법을 이용하는데, 전기 믹서기나 전동 드릴, 선풍기, 청소기, 전철 속도 등의 전동기 속도를 제어할 때 이와 동일한 방법을 이용하며, 이후에 다루겠지만 참고로 이를 PWM(Pulse Width Modulation) 제어라 한다.

⑥ 2진수 연습

현재 우리가 다루고 있는 PC와 실습 키트 모두 전형적인 디지털 기기이므로 내부의 구성은 모두 2진수로 되어 있다. 그러므로 컴퓨터를 사용하는 한 2진수는 뗄 수 없는 관계에 있지만 우리 인간은 10진수에 익숙해 있어 처음에는 2진수라는 숫자 체계가 매우 낯설고 어려우며 익숙지 않다. 따라서 2진수에 관련된 간단한 연습을 진행한 후 내용을 진행한다.

가. 10진수, 2진수와 실험결과의 비교

2진수의 특징을 살펴보기 위해 우선 10진수와 2진수의 숫자 진행과정을 살펴본다. 〈표 3-1〉에 10진수와 2진수의 진행 예를 나타내었다.

〈표 3-1〉에서 10진수의 가장 첫 숫자인 0일 때 2진수도 0이다. 만약 이 때의 2진수가 8자리로 구성되어 있었다면 '0000 0000'이 될 것이다.

〈표 3-1〉 10진수와 2진수의 진행 예

10진수	2진수	10진수	2진수	10진수	2진수
0	0	**16**	**1 0000**	126	111 1110
1	1	17	1 0001	127	111 1111
2	**10**	18	1 0010	**128**	**1000 0000**
3	11	19	1 0011	129	1000 0001
4	**100**	:	:	:	:
5	101	30	1 1110	254	1111 1110
6	110	31	1 1111	255	1111 1111
7	111	**32**	**10 0000**	**256**	**1 0000 0000**
8	**1000**	33	10 0001	257	1 0000 0001
9	1001	34	10 0010	258	1 0000 0010
10	1010	:	:	:	:
11	1011	63	11 1111	511	1 1111 1111
12	1100	**64**	**100 0000**	**512**	**10 0000 0000**
13	1101	65	100 0001	513	10 0000 0001
14	1110	66	100 0010	514	10 0000 0010
15	1111	:	:	:	:

※ **니블(nibble) 단위 표시** : 일반적으로 여러 자리의 2진수를 표시할 때는 4자리씩 띄어 쓰는 것이 읽고 기록하기 편리하며, 이를 니블(nibble) 단위라 한다. 예를 들어 어떤 2진수를 '10011110'로 표현하면 자릿수가 많고 특히 2종류의 숫자가 반복되어 사용되므로 판독하기 매우 어렵다. 이에 비해 '1001 1110'이라 표현하면 읽기도 편하고 판독하기 쉬워진다. 이는 우리가 숫자를 기록할 때 3자리마다 콤마(,) 기호를 적는 것과 유사하다.

이 숫자는 처음 우리가 실험할 때 PB1.out_A(0) 명령을 주었을 때 포트-A의 8개 LED가 모두 off된 것과 관련이 있다. 즉 이 명령은 포트-A에 '0000 0000'의 2진수가 출력된 것이므로 모두 off되었다.

〈표 3-1〉에서 10진수 1의 경우 2진수도 1이며, 이 또한 8자리 2진수로 표시하면 '0000 0001'이고, 처음 실험에서 PB1.out_A(1) 명령을 주었을 때 포트-A의 첫 번째(가장 우측) LED가 on된 것과 관련이 있다.

〈표 3-1〉에서 10진수가 2로 진행하면, 이 때 2진수는 1 이후로 더 이상 숫자가 존재하지 않으므로 1자리 자리올림 되어 2자리 숫자로 되고 첫 자리는 처음 숫자인 0으로 복구되어 '10'이 된다. 이 또한 8자리 2진수로 표시하면 '0000 0010'이고, 2개 LED 교대 실험에서 PB1.out_A(2) 명령을 주었을 때 포트-A의 우측에서 두 번째(out_A의 1번) LED가 on된 이유이다.

〈표 3-1〉에서 10진수가 3의 경우 2진수는 '11'이며, 이는 8자리 2진수로 표시하면 '0000 0011'이고, 앞서 실험에서 PB1.out_A(3) 명령을 주었을 때 포트-A의 우측에서 첫 번째와 두 번째(out_A의 0번과 1번) LED가 함께 on된 이유이다.

〈표 3-1〉에서 10진수가 4로 진행되면 2진수는 이미 '11'이었으므로 다음 숫자가 존재하지 않아 또 자리올림이 발생하고, 3자리 숫자인 '100'으로 늘어난다.

이후 숫자가 진행되다가 10진수가 8이 되면 2진수는 4자리인 '1000'으로 늘어나며, 10진수 16이 되면 2진수는 5자리인 '1 0000'으로, 10진수 32가 되면 2진수는 6자리인 '10 0000', 10진수가 64가 되면 2진수는 7자리인 '100 0000'으로 늘어난다.

이와 같이 진행되어 10진수 255가 되면 8자리의 마지막 숫자인 '1111 1111'이 되며, 이는 포트-A의 LED가 8개 이었으므로 여기까지 표시가 가능하고 따라서 앞서 임의의 숫자 출력 실험에서 숫자의 범위를 0부터 255까지라 한정한 것이다. 따라서 앞서 연습 예제에서 숫자를 1, 2, 4, 8, 16, 32, 64, 128을 입력하면 〈표 3-1〉에서 알 수 있듯이 8개 LED 중 한개 씩 진행되었으며, 숫자를 1, 3, 7, 15, 31, 63, 127, 255로 입력하면 LED가 1개, 2개, 3개, 4개씩 함께 on 되었다.

나. 2진수에서 10진수로 변환

이상에서 살펴본 바와 같이 우리가 원하는 LED들을 자유자재로 제어할 수 있으려면 2진수에 익숙해져야 하며, 켜기를 원하는 LED들을 먼저 2진수로 나열한 후 이를 명령에 반영하기 위해 10진수로 변환해야 한다.

2진수로부터 10진수로 변환하기 위해 〈표 3-1〉로부터 규칙성을 찾아보면, 표의 굵게 표시한 숫자들 중 2진수 '1'은 10진수로서도 1의 의미를 가진다. 2진수 '10'은 10진수로서 2의 의미를 가진다. 이 사실과 연관시켜 2진수 '11'을 살펴보면, 마지막 자리가 1이므로 10진수로서도 1이고 그 윗자리가 1이면 이는 2의 의미를 가졌으므로 2진수 '11'은 이들을 합산한 3의 의미를 가진다. 표의 2진수 '100'은 10진수로서 4의 의미를 가지며, 따라서 2진수의 끝에서 3번째 자리는 4의 의미를 가진다. 동일한 원리로 2진수 '1000'은 10진수 8이므로 2진수의 끝에서 4번째 자리는 10진수 8의 의미가 있고 5번째 자리는 16의 의미가 있음을 알 수 있다.

구체적인 2진수 예를 이용해 10진수를 계산해 본다. 우리가 켜고 싶은 LED가 [그림 3-20]과 같이 우측 끝의 연속된 3개 LED들, 즉 LED에 매긴 숫자로는 0번, 1번, 2번 LED들이라 가정해 보자.

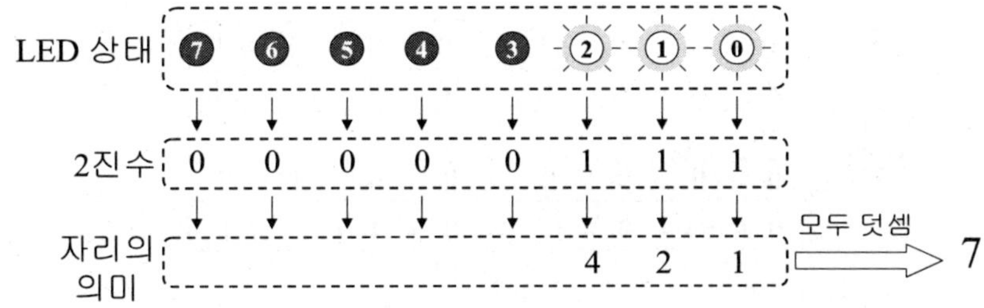

[그림 3-20] 2진수를 10진수로 변환하는 예-1

이러한 LED들의 상태를 2진수로 표현하면 그림과 같이 '0000 0111'이고, 이 때 0번 자리의 1은 10진수로서 1의 의미, 1번 자리의 1은 10진수로서 2의 의미, 2번 자리의 1은 10진수로서 4의 의미를 가졌으며, 나머지들은 모두 0이므로 숫자로서의 의미가 없으므로 이들을 모두 합산하면 10진수 7의 결과를 얻을 수 있으며, 이는 〈표 3-1〉과 대조하면 옳은 답이 얻어졌음을 알 수 있다. 앞서 임의의 숫자를 하드웨어에 표시하던 프로그램을 실행하고 7을 입력해 결과를 확인하라.

또 다른 예로서, 이번에는 [그림 3-21]과 같은 LED 상태, 즉 하나 건너 하나씩 켜도록 구성하는 것을 계산해 본다. 이러한 LED 상태를 2진수로 표현하면 '0101 0101'이고, 0번 자리의 1은 10진수로서 1의 의미이다. 그런데 1번 자리는 원래 10진수로서 2의 의미이지만 2진수 숫자가 0이므로 2의 의미가 10진수에 반영되지 않는다. 2번 자리는 10진수로 4의 의미이고 2진수로서 1이므로 10진수에는 4의 의미가 반영된다. 3번 자리는 본래 8의 의미이지만 2진수가 0이므로 이는 10진수에 반영되지 않는다. 이와 같이 7번 자리까지 모두 환산해 보면 64, 16, 4, 1의 의미들만 반영되며, 이를 모두 덧셈하면 85

의 10진수 숫자를 얻을 수 있다. 이 또한 앞서 임의의 숫자를 하드웨어에 표시하던 프로그램에 입력하고 결과를 확인하라.

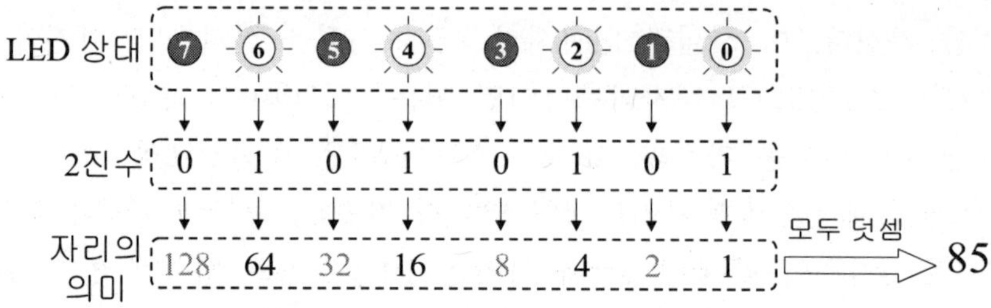

[그림 3-21] 2진수를 10진수로 변환하는 예-2

이상의 예에서 나타난 규칙을 적용해 이를 수학적으로 나타내면 [그림 3-22]와 같이 2진수 숫자와 각 자리의 의미 숫자를 각각 곱셈해 얻은 결과들을 모두 덧셈한 것이다.

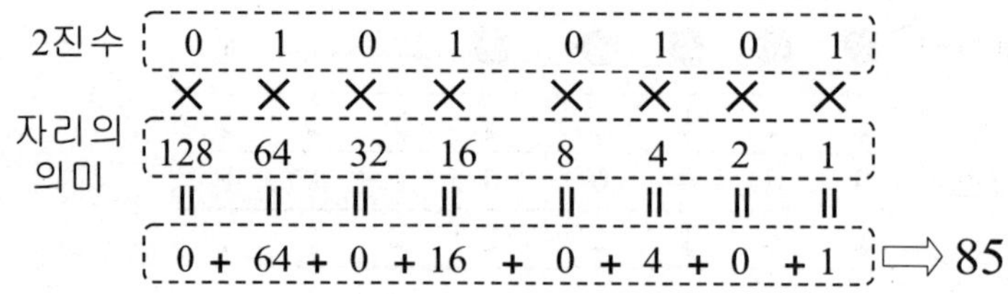

[그림 3-22] 예-2의 수학적 표현

즉 2진수의 오른쪽 자리부터 살펴보면 이 자리는 1의 의미이고 2진수도 1이므로 곱셈하면 1이지만, 그 윗자리는 2의 의미이지만 2진수가 0이므로 곱셈하면 0이다. 그 윗자리는 4의 의미이고 2진수도 1이므로 4가 되지만 그 윗자리는 8의 의미에 2진수 0이 곱셈되므로 0이 된다. 이러한 방법으로 구한 모든 숫자들을 그림과 같이 가로 방향으로 모두 덧셈하면 10진수 85를 얻는다.

예제로서 [그림 3-23]과 같이 LED들이 켜지도록 숫자를 구하고 이를 프로그램에 대입해 결과를 확인해 보라.

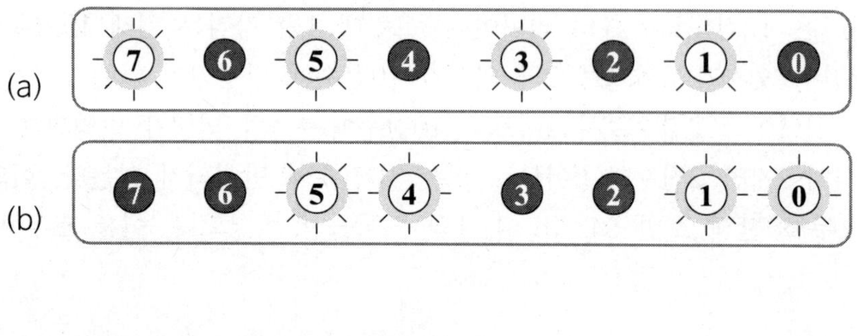

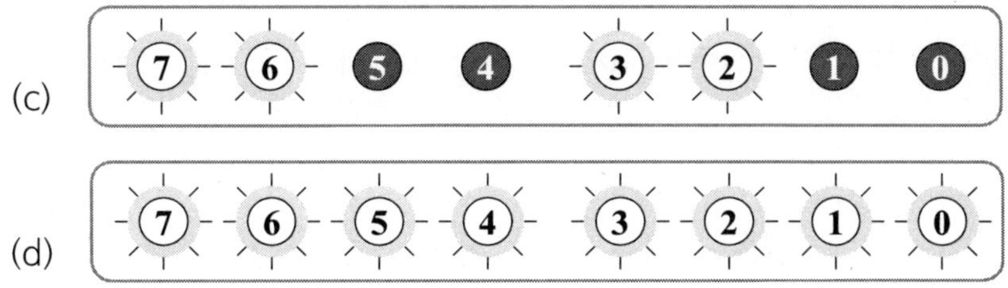

[그림 3-23] 여러 가지 LED 제어 예제

다. 10진수에서 2진수로 변환

필요에 따라 10진수에서 2진수로 변환해야 할 필요가 종종 발생한다. 앞서 2진수에서 10진수를 구하는 과정은 곱셈과 덧셈의 연속된 계산에 의해 가능했다. 따라서 이와 반대의 경우인 10진수에서 2진수로의 계산과정은 나눗셈 계산에 의해 이루어진다. 10진수로부터 2진수를 구하는 경우는 그다지 많지 않아 이러한 변환과정의 상세한 원리는 생략하므로 필요로 하는 경우 다른 참고서적을 참조하라.

10진수에서 2진수로 변환하는 방법은, 변환할 10진수 숫자를 더 이상 나누어지지 않을 때 까지 2로 계속 나누는 과정을 반복하는 것이다. 이 때 나눗셈 과정 중 발생하는 나머지 숫자들을 수집하면 이것이 2진수가 된다. 이러한 예를 우선 간단한 것부터 살펴보고 앞서 예제에서 구했던 숫자를 이용해 확인하도록 한다.

[그림 3-24]에 변환이 간단한 10진수 숫자 4의 변환과정을 나타내었다.

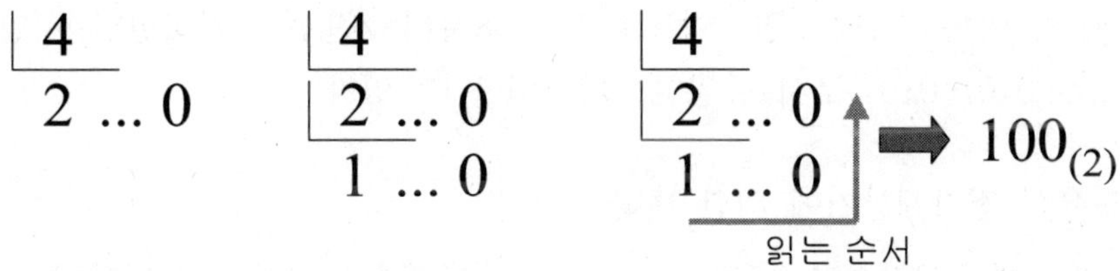

(a) 1번째 나눗셈 (b) 2번째 나눗셈 (c) 2진수의 판독

[그림 3-24] 10진수에서 2진수로 변환하는 예-1

[그림 3-24] (a)와 같이 10진수를 2로 나누면 몫이 2이고 나머지가 0이 될 것이다. 이 몫은 다시 2로 나눌 수 있으므로 [그림 3-24] (b)와 같이 몫이 1이고 나머지가 0이 된다. 이제는 더 이상 2로 나눌 수 없으므로 계산이 완료되었으며, [그림 3-24] (c)와 같이 가장 마지막에 계산되었던 몫부터 위쪽으로 읽어 정리하면 2진수 '100'을 얻을 수 있으며, 이는 〈표 3-1〉에 나타낸 10진수 4의 2진수는 '100'이다. 참고로 [그림 3-24] (c)의 최종 결과값 100 다음에 아래첨자로 표시한 '(2)'는 2진수 숫자임을 나타내는 수학

적 기호이다. 이 표시가 없으면 10진수 100인지 구분하기 어렵다.

다른 변환 예로서 앞서 2진수를 10진수 변환 예제에서 구했던 85를 다시 2진수로 변환해 본다.

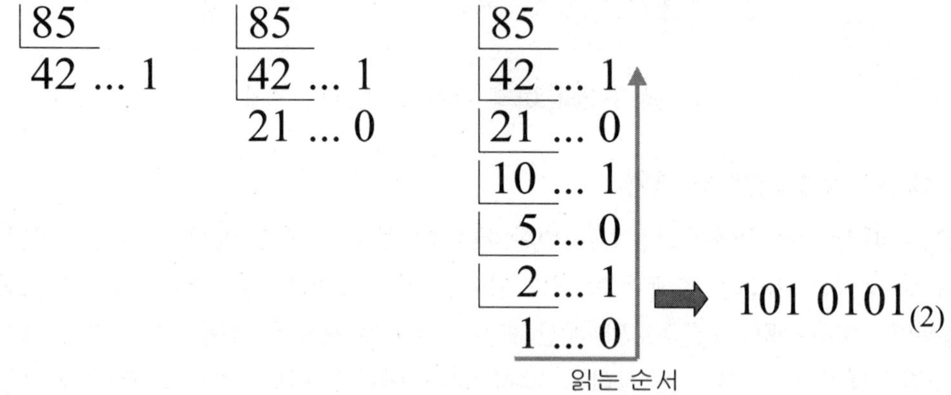

(a) 1번째 나눗셈 (b) 2번째 나눗셈 (c) 2진수의 판독

[그림 3-25] 10진수에서 2진수로 변환하는 예-2

[그림 3-25] (a)에서 85를 2로 나눗셈하면 몫이 42이고 나머지가 1이 발생한다. [그림 3-25] (b)와 같이 이 몫을 다시 2로 나눗셈하면 몫이 21이고 나머지는 0이다. 이와 같은 방법으로 [그림 3-25] (c)와 같이 더 이상 2로 나누어지지 않는 몫이 나타날 때까지 이 과정을 반복하고, 가장 아래의 몫으로부터 위쪽을 향해 읽어 정리하면 '101 0101'이 되며, 이는 7자리 2진수이므로 앞서 8자리 2진수로 기록한다면 앞의 0이 생략된 것이므로 '0101 0101'로서 동일한 값을 얻을 수 있다.

라. 윈도우의 전자계산기에 의한 변환

이상의 과정에서 2진수를 10진수로, 그리고 10진수를 2진수로 변환하는 방법에 관해 살펴봤지만, 여러분이 컴퓨터나 공학용 계산기를 사용하고 있다면 매우 간단히 이 과정을 계산할 수 있다. 공학용 계산기의 경우 각 기종마다 사용법이 다르므로 해당 매뉴얼을 참조하도록 하고, 여기서는 윈도우에 내장된 전자계산기를 이용해 진수를 변환하는 방법을 소개한다. 매우 간단하다.

윈도우의 시작 메뉴에 등록된 각종 프로그램 중에 "계산기"를 찾아 이를 실행한다. 실행 후 계산기의 메뉴 중 [그림 3-26] (a)와 같이 "보기" 메뉴를 클릭하면 일반용 계산기와 공학용 계산기를 선택할 수 있는데, 이 중 공학용 계산기를 선택하면 [그림 3-26] (b)와 같이 공학용 폼이 나타난다. (사실, 이 계산기도 비주얼-베이직으로 만들어졌다고 한다) 이 공학용 폼에서 그림에 표시한 영역의 4가지 버튼(라디오 버튼 컨트롤이라 한다)들이 진수변환에 사용되는 기능으로서, 왼쪽부터 Hex는 16진수(Hexa-Decimal), Dec는 10진수(Decimal), Oct는 8진수(Octal), 그리고 Bin은 2진수(Binary)의 기능 선택이다. 현재 그림에서는 기본으로 Dec, 즉 10진수 모드로 계산기가 가동 중임을 나타내고 있다.

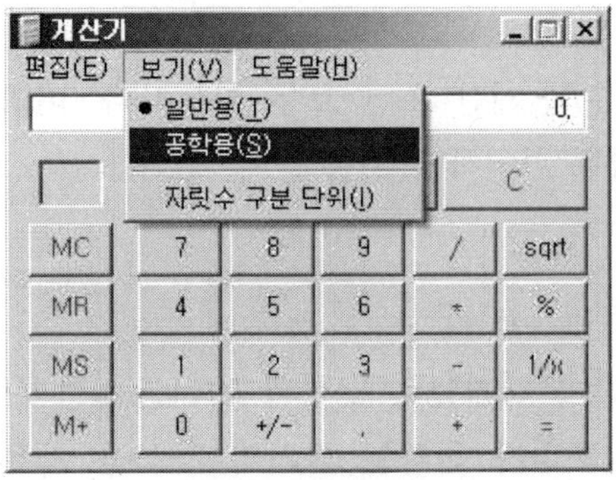

(a) 계산기 프로그램의 "보기" 메뉴

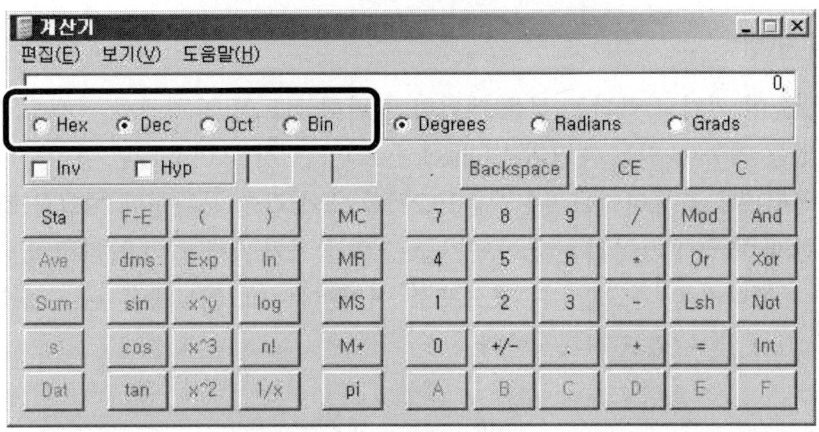

(b) 진수 변환 기능들

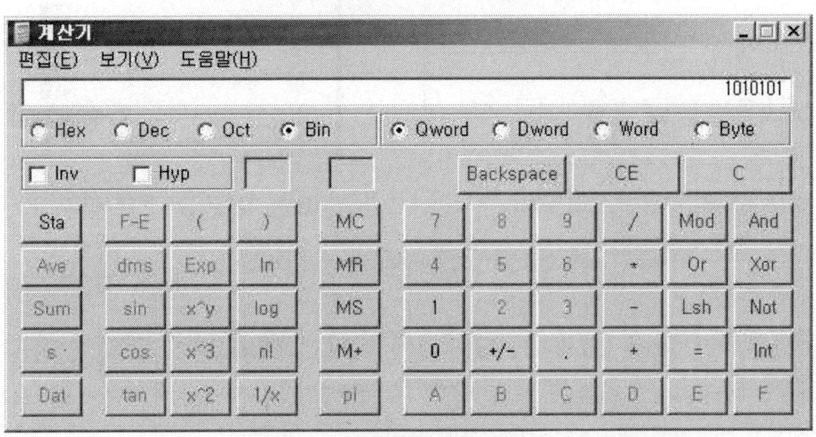

(c) 2진수로 변환된 예

[그림 3-26] 윈도우의 계산기로 진수변환 방법

변환할 숫자, 예를 들어 85를 계산기에 입력하고 Bin 버튼을 선택하면 [그림 3-26] (c)와 같이 그 자리에서 2진수로 변환된다. 다시 Dec 버튼을 선택하면 10진수로 변환된다.

이와 반대로 2진(Bin) 상태에서 2진수를 입력하고 Dec 버튼을 선택하면 10진수로 변환된다. 참고로 [그림 3-26] (c)의 그림을 살펴보면 Bin 상태에서는 숫자 키 중에서 0과 1만 사용가능하다.

물론 2진 상태에서 2진수의 계산 또한 모두 가능하다. 따라서 앞으로 진수 변환이 필요한 경우 이 계산기를 매우 편리하게 활용할 수 있다.

(4) 임의의 LED 켜기

이상에서 학습한 바와 같이 디지털로 구성된 기기는 2진수를 이용해 제어를 진행한다. 여기서는 2진수를 이용해 우리가 원하는 임의의 LED를 자유롭게 on/off 할 수 있도록 프로그램을 구성해 봄으로서 2진수의 성질에 관해 더욱 상세히 살펴보기로 한다.

① 폼의 구성

개별 LED들이 꺼지고 켜지는 것을 제어하기 위해 컨트롤 자체에서 현재 LED의 상태를 기억할 수 있는 기능이 있는 체크박스(check box)라는 것을 이용하면 편리하다. 체크 박스는 우리가 인터넷을 사용하다보면 [그림 3-27]의 예와 같이 사각형에 체크를 할 수 있는 기능으로서, 현재 체크가 되어있는지 아닌지를 컨트롤 자체에서 기억을 하고 있다. 그리고 2개 이상의 체크박스를 체크할 수 있으므로 여기서는 이 컨트롤을 이용해 각 LED들을 자유롭게 on/off 할 수 있도록 제작한다.

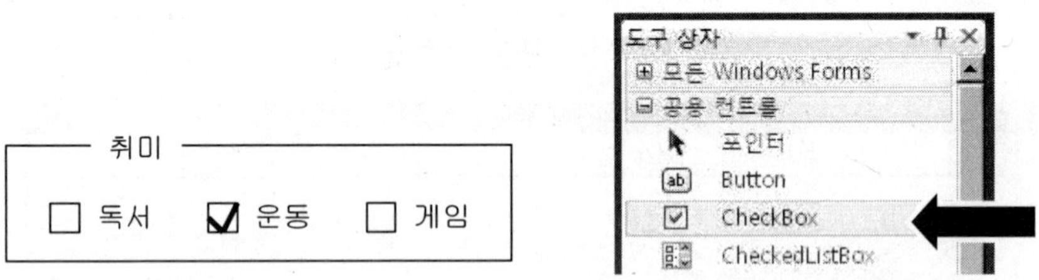

(a) 체크박스의 예 (b) 체크박스 컨트롤

[그림 3-27] 체크박스 컨트롤

지금까지 사용했던 폼에 [그림 3-28] (a)에 나타낸 바와 같이 폼의 면적을 넓히고 [그림 3-27] (b)의 체크박스 컨트롤을 선택한 후 폼에 배치한다. 체크박스의 속성에서 컨트롤 이름은 "Chk_7", Text는 "7"이라 변경한다.

배치된 컨트롤을 복사해 [그림 3-29]와 같이 나머지 7개를 배치하고 속성을 변경한다.

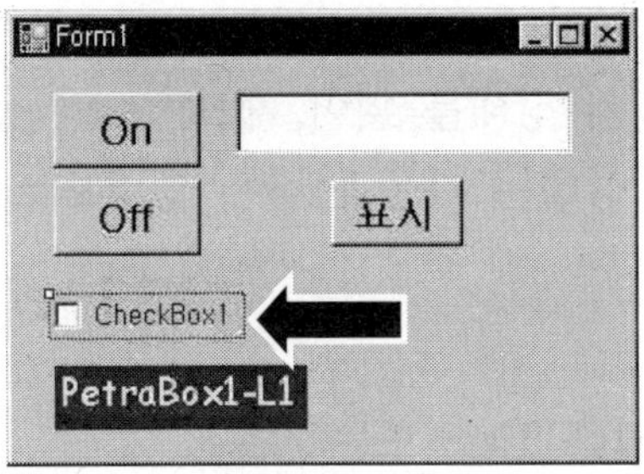

(a) 폼의 형태

컨트롤	속성	값
CheckBox1	(Name)	Chk_7
	Text	7

(b) 속성 설정

[그림 3-28] 컨트롤의 추가

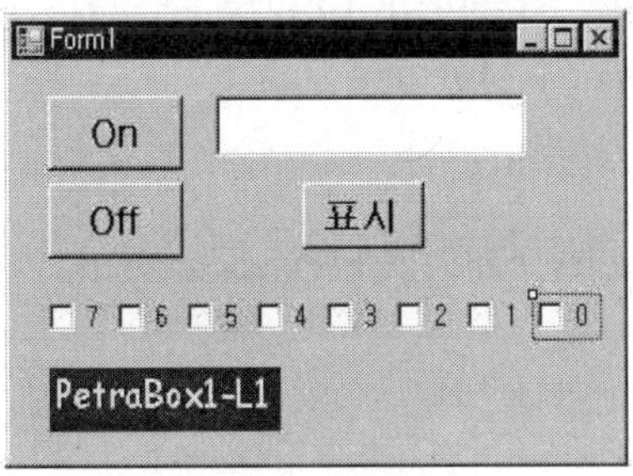

(a) 폼의 형태

	속성	값
□ 7	(Name)	Chk_7
	Text	7
□ 6	(Name)	Chk_6
	Text	6
:	:	:

	속성	값
□ 3	(Name)	Chk_3
	Text	3
□ 2	(Name)	Chk_2
	Text	2
:	:	:

(b) 속성 설정

[그림 3-29] 모든 컨트롤의 배치

② 2개 LED 코드의 구성

이상의 과정에서 구성된 폼의 체크박스 컨트롤에 관한 코드를 작성하는데, 우선 코드의 구성을 이해하기 쉽도록 가장 아랫자리 1번과 0번 LED 2개에 관한 코드를 완전히 구성한 후 나머지를 확장하도록 한다.

가. 0번 LED의 제어

0번 LED의 체크박스("□ 0")를 더블클릭하면 [리스트 3-3]과 같은 코드 입력부분이 나타나는데, 리스트의 라인 1을 살펴보면 Chk_0 체크박스의 상태가 변화되었을 때(Changed) 가동되는 부분으로 명시되어 있다. 즉 이 코드 부분은 프로그램이 가동된 후 체크박스에 체크를 하거나 또는 체크를 해제하는 변화를 일으켰을 때 처리할 일을 기록하는 곳이다.

```
1    Private Sub Chk_0_CheckedChanged( ... ) Handles Chk_0.CheckedChanged
2
3    End Sub
```

[리스트 3-3] 0번 비트 체크박스 코드창의 예

지금 해야 할 일을 정리하면, 체크를 하면 해당 LED가 켜지고, 체크를 풀면 해당 LED가 꺼지도록 하는 것이다. 따라서 체크박스의 상태를 읽어 체크박스의 상태에 따라 LED를 제어하도록 구성해야 한다. 체크박스의 상태는 다음과 같은 명령으로 알아낼 수 있다.

```
Chk_0.Checked          ' 답은 True 또는 False
```

즉 Chk_0 컨트롤의 Checked 속성값을 읽어오면 체크가 되었을 경우 True로 나타나고, 체크가 되어있지 않은 경우 False로 나타나며, 이를 이용하면 LED를 제어할 수 있다. 따라서 이 값을 이용해 [리스트 3-4]와 같이 코드를 구성한다.

```
1    Private Sub Chk_0_CheckedChanged( ... ) Handles Chk_0.CheckedChanged
2        If Chk_0.Checked = True Then
3            Pb1.Out_A(1)
4        Else
5            Pb1.Out_A(0)
6        End If
7    End Sub
```

[리스트 3-4] 0번 LED 체크박스 코드

라인 2에서 Chk_0이 체크되어 있는지 확인해 체크되어 있다면(Then) 라인 3에서 0번 LED를 켜도록 명령하고, 체크되어 있지 않다면(Else) 라인 5번에서 0번 LED를 끄도록 명령한다.

여기까지 완성되면 프로그램을 실행해 그 결과를 확인하라. 정상적으로 동작 할 것이다.

나. 1번 LED의 제어

이번에는 1번 LED를 제어하기 위해 1번 비트의 체크박스("□ 1")를 더블클릭하고 [리스트 3-5]를 입력한다.

즉 [리스트 3-5]는 앞서 0번 LED 제어와 마찬가지로 라인 2에서 Chk_1의 상태를 읽어 체크되어 있다면 라인 3에서 1번 LED를 켜기 위해 숫자 2를 출력하고, 그렇지 않다면 1번 LED를 끄기 위해 숫자 0을 출력한다.

이를 실행하고 0번과 1번 LED들을 각각 제어해보라. 무엇인가 이상한 점이 발견될 것이다.

```
1	Private Sub Chk_1_CheckedChanged( ... ) Handles Chk_1.CheckedChanged
2	    If Chk_1.Checked = True Then
3	        Pb1.Out_A(2)
4	    Else
5	        Pb1.Out_A(0)
6	    End If
7	End Sub
```

[리스트 3-5] 1번 LED 체크박스 코드

다. 각 LED들 사이의 간섭 제거

앞서 [리스트 3-5]의 과정을 실행하면 0번과 1번 2개의 LED가 결코 동시에 켜지지 않고, 그 이후로는 이상한 동작을 한다. 그 원인은 [리스트 3-5]의 경우 라인 3번과 라인 5의 제어명령에서 문제가 있는 것이다.

예를 들어 0번 LED를 켜기 위해 Chk_0을 체크했다면 [리스트 3-4]에 의해 0번 LED가 켜지는 숫자 1을 출력한다. 이는 2진수로 “0000 0001”이다. 따라서 0번 LED가 정상적으로 켜진다. 그 후 1번 LED를 켜기 위해 Chk_1을 체크했다면 [리스트 3-5]에 의해 1번 LED가 켜지는 숫자 2를 출력할 것이다. 이는 2진수로 “0000 0010”이다. 이 2진수를 살펴보면 1번 LED는 1로서 켜지지만 이 때 0번 LED는 0으로서 꺼버리는 것이다. 만약 정상적으로 0번과 1번 LED가 모두 켜지려면 숫자 3, 즉 2진수로 “0000 0011”이 출력되어야 두 LED가 모두 켜진다. 또한 만약 1번 LED를 끄기 위해 Chk_1의 체크를 풀었다면 숫자 0이 출력되는데, 이는 0번 LED도 함께 꺼진다.

결론적으로 0번 LED를 켜거나 끌 때는 다른 LED들의 상태에 영향을 주지 않아야 한다. 또한 1번 LED를 켜거나 끌 때도 다른 LED들의 상태에 영향을 주지 않아야 한다. 즉, 만약 1번 LED를 켜도록 제어하려면, 이 때 0번 LED가 꺼져 있었다면 숫자 2를 출력해야 하지만, 0번 LED가 켜져 있었다면 숫자 3을 출력해야 한다. 이런 방법으로 제어한다면 자신을 제외한 나머지 7개 LED들의 모든 상태를 고려해 출력해야 하므로 총 128종류의 조합이 발생해 사실상 이와 같이 분류해 처리하는 것은 불가능하다. 이러한 경우 수학적 방법을 이용하면 매우 간단히 해결될 수 있다.

이해를 쉽게 할 수 있도록 우선 10진수를 이용해 예를 들어 본다. [그림 3-30] (a)와 같이 10진수로 구성된 숫자가 있을 때, 오른쪽에서 두 번째 자리의 0을 다른 숫자에 영향을 미치지 않으면서 6으로 변화시키려면 어떻게 해야 할까? 이러한 경우 [그림 3-30] (b)와 같이 원하는 숫자 자리에 해당하는 숫자가 덧셈되고, 다른 자리의 숫자들에는 영향을 미치지 않도록 0이 더해지는 숫자, 즉 60을 덧셈하면 다른 자리에 영향을 미치지 않으면서 내가 원하는 자리의 숫자만 변경할 수 있다.

(a)	(b)	(c)	(d)
15307	15307	1101 0101	1101 0101
↓	+ 00060	↓	+ 0000 0010
15367	15367	1101 0111	1101 0111
(a) 10진수 변화 대상	(b) 10진수 변화 방법	(c) 2진수 변화 대상	(d) 2진수 변화 방법

[그림 3-30] 원하는 숫자만 변경하는 방법

이와 동일한 원리로 [그림 3-30] (c)와 같은 2진수에서 다른 숫자들에는 영향을 미치지 않으면서 오른쪽에서 두 번째 숫자만 1로 변화시키고 싶다면, [그림 3-30] (d)와 같이 변화시킬 숫자의 자릿수만 1이고, 나머지 자릿수는 0으로 설정된 수, 즉 10진수로 2를 덧셈하면 된다.

이상의 과정과 반대로, 원하는 자리의 숫자를 0으로 변경하고 싶다면 나머지 자릿수에 해당하는 숫자들은 모두 0이고 오직 해당 자릿수의 숫자만 있는 수를 뺄셈하면 된다. 즉 [그림 3-30] (b)에서 15367이라는 숫자로부터 60을 뺄셈하면 15307이 되어 원하는 자릿수만 숫자가 제거된다. 2진수에서도 동일한 원리가 적용된다.

라. 현재 출력의 기억

이상의 원리를 적용하면 다른 자리의 숫자들에는 영향을 미치지 않으면서 원하는 자리의 숫자를 설정할 수 있는데, 이 경우 한 가지 필요한 사항이 있다. 즉 현재 포트-A에 어떤 출력이 존재하는지 알아야 그 숫자에 덧셈을 하던 뺄셈을 하던 조작이 가능해지는 것이다. 따라서 포트-A에 현재 어떤 출력이 발생되고 있는지를 기억할 변수가 필요하다.

그런데 이 변수는 Chk_0 체크박스를 처리하는 부분에서도 필요하겠지만 Chk_1 체크박스를 처리하는 부분에서도 필요하고, 마찬가지로 앞으로 다른 체크박스를 처리하는 부분에서도 모두 공통적으로 사용되어야 하므로 변수의 선언은 어느 누구에게도 소속되지 않은 변수, 즉 전역변수로 구성해야 한다.

마. 코드의 구성

이상에서 살펴본 사항들을 종합해 작성한 코드를 [리스트 3-6]에 나타내었다.

[리스트 3-6]의 라인 2는 포트-A로 출력되고 있는 값을 기억하기 위한 변수 Port_A를 이 프로그램 전체에서 누구나 사용할 수 있도록 전역변수로 선언한 것으로서, 코드의 가장 첫 시작점 바로 다음에 선언하였다. 즉 어느 누구에게도 속하지 않은 변수이다.

라인 5는 0번 LED 체크박스가 체크 되었을 때 다른 LED들에는 영향을 주지 않으면서 0번 LED만 켜질 수 있도록 숫자 1(2진수 "0000 0001")을 덧셈한 것이다.

라인 7은 0번 LED 체크박스의 체크를 해제했을 때 다른 LED들에는 영향을 주지 않으면서 0번 LED만 끌 수 있도록 숫자 1(2진수 “0000 0001”)을 뺄셈한 것이다.

라인 9는 조작이 완료된 Port_A 변수 내용을 실제 포트-A로 출력한다.

라인 10은 이왕이면 어떤 숫자가 출력되고 있는지 확인하기 위해 앞서 배치해 놓았던 Txt_In 텍스트 박스의 내용(.Text)으로 출력하도록 하고 있다.

라인 14와 라인 16은 각각 1번 LED에 대해서만 조작을 하도록 숫자 2(2진수 "0000 0010")을 덧셈하거나 뺄셈하고 있다.

```
1    Public Class Form1
2        Dim Port_A As Integer
                :
                :
3    Private Sub Chk_0_CheckedChanged( ... ) Handles Chk_0.CheckedChanged
4        If Chk_0.Checked = True Then
5            Port_A = Port_A + 1
6        Else
7            Port_A = Port_A - 1
8        End If
9        Pb1.Out_A(Port_A)
10       Txt_In.Text = Port_A
11   End Sub

12   Private Sub Chk_1_CheckedChanged( ... ) Handles Chk_1.CheckedChanged
13       If Chk_1.Checked = True Then
14           Port_A = Port_A + 2
15       Else
16           Port_A = Port_A - 2
17       End If
18       Pb1.Out_A(Port_A)
19       Txt_In.Text = Port_A
20   End Sub
```

[리스트 3-6] 0번, 1번 LED 체크박스 코드.

이상과 같이 구성된 코드를 실행하고 0번과 1번 LED들을 각각 작동시켜보라. 정상적으로 동작할 것이다. 또한 현재 포트-A로 어떤 숫자가 출력되고 있는지도 텍스트박스를 통해 표시될 것이다.

③ 다른 LED로의 확장

이상의 과정에서 구성된 코드를 중심으로 이제 나머지 모든 LED들에 대해서도 확장을 하려한다. 그런데 [리스트 3-6]에 나타낸 2개의 LED 제어 코드를 살펴보면 두 코드 사이에 공통적인 사항들이 상당히 존재한다. 사실상 거의 동일하다 할 수 있다. 따라서 이러한 동일한 코드를 모든 8개 LED에 동일하게 적용하는 것은 그다지 효과적인 코드라 할 수 없다. 더구나 만약 모든 8개 LED에 동일한 코드를 적용한 후 어떤 기능을 수정하려 한다면 모든 8개 LED에 동일하게 수정을 해야 한다. 따라서 여기서는 연습 겸 이를 서브루틴화 하는 방법에 관해 살펴보고자 한다.

서브루틴으로 구성하기 위해서는 각 LED들의 코드 사이에 어떤 차이점이 있는지 확인하고 이 정보를 이용해 서브루틴을 구성해야 한다. 2개 LED들에 관한 코드를 [리스트 3-7]에 다시 나타내었다.

```
1   Private Sub Chk_0_CheckedChanged( ... ) Handles Chk_0.CheckedChanged
2       If Chk_0.Checked = True Then
3           Port_A = Port_A + 1
4       Else
5           Port_A = Port_A - 1
6       End If
7       Pb1.Out_A(Port_A)
8       Txt_In.Text = Port_A
9   End Sub

10  Private Sub Chk_1_CheckedChanged( ... ) Handles Chk_1.CheckedChanged
11      If Chk_1.Checked = True Then
12          Port_A = Port_A + 2
13      Else
14          Port_A = Port_A - 2
15      End If
16      Pb1.Out_A(Port_A)
17      Txt_In.Text = Port_A
18  End Sub
```

[리스트 3-7] 0번, 1번 LED 체크박스 코드의 차이

[리스트 3-7]의 0번과 1번 체크박스 처리 과정에서 라인 2번과 라인 11번은 체크박스의 상태를 이용해 If문으로 판단하고 있다. 라인 3, 5, 12, 14에서는 포트-A의 현재 출력에 조작을 가할 숫자만 차이가 있다. 이 이외에는 모든 것이 동일하므로 이들을 서브

루틴으로 구성한다면 나머지 LED들을 비롯해 전체적인 코드가 크게 단순화될 수 있다.

[리스트 3-7]의 두 코드 비교에서 알 수 있듯이 서브루틴으로 구성한 경우 이를 호출하는 측에서는 체크박스의 상태 정보와 이에 따른 조작할 숫자 정보 2가지가 전달되어 오면 이를 이용해 모든 처리를 행할 수 있다. 따라서 서브루틴의 첫 부분에는 이를 호출하는 부분에서 보내 올 2가지 정보를 받을 변수(그릇)을 준비한다.

함수의 이름은 Chk_Sub, 즉 체크박스의 서브루틴이라는 의미로 이와 같이 정했다.

```
Sub Chk_Sub(Chk As Boolean, Num As Integer)
```

함수 이름 이후 괄호 내에 값을 받을 변수(그릇)을 준비하는데, 첫 번째는 Chk라는 이름의 변수를 준비하지만 이 속에 담길 내용은 True, False라는 체크박스의 상태이며, 이와 같이 2진수 형태의 내용을 담는 변수(그릇)을 Boolean형이라 한다.

다음 변수는 조작할 숫자를 받을 변수로서 Num이라 이름을 붙여봤다. 이 변수에는 숫자가 저장될 것이고, 정수만 사용될 것이므로 Integer라는 형태의 변수(그릇)을 준비한다.

이상과 같이 입력하면 비주얼베이직에서는 자동으로 다음과 같이 부가적인 문장들을 추가해 준다.

```
Sub Chk_Sub(ByVal Chk As Boolean, ByVal Num As Integer)

End Sub
```

여기에 앞서 [리스트 3-7]의 LED 처리 부분을 복사한 후 해당 부분을 수정함으로서 [리스트 3-8]과 같은 서브루틴이 완성된다.

```
Sub Chk_Sub(ByVal Chk As Boolean, ByVal Num As Integer)
    If Chk = True Then
        Port_A = Port_A + Num
    Else
        Port_A = Port_A - Num
    End If
    Pb1.Out_A(Port_A)
    Txt_In.Text = Port_A
End Sub
```

[리스트 3-8] LED 처리 서브루틴

이제 실제 LED 체크박스 처리부분을 [리스트 3-9]와 같이 수정하고 실행해 보라. 지금까지와 동일한 결과가 나타나야만 한다.

```
1    Private Sub Chk_0_CheckedChanged( ... ) Handles Chk_0.CheckedChanged
2        Call Chk_Sub(Chk_0.Checked, 1)
3    End Sub

4    Private Sub Chk_1_CheckedChanged( ... ) Handles Chk_1.CheckedChanged
5        Call Chk_Sub(Chk_1.Checked, 2)
6    End Sub
```

[리스트 3-9] 각 LED 처리 부분

[리스트 3-9]의 라인 2와 라인 5에서는 앞서 작성했던 서브루틴을 호출하면서 체크박스의 상태와 이 때 처리할 숫자를 전송하면 서브루틴에서는 이들 정보를 이용해 해당처리를 진행한다. [리스트 3-9]를 살펴보면 코드가 얼마나 간결해지는지 알 수 있으며, 특히 앞으로 추가할 나머지 LED들의 체크박스의 처리도 이와 같이 간단해 질수 있다. 이것이 서브루틴의 효과이다.

나머지 체크박스들도 순서대로 더블클릭하거나 다른 LED 체크박스 부분을 복사해 수정해 [리스트 3-10]과 같이 구성한 후 실행해 보라. 이 때 텍스트 박스에 나타나는 숫자와 여러분이 체크한 내용과 비교해 2진수의 특성을 확인해 보라.

```
Private Sub Chk_2_CheckedChanged( ... ) Handles Chk_2.CheckedChanged
    Call Chk_Sub(Chk_2.Checked, 4)
End Sub

Private Sub Chk_3_CheckedChanged( ... ) Handles Chk_3.CheckedChanged
    Call Chk_Sub(Chk_3.Checked, 8)
End Sub

Private Sub Chk_4_CheckedChanged( ... ) Handles Chk_4.CheckedChanged
    Call Chk_Sub(Chk_4.Checked, 16)
End Sub
    :
```

[리스트 3-10] 각 LED 처리 부분

이상의 과정에서 완성된 프로그램, 특히 개별 LED를 각각 켜고 끌 수 있는 부분은 이후에도 실험용으로 유용하게 사용할 예정이므로 모두 저장해 놓는다.

2) 자동 LED 제어 실험

지금까지는 우리가 직접 어떤 조작을 통해 LED를 제어하는 실험을 진행하였다. 이 절에서는 컴퓨터가 자동으로 LED를 제어하는 실험을 진행하도록 한다.

우선 단순한 반복문에 의한 자동 LED 제어를 먼저 학습하고, 그 후 컴퓨터 타이머 기능에 의한 자동 LED 제어를 학습한다.

(1) 반복문에 의한 깜빡이 제작

컴퓨터가 다른 전자기기들에 비해 가장 우수한 능력은 판단능력이고, 이러한 판단능력에 기인해 발생하는 반복능력이다. 즉 다른 기기들과 같은 단순한 반복이 아니라 판단에 근거한 반복이 가능하다는 것이다.

① For문

각종 컴퓨터 언어들에는 각자 판단에 근거한 반복기능을 수행하기 위한 명령들이 준비되어 있으며, 베이직 언어에서는 "For 루프"라는 기능으로 구현되어 있다. 비주얼 베이직에서도 본래의 베이직 언어에서 사용되는 For 루프를 그대로 사용하며, [그림 3-31]에 For문의 구조를 나타내었다.

[그림 3-31]의 처음에 FOR문이 있고 다음에 변수명을 기록한다. 이 때 변수가 어떤 숫자로부터 시작할지를 지정하며, 그 후 TO문과 최종숫자를 기록한다. 예를 들어 "FOR A=1 TO 100"이라 기록하면 A라는 변수를 이용해 1부터 100까지 반복하라는 의미이다.

```
FOR 변수 = 시작숫자   TO  최종숫자  STEP  단계수
   (반복 수행할 명령들)
NEXT 변수
```

[그림 3-31] 베이직 언어의 For문 구조

FOR문 마지막에 기록된 STEP은 숫자를 한 번 반복할 때마다 변수를 얼마만큼 증가시키며 진행할지를 정하는 것으로서, 만약 STEP 부분을 생략하면 FOR문은 기본적으로 1씩 증가하도록 진행된다. 만약 여러분이 "FOR A=100 TO 1"과 같이 100부터 1까지

역순으로 진행하도록 구성하려면 반드시 "STEP -1" 등으로 변수의 숫자진행이 감소하도록 기록해야 한다. "FOR A=100 TO 1"에서 STEP을 생략하면 컴퓨터는 A변수에 100을 넣은 후 증가하며 동작하기 때문에 결코 1이라는 숫자에 도달하지 못해 "무한루프"에 빠져 컴퓨터가 멈춰버린다. 이러한 사항에 대해서는 내용이 진행되며 다시 소개될 것이다.

FOR문이 구성된 이후 "NEXT 변수" 명령 사이에 반복할 명령들이 기록되며, FOR문은 NEXT 문과의 사이에 기록된 명령들을 정해진 조건동안 반복한다.

② For문을 이용한 LED의 반복 점등

비주얼 베이직을 시동하고 "새 프로젝트"를 선택해 프로젝트를 생성한다. 지금까지 해왔던 것과 마찬가지로 "Windows Forms 응용 프로그램"을 선택하고 이름은 필자의 경우 "05_LED02"라 설정하였다.

프로그램을 작성할 폼이 나타나면, 아마도 도구 상자에 페트라박스 컨트롤이 여전히 나타날 것이다. 만약 컨트롤이 제거되었다면 다시 컨트롤을 넣어놓는다. 페트라박스 컨트롤을 폼에 배치한 후 [그림 3-32] (a)와 같이 버튼을 1개 설치하고 [그림 3-32] (b)와 같이 속성을 설정한다.

여기서 버튼의 이름 "Blinker"은 자동차의 방향지시등과 같이 스스로 깜빡거리는 깜빡이(Blinker)라는 조명용어이다. Text 속성의 이름은 한글로 "깜빡이"라 기록해도 무방하지만 이왕이면 용어를 익히기 위해 "Blinker"라 하였다.

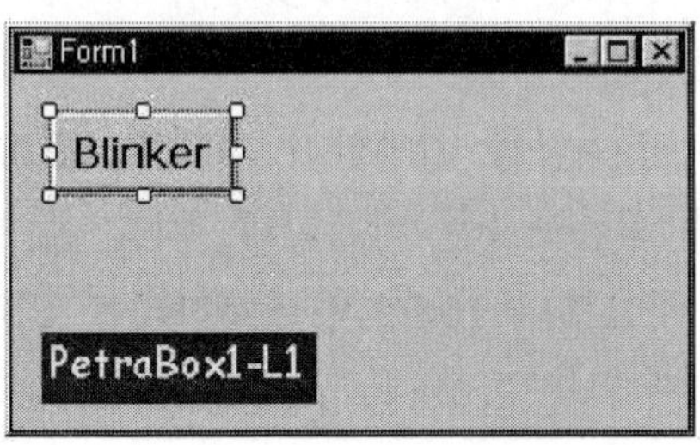

(a) 폼의 구성

컨트롤	속성	값
Button1	(Name)	Btn_Blinker
	Font	굵게, 14
	Text	Blinker

(b) 속성의 변경

[그림 3-32] 깜빡이 구성을 위한 폼

Blinker 버튼을 더블클릭한 후 [리스트 3-11]과 같이 코드를 구성한다. 이 리스트는 다음과 같은 의미를 가진다.

라인 2에서 a라는 변수를 1부터 20까지 진행하라 지시한다. 이 때 Step문이 없으므로 자동으로 1씩 증가하며 진행할 것이다. 즉 라인 5의 Next문 사이의 명령들을 20회 진행하라는 의미이다.

라인 3에서 페트라박스의 포트-A 0번 LED를 켠다.
라인 4에서 페트라박스의 포트-A 0번 LED를 끈다.
라인 5에서 조건이 성립한다면 For문으로 다시 돌아간다.

```
1    Private Sub Btn_Blinker_Click( ... ) Handles Btn_Blinker.Click
2        For a = 1 To 20
3            Pb1.Out_A(1)
4            Pb1.Out_A(0)
5        Next
6    End Sub
```

[리스트 3-11] 깜빡이 구성을 위한 코드

이들 문장을 입력할 때 라인 2의 For문을 입력하고나면 비주얼 베이직에서는 자동으로 라인 5의 Next문을 삽입해 주는데, Next문에 변수명이 없다. 이는 Next문이 나타나면 이와 세트로 된 For문은 라인 2번이라는 것이 너무 뻔하므로 생략하면 알아서 라인 2와 라인 5 사이를 반복할 부분으로 인식한다. 그러나 이후에 사용할 예정이지만 For문이 2중, 3중으로 사용될 때는 Next문이 나타나면 이 Next가 어떤 For문 소속인지 혼란이 발생할 수 있으므로 가급적 변수명을 붙여주는 것이 좋다.

일단 이와 같이 코드가 입력되면 프로그램을 실행하고 Blinker 버튼을 클릭해 보라. 아마도 [그림 3-33] (a)와 같은 오류 메시지가 나타날 것이다.

(a) 오류 화면

```
Private Sub Form1_Load( ... )...
    Pb1.Init( )
End Sub
```

(b) 초기화 부분의 추가

[그림 3-33] 페트라박스의 초기화

이러한 오류는 우리가 작성한 프로그램과 페트라박스를 서로 연결하는 과정이 이루어지지 않았다는 것을 알리는 것이다. 따라서 우리의 프로그램이 처음 가동될 때, 즉 폼이 로드(Load)될 때 페트라박스의 초기화를 시행해야 하며, 이를 위해 프로그램의 실행을 중단하고 폼의 바탕을 더블클릭한 후 [그림 3-33] (b)와 같이 초기화 명령을 기록한다.

이와 같은 초기화 과정을 거치는 이유 중 하나는, 우리가 사용하는 윈도우와 같은 환경에서는 수많은 프로그램을 동시에 사용할 수 있기 때문이다. 예를 들어 여러분은 윈도우를 사용하면서 한글 프로그램을 켜고, 동시에 카톡도 사용하며, 익스플로러와 같은 인터넷을 켜놓기도 한다. 이러한 환경에서 어떤 프로그램에서 이미 페트라박스를 사용하고 있는 중에 다른 프로그램에서도 이를 사용하려 한다면 페트라박스 입장에서는 대혼란이 발생하는 것이다. 이러한 상황은 프린터나 다른 장치들에서도 마찬가지이므로 어떤 기기를 사용하기 전에 우선 윈도우와 같은 OS에 이 기기를 사용해도 좋은지 허가를 받는 절차가 반드시 필요하다. 즉 [그림 3-33] (b)의 초기화 과정 중에는 윈도우에게 이 기기를 사용하기 위한 허가절차가 포함되어 있으며, 만약 이 절차 중에 이미 다른 기기에서 사용 중이라면 윈도우는 사용허가를 해주지 않기 때문에 이러한 경우에는 "이미 사용 중"이라는 메시지가 나타나며 더 이상 기기를 사용할 수 없다.

결론적으로 컴퓨터에서 사용되는 모든 하드웨어 장치들은 윈도우와 같은 OS로부터 사용허가 절차를 거쳐 사용하도록 구성된다는 사실을 설명하기 위해 이와 같은 실험을 진행한 것이다.

[그림 3-33]과 같은 초기화 과정을 추가한 후 프로그램을 실행하고 Blinker 버튼을 클릭해보라.

③ 시간지연의 추가

앞서 작성한 프로그램을 실행하고 Blinker 버튼을 누르면 포트-A의 0번 LED가 순간적으로 켜지고 꺼져버릴 것이다. 이것은 우리의 컴퓨터가 워낙 빠르기 때문에 그 순간적으로 켜진 것은 사실 20회 켜졌다 꺼지는 것을 반복한 것이다. 이와 같이 컴퓨터가 너무 빨리 켜는 것과 끄는 것을 반복하기 때문에 우리 인간에게는 볼 수 있는 시간이 없으므로, LED를 켜고 잠시 시간을 지연하고 LED를 끄고 잠시 시간을 지연해 우리가 볼 수 있는 여유를 주어야만 한다. 따라서 [리스트 3-12]에 나타낸 바와 같이 LED를 켠 후와 끈 후에 각각 여유시간을 설정하도록 한다.

라인 4-6은 라인 3에서 LED를 켠 후 우리가 볼 수 있는 시간을 벌기위해 컴퓨터에게 t라는 변수를 1부터 100만까지 세라는 것이다. 이는 마치 숨바꼭질 게임을 할 때 술래가 1부터 100까지 숫자를 세어 시간을 버는 것과 동일한 원리이다.

라인 5는 컴퓨터에게 100만까지 세는 동안 컴퓨터의 다른 부분도 확인하라는 의미의 명령이다. 이 명령을 생략하고 For문만 기록해 놓으면, 컴퓨터는 오로지 숫자만 세느라 우리가 프로그램을 종료하려해도 컴퓨터는 종료하라는 명령을 읽지 않는다. 즉 컴퓨터가 이 동안에는 멈춰버린 것이나 다름이 없기 때문에, 숫자를 세는 동안에도 우리가 종료하라는 조작을 행하면 그 조작을 확인하고 종료해야 한다.

```
1     Private Sub Btn_Blinker_Click( ... ) Handles Btn_Blinker.Click
2         For a = 1 To 20
3             Pb1.Out_A(1)
4             For t = 1 To 1000000
5                 Application.DoEvents( )
6             Next t
7             Pb1.Out_A(0)
8             For t = 1 To 1000000
9                 Application.DoEvents( )
10            Next t
11        Next a
12    End Sub
```

[리스트 3-12] 시간지연의 추가

라인 8-10도 앞서 라인 4-6과 완전히 동일한 역할을 하며, 여기서는 7번 라인에서 LED를 끈 후 우리가 볼 수 있는 시간을 벌기위한 것이다.

[리스트 3-12]와 같이 입력한 후 실행해 Blinker 버튼을 눌러 LED의 깜빡임을 확인하라. 깜빡이는 속도는 컴퓨터의 속도마다 모두 다르므로, 만약 너무 빠르게 깜빡이면 프로그램을 정지시키고 라인 4와 라인 8의 100만 숫자를 500만 또는 1000만 등으로 조절하며 약 1초에 한 번 깜빡이도록 설정한다. 이와 같이 적당한 속도가 조절되면 LED가 총 20회 깜빡이는 것을 확인할 수 있다.

단, 프로그램을 종료시킬 때는 실행된 프로그램의 창 닫기만 하면 완전한 종료가 된 것이 아니라 창만 닫은 것이다. 따라서 비주얼 베이직의 프로그램 실행버튼 옆의 종료버튼을 눌러 확실하게 종료해야 한다.

④ 프로그램에서의 의미 분석

[리스트 3-12]의 프로그램을 실행해 보면 컴퓨터에서 어떤 원리로 시간을 지연하는지 확인할 수 있다. 그런데 한 가지 살펴볼 것은 [리스트 3-12]의 라인 2번과 라인 4번에서 각각 a라는 이름의 변수와 t라는 이름의 변수를 사용하고 있지만, 이 프로그램에는 이러한 변수를 준비하라는 명령이 없다. C-언어라면 이러한 경우 변수가 준비되어 있지 않다는 오류가 나타나지만 베이직에서는 선택으로 되어있다. 즉 기본적으로 베이직이라는 언어에서는 변수를 선언하지 않고 라인 2번과 4번 같이 변수를 사용하면 자동으로 변수가 생성되도록 구성되어 있다. 이러한 것은 초보자에게는 매우 편리한 기능이 될 수 있지만, 조금만 복잡한 프로그램을 구성해도 이러한 자동 변수 생성기능이 우리에게 큰 어려움을 줄 수도 있다.

예를 들어 우리가 프로그램 앞부분에서 a라는 변수를 사용했다가 뒷부분에서 실수로 b라는 변수명을 사용하면 C-언어의 경우 이러한 변수가 없다고 오류를 발생시켜 주지만, 베이직에서는 b라는 새로운 변수를 즉석에서 생성하고 내용은 자동으로 0을 채워 사용하므로 프로그램을 실행시키면 전혀 엉뚱한 답이 나타나고, 그럼에도 불구하고 이러한 원인을 찾으려면 프로그램 전체를 뒤져야만 하는 매우 찾기 어려운 오류가 되는 것이다. 이러한 이유로 C-언어를 비롯해 다른 언어들에서는 미리 변수를 선언해 사용하도록 구성된 것이다. 물론, 비주얼 베이직에서도 이러한 문제점을 보완하기 위해 반드시 변수를 선언해 사용해야만 하도록 옵션을 두고 있다. 그러나 우리는 프로그램의 규모가 작으므로 이대로 사용해도 큰 지장은 없다.

⑤ 시간지연 서브루틴

앞서 구성한 깜빡이 프로그램의 경우 시간지연을 위해 "For t = 0 To..."라는 2개의 동일한 부분을 사용하고 있다. 그리고 이의 시간을 조절하기 위해서는 두 곳의 숫자를 모두 변경해야만 했다. 앞으로도 이러한 시간지연을 자주 사용할 예정이므로 시간지연 서브루틴으로 구성해 편리하게 사용하도록 한다. 앞서 작성했던 프로그램을 [리스트 3-13]과 같이 수정하라.

```
1     Private Sub Btn_Blinker_Click( ... ) Handles Btn_Blinker.Click
2         For a = 1 To 20
3             Pb1.Out_A(1)
4             Call Delay( )
5             Pb1.Out_A(0)
6             Call Delay( )
7         Next a
8     End Sub
9     Sub Delay( )
10        Dim t As UInteger
11        For t = 1 To 1000000
12            Application.DoEvents( )
13        Next t
14    End Sub
```

[리스트 3-13] 시간지연의 서브루틴화-1

라인 9부터 14까지는 시간지연을 위한 서브루틴을 구성한 것으로서, 이 내부에서는 라인 10에서와 같이 정식으로 변수를 선언해 사용하였다. 이 때 "UInteger"라는 변수형은

"Unsigned"라는 정수형으로서, 부호 없는 변수를 의미한다. 즉 여기서는 시간만 카운트 하는 용도로서 음수를 사용하지 않을 예정이므로 부호가 없는 변수로 선언하였다. 부호가 없는 변수로 선언하는 경우 이 변수(그릇)에 담을 수 있는 숫자의 크기가 2배로 커지는 효과가 있는데, 이에 관해서는 이후에 상세히 다루도록 한다.

이와 같이 시간지연을 서브루틴으로 구성해 사용하면 이후에는 시간지연이 필요한 경우 라인 4와 6과 같이 이 서브루틴만 call 하면 되므로 매우 편리하다. 물론 라인 11의 숫자는 여러분이 찾아낸 적당한 숫자를 대입하면 된다. [리스트 3-13]과 같이 구성된 프로그램을 실행시켜 앞서 동작했던 깜빡이와 동일함을 확인하라.

⑥ 시간지연 서브루틴의 만능화

이상에서 작성한 시간지연 서브루틴의 경우 시간지연 량이 고정되어 있다. 그런데 이후에 진행될 실험에서는 더 빠른 속도를 요하는 경우가 나타난다. 이러한 필요가 발생한 경우 서브루틴 내의 숫자를 변경해야 하는데, 이와 같이 숫자를 변경하고나면 현재의 깜빡이도 빨라져버린다. 따라서 어느 정도 빠르게 할 것인지를 가변 할 수 있도록 구성한다면 더욱 융통성 있는 서브루틴이 될 수 있다.

[리스트 3-13]의 내용을 [리스트 3-14]와 같이 수정한다. 여기서 라인 11의 숫자는 앞서 사용했던 숫자의 10분의 1로 줄인 것이다.

```
1    Private Sub Btn_Blinker_Click( ... ) Handles Btn_Blinker.Click
2        For a = 1 To 20
3            Pb1.Out_A(1)
4            Call Delay(10)
5            Pb1.Out_A(0)
6            Call Delay(10)
7        Next a
8    End Sub
9    Sub Delay( tt As Integer )
10       Dim t, t2 As UInteger
11       t2 = tt * 100000
12       For t = 1 To t2
13           Application.DoEvents()
14       Next t
15   End Sub
```

[리스트 3-14] 시간지연의 서브루틴화-2

[리스트 3-14]를 살펴보면, 우선 서브루틴을 call하는 라인 4와 라인 6 부분에서 10이라는 숫자를 서브루틴에게 건네준다.

라인 9에서 서브루틴은 tt라는 정수형 변수를 준비해 이곳에 건네준 숫자를 담아놓는다.

라인 10에서 변수 t 뿐만 아니라 t2라는 또 하나의 변수를 준비한다.

라인 11에서 건네받았던 숫자와 상수를 곱셈해 t2 변수에 저장한다.

라인 12에서는 For 루프를 t가 1부터 t2까지 카운트한다.

이와 같이 구성한 경우, 만약 이전에 사용했던 시간 상수가 100만이었다면 여기서는 10만을 10배한 100만으로 구성되므로 동일한 결과를 나타내지만, 라인 4와 6에서 다른 숫자를 건네주면 시간을 조절할 수 있는 결과가 나타난다. [리스트 3-14]를 실행시켜 그 결과가 동일함을 확인하라.

(2) 전자 윙커의 제작

앞서 작성한 1개의 LED가 깜빡이는 것을 조명 용어로 블링커(Blinker)라 한다. 이번에는 2개의 LED가 서로 교대로 작동하는 전자 윙커(Winker)를 작성한다. 전자 윙커란 2개의 LED가 서로 교대로 동작함으로써 마치 인형의 두 눈이 서로 윙크하는 모양과 유사하다하여 붙여진 이름이다.

① 폼의 구성

앞서 작성하던 폼에 [그림 3-34]와 같이 진자 윙커 버튼을 추가하고 속성을 변경한다.

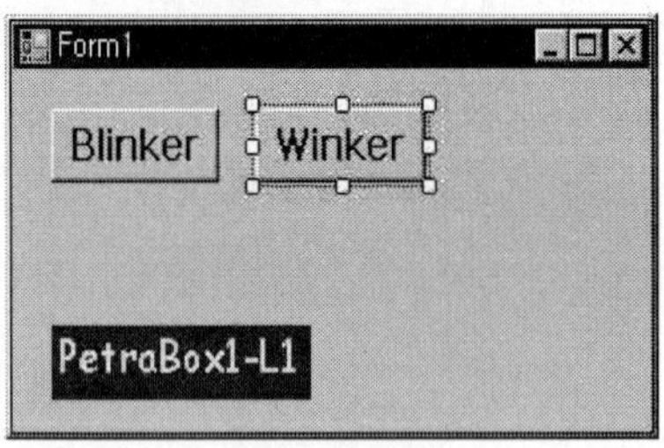

(a) 폼의 구성

컨트롤	속성	값
Button1	(Name)	Btn_Winker
	Font	굵게, 14
	Text	Winker

(b) 속성의 변경

[그림 3-34] 전자 윙커 구성을 위한 폼

② 코드의 구성

Winker 버튼을 더블클릭하고 [리스트 3-15]와 같이 작성해 실행해보라. 앞서 시간지연 서브루틴을 활용하므로 코드가 매우 간단히 구성됨을 알 수 있다.

[리스트 3-15]의 전자 윙커 코드는 앞서 블링커와 거의 동일하며, 단지 라인 3과 라인 4의 숫자만 다를 뿐이다.

```
1    Private Sub Btn_Winker_Click( ... ) Handles Btn_Winker.Click
2        For a = 1 To 20
3            Pb1.Out_A(1)
4            Call Delay(10)
5            Pb1.Out_A(2)
6            Call Delay(10)
7        Next a
8    End Sub
```

[리스트 3-15] 전자 윙커 구성 코드

실 험

- 라인 3의 숫자를 15로, 라인 5의 숫자를 240으로 변경하고 실행해보라. 그리고 어떤 이유로 그러한 결과가 나타났는지 생각해보라.
- 라인 3의 숫자를 85로, 라인 5의 숫자를 170으로 변경하고 실행해보라. 그리고 어떤 이유로 그러한 결과가 나타났는지 생각해보라.

(3) 전자 룰렛의 제작-1

LED가 3개 이상이 교대로 켜지면 이제는 LED의 회전방향이 보이기 시작한다. 이에 비해 앞서 작성한 전자 윙커는 2개의 LED가 교대로 점등하는 것이므로 정확히 회전방향이 나타나지는 않는다. 이와 같이 3개 이상의 LED가 교대로 켜져 방향을 알 수 있는 조명장치를 전자 룰렛(Roulette)이라 하는데, 룰렛은 카지노 등에서 커다란 회전판이 회전하며 그곳에 주사위를 던지는 게임의 모양에서 유래한 것이다. 즉 회전판의 회전과 유사하게 LED들이 회전한다는 의미이다.

① 폼의 구성

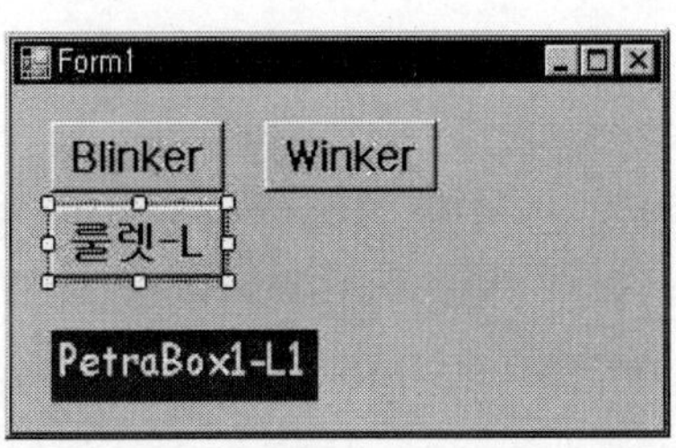

(a) 폼의 구성

컨트롤	속성	값
Button1	(Name)	Btn_Rltt_L
	Font	굵게, 14
	Text	룰렛-L

(b) 속성의 변경

[그림 3-35] 전자 룰렛 구성을 위한 폼

앞서 작성하던 폼에 [그림 3-35]와 같이 전자 룰렛 버튼을 추가하고 속성을 변경한다. 속성에서 버튼 이름은 Routte의 자음들만 모아 "Rltt"라 정하였고, 현재는 왼쪽으로 진행할 것이므로 끝에 "_L"이라는 약자를 붙였다.

② 코드의 구성

룰렛-L 버튼을 더블클릭하고 [리스트 3-16]과 같이 작성해 실행해보라. 이 또한 앞서 시간지연 서브루틴을 활용하므로 코드가 매우 간단히 구성됨을 알 수 있다.

```
1    Private Sub Btn_Rltt_L_Click( ... ) Handles Btn_Rltt_L.Click
2        For a = 1 To 20
3            Pb1.Out_A(1)
4            Call Delay(10)
5            Pb1.Out_A(2)
6            Call Delay(10)
7            Pb1.Out_A(4)
8            Call Delay(10)
9        Next a
10   End Sub
```

[리스트 3-16] 전자 룰렛-L 구성 코드

실 험

- 라인 4. 6. 8의 시간지연 숫자를 5로 변경하고 실행해보라.
- 코드를 추가하여 4개 LED가 회전하도록 확장하라. 계속 추가해 8개 LED가 회전하도록 확장하라.

(4) 정지 기능의 추가

① 윈도우 프로그램의 특징과 용어

이쯤 되면 프로그램을 종료하는 과정이 번거롭게 느껴질 것이다. 즉 창을 닫고 비주얼 베이직의 정지 버튼을 눌러야만 프로그램이 종료된다. 특히 윙커 버튼을 눌러 윙커가 작동되는 도중 블링커를 누르면 블링커가 20회 작동이 완료된 후 다시 윙커가 동작한다. 다음과 같은 동작을 실행해보라.

블링커 버튼을 눌러 동작시킨다. 블링커가 동작되는 중에 윙커 버튼을 눌러 동작시킨다. 윙커가 동작되는 중에 룰렛-L 버튼을 눌러 동작시킨다. 이후 동작상태를 확인해보라. 가장 마지막에 눌렀던 룰렛-L의 동작이 20회 완료되면 그 후에 이전에 동작하던 윙커가 다시 동작하고, 윙커의 동작이 완료되면 그 이전에 동작했던 블링커가 동작한 후 종료된다. 이와 같이 동작하는 것은 프로그램이나 컴퓨터가 잘못된 것이 아니라 윈도우 환경에서 동작하는 프로그램의 특성으로서, 매우 중요한 의미를 지니고 있다.

앞서 실험한 여러 동작 버튼을 계속 눌렀을 때의 동작과정을 [그림 3-36]에 나타내었다.

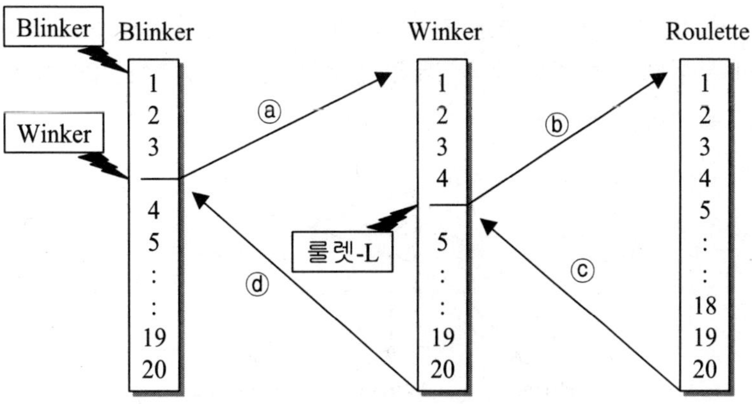

[그림 3-36] 여러 동작의 진행 상황

[그림 3-36]의 왼쪽부터 여러분들이 처음에 블링커 버튼을 누르면 블링커 동작이 실행된다. 이 동작이 실행되는 도중 예를 들어 3까지 진행되었을 때 윙커 버튼을 누르면, 블링커 동작 중의 Doevents 명령에 의해 윙커 버튼이 감지되어 이를 처리하기 위해 ⓐ의 경로를 거쳐 윙커 동작을 시작한다. 윙커가 4까지 동작했을 때 여러분이 룰렛-L 버튼을 누르면 이것이 감지되어 ⓑ 경로를 거쳐 룰렛으로 진행하고, 이 이후에 여러분들이 더 이상 아무것도 누르지 않았다면 룰렛이 완료된 후 ⓒ 경로를 거쳐 앞서 진행했었던 윙커의 나머지 부분으로 돌아와 이를 진행하고, 이 동작이 완료되면 ⓓ 경로를 거쳐 블링커의 나머지를 동작하고 완료된다.

윈도우에서 동작하는 프로그램들은 모두 이러한 형태로 구성되며, 이와 같이 프로그램이 실행되는 도중 갑자기 발생하는 상황, 즉 여기서는 버튼을 누르는 상황 등을 "이벤트(Event)"라 한다. 이러한 이벤트는 프로그램의 진행은 [그림 3-36]과 같이 마치 서브루틴과 동일하게 동작하지만, 서브루틴은 우리가 정확히 지정된 위치에서 서브루틴으로 다녀오는 것에 비해 이벤트는 불시에 갑자기 발생되는 것에 차이가 있다. 또한 이러한 이벤트가 발생했을 때 이를 처리하기 위한 부분들, 즉 [그림 3-36]의 경우 블링커, 윙커, 룰렛 등의 각 블록들을 "이벤트 핸들러(Event Handler)"라 한다.

② 정지 기능의 구현방법

우리가 작성한 프로그램의 경우 [그림 3-36]과 같이 각종 이벤트가 엉켜 동작할 수 있으므로 이를 정지할 수 있는 방법에 관해 살펴보도록 한다. 참고로, 지금 다루는 내용은 단순히 "정지를 시키는 기능"에 목표가 있는 것이 아니라, 이러한 상황에서 어떤 방법으로 처리할 수 있는지 그 아이디어를 구성하는 것이 목표라는 것이다. 즉 프로그래밍 기법을 배우고자 하는 것이다.

가장 단순한 방법으로는 [그림 3-37]에 나타낸 바와 같이 모든 이벤트 핸들러들이 공통으로 관찰할 수 있는 어떤 깃발을 하나 설치하고, 이 핸들러들은 자신의 일을 처리하면서 이 깃발이 누워있으면 하던 일을 계속 진행하고, 이 깃발이 세워져 있으면 하던 일을 종료해버리도록 하는 것이다.

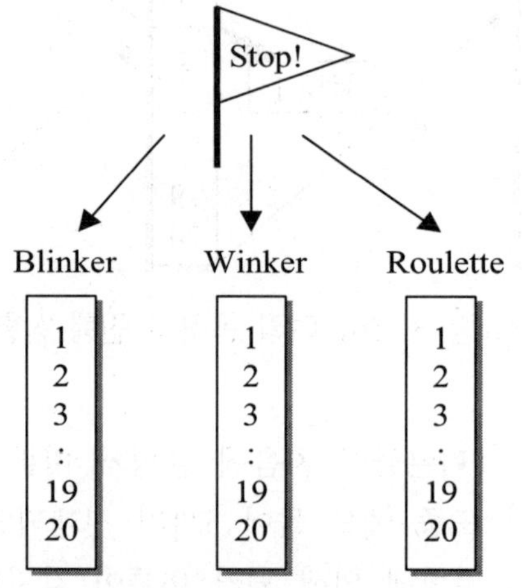

(a) 깃발의 역할

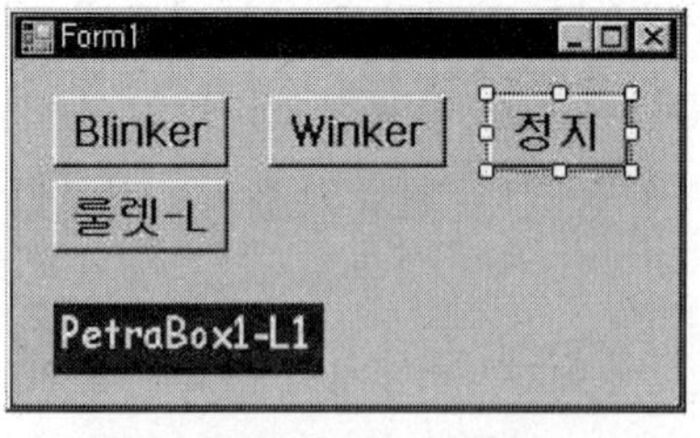

(b) 정지 버튼의 추가

컨트롤	속성	값
Button1	(Name)	Btn_Stop
	Font	굵게, 14
	Text	정지

(c) 정지 버튼의 속성

[그림 3-37] 깃발(Flag)에 의한 종료 신호.

이와 같이 구성된 경우 누군가가 깃발을 세우면 현재 어떤 동작이 실행되고 있었다 하더라도 그 동작을 진행하던 핸들러는 동작을 종료하므로 확실한 종료가 가능한 것이다. 이와 같이 누어있는지 세워져있는지 2가지 상태로 어떤 상태를 표현하는 깃발 역할을 가리키는 용어를 "플래그(Flag)"라 한다.

정지 플래그를 세우는 역할을 위해 [그림 3-37] (b)와 같이 버튼 컨트롤을 설치하고 [그림 3-37] (c)와 같이 속성을 조절한다. 정지 버튼을 더블클릭하고 [리스트 3-17]과 같이 코드를 추가한다.

```
1 Public Class Form1
2     Dim Stop_flag As Boolean
                 :
                 :
3     Private Sub Btn_Stop_Click( ... ) Handles Btn_Stop.Click
4         Stop_flag = True
5     End Sub
```

[리스트 3-17] Stop 플래그의 설정 부분 코드

라인 2는 본 프로그램의 가장 첫 부분에 플래그 변수를 선언한 것으로서, 이 변수는 어떤 핸들러에도 속하지 않으므로 모든 핸들러들이 볼 수 있는 전역변수로 사용된다. 변수의 명칭은 정지를 나타내는 의미로 Stop_flag라 하였고, 변수형은 깃발이 누워있는지 세워져 있는지 2가지 상태만 나타낼 것이므로 Boolean형을 이용했다.

라인 4에서는 정지 버튼을 눌렀을 때 처리되는 내용으로서, Stop_flag를 1로 세워놓는다.

이와 같이 구성된 경우, 예를 들어 현재 윙커가 동작 중이라면 이 때 정지 버튼을 누르면 윙커가 동작하다 정지 버튼을 처리하기 위해 [리스트 3-17]의 라인 3으로 진행되며, 여기서 Stop_flag를 세우고 곧바로 돌아가므로 윙커 처리부분에서는 이 깃발이 세워진 것으로 인식되면 동작을 정지하도록 구성할 수 있다.

③ 각 핸들러의 정지 방법

이상의 과정에서 Stop_flag라는 변수에 의해 정지하라는 표시가 나타났을 때 현재 실행되고 있던 각 핸들러에서 자신의 동작을 정지하는 방법에는 여러 가지 아이디어가 있을 수 있으며, 여기서는 학습을 위해 각 동작마다 다양한 방법을 이용해보도록 한다. 여러분은 마음에 드는 방법을 아무 것이나 사용해도 무방하다.

가. For 루프 조건을 만족시키기

[리스트 3-18]은 블링커에서 For 루프를 강제로 종료하는 한 가지 방법을 이용한 예이다.

라인 2에서는 이 핸들러가 시작되면 이 이전에 이 플래그가 이미 세워져 있을 지 모르므로 일단 정지 플래그를 지우고 시작한다.

라인 8에서는 정지 플래그가 세워져 있다면(If 문은 조건이 참(True)이면 Then으로 가도록 구성되어 있다) a 변수를 강제로 21로 만든다. 즉 라인 3의 조건에서 a변수가 20까지만 동작하라 했으므로 21로 만들면 조건이 완료되어 For문의 실행이 종료된다.

```
1    Private Sub Btn_Blinker_Click( ... ) Handles Btn_Blinker.Click
2        Stop_flag = False
3        For a = 1 To 20
4            Pb1.Out_A(1)
5            Call Delay(10)
6            Pb1.Out_A(0)
7            Call Delay(10)
8            If Stop_flag Then a = 21
9        Next a
10   End Sub
```

[리스트 3-18] For 루프 조건의 강제 만족

이와 같이 입력 후 프로그램을 실행하고 블링커가 동작할 때 정지 버튼을 눌러보라. (사용하는 윈도우에 따라서는 정지 버튼이 한번에 눌러지지 않는 경우가 있으므로 이 경우에는 한 번 더 누른다)

나. For 루프에서 강제로 탈출하기

[리스트 3-19]는 윙커에서 For 루프를 강제로 종료하는 명령을 이용한 예이다.

```
Private Sub Btn_Winker_Click( ... ) Handles Btn_Winker.Click
    Stop_flag = False
    For a = 1 To 20
        Pb1.Out_A(85)
        Call Delay(10)
        Pb1.Out_A(170)
        Call Delay(10)
        If Stop_flag Then Exit For
    Next a
End Sub
```

[리스트 3-19] For 루프의 강제 탈출

라인 2는 앞서 블링커에서와 마찬가지로 이 핸들러가 시작되면 이 이전에 이 플래그가 이미 세워져 있을 지 모르므로 일단 정지 플래그를 지우고 시작한다.

라인 8에서는 정지 플래그가 세워져 있다면 For루프로부터 탈출(Exit)하라는 명령을 수행한다. 즉 현재 진행하던 For루프를 강제로 종료해버리는 방법이다.

이와 같이 입력 후 프로그램을 실행하고 윙커가 동작할 때 정지 버튼을 눌러보라.

다. 핸들러를 강제로 종료하기

[리스트 3-20]은 룰렛-L의 처리 자체를 강제로 종료하는 명령을 이용한 예이다.

```
1    Private Sub Btn_Rltt_L_Click( ... ) Handles Btn_Rltt_L.Click
2        Stop_flag = False
3        For a = 1 To 20
4            Pb1.Out_A(1)
5            Call Delay(5)
6            Pb1.Out_A(2)
7            Call Delay(5)
8            Pb1.Out_A(4)
9            Call Delay(5)
10           If Stop_flag Then Exit Sub
11       Next a
12   End Sub
```

[리스트 3-20] 핸들러의 강제 종료

라인 2는 앞서 블링커에서와 마찬가지로 이 핸들러가 시작되면 이 이전에 이 플래그가 이미 세워져 있을 지 모르므로 일단 정지 플래그를 지우고 시작한다.

라인 8에서는 정지 플래그가 세워져 있다면 이 핸들러(Sub)로부터 탈출(Exit)하라는 명령을 수행한다. 즉 현재 진행하던 핸들러 자체를 강제로 종료해버리는 다소 무식(?)한 방법이다.

이와 같이 입력 후 프로그램을 실행하고 룰렛-L이 동작할 때 정지 버튼을 눌러보라.

④ 빠른 정지를 위한 처리

이상의 과정에서 살펴본 3가지 정지방법들에서 한 가지 불만인 것은, 정지 버튼을 누르면 그 즉시 동작이 중단되지 않고 최소 1회의 동작이 이루어진 후에 정지한다는 것이다. 즉 예를 들어 [리스트 3-20] 룰렛-L의 경우 만약 라인 4의 동작 중에 정지 플래그가 설정되었다면 그 이후의 라인 5부터 9까지 과정이 진행된 후 10번에 가서 정지된다. 물론 이를 보완하기위해 라인 4, 6, 9의 앞부분에 라인 10과 같은 문장을 모두 기록해주면 곧바로 정지할 수 있겠지만, 이는 너무 번거롭다. 따라서 간편한 방법으로는 시간지연 부분에서도 정지 플래그를 살펴보고 플래그가 세워졌을 경우 시간지연을 하지 않고 곧바로 처리를 마치도록 구성한다면 [리스트 3-20]의 라인 4에서 정지 플래그가 설정되었을 때 그 이후의 라인 5, 7, 9의 시간지연이 발생하지 않으므로 초고속으로 라인 10번까지 진행할 수 있을 것이다.

[리스트 3-21]에 시간지연 서브루틴에서의 강제종료 부분을 나타내었다. 이와 같이 추가한 후 프로그램을 실행해 결과를 확인하라.

```
Sub Delay(ByVal tt As Integer)
    Dim t, t2 As UInteger
    t2 = tt * 100000
    For t = 1 To t2
        If Stop_flag Then Exit For
        Application.DoEvents( )
    Next t
End Sub
```

[리스트 3-21] 시간지연의 강제 종료

아마도 정지 버튼을 누르면 나머지 처리가 순식간에 이루어지는 과정에서 LED들이 잠시 켜졌다 꺼짐을 확인할 수 있을 것이다. 이와 같은 처리에 의해 어설프나마 정지기능이 모두 구현되었다.

(5) 반대방향 룰렛의 추가

이번에는 앞서 과정에서 구성했던 룰렛이 반대로 진행하도록 구성한다. 이 과정은 앞서 구성했던 것과 거의 유사하므로 쉽게 구성할 수 있을 것이다.

① 폼의 구성

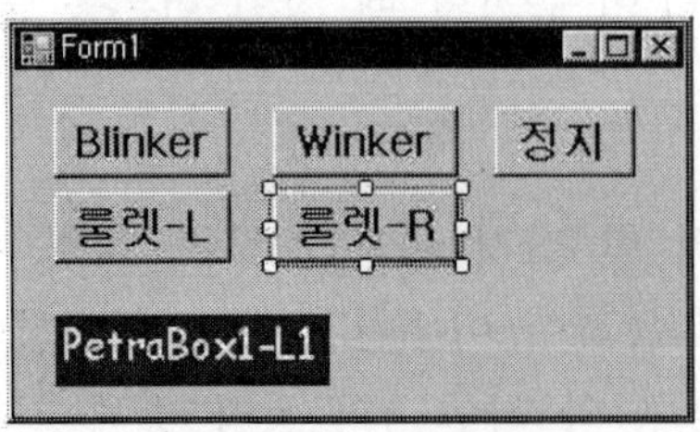

(a) 폼의 구성

컨트롤	속성	값
Button1	(Name)	Btn_Rltt_R
	Font	굵게, 14
	Text	룰렛-R

(b) 속성의 변경

[그림 3-38] 전자 룰렛 구성을 위한 폼

반대방향의 룰렛을 구성하기 위해 [그림 3-38] (a)와 같이 버튼을 배치하고("룰렛-L" 버튼을 복사해 붙이면 편리하다) [그림 3-38] (b)와 같이 속성을 조절한다.

② 코드의 구성

룰렛-R 버튼을 더블클릭하고 [리스트 3-22]와 같이 코드를 구성한 후 실행하라. 이때 룰렛-L의 코드 부분을 복사해 붙이고 이를 수정하면 편리하다.

또한 리스트는 3개 LED에 대한 코드이며, 이를 8개 모두 동작할 수 있도록 코드를 추가해보라.

```
Private Sub Btn_Rltt_R_Click( ... ) Handles Btn_Rltt_R.Click
    Stop_flag = False
    For a = 1 To 20
        Pb1.Out_A(128)
        Call Delay(5)
        Pb1.Out_A(64)
        Call Delay(5)
        Pb1.Out_A(32)
        Call Delay(5)
        If Stop_flag Then Exit Sub
    Next a
End Sub
```

[리스트 3-22] 전자 룰렛의 구성 코드

(6) 수학식에 의한 룰렛의 구성

앞서 구성했던 룰렛의 경우 8개 LED를 제어하기 위해서는 LED 제어 명령과 시간지연이 각각 8개나 필요했다. 물론 현재 이와 같이 구성해도 우리의 목적은 모두 달성했으나 프로그램답지 않은 구성이며, 만약 이를 16개나 더 많은 수로 확장할 경우에는 코드가 너무 길어지고 수정도 복잡해진다. 따라서 여기서는 프로그래밍 연습과 2진수의 연습 겸 수학적 수단을 이용해 프로그램을 구성해보도록 한다.

① 폼의 구성

[그림 3-39] (a)와 같이 새로운 버튼을 추가하고 속성을 [그림 3-39]와 같이 조절한다.

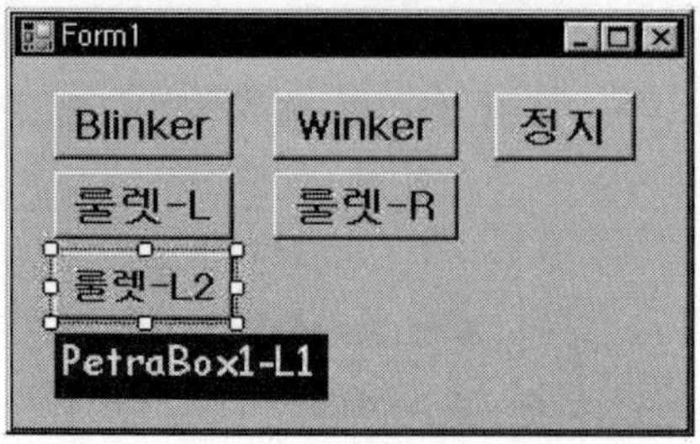

(a) 폼의 구성

컨트롤	속성	값
Button1	(Name)	Btn_Rltt_L2
	Font	굵게, 12
	Text	룰렛-L2

(b) 속성의 변경

[그림 3-39] 전자 룰렛 구성을 위한 폼

② 코드의 구성

룰렛-L2 버튼을 더블클릭하고 [리스트 3-23]과 같이 코드를 입력하고 실행하라. 실행 결과는 앞서 8개 LED에 대한 모든 코드를 기록한 것과 동일한 결과가 나타날 것이다.

라인 2에서는 정식으로 변수를 선언하고, 변수명도 의미를 명확히 할 수 있도록 정하였다.

라인 3은 앞서 작성했던 정지 플래그를 일단 지우고 시작하는 것이다.

라인 4는 룰렛 전체를 20회 반복하라는 For 루프이다.

라인 5부터 8까지가 룰렛 처리 부분으로서, 라인 5에서 bit라는 변수를 0부터 7까지 증가시키도록 구성하였다. bit는 켜야 할 LED 비트 번호를 카운트하는 변수이다.

```
1    Private Sub Btn_Rltt_L2_Click( ... ) Handles Btn_Rltt_L2.Click
2        Dim count, bit As Integer
3        Stop_flag = False
4        For count = 1 To 20
5            For bit = 0 To 7
6                Pb1.Out_A(2 ^ bit)
7                Call Delay(5)
8            Next bit
9            If Stop_flag Then Exit Sub
10       Next count
11   End Sub
```

[리스트 3-23] 수학적 방법으로 구성한 룰렛

라인 6에서 PB1.Out_A( )에 출력할 숫자를 "2 ^ bit"라 지정했는데, 이는 수학식에서 "2의 bit제곱"하라는 의미이다. 즉, bit 변수가 0부터 차례로 7까지 증가하면 다음과 같은 숫자를 얻을 수 있다.

bit 변수	계산 숫자
0	1
1	2
2	4
3	8

bit 변수	계산 숫자
4	16
5	32
6	64
7	128

즉 bit 변수가 0부터 7까지 증가함에 따라 LED의 자릿수에 해당하는 숫자가 발생함을 알 수 있다. 수학식으로 구성하면 LED를 켜고 시간을 지연하는 부분은 오로지 라인 6과 7만 있으면 되므로 코드가 매우 간단해질 수 있다. 또한 수학적 수단을 이용하면 다양한 변화도 가능하다. [리스트 3-23]의 라인 6을 다음과 같이 변경하고 실행해보라. 매우 큰 변화가 나타날 것이다. 어떻게 이러한 결과가 나타났는지 유추해보라.

```
6                    Pb1.Out_A(2 ^ bit - 1)
```

응용문제

- 마지막 7번 LED까지 완전히 켜지도록 변경해보라.

답) 라인 5를 다음과 같이 수정한다.

```
5                For bit = 0 To 8
```

③ 반대로 진행하는 룰렛

이번에는 반대로 진행할 수 있도록 [그림 3-40] (a)와 같이 버튼 컨트롤을 추가하고 [그림 3-40] (b)와 같이 속성을 변경한다.

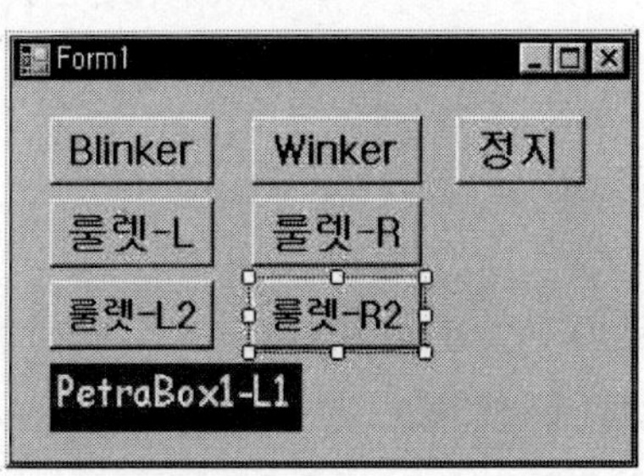

(a) 폼의 구성

컨트롤	속성	값
Button1	(Name)	Btn_Rltt_R2
	Font	굵게, 12
	Text	룰렛-R2

(b) 속성의 변경

[그림 3-40] 반대방향 룰렛 구성을 위한 폼

룰렛-R2 버튼을 더블클릭해 코드창을 열고 앞서 작성했던 Btn_Rltt_L2의 코드들을 복사해 붙이고 [리스트 3-24]와 같이 수정한 후 실행해보라. 여기서, 라인 5의 For 루프 마지막의 Step-1이 추가되어 있음에 유의하라.

```
1   Private Sub Btn_Rltt_R2_Click( ... ) Handles Btn_Rltt_R2.Click
2       Dim count, bit As Integer
3       Stop_flag = False
4       For count = 1 To 20
5           For bit = 7 To 0 Step -1
6               Pb1.Out_A(2 ^ bit)
7               Call Delay(5)
8           Next bit
9           If Stop_flag Then Exit Sub
10      Next count
11  End Sub
```

[리스트 3-24] 반대방향 룰렛

응용문제

- 앞서 룰렛-L2와 같이, 즉 [그림 3-41] (a)와 같이 막대모양으로 켜지도록 [리스트 3-24]를 변경하라.

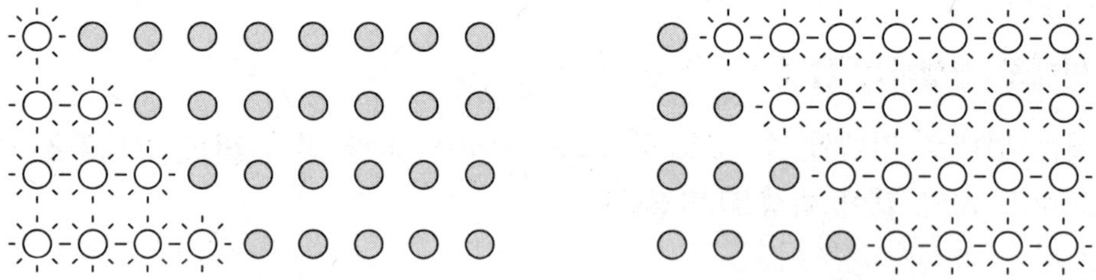

(a) 목표하는 순서　　　(b) 1을 뺄셈한 경우

[그림 3-41] 막대모양 표시의 예

앞서 예제에서 해결했던 것과 동일한 방법으로 라인 6의 식에서 1을 뺄셈하면 [그림 3-41] (b)와 같이 나타날 것이다. 이러한 이유를 해석하고 정확히 [그림 3-41] (a)와 같이 나타날 수 있도록 해결해보도록 한다. 우선 [리스트 3-24]의 라인 6의 식을 [리스트 3-25]와 같이 변경했을 경우에 나타난 결과를 해석해본다.

```
4        For count = 1 To 20
5            For bit = 7 To 0 Step -1
6                Pb1.Out_A(2 ^ bit - 1)
7                Call Delay(5)
8            Next bit
```

[리스트 3-25] 변경된 코드의 해석

라인 5의 For루프 진행과 이에 따른 라인 6의 결과의 일부를 정리하면 [그림 3-42]와 같다.

bit 변수	2 ^ bit	2 ^ bit - 1	255 - (2 ^ bit - 1)
7	128 (1000 0000)	127 (0111 1111)	(1000 0000)
6	64 (0100 0000)	63 (0011 1111)	(1100 0000)
5	32 (0010 0000)	31 (0001 1111)	(1110 0000)
4	16 (0001 0000)	15 (0000 1111)	(1111 0000)
:	:	:	:

[그림 3-42] 변수 변화에 따른 결과의 변화 일부

우선 (2 ^ bit) 연산을 실행하면 2의 거듭제곱이 나타나므로 [그림 3-42]에서와 같이 1개 LED가 켜지는 숫자가 나타난다. 이는 우리가 사용하는 10진수를 거듭제곱하면 10, 100, 1000이라는 식으로 1이 1개만 존재하는 것과 동일한 원리이다. 여기서 1을 뺄셈하면 거듭제곱된 숫자보다 1이 작은 수가 되므로, 10진수로 말하자면 9, 99, 999라는 식으로 나타나듯이, 2진수에서는 1들의 연속된 배열로 나타난 것이다. 그런데 앞서 룰렛-L2에서는 bit 변수의 진행이 0부터 증가순으로 진행되므로 1자의 배열이 정확히 오른쪽부터 나타났다. 이에 비해 현재의 경우에는 이와 반대의 순서로 진행되므로 1의 막대도 반대로 나타난 것이다. 이를 결과적으로 살펴보면 0이 왼쪽부터 진행하는 것으로 보인다. 우리가 원하는 것은 왼쪽부터 막대형태로 켜는 것이므로 만약 [그림 3-42]의 최종연산 결과에서 2진수가 모두 반대로 뒤집어진다면 왼쪽부터 켜지는 것으로 될 것이다. 이와 같이 모든 비트를 반대로 뒤집는 과정을 "2의 보수"라 한다. 이를 뒤집는 방법에는 여러 가지가 있겠지만 여기서는 간단히 숫자 255 (1111 1111)로부터 뺄셈을 진행한다. 예를 들어 (1111 1111)에서 (0111 1111)을 뺄셈하면 가장 왼쪽의 1만 남아 (1000 0000)이 되는 것이다.

현재의 식을 [리스트 3-26]과 같이 변경하고 실행해보라.

```
4        For count = 1 To 20
5            For bit = 7 To 0 Step -1
6                Pb1.Out_A(255 - (2 ^ bit - 1 ))
7                Call Delay(5)
8            Next bit
```

[리스트 3-26] 변경된 최종 코드

라인 5의 "bit = 7"을 "bit = 8"로 변경하고 결과의 차이를 확인하라.

이상의 과정에서 2진수의 중요한 개념인 "2의 보수", 즉 모든 비트들을 반대로 뒤집는 방법에 관한 지식을 습득할 수 있다.

④ 왕복 룰렛의 구성

가. 기본 구성

이번에는 앞서 학습했던 수학식에 의한 룰렛을 이용해 1개의 LED가 양쪽으로 왕복하는 모양을 표시한다. 이 실험에서도 또 다른 측면의 생각을 배울 수 있다. [그림 3-43]과 같이 새로운 버튼 컨트롤을 추가한다.

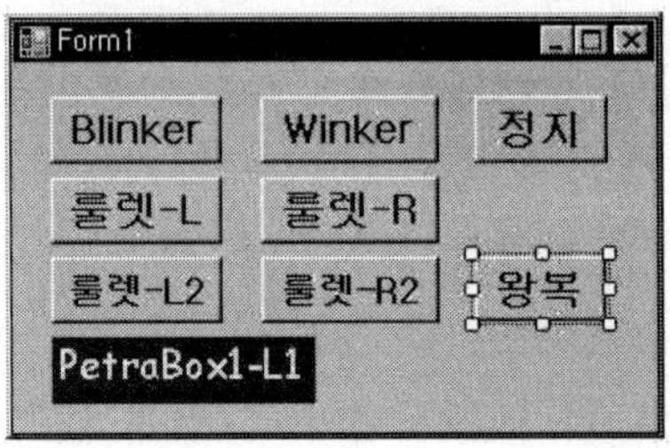

(a) 폼의 구성

컨트롤	속성	값
Button1	(Name)	Btn_Patrol
	Font	굵게, 14
	Text	왕복

(b) 속성의 변경

[그림 3-43] 왕복 룰렛 구성을 위한 폼

구성할 코드는 매우 단순하며, 앞서 사용했던 룰렛-L2의 내용을 복사해 숫자들에 유의하면서 [리스트 3-27]과 같이 수정한다.

라인 5, 10, 15는 각 처리 블록을 명확히 확인할 수 있도록 주석(Comment)을 이용해 구분하였다.

라인 6 - 9는 bit 변수가 0부터 7까지 증가하면서 2의 제곱을 출력하므로 LED는 오른쪽부터 왼쪽으로 진행할 것이다.

라인 11 - 14는 bit 변수가 7부터 0까지 1씩 감소하면서 2의 제곱을 출력하므로 LED는 왼쪽에서 오른쪽으로 진행할 것이다.

```
1    Private Sub Btn_Patrol_Click( ... ) Handles Btn_Patrol.Click
2        Dim count, bit As Integer
3        Stop_flag = False
4        For count = 1 To 20
5            ' 왼쪽으로 진행
6            For bit = 0 To 7
7                Pb1.Out_A(2 ^ bit)
8                Call Delay(3)
9            Next bit
10           ' 오른쪽으로 진행
11           For bit = 7 To 0 Step -1
12               Pb1.Out_A(2 ^ bit)
13               Call Delay(3)
14           Next bit
15           '
16           If Stop_flag Then Exit Sub
17       Next count
18   End Sub
```

[리스트 3-27] 왕복 룰렛의 코드

이상의 코드를 입력하고 실행해보라. 또한 라인 8과 13의 시간지연을 줄여 빠르게 진행시켜보라.

나. 진행 과정의 개선

[리스트 3-27]의 코드를 실행할 경우 왕복 동작이 잘 이루어지는 듯하지만, 눈썰미가 있는 독자는 왕복의 양 끝에서 약간 멈칫거리는 현상을 관찰했을 것이다. 이러한 세밀한 부분이 전체적으로 동작을 약간 어색하게 만드는 것이며 원인을 분석해본다.

[그림 3-44]는 [리스트 3-27] 코드에 의해 실행되는 LED의 상태를 나타낸 것으로서, 예를 들어 LED 1개에 1초씩 관찰시간이 할당되었다고 가정한다면, [리스트 3-27]의 라인 6 - 9에 의해 [그림 3-44]의 윗부분과 같이 각 LED에 1초씩 관찰시간이 주어지며 왼쪽으로 진행할 것이다.

그 후 [리스트 3-27]의 라인 11 - 14에 의해 [그림 3-44]의 아래 부분과 같이 각 LED에 1초씩 관찰시간이 주어지며 오른쪽으로 진행할 것이다. 이 때 양 끝점에 위치한 LED

들을 살펴보면 2배의 관찰시간이 주어짐을 알 수 있다. 즉 [그림 3-44]의 7번 LED의 경우 위쪽에서 1초 할당된 후 다시 아래쪽에서 1초가 할당되어 2초가 되고, 0번 LED의 경우에도 마찬가지가 된다. 이 때문에 다른 LED들은 1초간 켜졌다 꺼지지만 양 끝의 LED들은 2초간 켜졌다 꺼지기 때문에 양끝에서 멈칫하는 것과 같은 현상이 관찰되는 것이다. 따라서 모든 LED에 동일하게 1초가 할당되려면 0번 LED와 7번 LED의 위쪽과 아래쪽에 2번 주어진 시간할당 중 한 개를 생략하면 된다. 여기서는 아래쪽의 7번과 0번을 제거하기로 한다. 이를 위해 라인 11을 다음과 같이 수정하면 해결될 수 있다.

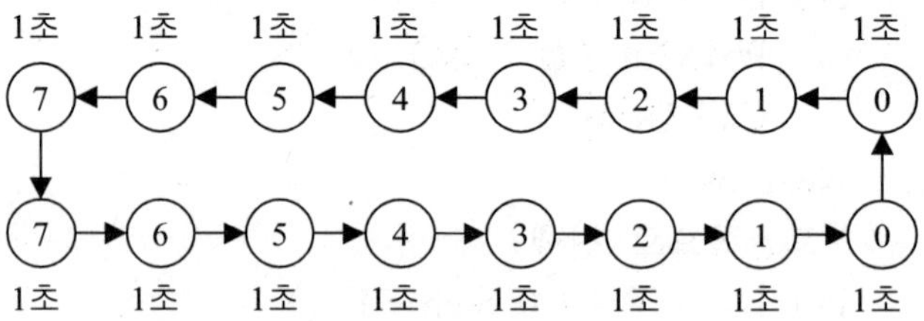

[그림 3-44] 각 LED마다의 할당된 시간 예

```
11          For bit = 6 To 1 Step -1
```

이와 같이 수정한 후 동작상태를 확인하라.

3) LED의 확장

페트라박스에는 지금까지 사용했던 포트-A 이외에도 포트-B, 포트-C가 있으며, 이들 3개 포트들은 모두 출력 전용으로 구성되어 있다. 이제부터는 포트-B까지 활용해 LED를 확장하도록 한다.

(1) 지금까지의 기능 확장

① 포트-B의 사용법

포트-B를 사용하는 것은 지금까지 사용했던 포트-A와 완전히 동일하다. 포트-B를 사용하는 방법은 다음과 같다.

```
PB1.Out_B( 숫자 )     ' 포트-B로 숫자를 출력한다
```

따라서 지금까지 작성했던 각종 LED 표시 기능들에서 동일하게 동작할 수 있다.

② 포트-B와 연동 동작

이전에 작성했던 블링커를 더블클릭해 코드 창을 연 후 [리스트 3-28]과 같이 추가하고 실행해 보라. 윙커의 경우에도 [리스트 3-29]와 같이 코드를 추가하면 포트-B도 함께 동작할 것이다.

```
Private Sub Btn_Blinker_Click( ... ) Handles Btn_Blinker.Click
    Stop_flag = False
    For a = 1 To 20
        Pb1.Out_A(1)
        Pb1.Out_B(1)
        Call Delay(10)
        Pb1.Out_A(0)
        Pb1.Out_B(0)
        Call Delay(10)
        If Stop_flag Then a = 21
    Next a
End Sub
```

[리스트 3-28] 블링커에 포트-B를 추가

```
Private Sub Btn_Winker_Click( ... ) Handles Btn_Winker.Click
    Stop_flag = False
    For a = 1 To 20
        Pb1.Out_A(85)
        Pb1.Out_B(85)
        Call Delay(10)
        Pb1.Out_A(170)
        Pb1.Out_B(170)
        Call Delay(10)
        If Stop_flag Then Exit For
    Next a
End Sub
```

[리스트 3-29] 윙커에 포트-B를 추가

연습문제

- 나머지 기능들, 즉 룰렛과 왕복 등에도 이와 같이 동일하게 적용해 실험해 보라.

③ 다른 형태의 윙커

이번에는 포트-A와 포트-B 2개 포트를 이용해 다른 형태의 윙커를 구성해 본다. 이를 위해 [그림 3-45] (a)와 같이 폼에 버튼 컨트롤을 배치하고 [그림 3-45] (b)와 같이 속성을 조절한다.

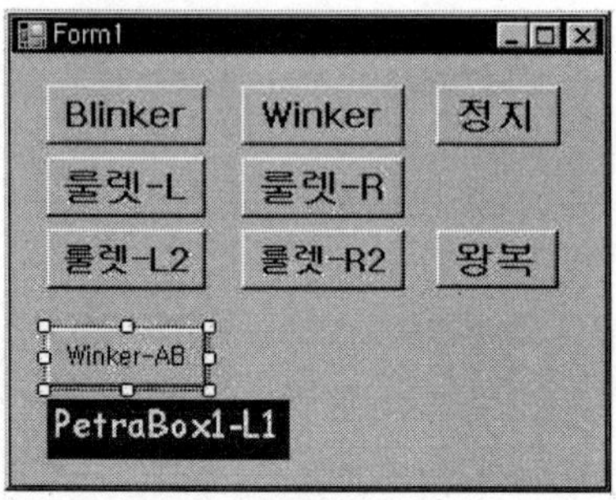

(a) 폼의 구성

컨트롤	속성	값
Button1	(Name)	Btn_Winker_AB
	Text	Winker-AB

(b) 속성의 변경

[그림 3-45] 다른 형태의 윙커 구성을 위한 폼

Winker-AB 버튼을 더블클릭해 코드창을 열고, 이전에 작성했던 Winker의 코드 부분만을 복사해 붙인 후 [리스트 3-30]과 같이 수정해 실행하라.

```
Private Sub Btn_Winker_AB_Click( ... ) Handles Btn_Winker_AB.Click
    Stop_flag = False
    For a = 1 To 20
        Pb1.Out_A(255)
        Pb1.Out_B(0)
        Call Delay(10)
        Pb1.Out_A(0)
        Pb1.Out_B(255)
        Call Delay(10)
        If Stop_flag Then Exit For
    Next a
End Sub
```

[리스트 3-30] 다른 형태의 윙커

이와 같이 다른 핸들러의 코드를 찾아 복사해 사용하려는 경우 해당 핸들러를 찾는 일이 쉽지 않을 것이고, 찾아서 복사한 이후에는 원래의 핸들러로 다시 찾아가는 일도 쉽지 않다. 이와 같이 어떤 핸들러를 찾을 경우에는 [그림 3-46]과 같이 코드 창의 위쪽 ⓐ부분을 클릭하면 모든 컨트롤들이 알파벳 순서대로 나열되어 있으므로 이곳을 이용하면 매우 편리하게 해당 부분으로 진행할 수 있다. 또한 만약 한 컨트롤에 대해 여러 동작, 예를 들어 클릭과 더블클릭 등에 대한 핸들러들이 존재한다면 ⓐ부분의 컨트롤을 선택한 후 ⓑ부분에서 이벤트를 선택하면 해당 핸들러로 진행할 수 있다.

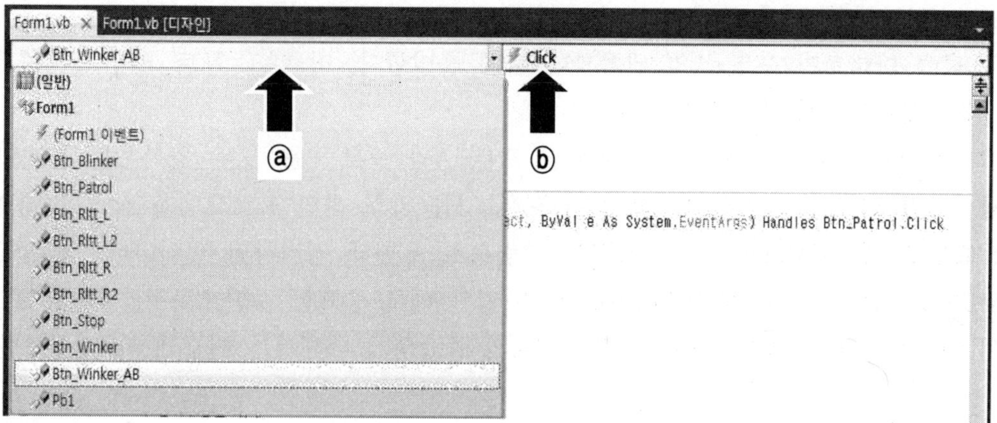

[그림 3-46] 해당 핸들러 쉽게 찾기

(2) 왕복 룰렛의 확장

이번에는 앞서 작성했던 왕복하는 룰렛이 포트-A와 포트-B를 모두 지나가며 왕복하도록 확장한다. 이 예제를 진행하면서 코드를 구성할 때 세세하게 생각하는 습관에 관한 연습이 될 수 있다.

① 폼의 구성

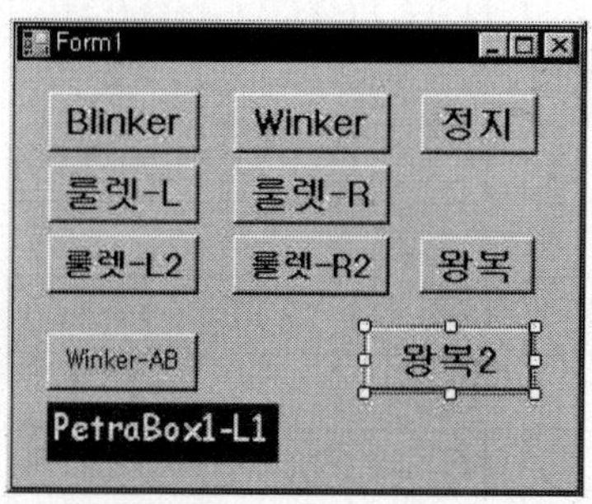

(a) 폼의 구성

컨트롤	속성	값
Button1	(Name)	Btn_Patrol2
	Font	굵게, 14
	Text	왕복2

(b) 속성의 변경

[그림 3-47] 확장된 왕복 룰렛 구성을 위한 폼

왕복 룰렛을 작성하기 위해 [그림 3-47] (a)와 같이 버튼 컨트롤을 추가하고 [그림 3-47] (b)와 같이 속성을 변경한다.

② 코드의 구성

코드를 구성하기 위해 우선 우리가 제어해야 할 순서를 생각해본다. 처음에는 포트-A의 오른쪽 끝에서 LED가 출발한다. 포트-A의 왼쪽 끝에 다다르면 이번에는 포트-B의 오른쪽 끝에서 LED가 다시 출발한다. 이 때 포트-A의 왼쪽 끝에 도달했던 LED는 off되어야 한다는 사실을 생각해 보라.

포트-B의 왼쪽 끝에 다다르면 다시 포트-B의 오른쪽을 향해 출발한다. 포트-B의 오른쪽 끝에 다다르면 포트-A의 왼쪽부터 다시 출발한다. 이 때도 포트-B의 오른쪽 끝에 도달했던 LED는 off되어야 한다.

이러한 과정들이 순차적으로 발생하면 포트-A와 포트-B를 모두 왕복하는 룰렛이 완성될 수 있다. 그러나 이상에서와 같이 모든 것을 말로 하면 프로그램을 작성할 때 매우 혼동되므로 플로차트(Flow-Chart)라는 그림으로 표현해 정리하면 편리하다. 플로차트는 프로그램의 전체적인 구성을 단번에 알 수 있는 매우 중요한 수단으로서, 사실상 프로그램의 코드보다 더 중요한 것이다. 플로차트의 중요성에 대해서는 이후에 다시 설명한다.

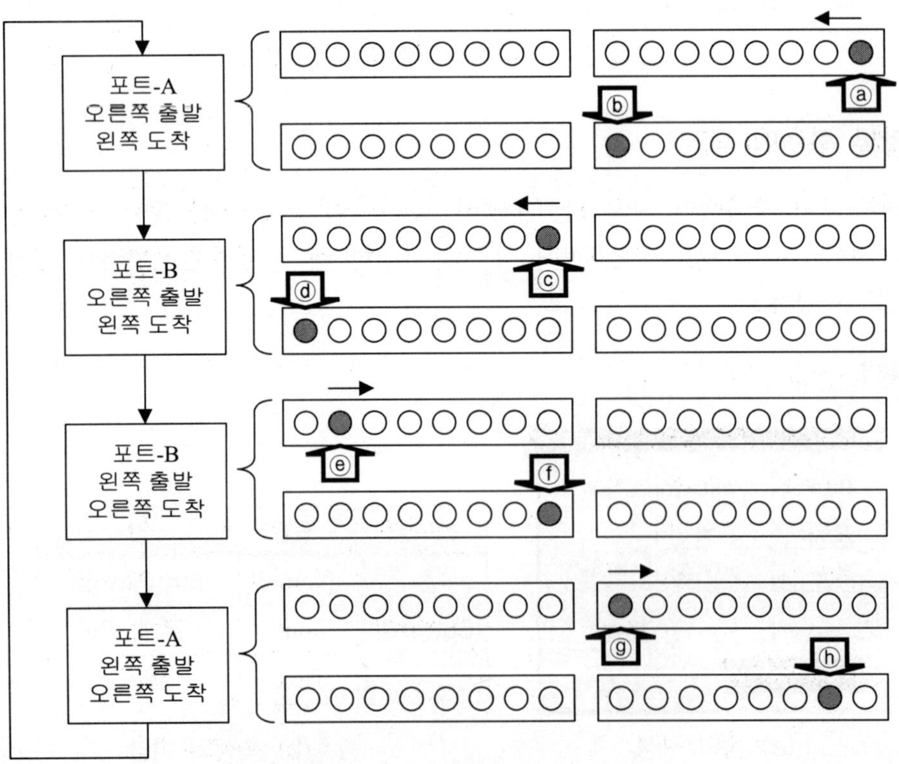

[그림 3-48] 제어를 위한 플로차트

[그림 3-48]에 현재 우리가 진행할 코드의 진행을 플로차트로 나타내었다.

[그림 3-48]에서 우선 포트-A의 ⓐ지점부터 ⓑ지점까지 이동하도록 제어한다. 이후 ⓒ지점으로 이동할 때 ⓑ지점의 LED는 off되어야 한다. 다음에는 ⓒ지점부터 ⓓ지점까지 이동하도록 제어한다. 이후 다시 오른쪽으로 진행해야 하는데, 이 때 앞서 왕복 룰렛 작성 과정에서 살펴봤듯이 양쪽 끝의 LED들에 2배의 시간이 주어지지 않도록 ⓔ지점부터 출발해야 한다. ⓔ지점에서 ⓕ지점까지 이동한 후 ⓖ지점으로 이동하는데, 이 때 ⓕ지점의 LED는 off되어야 한다. ⓖ지점부터 ⓗ지점까지 이동하는데, 이때도 오른쪽 끝 LED에 2배의 시간이 주어지지 않도록 ⓗ지점에서 종료해야 한다.

[그림 3-48]과 같이 그림으로 표현하면 모든 것이 명확해지므로 코드를 구성할 때 오류의 확률이 훨씬 덜해지는 것이다. 이상의 과정을 코드로 구성하기 위해 왕복2 버튼을 더블클릭하고 앞서 작성했던 왕복 기능의 코드를 적절히 복사해 활용하며 [리스트 3-31]과 같이 완성하고 실행하라.

실험 - 1

- 라인 10과 라인 21에서 각각 포트-A와 포트-B를 모두 off하는 명령이 있다. 이들 첫 줄에 홑따옴표를 입력해 주석(comment) 처리한 후 실행해 보라. 이 라인들의 역할을 확실히 알 수 있을 것이다.

실험 - 2

- 새로운 버튼을 설치하고 [리스트 3-31] 코드 부분을 복사한 후 라인 7, 13, 18, 24의 포트 출력 식을 (2 ^ bit - 1)로 수정하고 실행해 보라. 전체적으로 자연스러운 LED 막대 모양이 구성되려면 어떤 부분을 어떻게 수정해야 하는지 생각해보라.

```
1    Private Sub Btn_Patrol2_Click( ... ) Handles Btn_Patrol2.Click
2        Dim count, bit As Integer
3        Stop_flag = False
4        For count = 1 To 20
5            ' 포트-A 왼쪽으로 진행
6            For bit = 0 To 7
7                Pb1.Out_A(2 ^ bit)
8                Call Delay(1)
```

```
            Next bit
            Pb1.Out_A(0) ' 포트-A를 모두 off
            ' 포트-B 왼쪽으로 진행
            For bit = 0 To 7
                Pb1.Out_B(2 ^ bit)
                Call Delay(1)
            Next bit
            ' 포트-B 오른쪽으로 진행
            For bit = 6 To 0 Step -1
                Pb1.Out_B(2 ^ bit)
                Call Delay(1)
            Next bit
            Pb1.Out_B(0) ' 포트-B를 모두 off
            ' 포트-A 오른쪽으로 진행
            For bit = 7 To 1 Step -1
                Pb1.Out_A(2 ^ bit)
                Call Delay(1)
            Next bit

            If Stop_flag Then Exit Sub
        Next count
    End Sub
```

[리스트 3-31] 포트-A와 B를 왕복하는 룰렛

```
            For bit = 0 To 8
                Pb1.Out_A(2 ^ bit - 1)
                        :
            ' Pb1.Out_A(0) ' 포트-A를 모두 off
                        :
            For bit = 0 To 8
                Pb1.Out_B(2 ^ bit - 1)
                        :
            For bit = 7 To 0 Step -1
                Pb1.Out_B(2 ^ bit - 1)
                        :
                Pb1.Out_A(2 ^ bit - 1)
```

[리스트 3-32] 실험-2의 답

3-3 타이머의 활용

1) 타이머의 필요성과 개념

(1) 타이머의 필요성

타이머(Timer)는 우리 눈에 띄지는 않지만 컴퓨터를 구성하는 중요한 요소 중 하나로서, 컴퓨터에서 가동되는 대부분의 기능이 타이머에 의해 작동된다. 지금까지 실험해 왔던 깜빡이나 윙커를 다른 사람들에게 자랑하기 위해 보여줬더니 그것을 보던 어떤 사업가가 그 깜빡이를 "정확히 1초"만에 깜빡이도록 구성해 달라는 의뢰를 하였다면 어떻게 해결할 수 있을 것인가? 시간지연 루틴에서 루프 숫자를 조절해 가며 정확한 1초를 조절한다 해도, 이 프로그램이 다른 컴퓨터에서 실행된다면 컴퓨터의 속도가 다를 것이므로 당연히 정확한 1초가 될 수 없다. 이러한 경우에 활용하는 것이 타이머 기능이다. 즉 어떤 제어를 진행할 때 정확한 시간을 얻기 위한 것이다. 이를 이용하면 컴퓨터에서 스톱워치나 알람기능, 전자시계 기능을 구현하는 것 등이 가능해진다.

여러분이 어떤 게임 프로그램을 제작한다면 게임의 진행속도를 설정해야 한다. 이 때 만약 소프트웨어에 의한 지연루틴을 사용한다면 이 게임을 설치한 사용자들의 컴퓨터마다 속도가 모두 다르므로 게임의 진행속도가 달라지며, 어떤 사용자가 최신형 매우 빠른 컴퓨터를 사용하고 있다면 그 사용자에게는 게임의 속도가 지나치게 빨라 게임을 진행할 수 없다. 정상적인 게임 프로그램이라면 어떤 컴퓨터에 설치해도 모두 진행속도가 동일해야만 하며, 이러한 용도에 타이머를 활용하는 것이다.

타이머를 어떻게 사용하는지 그 개념에 관해서는 일단 타이머에 대한 기본적인 지식을 습득한 후 점차로 진행해 나가도록 한다.

(2) 비주얼 베이직의 타이머 동작 원리

본래 타이머 기능은 컴퓨터 시스템 자체에서 작동하는 회로를 의미하는데, 이 기능을 비주얼 베이직에서도 사용할 수 있다. 그런데 타이머의 동작 방법이 매우 독특하기 때문에 처음 이를 접하는 사용자는 낯설 수도 있을 것이므로 다양한 예제를 통해 익혀나가도록 한다.

① 타이머 컨트롤

비주얼 베이직을 시동하고 새 프로젝트를 선택하고 Windows Form 응용 프로그램을 선택한 후, 화면 아래의 프로젝트의 이름은 05_Timer라 정하도록 한다.

폼이 나타나면 지금까지 진행했던 대로 페트라박스 컨트롤을 폼에 배치한다.

타이머를 사용하기 위해서는 우리가 지금까지 사용한 페트라박스 컨트롤과 마찬가지로 타이머 컨트롤을 우리의 프로그램에 탑재해야 한다. 폼이 나타난 상태에서 왼쪽의 도구 상자의 여러 카테고리 중 "구성 요소"라는 카테고리를 열면 [그림 3-49] (a)와 같은 Timer 컨트롤이 있다. 이를 우리의 페트라박스의 컨트롤과 마찬가지로 폼에 배치하면 타이머 컨트롤은 폼에 올라가지 않고 [그림 3-49] (b)와 같이 폼 창의 아랫부분에 나타난다.

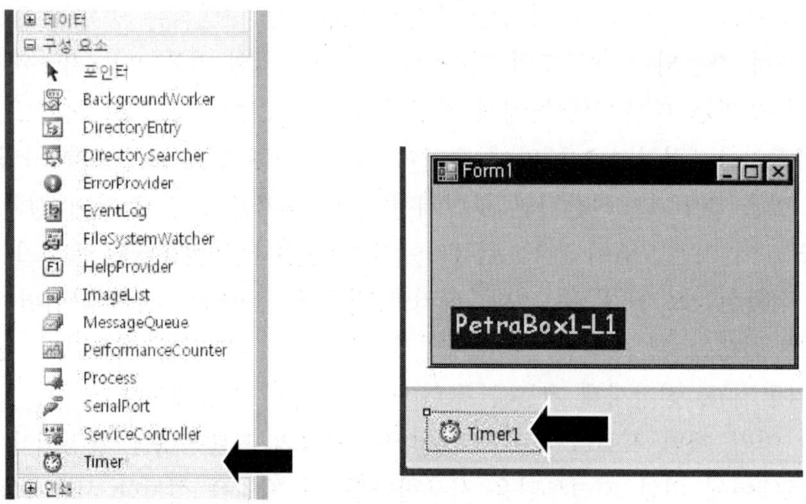

(a) 타이머 컨트롤의 위치 (b) 컨트롤이 탑재된 상태

[그림 3-49] 타이머 컨트롤의 배치

이는 타이머 컨트롤 자체가 우리와 직접적으로 어떤 정보를 교환하지 않고, 프로그램 내부에서만 작용하기 때문에 굳이 폼에 나타날 필요가 없어 이와 같이 탑재된 사실만 나타난다. 참고로, 비주얼 베이직 6.0에서는 폼 위에 직접 설치되지만 실행할 때는 보이지 않는다.

타이머 컨트롤을 선택하고 속성을 살펴보면 [그림 3-50] (a)와 같이 그다지 속성이 많지는 않은데, 이 중 가장 중요한 부분이 화살표로 나타낸 Enabled라는 속성과 Interval이라는 속성이다.

Enabled 속성은 이 타이머가 가동상태인지 아닌지를 설정하는 것이고, Interval 속성은 타이머가 작동하는 간격을 밀리 초 단위로 설정하도록 구성된다. 기본값은 100밀리 초, 즉 0.1초마다 동작하도록 설정되어 있다.

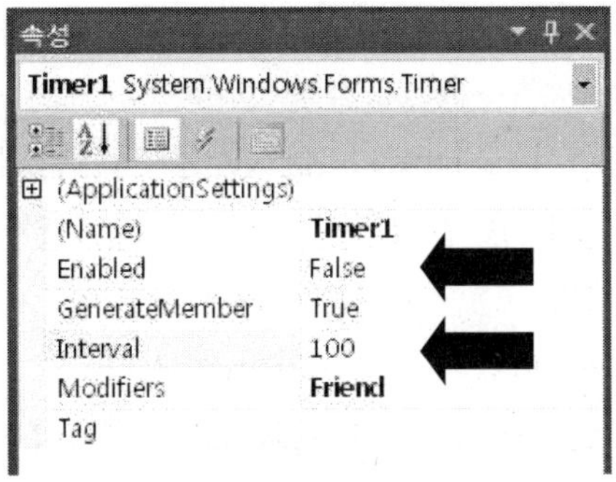

(a) 타이머 컨트롤의 속성

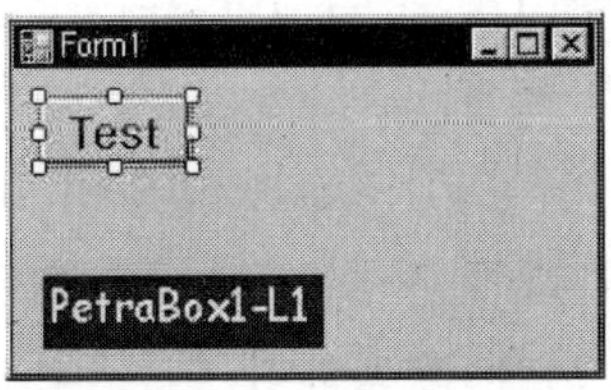

컨트롤	속성	값
Button1	(Name)	Btn_Test
	Font	굵게, 14
	Text	Test

(b) 작성할 폼과 컨트롤의 속성

[그림 3-50] 타이머 컨트롤의 속성과 테스트용 폼

② 타이머의 동작 방법 확인

타이머가 어떤 방법으로 동작하는지 확인하기 위해 간단한 실험을 진행하도록 한다. [그림 3-50] (b)와 같이 텍스트박스 컨트롤 한 개와 버튼 컨트롤 한 개를 배치하고 속성을 조절한다.

```
Dim PORT_A As Integer

Private Sub Form1_Load( ... ) Handles MyBase.Load
    Pb1.Init( )
End Sub

Private Sub Btn_Test_Click( ... ) Handles Btn_Test.Click
    Timer1.Interval = 1000 ' 1초
    Timer1.Enabled = True
End Sub

Private Sub Timer1_Tick( ... ) Handles Timer1.Tick
    PORT_A = 255 - PORT_A
    Pb1.Out_A(PORT_A)
End Sub
```

[리스트 3-33] 타이머 테스트 코드

폼의 바탕을 더블클릭해 [리스트 3-33]의 라인 1과 3을 입력하고, Test 버튼을 더블클릭해 라인 6, 7을 입력한다.

마지막으로 폼의 아래에 배치된 Timer1 컨트롤을 더블클릭하면 라인 9와 같은 핸들러가 나타나며, 여기에 라인 10, 11을 입력한다. 모든 입력이 완료되면 프로그램을 실행 하고 결과를 확인하라.

[리스트 3-33]의 각 부분은 다음과 같은 의미가 있다.

라인 1에서는 PORT_A라는 이름의 변수를 모든 곳에서 사용할 수 있는 전역변수로 선언하고 있다.

라인 6에서는 Timer1의 간격을 1000밀리 초, 즉 1초로 설정하였다.

라인 7에서는 Timer1 컨트롤이 동작을 개시하도록 하였다.

이것이 버튼 컨트롤에서 실행하는 전부이고 더 이상 진행되는 명령이 없으므로 임무가 종료된다. 그럼에도 불구하고 포트-A의 모든 LED들이 자동으로 계속 동작하고 있다.

라인 10에서는 255에서 전역변수 PORT_A의 값을 뺄셈하여 이를 다시 PORT_A 변수에 대입한다. 이는 이 변수 내의 모든 2진수를 반전시키는 것으로서, 예를 들어 처음 PORT_A 변수가 생성되어 내부에 0이었다면 255에서 0을 뺄셈하므로 255, 2진수로는 (1111 1111)의 결과가 나타난다. 이후에 다시 이 명령을 실행한다면 이 때는 PORT_A 변수에 이미 255가 있으므로 뺄셈하면 0이 되며, 이는 2진수로 (0000 0000)이 된다.

라인 11에서는 PORT_A 변수의 내용을 포트-A로 출력한다.

③ 타이머가 동작하는 방법

[리스트 3-33]을 살펴보면 우리가 버튼을 누르면 Timer1 컨트롤의 간격을 조절하고 가동상태로 설정한 후 모든 임무가 완료된다. 타이머가 가동되면 1초마다 자동으로 9번 라인의 핸들러가 동작하는데, 이는 마치 누군가가 1초마다 한번씩 라인 9를 동작시키는 버튼을 누르는 것과 같은 효과이다.

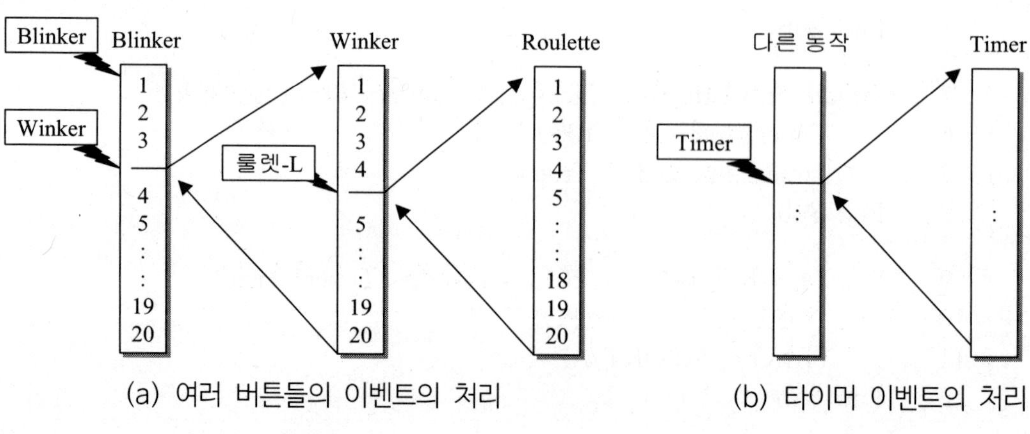

(a) 여러 버튼들의 이벤트의 처리 (b) 타이머 이벤트의 처리

[그림 3-51] 타이머 이벤트의 동작 방법

이와 같이 타이머는 설정된 시간이 될 때마다 자신에게 할당된 핸들러를 동작시키는 방법으로 일이 진행된다. 이는 앞 절에서 [그림 3-51] (a)와 같이 룰렛이나 윙커 등이 동작하고 있는 중에 다른 버튼을 누르면 그에 해당하는 핸들러를 실행하고 다시 돌아오는 것과 완전히 동일한 것이다. 단지 타이머는 이 동작이 [그림 3-51] (b)와 같이 자동으로 발생하는 것이며, 이 기능을 이용하면 시간이 매우 정확한 어떤 기능을 구현할 수 있다.

[리스트 3-33]은 앞서 우리가 실험했던 블링커와 동일한 동작을 하지만 타이머에 의해 동작하므로 정확히 1초마다 반전이 이루어진다. 여기서의 정확도는 우리가 사용하는 전자시계와 동일하다.

응용문제

- [리스트 3-33]은 1초마다 한번씩 반전이 이루어지므로, 즉 1초 동안 켜지고 1초 동안 꺼지므로 실제 블링커 LED는 2초 만에 다시 켜진다. 정확히 1초 만에 켜지도록 변경해 보라.
- 포트-B도 함께 동작하도록 변경하라.

④ 버튼의 토글(toggle) 동작 방법

이번에는 버튼을 토글 동작 하도록 변경해본다. 토글(toggle) 동작이란 한번 누르면 켜지고 또 한번 누르면 꺼지는 동작을 의미한다. 이러한 동작은 텔레비전 전원 버튼 등에서 사용되는 매우 중요한 기능이다. 컴퓨터 키보드의 스위치나 마우스의 스위치 등은 누를 때 마다 해당 동작이 발생하는 푸시(push) 동작이며, 우리가 사용하고 있는 버튼 컨트롤도 기본적으로는 푸시 동작만 진행한다. 텔레비전이나 가전제품의 전원 버튼은 본래 푸시 스위치이지만 내부에서 소프트웨어적으로 토글 동작을 하도록 구성되어 있다.

토글 동작이 구현되려면 현재 버튼이 어떤 상태인지를 기억할 필요가 있는데, 예를 들어 버튼을 눌렀을 때 정지 상태였다면 가동상태로 전환해야 하고, 가동 상태였다면 정지 상태로 전환해야 하는 것이다. 사실 우리가 사용했던 컨트롤 중에 이와 같이 현재 상태를 기억해 처리되던 것이 체크박스 컨트롤이었다.

버튼 컨트롤의 현재 상태가 어떠한지에 따라 토글동작이 이루어지도록 버튼 컨트롤 핸들러를 [리스트 3-34]와 같이 수정하고 프로그램을 실행해 확인하라. 어떤 원리인지 이해하겠는가?

[리스트 3-34]에서 버튼의 현재 상태를 별도의 변수를 사용하지 않고 버튼 컨트롤 내의 Text 속성을 이용하였다. 즉 일단 버튼이 눌리면 라인 2에서 버튼의 Text속성에 “Test”라는 글자가 있는지 비교해 이 글자로 되어 있다면 아직 버튼이 가동되지 않았던

것으로 판단해 라인 3과 4의 타이머를 가동시킨다. 그 후 라인 5에서 버튼이 가동상태임을 표시하기 위해 버튼 컨트롤의 Text 속성에 "Stop"이라는 글자를 대입하고 종료한다.

```
1   Private Sub Btn_Test_Click( ... ) Handles Btn_Test.Click
2       If Btn_Test.Text = "Test" Then
3           Timer1.Interval = 500 ' 0.5초
4           Timer1.Enabled = True
5           Btn_Test.Text = "Stop"
6       Else
7           Timer1.Enabled = False
8           Btn_Test.Text = "Test"
9           Pb1.out_A(0)
10      End If
11  End Sub
```

[리스트 3-34] 버튼의 토글 동작

이후 다시 이 버튼을 눌렀을 때, 라인 2에서 버튼 컨트롤의 Text 속성에는 "Test"라는 내용이 들어있지 않으므로 현재 버튼이 가동상태였음을 알 수 있고, 따라서 라인 7로 진행해 타이머를 Off한 후 버튼 컨트롤의 Text 속성에 다시 "Test" 글자를 기록해 놓고, 포트-A의 LED를 확실하게 모두 off시키고 종료한다.

연습문제

- 현재 버튼에서는 "Test"라 표시되고 있다. 이를 "Blinker"라 나타나고 프로그램은 정상적으로 실행될 수 있도록 변경해보라.

답) 1. 버튼 컨트롤의 Text 속성값을 Blinker로 변경한다.
2. 라인 2의 "Test"를 "Blinker"로 변경한다.
3. 라인 8의 "Test"를 "Blinker"로 변경한다.

2) 타이머 활용 실험

(1) 타이머를 이용한 전자윙커

이번에는 블링커과 별개로 그러나 동시에 진행되는 윙커를 추가해보도록 한다.

① 폼의 구성

[그림 3-52] (a)에 나타낸 바와 같이 폼에는 버튼 컨트롤을 배치하고, 폼 아래쪽에는 타이머 컨트롤을 한 개 더 추가한다.

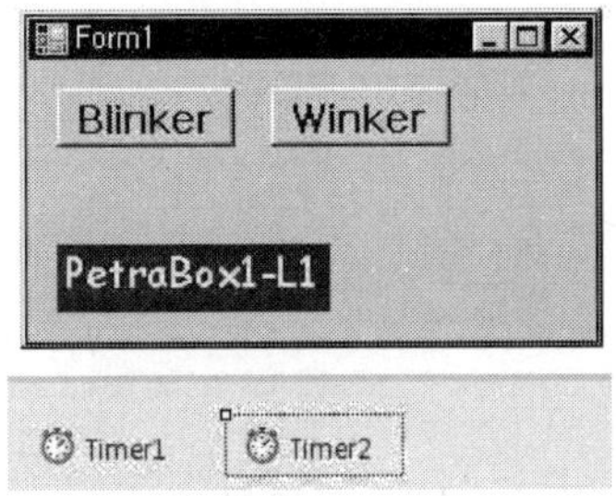

(a) 컨트롤들의 배치

컨트롤	속성	값
Button1	(Name)	BtnWinker
	Font	굵게, 14
	Text	Winker

(b) 컨트롤의 속성

[그림 3-52] 윙커를 위한 컨트롤의 배치

② 코드의 구성

윙커 버튼을 더블클릭하고 [리스트 3-35]의 라인 1 - 12까지 입력한다. 블링커 부분의 코드를 복사해 붙이고 수정해도 무방하지만, 숫자들과 문자들에 유의해야 한다. 이 때 라인 1은 리스트에서와 같이 라인 바로 위에 기록해도 되지만, 이왕이면 보기 좋도록 프로그램 가장 위의 PORT_A 선언문 바로 다음에 기록한다.

폼에서 Timer2 컨트롤을 더블클릭하고 [리스트 3-35]의 라인 13부터 마지막까지 입력한다. 이를 실행하고 블링커 버튼, 윙커 버튼을 각각 눌러가며 확인한다.

이 프로그램의 구성은 다음과 같다.

```
1   Dim PORT_C As Integer
2   Private Sub Btn_Winker_Click( ... ) Handles Btn_Winker.Click
3       If Btn_Winker.Text = "Winker" Then
4           Timer2.Interval = 400 ' 0.4초
5           Timer2.Enabled = True
6           Btn_WInker.Text = "Stop"
7       Elseㄹ
8           Timer2.Enabled = False
9           Btn_Winker.Text = "Winker"
10          Pb1.Out_C(0)
11      End If
12  End Sub

13  Private Sub Timer2_Tick( ... ) Handles Timer2.Tick
```

```
14         If PORT_C = 3 Then
15             PORT_C = 12
16         Else
17             PORT_C = 3
18         End If
19         Pb1.Out_C(PORT_C)
20     End Sub
```

[리스트 3-35] 타이머에 의한 윙커 코드

라인 1에서 PORT_C라는 전역변수를 선언한다.

라인 3에서는 블링커에서의 경우와 마찬가지로 윙커 버튼 컨트롤의 Text 속성에 따라 타이머2를 동작시킬 것인지 아닌지를 판단한다.

라인 4에서는 Timer2의 간격을 400밀리 초로 블링커와 약간 다르게 설정하였다. 이는 블링커와 윙커가 서로 제각각 동작하는 것이 나타나도록 한 것이다.

라인 14 - 18에서는 윙커를 약간 다르게 구성해 본 것으로서, PORT_C 변수에 3이 존재한다면(Then) PORT_C 변수를 12(2진수 1100)로 바꾸고, 3이 아니라면(Else) PORT_C 변수에 3(2진수 0011)을 기록한다. 처음에 이 변수가 생성되었을 때는 0이 보관되어 있을 것이므로 라인 14에서 3이 존재하지 않는 것으로 판단되어 라인 17에서 3으로 설정되며 동작이 시작된다.

(2) 타이머를 이용한 룰렛

① 폼의 구성

[그림 3-53] (a)에 나타낸 바와 같이 폼에는 버튼 컨트롤을 배치하고, 폼 아래쪽에는 타이머 컨트롤을 한 개 더 추가한다.

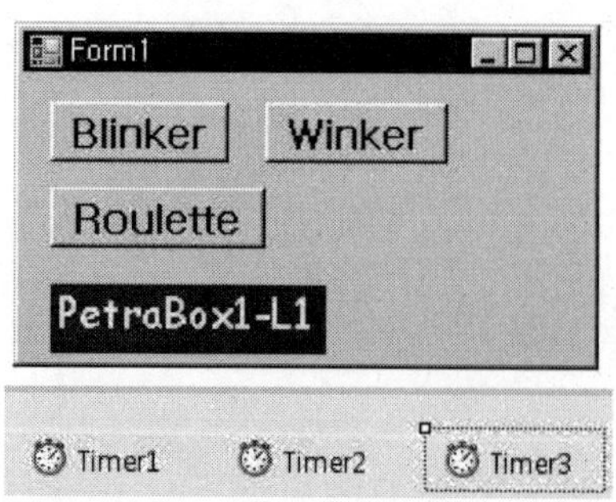

(a) 컨트롤들의 배치

컨트롤	속성	값
Button1	(Name)	BtnRltt
	Font	굵게, 14
	Text	Roulette

(b) 컨트롤의 속성

[그림 3-53] 룰렛을 위한 컨트롤의 배치

② 코드의 구성

룰렛 버튼을 더블클릭하고 [리스트 3-36]의 라인 1 - 15까지 입력한다. 이 때 라인 1과 2는 리스트에서와 같이 라인 바로 위에 기록해도 되지만, 이왕이면 보기 좋도록 프로그램 가장 위의 선언문들 부분에 기록한다.

폼에서 Timer3 컨트롤을 더블클릭하고 [리스트 3-36]의 라인 16부터 마지막까지 입력한다. 이를 실행하고 모든 버튼들을 각각 눌러가며 확인한다.

```
1   Dim PB_cnt As Integer
2   Dim PB_dir As Boolean
3   Private Sub Btn_Rltt_Click( ... ) Handles Btn_Rltt.Click
4       If Btn_Rltt.Text = "Roulette" Then
5           PB_cnt = 0 ' 변수를 초기화
6           PB_dir = True
7           Timer3.Interval = 100 ' 0.1초
8           Timer3.Enabled = True
9           Btn_Rltt.Text = "Stop"
10      Else
11          Timer3.Enabled = False
12          Btn_Rltt.Text = "Roulette"
13          Pb1.Out_B(0)
14      End If
15  End Sub

16  Private Sub Timer3_Tick( ... ) Handles Timer3.Tick
17      Pb1.Out_B(2 ^ PB_cnt - 1)
18      If PB_dir Then
19          PB_cnt = PB_cnt + 1
20          If PB_cnt = 9 Then
21              PB_cnt = 7
22              PB_dir = False
23          End If
24      Else
25          PB_cnt = PB_cnt - 1
26          If PB_cnt = 0 Then
27              PB_dir = True
28          End If
29      End If
30  End Sub
```

[리스트 3-36] 타이머에 의한 룰렛 코드

라인 1과 2에서는 룰렛을 포트-B에 표시할 것이므로 Port-B의 약자로 PB라는 명칭을 사용한 변수 2종류를 선언하였다. PB_cnt 변수는 룰렛의 진행 수를 기억하는 곳이고, PB_dir은 룰렛의 진행방향을 기억한 곳이다.

라인 5와 6에서는 이들 변수들의 값을 초기화하는 과정으로서, PB_cnt = 0은 룰렛 전체과정의 가장 처음 단계를, PB_dir = True는 오른쪽부터 왼쪽으로 진행하라는 의미이다. PB_cnt = 0은 처음 변수가 선언될 때 자동으로 0이 되므로 필요 없을 듯하지만 룰렛을 가동하다 정지하고 다시 가동할 때는 이전의 값이 남아있으므로 정확히 처음부터 시작하도록 하기 위함이다.

라인 17은 이전에 룰렛을 LED-바 형태로 표시하도록 구성했던 식을 그대로 적용하였다. 즉 PB_cnt 값에 대한 계산 결과는 [그림 3-54]와 같다.

PB_cnt 변수	2 ^ PB_cnt	2 ^ PB_cnt - 1
0	1 (0000 0001)	0 (0000 0000)
1	2 (0000 0010)	1 (0000 0001)
2	4 (0000 0100)	3 (0000 0011)
3	8 (0000 1000)	7 (0000 0111)
:	:	:
7	128 (1000 0000)	127 (0111 1111)
8	256 (1 0000 0000)	255 (1111 1111)

[그림 3-54] 변수 변화에 따른 결과의 변화 일부

라인 18은 룰렛의 진행방향을 기억하고 있는 PB_dir이라는 변수의 상태에 따라 라인 19로 진행할 것인지 라인 25로 진행할 것인지를 결정한다.

라인 19부터 23까지는 룰렛이 오른쪽에서 왼쪽으로 진행하는 곳으로서, 라인 19에서 PB_cnt 값을 1 증가시킨다. 따라서 다음번 타이머 처리 때 이곳으로 다시 오면 이의 결과는 [그림 3-54]에 표시한 바와 같이 오른쪽에서 왼쪽으로 LED-바가 한 단계 더 진행한다.

라인 20에서 PB_cnt가 9라면, 즉 1을 덧셈한 결과가 9라는 것은 직전에 표시를 8단계까지 진행했다는 것이므로 이 때는 라인 21에서 PB_cnt를 7로 설정하고 라인 22에서 방향(PB_dir)을 반대로 설정한다. 이는 결과적으로 PB_cnt값의 진행이 0 ... 6, 7, 8, 7, 6 ... 으로 진행한다는 의미가 된다.

라인 25부터는 현재 진행방향이 반대로 처리되고 있는 경우로서, PB_cnt 값을 1 감소시킨다.

라인 26에서는 1 감소한 결과가 0이라면, 즉 직전에 1단계를 처리했었다는 것이므로 방향을 전환한다. 이는 결과적으로 PB_cnt 값이 ... 3, 2, 1, 0, 1, 2, 3 ...으로 진행된다.

이는 예전에 왕복 룰렛에서 양쪽 끝 LED들에는 2배의 시간이 주어지지 않도록 했던 사항까지 모두 고려되어 진행되는 것이다. [그림 3-55]에 PB_cnt 변수의 상태 변화를 나타내었다.

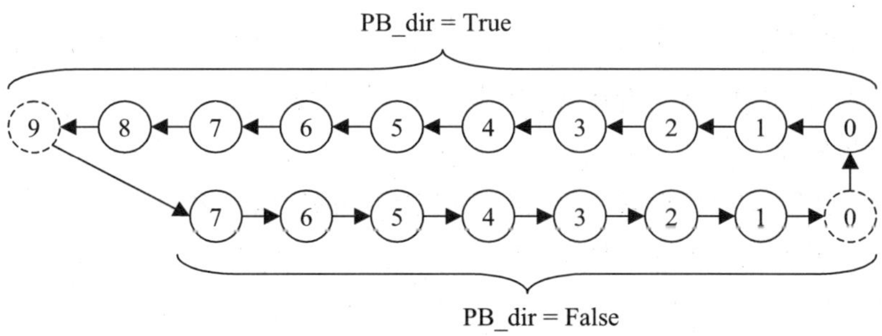

[그림 3-55] PB_cnt 변수의 상태 변화

③ **최종적인 결론**

이상의 프로그램을 실행하면 모든 기능들이 제각각 동작하는 결과가 나타난다. 이와 같이 타이머의 기능을 활용하면 정확한 시간에 모든 기능들이 독립적으로 실행이 가능하다. 만약 타이머를 이용하지 않고, 이전에 사용했던 바와 같은 For 루프에 의한 지연을 이용할 경우 현재와 같은 기능을 구현하려면 얼마나 복잡할 것인지 상상해 보라.

(3) 타이머를 이용한 스톱워치

지금까지 학습했던 사항들을 이용하면 간단히 스톱워치를 제작할 수 있다.

① **폼의 구성**

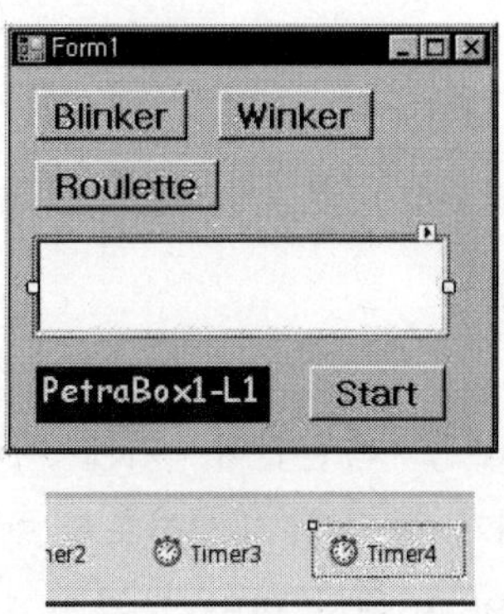

(a) 컨트롤들의 배치

컨트롤	속성	값
Button1	(Name)	Btn_StopWatch
	Font	굵게, 14
	Text	Start
TextBox1	(Name)	txt_Watch
	Font	굵게, 28

(b) 컨트롤의 속성

[그림 3-56] 스톱워치를 위한 컨트롤의 배치

[그림 3-56] (a)에 나타낸 바와 같이 텍스트박스 컨트롤 한 개와 버튼 컨트롤 한 개, 그리고 타이머 컨트롤 한 개를 각각 배치한다.

타이머 컨트롤의 속성은 프로그램에서 설정할 것이므로 폼 배치 시에는 별다른 조절사항은 없다.

② 코드의 구성

버튼 컨트롤을 더블클릭해 [리스트 3-37]의 라인 1 - 13까지를 입력한다. 이 때 라인 1은 전역변수의 선언이므로 가급적 전체 코드의 처음 부분에 있는 다른 전역변수들과 함께 선언해 놓는다.

Timer4 컨트롤을 더블클릭해 [리스트 3-37]의 라인 14 - 25까지를 입력한다. 모두 입력이 완료되면 실행해 동작을 확인하라.

[리스트 3-37] 코드의 원리는 다음과 같다.

라인 1은 시간을 카운트하기 위한 변수를 선언한 것으로서, 변수 Min은 분 단위, Sec는 초 단위, 그리고 SEC10은 10분의 1초 단위를 카운트한다.

라인 3에서는 버튼이 눌렸을 때 현재의 버튼 상태에 따라 토글 동작을 하기위한 것으로서, 버튼 컨트롤의 글자가 "Start"인지 확인하고, 이와 동일하다면 시작을 위한 동작이므로 라인 4 - 8을 실행하고, "Start"자가 아니라면 동작 중인 상태였으므로 중지를 위한 동작을 위해 라인 10 - 11을 실행한다.

라인 4에서는 처음 스톱워치가 가동되었을 때 0분 0초부터 시작하도록 각 변수들을 0으로 초기화하는 과정으로서, 베이직 언어에서는 이와 같이 한 라인에 콜론(':')을 이용해 여러 명령들을 나열할 수 있다.

라인 5에서는 버튼에 표시되는 글자의 상태를 "Stop"으로 변경한다. 이에 따라 다음에 버튼을 또 눌렀을 경우에는 라인 3의 If문에 의해 스톱워치를 정지하는 동작으로 진행하는 토글 동작이 이루어진다.

라인 6에서 이전에 표시되어 있을 수 있는 표시창(텍스트박스 컨트롤)의 내용물을 모두 지운다.

라인 7에서 타이머-4의 시간 간격을 0.5초로 설정하였다.

라인 8에서 타이머-4가 가동을 개시하도록 설정한다.

라인 10에서 타이머-4가 가동을 멈추도록 설정한다.

라인 11에서 버튼에 표시되는 글자의 상태를 "Start"로 복원한다. 이에 따라 다음에 또 버튼이 눌렸을 때는 라인 3의 If문에 의해 스톱워치가 동작을 개시하도록 동작한다.

라인 15에서 10분의 1초 단위를 5를 증가시킨다. 라인 16에서 만약 10분의 1초 단위가 10이 되었을 때 라인 17부터 22를 실행하고, 10이 되지 않았다면 라인 24로 진행한다.

```
1   Dim Min, Sec, Sec10 As Integer

2   Private Sub Btn_StopWatch_Click( ... ) Handles Btn_StopWatch.Click
3       If Btn_StopWatch.Text = "Start" Then
4           Min = 0 : Sec = 0 : Sec10 = 0
5           Btn_StopWatch.Text = "Stop"
6           txt_Watch.Text = ""
7           Timer4.Interval = 500
8           Timer4.Enabled = True
9       Else
10          Timer4.Enabled = False
11          Btn_StopWatch.Text = "Start"
12      End If
13  End Sub

14  Private Sub Timer4_Tick( ... ) Handles Timer4.Tick
15      Sec10 = Sec10 + 5
16      If Sec10 = 10 Then
17          Sec10 = 0
18          Sec = Sec + 1
19          If Sec = 60 Then
20              Sec = 0
21              Min = Min + 1
22          End If
23      End If
24      txt_Watch.Text = Str(Min) + ":" + Str(Sec) + "." + Str(Sec10)
25  End Sub
```

[리스트 3-37] 스톱워치 코드

라인 17에서 10분의 1초 단위를 0으로 초기화하고 초를 1 증가시킨다. 라인 18에서 초 단위를 1 증가시키고, 라인 19에서 다시 초 단위가 60초인지 확인한다. 60초가 되었다면 라인 20에서 초 단위를 0으로 초기화하고 라인 21에서 분 단위를 1 증가시킨다.

이와 같은 모든 시간 처리가 완료되면 라인 24에서 텍스트박스에 표시를 한다. 이 때 Str( )이라는 함수가 사용되고 있는데, 이는 함수 내부에 지정한 변수의 내용을 문자열(String)으로 변환한다. 즉 변수에 담겨있는 "숫자"를 "문자"로 변환하는 것이다.

텍스트박스에 변수의 내용을 직접 표시할 때는 변수명을 그대로 대입하면 텍스트박스에 대입될 때 자동으로 문자열로 변환되지만, 지금의 경우에는 덧셈 연산자에 의해 문자열을 조립하는 것이므로 문자열과 문자열을 더하기하는 과정이다. 즉 덧셈 연산자는 숫자와 숫자를 덧셈할 때는 실재 숫자 덧셈을 진행하고, 문자와 문자를 덧셈하면 이는 문자열들을 이어주는 역할을 하는데, 지금의 경우에는 숫자와 문자를 나열하고 있으므로 혼합된 형태가 되어 오류가 발생한다. 따라서 변수의 숫자를 Str( ) 함수를 이용해 문자열 로 변환한 후 문자열과 문자열을 덧셈하도록 구성한 것이다.

응용문제

- 현재의 프로그램은 0.5초 단위로 스톱워치가 동작하는 상태로 구성되어 있다. 이와 같이 구성한 것은 0.1초 단위로 구성할 경우 여러분의 컴퓨터 속도에 따라서는 미처 프로그램의 처리속도가 따라가지 못해 오차가 많이 발생하는 경우가 있기 때문이다. 스톱워치가 0.2초 단위로 나타나도록 프로그램을 변경해 보라.
- 컴퓨터의 속도가 허락한다면 0.1초 단위로 나타나도록 변경해 보라.

답) 1. 라인 7의 상수를 500에서 200으로 변경한다.
2. 라인 15의 숫자 5를 2로 변경한다.

Chapter

04 페트라박스 출력 확장

이 장에서는 페트라박스 외부에 회로를 구성하고 이 회로를 구동하는 형태, 즉 페트라박스 출력의 확장 방법에 관해 학습한다. 이 과정을 이해하면 앞으로 타 기기를 컴퓨터를 이용해 제어하는 능력을 습득할 수 있다.
우선은 페트라박스의 출력전압보다 낮은 전압에서 구동되는 LED의 확장을 진행하고, 이후 이보다 더 높은 전압을 제어하는 방법에 관해 다룬다.

4-1 LED 제어 실험

3장까지는 실습 키트에 부착된 LED들을 이용한 실험을 진행하였다. 이 장부터는 하드웨어 확장을 진행하면서 실험이 진행된다. 다른 종류의 마이크로컨트롤러 실험에서도 공통적인 내용이지만 처음에 LED를 켜는 실험이 항상 등장한다. 언뜻 보면 별것 아닌 것 같지만 LED를 자유자재로 제어할 수 있다면 다른 세어들은 쉽게 가능하기 때문에 가장 핵심적이면서도 중요한 실험이므로 이 주제가 등장하는 것이다. 즉 비록 작은 LED이지만 이를 자유롭게 제어할 수 있어야 이후에 더 큰 기기도 자유롭게 제어할 수 있다.

1) LED(Light Emitting Diode)

실험에 들어가기에 앞서 우선 LED라는 소자에 대해 간단히 살펴본다.

(1) LED의 사용 예

최근에 사용되는 조명 중에서 LED 전구라는 것이 많이 사용된다. LED, 우리말로는 "발광(發光) 다이오드"라는 소자로서 전류가 흐르면 빛이 발생하는 소자이며, 일반 전구와 달리 열이 거의 발생하지 않고 소비 전력이 작으며, 수명이 반영구적인 특성 때문에 다양한 용도에 사용된다. LED로 구성된 전구는 반도체의 원리를 이용해 빛을 발생시키는 부품으로서, 과거의 백열전구나 형광등의 원리와는 전혀 다른 원리로 구성된다. 이 부품은 전기 소모량은 작으면서도 더 밝고 열이 많이 발생하지 않으므로 현재 급속도로 그 사용분야가 늘어나고 있다.

[그림 4-1] (a)는 교통 신호등에 사용된 LED로서 작은 점들이 모두 LED들이다. 또한 [그림 4-1] (b)는 형광등 대신 부착한 LED 조명의 커버를 제거한 사진으로서, 수많은 LED들이 켜져 있고, 이 불빛을 반투명 커버에서 고르게 퍼지도록 구성한 것이다. [그림 4-1] (c)는 자동차 방향지시 조명등, 야간 조명으로 사용되는 LED들을 나타낸 것이다.

또한 거리에서 자주 볼 수 있는 대형 컬러 전광판이나 다리, 육교 위의 컬러 장식용 조명들도 모두 LED들이다. 이상에서 소개한 LED들은 특별히 밝은 빛을 내는 "고휘도 LED"라는 종류이며, 일반 LED는 [그림 4-2]에 나타낸 바와 같이 커피 자판기의 상태 표시용, 엘리베이터 층수 표시용, 컴퓨터의 각종 상태 표시용 등에서 매우 다양하게 사용되고 있다.

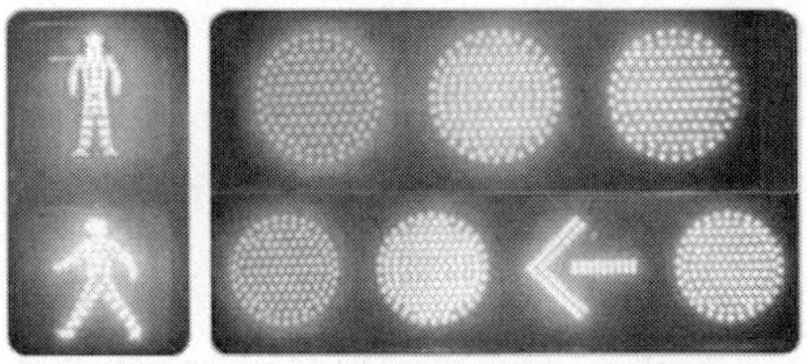

(a) LED 신호등

(b) LED 조명

(c) 자동차용 LED

[그림 4-1] 각종 LED의 사용 예

(a) PC 전원과 HDD 표시

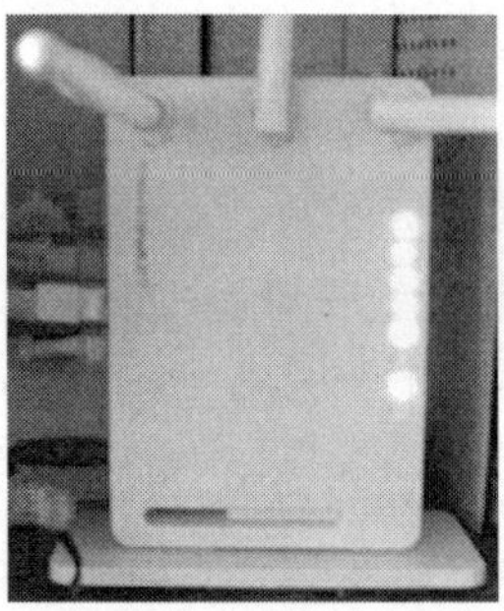

(b) 인터넷 공유기

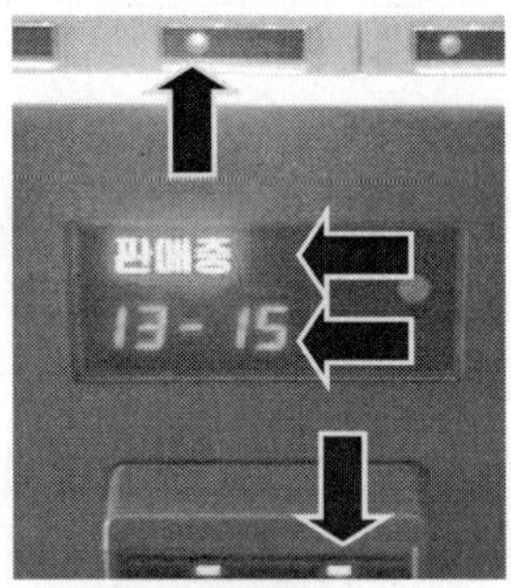

(c) 자동판매기

(d) CD 플레이어

(e) 엘리베이터

[그림 4-2] 우리 주변의 LED 사용 예

(2) LED의 특징

이 실험에서는 LED를 직접 제어할 것이며, 제어할 대상에 관해 정확히 알고 있어야 정확한 제어가 가능하므로 이 소자의 특징에 관해 살펴본다.

① LED의 구조 및 외형

LED는 [그림 4-3] (a)에 나타낸 바와 같이 내부에 빛을 내는 반도체 소자(갈륨비소라는 종류가 사용된다)가 내장되고, 이 빛을 더욱 밝게 보이도록 앞쪽에 렌즈 모양으로 플라스틱 케이스를 씌운 형태로 구성된다.

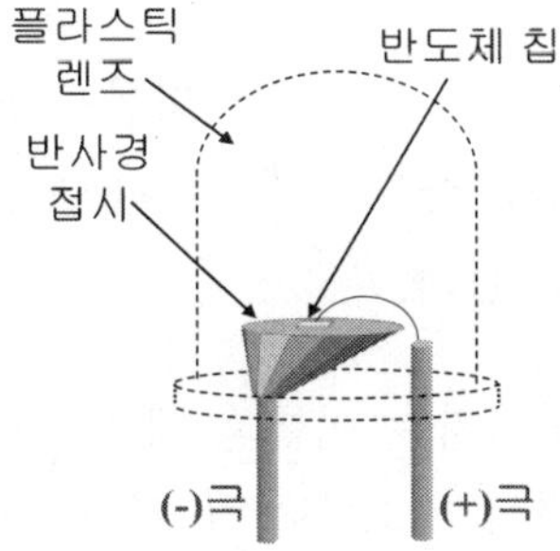

(a) 내부 구성

(b) 여러 모양의 LED

[그림 4-3] LED 구조 예

LED는 적색, 녹색, 황색, 주황색, 청색, 백색 등의 색상이 있으며, 이는 겉에 씌운 케이스 플라스틱에 의해 색상이 결정되는 것이 아니라, 내부 반도체 물질의 종류에 의해 색상이 결정된다. 즉 적색 LED의 경우 내부 반도체 물질에서 적색이 발생하고, 이를 더욱 잘 보이도록 하기 위해 겉의 플라스틱도 적색을 사용한 것이다. 또한 이러한 가시광선용 외에도 적외선, 자외선 및 레이저용이 있고 특정 LED를 지칭할 때는 고유 생산번호를 사용하지만(TLR-103 등) 일반적으로 색상과 구경만을 이용해 "적색 3*mm* ø, 녹색 5*mm* ø" 등과 같이 지칭하기도 한다.

② LED의 회로 기호 및 핀 명칭

LED의 회로기호는 [그림 4-4] (a)와 같이 화살표에 원을 그려 나타내는데, 이 때 중앙의 화살표 기호는 큰 의미가 있다. [그림 4-4] (b)에 나타낸 바와 같이 화살표 방향으로만 전류가 흐르는 특성이 있으며, [그림 4-4] (c)와 같이 반대방향으로는 흐르지 않으므로 LED가 켜지지 않는다.

즉 [그림 4-4] (b)와 같이 전류가 흐르려면 전압은 그림의 왼쪽에 (+), 오른쪽에 (-) 전압이 접속되어야 전류 I가 흐를 수 있으며, 이를 "순방향(Forward) 전압"이라 한다.

이와 반대로, [그림 4-4] (c)와 같이 왼쪽에 (–), 오른쪽에 (+)전압을 인가하면 전류 *I*가 흐르지 않으므로 LED가 켜지지 않고, 이러한 상태를 "역방향(Reverse) 전압"이라 한다.

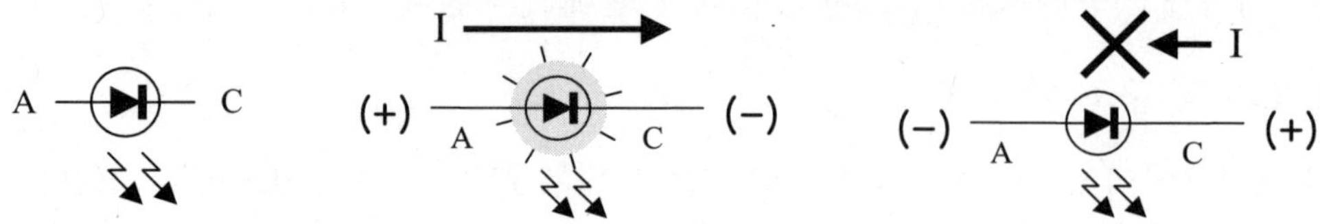

(a) 회로 기호 (b) 순방향 전압 상태 (c) 역방향 전압 상태

[그림 4-4] LED의 전압 방향

이와 같이 극성을 정확히 구분하기 위해 그림의 LED 기호에서 화살표가 들어가는 방향, 즉 (+) 전압을 인가하는 핀을 "애노드(Anode)"라 하고 기호의 판 모양으로 표시된 쪽, 즉 (–) 전압을 인가하는 핀을 "캐소드(Cathode)"라 한다.

※ **핀 명칭 기억하는 법** : 처음 이 소자를 접하는 학습자는 이름과 개념이 생소해 기억하기 어려우므로 단순하게 "알파벳 A로부터 C로 전류가 흐른다"라 기억하면 편리하다.

한편, 실제 소자 사용 시 외형에서 LED의 극성을 판별하려면 새로 구입한 LED의 경우 [그림 4-5] (a)와 같이 긴 핀이 (+)극인 애노드를 의미하고 짧은 핀이 (–)극인 캐소드를 의미한다.

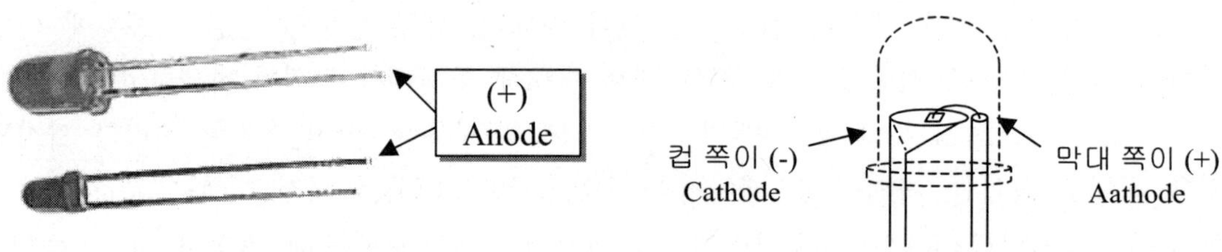

(a) 핀의 길이 (b) 내부 형상

[그림 4-5] LED 핀의 극성 구분

또한 이미 사용했거나 기판에 부착되어 핀의 길이를 할 수 없을 경우에는 [그림 4-5] (b)와 같이 구성되어 있으므로 불빛에 LED를 비춰보면 컵 모양과 접속된 핀이 (–)극, 즉 캐소드이고, 막대 모양 쪽의 핀이 (+)극, 즉 애노드이다. 물론 이는 품종에 따라 예외적으로 바뀌어 있는 경우도 가끔 존재하지만, 대부분은 이러한 형태로 구성된다.

③ 오프셋(offset) 전압

LED의 특성 중 가장 중요한 사항은 오프셋(offset) 전압의 개념과 구동 전류로서, 오프셋 전압의 개념을 [그림 4-6]에 나타내었다.

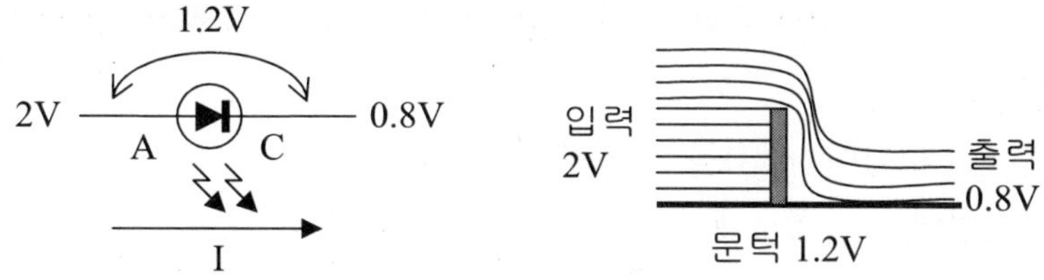

(a) 오프셋 전압 (b) 오프셋 전압의 비유

[그림 4-6] LED의 오프셋 전압

[그림 4-6] (a)에서, LED에 전압을 인가해 전류가 흐를 때 무난하게 흐르는 것이 아니라 [그림 4-6] (b)의 비유와 같이 어떤 문턱이 내부에 존재해 이 문턱보다 전압이 높아야 전류가 흐르기 시작한다. 일반적인 LED는 대부분 약 1.2V 정도이며, 그림과 같이 문턱의 높이가 1.2V라면 (+)극에 인가하는 전압이 1.2V보다 낮을 때는 전류가 이 문턱을 넘지 못해 전류가 흐르지 않는다. 이러한 전압을 오프셋 전압(Offset Voltage)이라 하고, 별명으로 "문턱 전압"이라고도 한다. 따라서 [그림 4-6] (b)와 같이 LED의 애노드에 2V의 전압을 인가하면 LED 자체에서 약 1.2V 정도가 걸리고 나머지 0.8V가 캐소드에 나타난다. 단, LED는 이를 구성하는 반도체 물질에 따라 특성에 차이가 있고, 형태와 색상, 밝기 등에 따라 특성이 모두 다르므로 정확한 규격은 해당 LED의 사양에 의해 정해지지만, 일반적으로 LED의 오프셋(offset) 전압은 약 1.2V정도로 간주해 계산한다.

LED의 빛의 밝기는 흐르는 전류에 의해 결정되는데, 일반적인 LED는 보통 약 5mA 정도면 빛이 발생하기 시작하며 약 15 ~ 20mA 정도가 최대 전류이다. 물론 LED에 따라 더 큰 전류(조명용 고휘도 LED는 보통 100mA 이상)도 가능한 것이 있지만, 일반적으로는 약 10mA에서 15mA 사이에서 사용한다. 최대값에 가까울수록 빛은 밝게 나타나지만, 그만큼 수명이 짧아진다.

2) 1개 LED 제어 실험

이제 중요한 사항들을 학습했으므로 LED를 실제로 켜는 실험을 진행한다.

(1) 회로의 설계

① 전류제한 저항

LED를 켜기 위해서는 앞서 설명한 바와 같이 인가해야 할 전압은 최소 LED 오프셋인 1.2V보다 커야 했고, LED는 일반적으로 10mA에서 15mA 사이에서 동작해야 하며, LED는 오프셋 전압보다 큰 전압이 인가되면 전류가 무한정 흐르는 성질이 있다. 따라서 LED를 켜려면 [그림 4-7] (a)와 같이 LED와 함께 이의 전류를 적당히 제한할 저항 R을 접속해 사용해야 한다.

[그림 4-7] (a)와 같이 +5V를 이용해 LED를 켜기 위해서 해야 할 일은 적당한 R값을 선정하는 것인데, 이 회로에서 주어진 조건들을 모두 표시하면 [그림 4-7] (b)와 같다. 즉 LED는 일반형으로서 오프셋이 1.2V이고, 전류는 약 10mA 정도로 설정한다. 이 경우 전원 V1에서 +5V를 공급하면 전류는 저항 R을 통과해 LED1로 흐르는데, LED에서 기본적으로 1.2V가 항상 걸리므로 공급된 +5V 중 나머지 전압인 3.8V가 저항 양단에 걸린다.

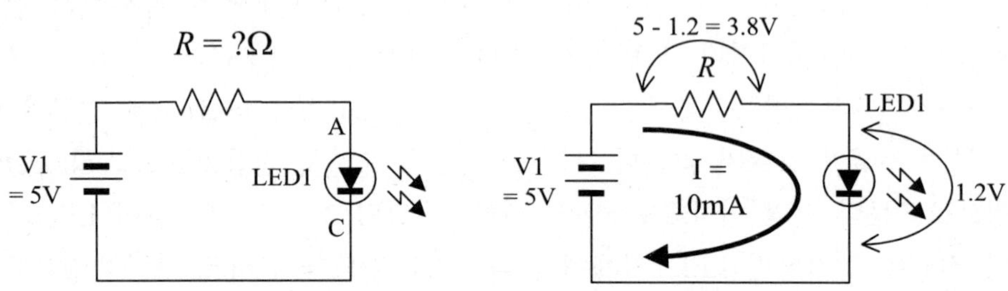

(a) 설계할 회로 (b) 회로의 전압 상태

[그림 4-7] LED 구동회로의 설계

그리고 10mA 정도의 전류를 목표로 했으므로, 옴의 법칙에 의해 식 (4-1)과 같이 저항값을 구할 수 있다.

$$R = \frac{V}{I} = \frac{3.8\,V}{10mA} = 380\Omega \qquad \text{식 (4-1)}$$

따라서 저항값은 380Ω보다 작아야 LED에 10mA 이상의 전류가 흐른다. 동일한 방법으로 만약 최대 15mA의 전류가 흐르도록 한다고 가정하면 식 (4-2)와 같이 계산할 수 있다.

$$R = \frac{V}{I} = \frac{3.8\,V}{15mA} = 253.33\Omega \qquad \text{식 (4-2)}$$

따라서 저항은 253Ω보다 커야 한다. 이와 같이 구간이 결정되고 이 사이에서 가장 적당한 값의 실제의 저항은 330Ω이나 360Ω이며, 우리는 330Ω을 사용하도록 한다. 만약 330Ω을 사용한다면, 식 (4-3)과 같은 전류가 흐를 것이다.

$$I = \frac{V}{R} = \frac{3.8V}{330\Omega} = 11.52mA \qquad \text{식 (4-3)}$$

이와 같은 과정을 거쳐 최종적으로 [그림 4-8]과 같은 회로가 완성된다.

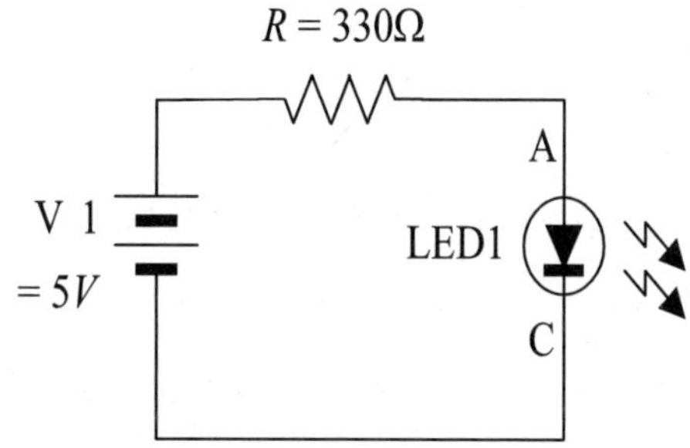

[그림 4-8] 설계가 완료된 회로

② **브래드보드**(Bread Board)

이상의 과정에서 최종적으로 완성된 [그림 4-8]과 같은 회로를 구성할 경우 저항의 핀과 LED의 핀, 그리고 전원을 접속해야 하는데, 이러한 전자부품을 쉽게 실험할 수 있도록 구성된 도구 중에 브래드보드(Bread Board)가 있으며, 이를 [그림 4-9]에 나타내었다.

브래드보드는 [그림 4-9] (a)와 같이 플라스틱 판에 수많은 구멍이 배열되어 있으며, 따라서 전체적인 모양이 빵과 같다하여 붙여진 명칭이다.

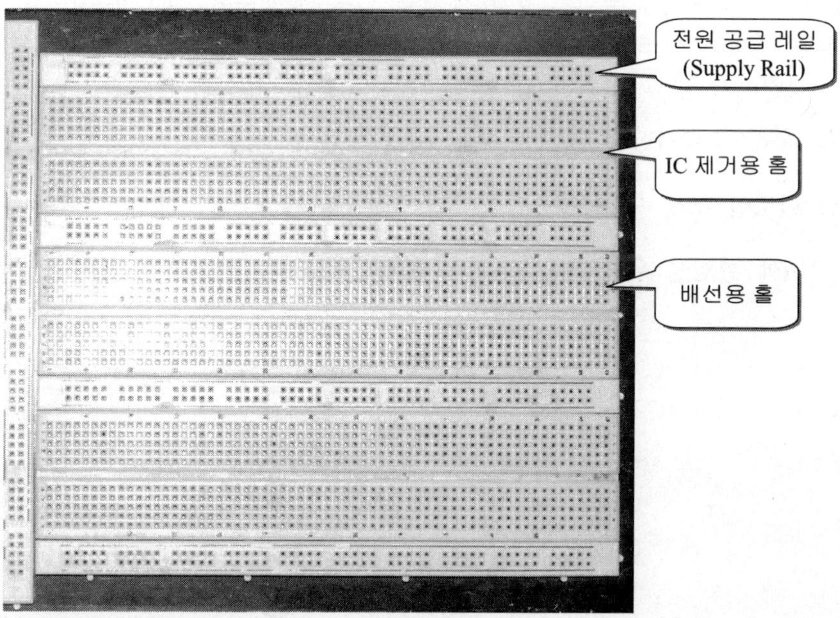

(a) 외 형

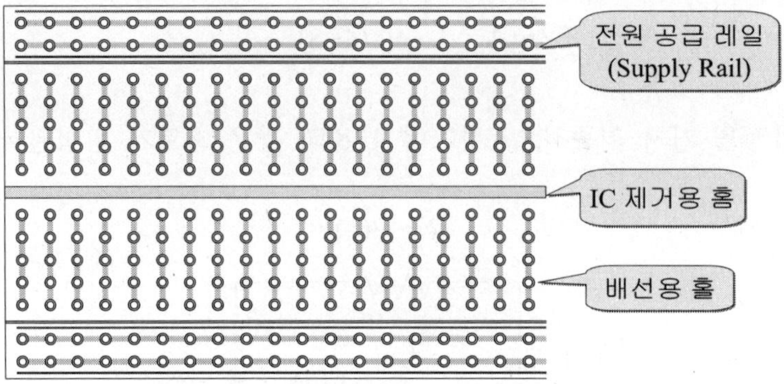

(b) 내부 결선

[그림 4-9] 브래드보드의 외형과 내부 결선

[그림 4-9] (a)의 가장 위부터 살펴보면 가로 방향으로 놓인 2줄의 판이 있으며, 이를 전원 공급 레일이라 하고, 이 2줄을 이용해 전원을 공급한다. 그 아래에는 부품 배선용 홀들이 배열되어 있는데, 도중의 중앙에 IC와 같은 부품을 끼웠을 때 이를 다시 빼기 용이하도록 IC 제거용 홈이 파여 있다. 그 아래에는 다시 부품 배선용 홀들이 배치되어 있고, 그 아래에 전원 공급 레일이 배열되어 있다. [그림 4-9] (a)에 소개한 브래드보드는 전체적으로 3단으로 구성되어 비교적 중간의 크기이며 2단이나 1단, 초소형 등 여러 종류가 있다.

[그림 4-9] (b)는 브래드보드의 여러 단 중 한 단을 나타낸 것으로서, 내부적으로 그림과 같이 배선되어 있다. 즉 전원공급 레일은 가로 방향으로 내부적으로 접속되어 있으며, 부품 배선 부분은 세로 방향으로 5개 홀이 함께 접속되어 있다.

앞으로는 실험에서 모두 이러한 브래드보드를 이용해 회로를 구성할 것이므로 내부 접속의 구조를 정확이 숙지하고 있어야 회로 구성에 지장이 없다.

③ LED 회로의 구성 및 실험

[그림 4-10]에 실험을 위한 회로와 이의 배선도를 나타내었다.

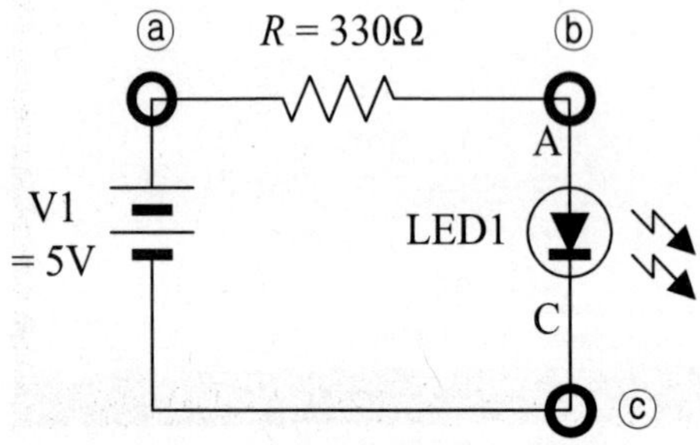

(a) 구성할 회로

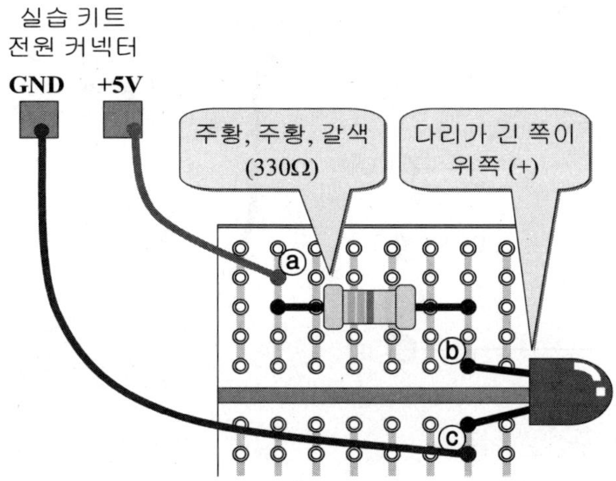

(b) 실제 배선의 예

[그림 4-10]실험 회로의 구성 방법

[그림 4-10] (b)에서 +5 V 전원은 실습 키트의 왼쪽 아래에 배치된 +5 V 커넥터에 단심 전선을 접속하고 이를 그림과 같이 브래드보드에 끼운다. [그림 4-10] (a)에서 살펴보면 +5 V의 (+)가 330 Ω 저항과 ⓐ점에서 이어져 있으므로 [그림 4-10] (b)의 ⓐ점과 같이 +5 V와 저항을 접속한다. 회로도에서, 330 Ω 저항과 LED의 애노드가 ⓑ점에서 접속되므로 이와 동일하게 브래드보드의 ⓑ점에 저항과 LED를 끼운다. 회로의 ⓒ점에서 LED의 캐소드는 전지의 (-)로 접속되는데, 이는 [그림 4-10] (b)의 ⓒ점과 같이 LED 애노드와 접속된 브래드보드 홀에 전선을 끼워 이를 실습키트의 GND 커넥터에 끼운다. GND라는 용어는 Ground의 약자로서 "전기의 기준점", 즉 0V를 의미한다.

이상과 같이 접속하면 LED가 켜짐을 확인할 수 있다.

(2) LED 제어

① 실습 키트와의 접속

이번에는 이러한 LED를 컴퓨터를 이용해 제어하도록 한다. 우리가 사용하고 있는 실습키트는 포트의 LED가 켜졌을 때 그 포트의 커넥터에서는 +5 V 의 전압이 출력된다. 따라서 이 전압을 LED에 공급하면 LED를 제어할 수 있으며, 이의 회로를 [그림 4-11] (a)에 나타내었다. 회로에서 포트-A의 0번, 즉 실습키트의 out_A의 0번 커넥터로부터 공급되는 +5 V 가 저항을 통해 LED로 공급되고, LED의 캐소드는 다시 기준점으로 되돌아가므로 앞서 +5 V 전원으로 LED를 켜는 실험과 동일하다.

[그림 4-11] (b)에 이의 실재 배선도를 나타내었다. 앞서 실험했던 회로에서 +5 V 전원 커넥터에 접속했던 전선을 out_A의 0번 커넥터로 이동만 시키면 된다.

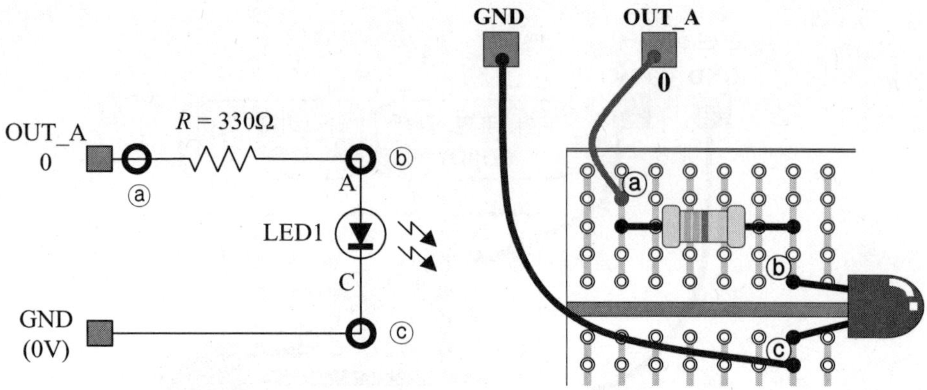

(a) 구성할 회로 (b) 실제 배선의 예

[그림 4-11] 실험 회로의 구성 방법

② 프로그램의 구성

(a) 폼의 형태

컨트롤	속성	값
Button1	(Name)	Btn_On
	Font	굵게, 14
	Text	On
Button2	(Name)	Btn_Off
	Font	굵게, 14
	Text	Off

(b) 속성 변경

```
Private Sub Form1_Load( ... ) Handles MyBase.Load
  Pb1.Init()
End Sub

Private Sub Btn_On_Click( ... ) Handles Btn_On.Click
  Pb1.Out_A(1)
End Sub

Private Sub Btn_Off_Click( ... ) Handles Btn_Off.Click
  Pb1.Out_A(0)
End Sub
```

(c) 코드 내용

[그림 4-12] 실험 회로 제어를 위한 프로그램

[그림 4-11]과 같이 구성된 회로를 구동하기 위해 비주얼 베이직을 켜고 [그림 4-12] (a)와 같은 폼을 구성한다. 참고로, 저자는 이 프로젝트 명을 LED-1로 정했다. 이 프로그램은 비록 앞 장에서 이미 구성한 바 있지만, 복습 및 연습 삼아 새롭게 구성한다. 사용하는 버튼 컨트롤들의 속성은 [그림 4-12] (b)와 같고, 각 컨트롤들의 구동 코드는 [그림 4-12] (c)와 같다.

이러한 프로그램을 구성한 후 실행시켜 그 결과를 확인한다.

만약 실습 키트의 Port_A 0번 LED는 켜지는데 여러분의 회로는 동작하지 않는다면 LED의 방향과 배선 등을 확인한다.

③ 블링커의 구성

이번에는 확장한 LED를 이용해 블링커를 구성한다. 블링커는 복습을 겸해서 정확히 1초에 한번 깜빡이도록 타이머를 활용한다. 이를 위해 [그림 4-13] (a)와 같이 2개의 버튼 컨트롤을 배치하고 [그림 4-13] (b)와 같이 속성을 변경한다. 또한 타이머를 활용하기 위해 도구 상자의 "구성 요소" 부분에 있는 Timer 컨트롤을 폼에 배치한다.

[그림 4-13] (c)에 굵게 나타낸 코드 부분을 입력한다. 단, 라인 12부터의 타이머 루틴은 폼 아래 영역에 배치된 Timer1 컨트롤을 더블클릭해 나타난 입력칸에 입력한 것이다.

프로그램의 동작 방법은 다음과 같다.

- 라인 2 : LED_flag라는 변수를 선언한다. 이 변수는 현재 LED의 상태를 기록해 놓는 것으로서, 타이머가 동작했을 때 현재 LED가 켜져 있었다면 꺼야 하고, 꺼져 있었다면 켜야 하므로 현재의 LED 상태를 알아야 한다. 단, LED의 켜지고 꺼지는 것만 기록하면 되므로 Boolean형으로 선언하였다.
- 라인 5 : 이 부분은 블링커를 가동시키는 버튼을 눌렀을 때 동작하는 곳으로서, Timer1 컨트롤의 타임-아웃 간격을 500밀리 초, 즉 0.5초로 설정한다. 0.5초 동안 켜지고 0.5초 동안 꺼지면 전체적으로 1초 만에 1회 깜빡이는 결과가 나타난다.
- 라인 6 : Timer1의 가동을 시작한다.
- 라인 9 : 이 부분은 블링커를 중지시키는 버튼을 눌렀을 때 동작하는 곳으로서, Timer1의 가동을 중지시킨다.
- 라인 10 : LED가 켜진 상태에서 중지될 수 있으므로 LED를 off 시킨다.
- 라인 13 : 이 부분은 0.5초마다 발생되는 타이머 신호에 의해 가동되는 부분이다. If 문에 의해 LED_flag 변수가 참(True)인지 살펴보고 맞다면 라인 14, 15를 실행한다. LED_flag 변수가 거짓(False)이라면 라인 17, 18을 실행한다.
- 라인 14, 15 : 현재 LED가 켜져 있는 것으로 판단되어 실행하는 곳이므로 라인 14에서 LED를 off하고 라인 15에서 LED_flag 변수에 False를 저장한다.
- 라인 17, 18 : 현재 LED가 꺼져 있는 것으로 판단되어 실행하는 곳이므로 라인 17에서

LED를 켜고 라인 18에서 LED_flag 변수에 True를 저장한다.

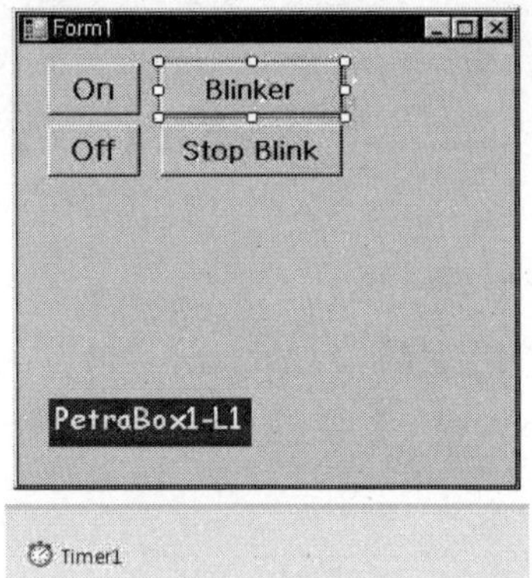

(a) 폼의 형태

컨트롤	속성	값
Button1	(Name)	Btn_Blinker
	Font	굵게, 12
	Text	Blinker
Button2	(Name)	Btn_Stop_Blink
	Font	굵게, 12
	Text	Stop Blink

(b) 속성 변경

```
1  Public Class Form1
2    Dim LED_flag As Boolean
3    Private Sub Form1_Load( ... ) Handles MyBase.Load
           :
           :
4    Private Sub Btn_Blinker_Click( ... ) Handles Btn_Blinker.Click
5      Timer1.Interval = 500 ' 0.5초
6      Timer1.Enabled = True
7    End Sub

8    Private Sub Btn_Stop_Blink_Click( ... ) Handles Btn_Stop_Blink.Click
9      Timer1.Enabled = False
10     Pb1.Out_A(0) ' LED off
11   End Sub

12   Private Sub Timer1_Tick( ... ) Handles Timer1.Tick
13     If LED_flag Then
14         Pb1.Out_A(0)
15         LED_flag = False
16     Else
17         Pb1.Out_A(1)
18         LED_flag = True
19     End If
20   End Sub
21 End Class
```

(c) 코드 내용

[그림 4-13] 블링커 프로그램

3) 여러 개 LED 제어 실험

이 절에서는 여러 개 LED를 이용해 회로를 구성하는 것과, 특히 LED가 4개 일 때 신호등 시퀀스를 구성하는 방법에 관해 살펴본다. 또한 많은 수의 저항 대신 사용하는 저항 어레이를 사용하며, 7개 LED를 이용해 주사위를 제작하는 등의 실험이 진행된다. 이는 앞장에서 진행되었던 내용, 즉 키트에 내장된 LED를 이용하는 것에 비해 LED들의 배치를 자유롭게 구성할 수 있으므로 다양한 응용이 발생할 수 있다.

(1) 2개 LED 제어 실험

2개 LED를 이용한 전자윙커를 제작한다.

① 2개 LED로의 확장회로

[그림 4-14] (a)에 앞서 실험했던 1개 LED 구동회로를, [그림 4-14] (b)에 이번에 제작할 2개 LED 구동회로도를 나타내었다.

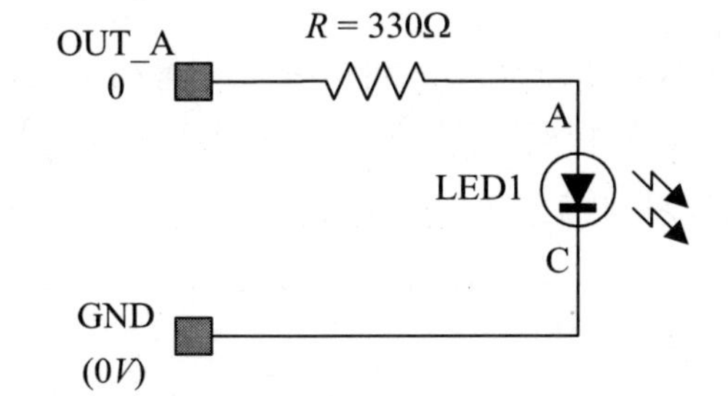

(a) 1개 LED 회로

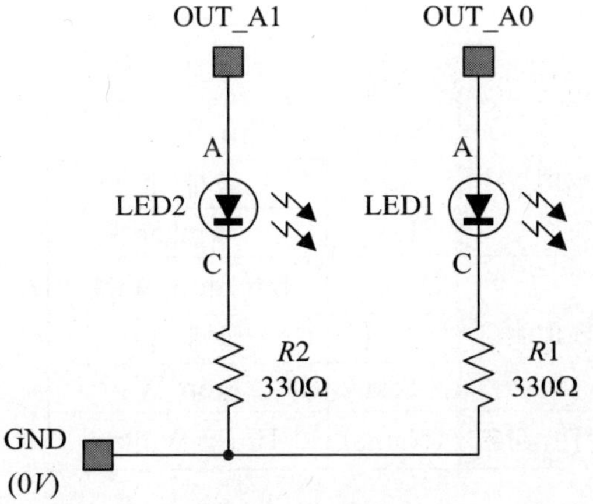

(b) 2개 LED 회로

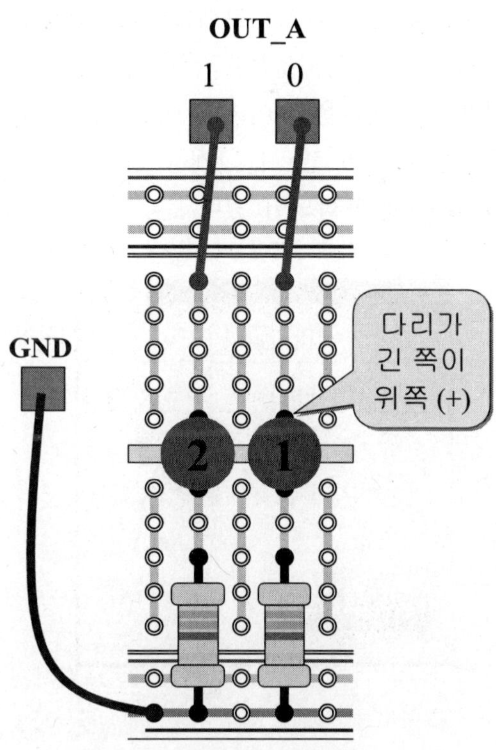

(c) 회로의 구성 예

[그림 4-14] 2개 LED 구동회로 및 구성도

[그림 4-14] (a)는 OUT_A0 커넥터로부터 출력된 전류가 저항 R을 먼저 통과하고 LED1을 거쳐 흐른다. 이에 비해 [그림 4-14] (b)는 커넥터로부터 출력된 전류가 LED를 먼저 통과한 후 저항을 거치도록 순서가 바뀌었다. 이는 저항이 먼저이고 LED가 나중이든 LED가 먼저이고 저항이 나중이든 직렬회로이므로 완전히 동일한 결과가 나타난다. 결과는 동일하지만 저항의 수가 많아지면 이후에 다룰 저항 어레이를 활용할 때 이해를 쉽게 하기 위해 이와 같이 구성하였다. 특히 [그림 4-14] (c)와 같이 브래드보드에 회로를 구성할 때는 LED 핀의 구성방향을 수직으로 배열할 때 핀을 멀리 배선하기 어려운데 비해 저항의 경우 핀의 방향이 수직으로 구성되어 있어도 먼 거리를 배선하기 편리하다. LED 핀을 지나치게 넓게 벌리면 LED 자체가 파손되므로 LED는 가급적 핀을 벌리지 않는 것이 좋다. 이와 같이 저항핀의 배선 자유도가 더 크므로 [그림 4-14] (c)의 아래쪽에 나타낸 바와 같이 브래드보드의 전원 공급레일(Supply rail)을 활용하면 공통접속 시 매우 편리하다.

또한 소자의 여건이 허락한다면 LED1은 적색, LED2는 녹색 등으로 색상을 섞어 사용하면 시각적 효과를 더할 수 있다.

② 제어 프로그램의 구성

윙커를 제어할 프로그램도 앞서 블링커의 경우와 마찬가지로 타이머를 이용해 0.5초마다 좌우로 반복되도록 구성하려 한다. 그러나 앞서 타이머를 이미 블링커에서 사용하고 있으므로 새로운 타이머를 이용하도록 한다. [그림 4-15] (a)와 같이 버튼 컨트롤 2개와 새로운 타이머 컨트롤 1개를 폼에 배치한다. 참고로, 타이머 컨트롤은 도구 상자의 "구성 요소"에 포함되어 있다.

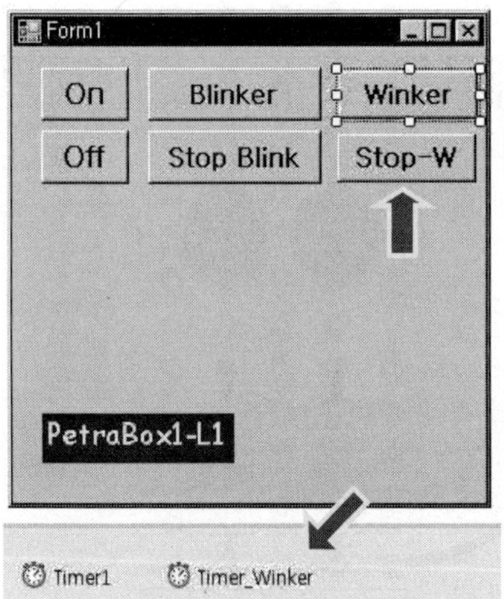

(a) 폼의 형태

컨트롤	속성	값
Button1	(Name)	Btn_Winker
	Font	굵게, 12
	Text	Winker
Button2	(Name)	Btn_Stop_Wink
	Font	굵게, 12
	Text	Stop_W
Timer2	(Name)	Timer_Winker

(b) 속성 변경

[그림 4-15] 윙커 구성을 위한 폼

이제 타이머 컨트롤이 2개가 되어 어떤 타이머가 어떤 역할을 하는지 혼동될 수 있으므로 타이머2를 선택하고 속성에서 이름을 [그림 4-15] (b)와 같이 변경한다. 윙커를 위한 프로그램 코드를 [리스트 4-1]에 나타내었으며, 이를 입력하고 실행해 결과를 확인하라.

[리스트 4-1]의 내용을 살펴보면 앞서 블링커와 거의 동일함을 알 수 있다. 오로지 다른 곳은 라인 11과 14의 숫자뿐이며, 더구나 라인 11의 1이라는 숫자는 블링커에서도 순서만 다를 뿐 동일하게 사용되고 있어 실재로는 라인 14의 숫자 한 개만 다르다. 따라서 블링커와 윙커의 프로그램을 1개로 병합해 겸용으로 사용하는 방법을 생각할 수 있으나, 이후의 3개 LED 실험에서 이들을 각각 다르게 사용할 것이므로 이대로 사용하기로 한다.

```
 1 Private Sub Btn_Winker_Click( ... ) Handles Btn_Winker.Click
 2     Timer_Winker.Interval = 500 ' 0.5초
 3     Timer_Winker.Enabled = True
 4 End Sub

 5 Private Sub Btn_Stop_Winker_Click( ... ) Handles Btn_Stop_Winker.Click
 6     Timer_Winker.Enabled = False
 7     Pb1.Out_A(0) ' LED off
 8 End Sub

 9 Private Sub Timer_Winker_Tick( ... ) Handles Timer_Winker.Tick
10     If LED_flag Then
11         Pb1.Out_A(1)
12         LED_flag = False
13     Else
14         Pb1.Out_A(2)
15         LED_flag = True
16     End If
17 End Sub
```

[리스트 4-1] 윙커 프로그램

(2) 3개 LED 제어 실험

이전 장에서 LED가 3개 이상이 될 경우 진행 방향을 알 수 있었다. 여기서도 3개 LED로 하드웨어를 확장하지만 이전과는 다른 형태로 구성할 것이다.

① 3개 LED로의 확장회로

3개 LED로 확장하는 회로를 [그림 4-16] (a)에 나타내었다. 이 회로도를 살펴보면 앞서 윙커를 제작했던 2개 LED 회로에 동일한 저항과 LED가 추가되었음을 알 수 있다.

[그림 4-16] (b)는 3개 LED를 구성한 예로서, 키트에 모니터용으로 구성된 일렬 형태의 LED에 비해 여기서는 자유롭게 하드웨어를 구성할 수 있으므로 시각적 효과가 더욱 증가하도록 3개의 LED를 그림과 같이 삼각형 모양으로 배열한다. 이와 같이 구성한 경우, 앞서 일렬로 배열된 LED에 비해 회전하는 효과가 더욱 잘 나타날 수 있다. 회로를 구성할 때 아래쪽에 배열된 전원 공급 레일(Supply rail)을 활용함에 의해 배선이 얼마나 간단해질 수 있는지 확인할 수 있다.

② 룰렛 프로그램의 구성

[그림 4-16]과 같이 구성된 3개 LED를 이용해 룰렛을 구성하기 위해 [그림 4-17] (a)에 폼의 구성을, [그림 4-17] (b)에 컨트롤의 속성을 나타내었다. 즉 버튼 컨트롤 3개와 타이머 컨트롤 1개를 배치한 후 [그림 4-17] (b)와 같이 속성을 조절한다.

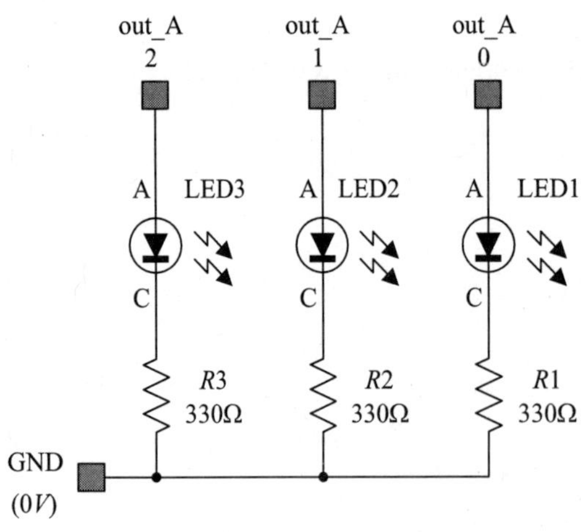

(a) 회 로

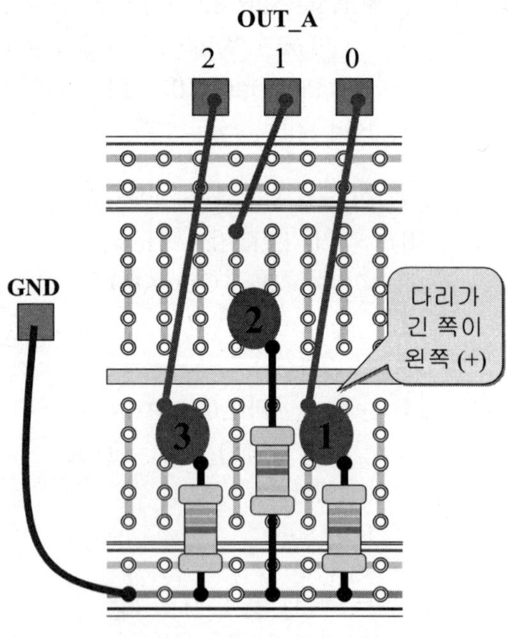

(b) 구성도

[그림 4-16] 3개 LED 확장 회로

이 때 세 번째 버튼 컨트롤의 Text 속성에서 “Roulette” 글자 다음 줄에 “Stop”이 나타나도록 구성하기위해 Roulette 글자 다음에 엔터 키를 누르면 입력이 이것으로 종료된다. 따라서 이와 같이 Text 속성에 2줄 이상의 글자를 입력하려면 이 버튼 컨트롤의 속성 중 Text 속성을 선택한 후 [그림 4-17] (c)에 나타낸 삼각형 모양을 선택하며 이 때 여러 줄을 입력할 수 있는 창이 나타나고 이곳에서 입력할 수 있다. 모든 입력을 마쳤을 때 마우스로 다른 곳을 클릭하면 입력이 완료된다.

오른쪽 방향 룰렛이 진행되는 프로그램의 예를 [리스트 4-2]에 나타내었다.

하드웨어를 제어하는 방법의 다양성을 살펴보기 위해 이 프로그램은 앞서 작성했던 블링커, 윙커와는 다른 형식으로 구성하였다. 가장 큰 차이점은 블링커, 윙커의 경우 버튼 컨트롤 처리에서는 단지 타이머를 가동시키거나 중지시키는 역할을 맡고, LED의 실재 제어는 타이머 처리 부분에서 담당하였다. 이에 비해 [리스트 4-2]의 경우에는 버튼 컨트롤 처리에서 타이머 제어와 LED 제어 등 모든 것을 담당하고 타이머 처리 부분에서는 단지 시간이 되었음을 알리는 방법으로 구성되어 있다.

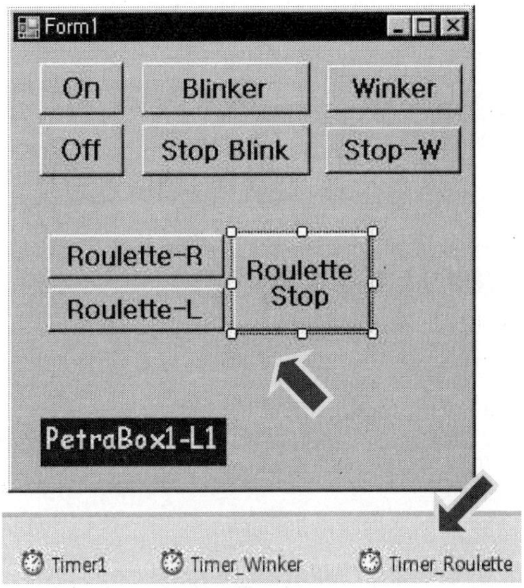

(a) 폼의 형태

컨트롤	속성	값
Button1	(Name)	Btn_Roulette_R
	Font	굵게, 12
	Text	Roulette-R
Button2	(Name)	Btn_Roulette_L
	Font	굵게, 12
	Text	Roulette-L
Button3	(Name)	Btn_Roulette_Stop
	Font	굵게, 12
	Text	Btn_Roulette Stop
Timer2	(Name)	Timer_Roulette

(b) 속성 변경

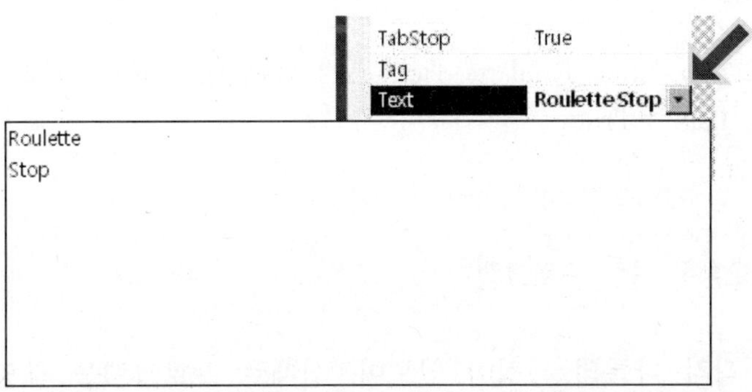

(c) Text 속성에 여러 줄 입력하기

[그림 4-17] 3개 LED 구동을 위한 폼

```
Public Class Form1
  Dim Stop_flag As Boolean
  Dim Tick_flag As Boolean
  Dim Roulette_cnt As Integer
          :
  Private Sub Btn_Roulette_R_Click( ... ) Handles Btn_Roulette_R.Click
    Roulette_cnt = 0
    Tick_flag = False
    Stop_flag = False
    Timer_Roulette.Interval = 200 ' 0.2초 타이머 가동
    Timer_Roulette.Enabled = True
    While Stop_flag = False ' Stop 버튼 안눌린 동안 반복
      While Tick_flag = False ' 시간이 되지 않은 동안 반복
        Application.DoEvents( ) ' 다른 버튼 누르는지 확인
        If Stop_flag Then Exit While ' Stop 버튼 눌렀을 때는 종료
      End While ' 시간 될 때까지 반복
      Roulette_cnt = Roulette_cnt - 1 ' 2, 1, 0 사이에서 감소하며 회전
      If Roulette_cnt < 0 Then Roulette_cnt = 2
      Pb1.Out_A(2 ^ Roulette_cnt) ' 해당 LED 켠다
      Tick_flag = False ' 시간 플래그 다시 지워놓는다
    End While ' Stop 버튼 누를 때 까지 반복
    Timer_Roulette.Enabled = False ' 타이머 중지
    Pb1.Out_A(0) ' LED 모두 off
  End Sub

  Private Sub Roulette_Stop_Click( ... ) Handles Roulette_Stop.Click
    Stop_flag = True
  End Sub

  Private Sub Timer_Roulette_Tick( ... ) Handles Timer_Roulette.Tick
    Tick_flag = True
  End Sub
End Class
```

[리스트 4-2] 오른쪽 룰렛 프로그램

이들 두 방법은 각각 나름의 특징이 있으며, 실재로 프로그램을 구성할 때는 상황에 맞는 방법을 선택해 적용할 필요가 있다. 이에 관해서는 다음절에서 설명하고, 일단 이 프로그램의 원리와 구성을 살펴본다.

- 라인 2 : Stop_flag라는 변수를 Boolean형으로 선언한다. 이 변수는 프로그램을 정지할 것인지를 표시하는 것으로서, 이전 장에서 사용했던 방법이다. 즉 룰렛 버튼을 눌러 프로그램이 시작되면 이 변수를 False로 지우고 시작하며, 이후 Stop 버튼을 눌렀을 때 이 변수를 True로 설정한다. 룰렛 프로그램에서는 룰렛이 진행되는 동안 이 변수를 확인해 True로 설정되었다면 Stop 버튼을 눌렀던 것이므로 프로그램을 정지한다.
- 라인 3 : Tick_flag라는 변수를 Boolean형으로 선언한다. 이 변수는 타이머에서 시간이 되었는지(time-out)를 표시하는 것으로서, 룰렛 프로그램에서는 일단 이 변수를 False로 지우고 이 변수가 True가 될 때까지 대기한다. 설정된 시간이 되면 타이머 처리 부분으로 진행하며, 이곳에서 이 변수를 True로 설정하고 돌아온다. 룰렛 프로그램에서는 이 변수가 True로 되었음을 확인하면 시간이 된 것이므로 다음 처리를 진행하고 다시 이 변수를 False로 지운 후 다음 True가 될 때까지 대기한다.
- 라인 4 : Roulette_cnt라는 변수를 정수형으로 선언한다. 이 변수는 룰렛이 진행되는 시퀀스를 기억하는 역할을 한다. 즉 현재 LED1이 켜져 있었다면 다음은 LED2를 켜야 할 것이고, 그 다음은 LED3을 켜는 순서를 기억한다.
- 라인 5 : 룰렛 버튼 처리의 시작이다.
- 라인 6 - 8 : 처리가 시작되었으므로 룰렛 카운터(Roulette_cnt)는 초기값인 0으로, 타임-아웃 플래그(Tick_flag)는 False로, 정지 플래그(Stop_flag)도 False로 초기화한다.
- 라인 9 - 10 : 타이머의 간격을 200밀리 초로 설정하고 가동을 시작한다.
- 라인 11 : While 문을 이용해 Stop 버튼이 눌리기 전까지 계속 라인 20 사이의 프로그램을 반복해 진행한다. 이전에는 For문을 이용해 LED 동작을 20회 정도 반복하도록 구성했으나, 이번에는 While 문이라는 것을 이용하였다. While문은 For 문보다 더 단순한 형태의 반복문으로서, 다음과 같은 형식으로 사용한다.

```
While 조건식
    반복 처리할 명령들
End While
```

참고로 비주얼 베이직 6.0의 경우에는 End While 대신 Wend(Wile End)문을 사용한다. While문은 조건식이 맞는 동안(참(True)인 동안) End While문 사이의 명령들의 실행을 반복한다. 즉 이 명령어가 실행되는 순서를 살펴보면, While문 다음의 조건식이 맞는지 살펴보고, 맞다면 반복 처리할 명령들을 실행한다. 그 후 End While문을 만나면 다시 위쪽의 While문으로 되돌아가 조건을 살펴본다. 이 때도 여전히 조건이 맞는다면 또 명령들을 실행하고 End While문을 만나 다시 While문으로 되돌아가 조건을 살펴본다. 만약 이때 조건식이 맞지 않으면 반복 처리할 명령들을 모두 건너뛰고 End While문 다음 명령으로 진행한다. 결과적으로 이 명령어는 한국어로 번역하면 "조건식이 맞는 동안 명령들을 반복하라"라는 뜻이다.

While문은 For문과 같이 초기조건, 종료조건(TO), 진행조건(STEP)이 없이 단순히 종료조건만 있는 형태로 볼 수 있으므로 For문에 비해 매우 단순한 것으로서 다른 조건들은 우리가 설정해 사용해야 한다. 따라서 라인 11을 해석하면 "Stop_flag가 False인 동안 라인 20번까지를 반복하라", 즉 정지 버튼을 누르지 않았다면 실행을 계속 반복한다.

- 라인 12 : 다시 한번 While문을 이용해 Tick_flag가 False인 동안 라인 15와의 사이를 반복하라는 의미이다. 이 의미는 "타이머가 타임-아웃 될 때까지 라인 13과 14를 실행하면서 기다리라"는 의미이다.
- 라인 13 : 타이머가 타임-아웃 될 때 까지 기다리는 동안 사용자가 다른 버튼을 누르는지 컴퓨터가 확인토록 한다.
- 라인 14 : 혹시 정지 버튼을 눌렀다면 While문을 종료해 프로그램을 종료한다.
- 라인 15 : 라인 12의 While문과 세트인 End While문이다. 이 문장이 어떻게 라인 11의 While문과 세트인지 라인 11의 While문과 세트인지를 구분하는 것에 관해서는 다음절에 설명한다.
- 라인 16 : 룰렛 카운터(Roulette_cnt) 변수를 1 감소시킨다.
- 라인 17 : 감소된 룰렛 카운터 값이 0보다 작다면 다시 2로 설정한다. 이에 따라 라인 16과 함께 룰렛 카운터의 값은 2부터 0 사이의 값만 존재할 수 있다.
- 라인 18 : 룰렛 카운터 값에 해당하는 LED를 켠다. 이 계산 내용은 여러분이 잘 해석해 보라.
- 라인 19 : 라인 12의 While문에서 타이머가 타임-아웃 되었기 때문에, 즉 Tick_flag가 True가 되었기 때문에 라인 16부터 여기까지 진행된 것이므로 다시 타이머의 동작을 감시하기 위해 Tick_flag 값을 지운다.
- 라인 20 : 라인 11의 While문으로 되돌아간다. 즉 Stop 버튼이 눌리지 않는 한 라인 12부터 19까지의 내용이 계속 반복된다.
- 라인 21-22 : 라인 21에 도달한 것은 라인 11의 While문에서 Stop_flag가 True인 경우, 즉 정지 버튼이 눌렸을 때이므로 타이머를 중지하고 포트를 모두 off 시킨 후 프로그램을 종료한다.
- 라인 24 - 26 : 이 부분은 정지 버튼을 클릭했을 때 실행되는 부분으로서 Stop_flag를 True 값으로 설정하고 되돌아간다.
- 라인 27 - 29 : 타이머가 타임-아웃 되었을 때 실행되는 부분으로서 하는 일은 단지 Tick_flag 변수를 True 값으로 설정하는 것뿐이다. 즉 이 타이머 루틴을 다녀갔음을 표시만 하고 되돌아간다. 룰렛 프로그램에서는 이 표시를 확인해 타이머를 다녀갔음을 알고 그에 대한 처리를 진행한다.

연습문제

- [리스트 4-2]를 참고로 왼쪽 방향 룰렛 버튼을 클릭했을 때 왼쪽 룰렛이 진행되도록 구성하라.

(3) 블링커와 윙커의 혼합 구성

현재의 하드웨어 회로가 [그림 4-16]과 같이 3개 LED로 구성되어 있으므로 이를 이용해 블링커와 윙커가 동시에 수행될 수 있도록 구성해 본다. 이를 통해 윈도우용 프로그램의 실행 특성과 앞서 룰렛 프로그램과 같은 형태와의 차이를 확인할 수 있으며, 프로그래밍의 사고방식에 대한 여러 가지 사항을 학습할 수 있다. 특히 이 과정 중 발생하는 문제점을 해결하기 위해, 사물 제어용 프로그래밍에 있어서 매우 중요한 논리 연산의 필요성과 사용법을 배울 것이다.

① 혼합 구성을 위한 필요사항

앞서 작성했던 블링커의 경우 LED1번을 깜빡이는 동작을 실행하고, 윙커의 경우 LED1과 2를 교대 동작하였다. 이제 LED가 3개이므로 블링커는 LED1번을, 윙커는 LED2와 3번을 교대 동작토록 구성한다면 이들이 각각 동시에 동작이 가능하다.

동시에 동작이 가능한 이유는 블링커와 윙커의 시작 버튼들은 단지 이들 동작이 시작되도록 타이머를 가동시킬 뿐이며, 실재의 LED 제어는 각각 자신의 타이머 처리 부분에서 진행하기 때문이다. 즉 시작 버튼을 눌러 타이머가 작동된 후에는 시작 버튼의 임무가 종료되며, 그 이후에는 타이머가 타임-아웃 될 때마다 타이머 루틴에서 LED 동작이 자동으로 진행된다. 예를 들어 현재 블링커가 켜져 있었다면 시간이 될 때마다 블링커 타이머가 동작해 블링커를 진행한다. 이 때 윙커 버튼을 클릭하면 윙커 타이머가 동작하고 윙커 시작 버튼의 임무는 종료되며, 이 상태에서는 2개의 타이머가 각각 가동되고 있으므로 각각 자신의 타임-아웃 때 마다 자신의 동작을 따로 실행하는 것이다. [리스트 4-3]은 앞서 작성했던 블링커와 윙커의 타이머 부분들을 나타낸 것으로서, 라인 12번만 변경하면 3개 LED를 이용해 블링커와 윙커가 각각 동작할 수 있다. 이를 실행하면 몇 가지 문제점이 발생하는데, 일단 이와 같이 변경해 실행하고 블링커와 윙커를 모두 가동시켜보라. 또한 양쪽 중지 버튼 중 한 개만 클릭해보라.

[리스트 4-3]을 실행하면 무엇인가 서로 엉키는 느낌이 들 것이다. 그러나 한쪽을 정지시키면 나머지 쪽은 여전히 잘 실행됨을 확인할 수 있다. 이와 같은 상황은 여러분이 실재 현장에서 자주 마주칠 수 있는 문제점 중 하나이며, 이러한 상태를 해결하라는 요구를 받을 수 있다.

```
                    :
Private Sub Timer1_Tick( ... ) Handles Timer1.Tick
  If LED_flag Then
      Pb1.Out_A(0)
      LED_flag = False
  Else
      Pb1.Out_A(1)
      LED_flag = True
  End If
End Sub
                    :
Private Sub Timer_Winker_Tick( ... ) Handles Timer_Winker.Tick
  If LED_flag Then
    Pb1.Out_A(4)
    LED_flag = False
  Else
    Pb1.Out_A(2)
    LED_flag = True
  End If
End Sub
```

[리스트 4-3] 블링커와 윙커 타이머 부분

우선 가장 먼저 확인할 수 있는 문제점은 [리스트 4-3]의 블링커 타이머 부분과 윙커 타이머 부분에서 LED_flag라는 변수를 공유해 사용하고 있다는 것이다. [그림 4-18] (a)는 블링커 타이머 처리 부분의 플로차트를 나타낸 것으로서, 정해진 시간이 되어 이 부분으로 진입하면 LED_flag 변수를 확인해 True였다면 LED1을 off시킨 후 LED_flag 변수를 False로 만들고 종료하고, False였다면 LED1을 on시킨 후 LED_flag 변수를 True로 만들고 종료한다. 즉 진입 시 LED_flag 변수가 True였다면 Flase로, False였다면 True로 전환하는 동작을 실행한다. 이러한 형태는 [그림 4-18] (b)에 나타낸 윙커 부분에서도 동일하다.

[그림 4-18] (c)와 같이 만약 블링커 타이머에서 LED_flag 변수를 True로 설정한 상태로 끝마쳤으면, 그 다음번에 블링커 타이머 처리 때는 이 변수가 True인 것을 확인해 False로 설정하는 방법으로 교대로 진행되어야 정상이다. 그러나 [그림 4-18] (d)와 같이 블링커 타이머에서 False로 설정해 놓은 이후 윙커 타이머에서 이 변수가 False이므로 이를 True로 설정한 후 종료할 것이고, 그 후 다시 블링커 타이머에서는 이 변수가 True이므로 또 False로 설정해 놓는 것이다. 따라서 [그림 4-18] (d)의 예와 같이 블링

커 타이머는 계속 True 입력만 주어지고, 윙커 타이머는 계속 False 입력만 주어지며, 더구나 블링커와 윙커의 타이밍 주기가 동일하므로 이들이 계속 교대로 반복되어 정상적인 동작이 이루어지지 않는다. 따라서 블링커 타이머가 사용할 플래그 변수와 윙커 타이머가 사용할 변수를 각각 별도로 사용해야 이와 같인 간섭 문제가 해결될 수 있다.

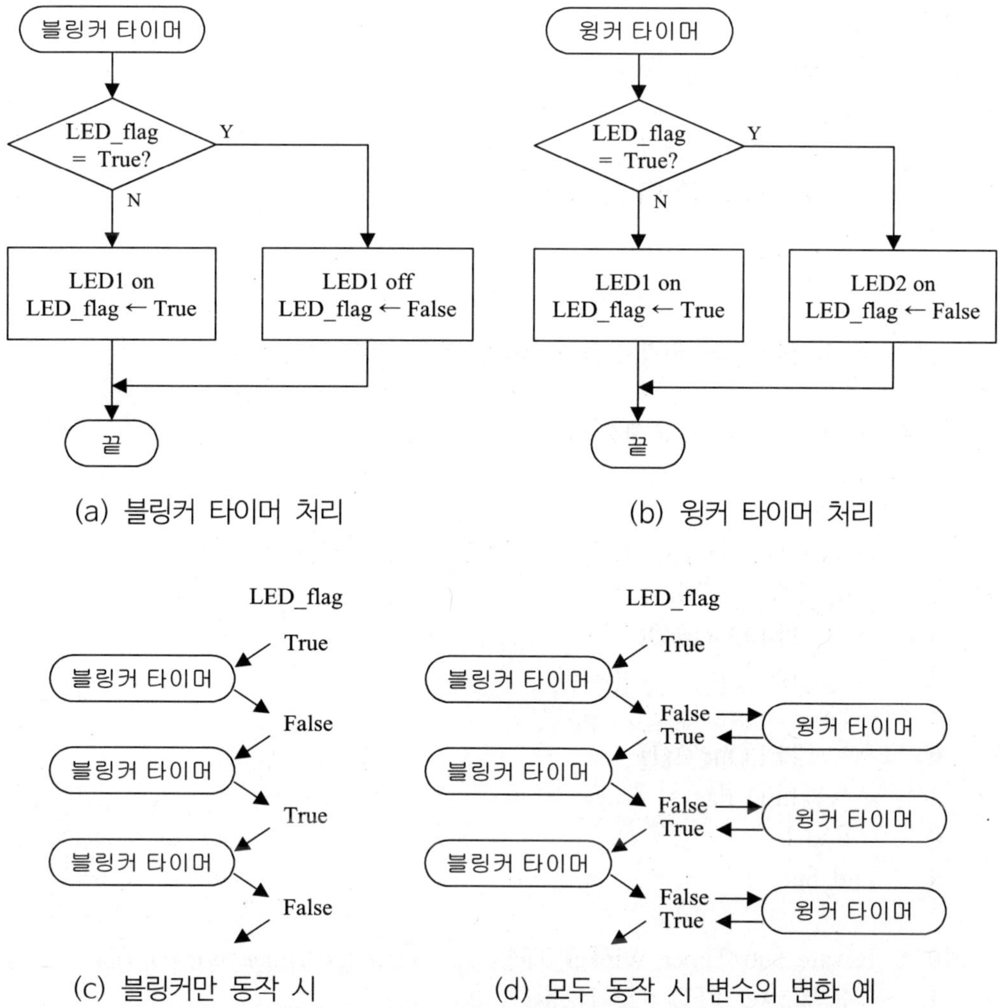

[그림 4-18] 블링커와 윙커 타이머의 처리 예

[리스트 4-4]는 기존의 LED_flag 변수는 블링커에서만 사용하도록 하고, 윙커용 LED_flag를 별도로 할당해 이를 사용함으로서 블링커와 윙커 사이에서 간섭이 발생하지 않도록 구성한 것이다. 이와 같이 변경하고 실행해 결과를 확인하라.

블링커와 윙커를 모두 실행하면 여전히 어떠한 문제가 존재함을 알 수 있고, 이 역시 한쪽을 정지시키면 나머지는 정상적으로 작동함을 확인할 수 있다.

```
Public Class Form1
    Dim Winker_LED_flag As Boolean
              :
  Private Sub Timer_Winker_Tick( ... ) Handles Timer_Winker.Tick
    If Winker_LED_flag Then
      Pb1.Out_A(4)
      Winker_LED_flag = False
    Else
      Pb1.Out_A(2)
      Winker_LED_flag = True
    End If
  End Sub
```

[리스트 4-4] 블링커와 윙커의 동시 동작을 위한 변수 할당

② 블링커와 윙커 혼합의 문제점-1

```
              :
  Private Sub Timer1_Tick( ... ) Handles Timer1.Tick
    If LED_flag Then
        Pb1.Out_A(0)
        LED_flag = False
    Else
        Pb1.Out_A(1)
        LED_flag = True
    End If
  End Sub
              :
  Private Sub Timer_Winker_Tick( ... ) Handles Timer_Winker.Tick
    If Winker_LED_flag Then
      Pb1.Out_A(4)
      Winker_LED_flag = False
    Else
      Pb1.Out_A(2)
      Winker_LED_flag = True
    End If
  End Sub
```

[리스트 4-5] 블링커와 윙커 타이머 부분

지금까지 작성했던 프로그램들을 살펴보면 블링커와 윙커는 각각 자신의 변수들을 독립적으로 사용하고 있으므로 더 이상 서로 겹쳐 간섭하는 부분이 존재하지 않는 듯 하다. 그러나 또 한 가지 서로 겹치는 부분이 있는데, 포트-A의 사용이다. [리스트 4-5]에 블링커와 윙커에서 포트-A를 사용하는 부분을 나타내었다.

예를 들어 프로그램의 라인 3이 실행된다면 포트-A로는 0이 출력된다. 라인 3의 본래 목적은 LED1을 off하기 위한 것이었지만, 0값이 포트-A로 출력되면 포트-A 전체의 출력이 off되므로 윙커 부분에서 어떤 LED가 켜져 있었다 할지라도 이것들까지 모두 off시켜버린다. 즉 블링커를 off시킬 때 윙커의 것들도 함께 off되어버린다. 동일한 원리로 라인 6이 실행되면 LED1을 켜는 것이 목적이지만 이 때 출력되는 값은 1, 즉 2진수 "001"이므로 이 또한 윙커의 것들을 모두 off시킨다.

라인 12와 라인 15의 경우도 마찬가지 현상이 발생해 라인 12가 실행되면 4, 즉 2진수 "100"이 출력되므로 LED3이 켜지지만 이 때 블링커의 LED는 무조건 off된다. 이와 같이 블링커와 윙커에서는 자신의 LED를 제어했지만 이 때 상대편의 LED를 무조건 off시키는 결과가 나타나는 것이다.

이와 같이 포트의 어떤 조작을 행할 때 다른 비트들에는 영향을 미치지 않도록 하는 방법으로 3장에서 각 비트의 덧셈과 뺄셈을 이용하는 방법을 소개하였다([그림 3-30] 참조). 이 방법을 이용해 자신이 제어하려는 해당 비트만을 제어하도록 구성하였다.

- 라인 2 : 포트-A의 상태를 보관하기 위한 변수를 선언한 것으로서, 현재의 포트 상태를 알고 있어야 다른 부분에 영향을 미치지 않으면서 변화를 줄 수 있기 때문에 이 변수를 통해 포트를 조작한다. 이 때 UInteger라는 변수형으로 선언했는데, 포트에 출력되는 숫자는 0부터 255 사이의 숫자이므로 결코 음수가 존재하지 않으므로 변수도 "0과 양수만 넣을 수 있는"이라는 의미의 Unsigned- Integer라는 형을 사용했다. 물론 지금까지 사용했던 Integer라는 형을 사용해도 무방하지만, 혹시 프로그램 진행 중 잘못된 연산으로 인해 음수가 발생할 경우 이에 대한 오류 메시지를 얻을 수 있고, 이후에 설명하지만 부수적으로는 더 큰 숫자를 보관할 수 있다.
- 라인 5 : 우리의 프로그램이 처음 시작될 때 이 변수에 0을 기록해 초기화한다. 사실 비주얼 베이직의 경우 변수가 처음 생성될 때는 자동으로 0으로 초기화되지만, 다른 언어에서는 이러한 초기화가 이루어지지 않는 경우도 있으므로 이러한 초기화 작업을 확실히 해 두는 것도 좋은 프로그래밍 습관이다. 이러한 관점에서 보면 다른 변수들, 예를 들어 LED_flag, WInker_LED_flag와 같은 변수들도 초기화할 수 있겠지만, 이 변수들은 단지 현재 어떤 처리를 진행할 것인지 만을 보관하므로 초기화되지 않아 다른 값이 존재해도 프로그램의 흐름에 큰 영향을 미치지 않는다. 즉 블링커의 경우 LED를 켜는 것이 먼저이냐 off하는 것이 먼저이냐 만 다르고, 윙커의 경우 왼쪽이 먼저 켜지느냐 오른쪽이 먼저 켜지느냐가 다를 뿐이다.

```
1  Public Class Form1
2    Dim Port_A As UInteger
         :
3  Private Sub Form1_Load( ... ) Handles MyBase.Load
4    Pb1.Init( )
5    Port_A = 0
6  End Sub
         :
7  Private Sub Timer1_Tick( ... ) Handles Timer1.Tick
8    If LED_flag Then
9      Port_A = Port_A - 1 ' LED1을 off
10     LED_flag = False
11   Else
12     Port_A = Port_A + 1 ' LED1을 on
13     LED_flag = True
14   End If
15   Pb1.Out_A(Port_A)
16 End Sub
         :
17 Private Sub Timer_Winker_Tick( ... ) Handles Timer_Winker.Tick
18   If Winker_LED_flag Then
19     Port_A = Port_A + 4 ' LED3은 on
20     Port_A = Port_A - 2 ' LED2는 off
21     Winker_LED_flag = False
22   Else
23     Port_A = Port_A - 4 ' LED3은 off
24     Port_A = Port_A + 2 ' LED2는 on
25     Winker_LED_flag = True
26   End If
27   Pb1.Out_A(Port_A)
28 End Sub
```

[리스트 4-6] 블링커와 윙커의 독립 동작을 위한 개선

- 라인 9 : 다른 LED들에 영향을 주지 않으면서 LED1에 해당되는, 즉 Out_A의 0번 비트만을 off하기 위해 Port_A 변수에서 1을 뺄셈한다.
- 라인 12 : 다른 LED들에 영향을 주지 않으면서 LED1에 해당되는, 즉 Out_A의 0번 비

트만을 켜기 위해 Port_A 변수에 1을 덧셈한다.

- 라인 15 : 라인 9와 라인 12의 과정에서 변경한 Port_A 변수의 값을 Out_A 포트로 출력한다. 여기서 한 가지 생각해 볼 것은, 처음 프로그램이 가동되었을 때 Port_A 변수는 0으로 초기화되었으나 LED_flag 변수가 만약 True로 초기화되어 있다면 어떤 결과가 나타날 지 추론해보자. LED_flag 변수가 True였다면 라인 8번의 If 문에 의해 라인 9로 진행하는데, 라인 9에서는 Port_A 변수로부터 1을 뺄셈하므로 이 곳에서 오류가 발생한다. 그러나 위 프로그램은 다행히 LED_flag가 초기에 False로 초기화되므로 라인 12로 진행해 Port_A 변수에 1을 덧셈부터 진행하므로 오류가 발생하지 않는다.
- 라인 19와 20 : 윙커 동작 시 LED3을 on, LED2를 off하는 과정으로서, 라인 19에서 LED3을 on하기 위해 4를 덧셈하고, 라인 20에서 LED2를 off하기 이해 2를 뺄셈한다.
- 라인 23과 24 : 이와 반대로 LED3을 off, LED2를 on하는 과정이다.
- 라인 24 : 라인 19, 20과 라인 23, 24의 과정에서 변경한 Port_A 변수의 값을 Out_A 포트로 출력한다.

이상과 같이 변경하고 실행해 보라. 블링커는 정상적으로 동작하지만 윙커는 오류가 발생한다.

③ 블링커와 윙커 혼합의 문제점-2

앞서 변경한 [리스트 4-6]의 경우 겉보기에는 아무런 문제가 없는 것으로 보인다. 그러나 윙커를 실행시키면 오류가 발생하는데, 비주얼 베이직 2010의 경우에는 오류 메시지마저 오류가 있어 더욱 혼란스럽다. 그 원인은 다음과 같다.

윙커가 시작되면 Winker_LED_flag 변수는 false로 초기화되었을 것이다. 따라서 라인 18의 If문에 의해 라인 23으로 진행하는데, 이 곳에서 Port_A 변수로부터 4를 뺄셈하며, 따라서 Port_A 변수가 음수가 되는 것이다. 만약 블링커의 LED가 off상태였다면 Port_A 변수의 값은 0이었을 것이고, 블링커가 on 상태였다 해도 Port_A 변수의 값은 1이기 때문에 뺄셈하면 무조건 음수가 발생하는 것이다. (비주얼 베이직 2010의 경우 "0으로 나눗셈 한 오류"라는 메시지가 나타나며, 이 오류 메시지 자체가 오류이다....) 라인 23을 다른 의미로 해석하면 LED3을 off하는 동작인데, 초기에 LED3은 이미 off가 되어있는 상태이기 때문에 오류가 발생한 것이다.

그렇다면 LED3을 먼저 켜도록 [리스트 4-7]과 같이 덧셈과 뺄셈의 순서를 변경한 후 다시 실행해보라. 이것은 프로그래밍에 있어 매우 중요한 내용이므로 반드시 실행해보라.

[리스트 4-7]과 같이 라인 19, 20과 라인 23, 24의 순서를 서로 바꾸면 일단 오류는 발생하지 않지만 윙커로서 동작이 이루어지지 않고 또 하나의 블링커가 됨을 확인할 수 있다.

초기에 우선 라인 23에서 4를 덧셈한 후 라인 24에서 2를 뺄셈하면 전체적으로는 2를 덧셈한 것이므로 LED1이 켜질 것이다. 다음에 라인 19에서 4를 뺄셈하고 라인 20에서

2를 덧셈하면 전체적으로는 2를 뺄셈한 것이므로 LED1이 꺼질 것이다. 따라서 결과적으로 LED1이 블링커로서 동작하는 것이다. 무엇이 잘못된 것인지 더 이상 오류를 찾을 수 없다. 이러한 문제점을 발견해 해결해야 하는 것이 프로그래밍 계통에서 해야 하는 일인 것이다.

```
              :
17    Private Sub Timer_Winker_Tick( ... ) Handles Timer_Winker.Tick
18      If Winker_LED_flag Then
19        Port_A = Port_A - 4 ' LED3은 off
20        Port_A = Port_A + 2 ' LED2는 on
21        Winker_LED_flag = False
22      Else
23        Port_A = Port_A + 4 ' LED3은 on
24        Port_A = Port_A - 2 ' LED2는 off
25        Winker_LED_flag = True
26      End If
27      Pb1.Out_A(Port_A)
28    End Sub
```

[리스트 4-7] 윙커 부분의 개선

본질적인 문제점은 초기 과정에서부터 발생했다. 즉 초기에 라인 23에서 LED3을 on시키기 위해 4를 덧셈했으므로 4, 즉 2진수 "100"이 되었다. 그 후 라인 24에서 LED2를 off하기 위해 2를 뺄셈했으므로 2, 즉 2진수 "010"이 된다. 이 결과를 살펴보면 "LED3은 on, LED2는 off"라는 결과가 나타나야 하는데, 실제로는 "LED2가 on"이라는 엉뚱한 결과가 나타난 것이다. 라인 23과 24의 연산은 "이미 LED3은 off, LED2는 on되어 있다"는 가정 하에 진행되는 연산이기 때문에 이전에 Port_A 내부에서 LED2가 on 된 상태, 즉 2진수 "010"이 이미 있어야 한다. 그러나 여기서는 LED2가 off된 상태에서 다시 off하기 위해 2를 뺄셈함으로 인해 발생한 결과인 것이다.

이를 해결하려면 다음과 같은 조건이 필요하다.

LED2를 off하려면,
  이미 LED2가 off되어 있었다면 뺄셈하지 않는다.
  LED2가 on되어 있었다면 2를 뺄셈한다.
LED2를 on하려면,
  LED2가 off되어 있었다면 2를 덧셈한다.
  이미 LED2가 on되어 있었다면 덧셈하지 않는다.

이 조건은 LED3의 경우에도 마찬가지로 적용된다.

> LED3을 off하려면,
> 이미 LED3이 off되어 있었다면 뺄셈하지 않는다.
> LED3이 on되어 있었다면 4를 뺄셈한다.
> LED3을 on하려면,
> LED3이 off되어 있었다면 4를 덧셈한다.
> 이미 LED3이 on되어 있었다면 덧셈하지 않는다.

숫자의 덧셈과 뺄셈으로 포트의 상태를 조절하려면 이상과 같은 매우 복잡한 조건을 따져가며 프로그램을 구성해야 한다. 즉 현재의 LED 상태에 따라 적절한 덧셈과 뺄셈을 실행해야만 한다.

만약 다음과 같은 수단이 존재한다면 프로그램을 구성하는 방법이 훨씬 단순화될 수 있을 것이다.

> LED2를 off하려면, LED2의 상태에 관계없이 무조건 off한다.
> LED2를 on하려면, LED2의 상태에 관계없이 무조건 on한다.
> LED3을 off하려면, LED3의 상태에 관계없이 무조건 off한다.
> LED3을 on하려면, LED2의 상태에 관계없이 무조건 on한다.

이러한 수단이 바로 논리 연산(Logical Operation)이다.

④ 논리 연산

우리는 과거 중학교, 고등학교 시절 "논리합", "논리곱"이라는 용어를 배웠을 것이다. 또한 독자에 따라서는 논리회로나 디지털 공학에서 "AND-gate", "OR-gate"를 배웠을 것이다. 이들 연산에 관해 그 의미를 정확히 짚어본다.

가. AND-게이트의 하드웨어적 의미

[그림 4-19]는 AND-게이트의 회로기호와 특성을 나타낸 것으로서, 2개의 입력에 모두 1이 입력되었을 때만 출력은 1이 된다. 즉 a와(AND) b가 모두 1일 때만 출력은 1이고 나머지는 모두 0이 된다고 배웠다.

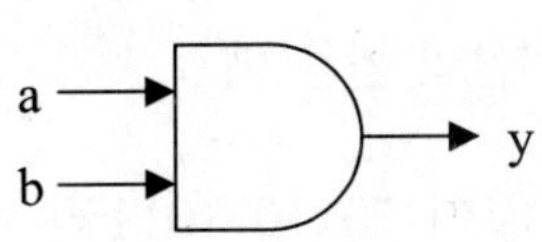

(a) 회로 기호

a	b	y
0	0	0
0	1	0
1	0	0
1	1	1

(b) 논리 결과

[그림 4-19] AND-게이트의 기호와 특성

이러한 AND-게이트를 그 의미를 확실하게 이해하기 위해 [그림 4-20] (a)에 약간 다르게 나타내었다. 이는 입력 b를 아래로 그려 나타낸 것으로서, 만약 [그림 4-20] (b)와 같이 입력 b가 0이라면 입력 a에는 0과 1이 변화되어도 출력은 여전히 0 이다. 즉 한쪽이 0이면 출력은 이미 1되기 글렀다.

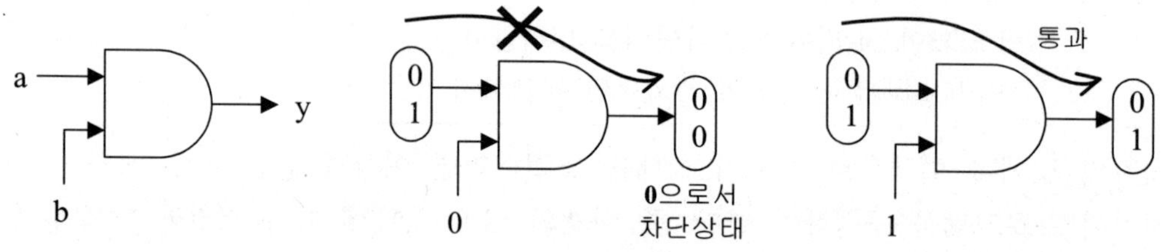

(a) AND-게이트 (b) 차단 상태 (c) 통과 상태

[그림 4-20] AND-게이트의 기호와 특성

이에 비해 [그림 4-20] (c)와 같이 입력 b가 1이었다면 입력 a가 0이면 출력은 0, 입력 a가 1이면 출력은 1로서 마치 입력 a가 출력 y로 통과하는 것으로 볼 수 있다. 이와 같이 AND-게이트는 한쪽이 0일 때는 나머지 입력을 0으로서 차단하는 의미로 볼 수 있으므로 게이트(gate)라는 명칭을 사용하는 것이다.

나. AND-게이트의 소프트웨어적 의미

이상에서 살펴본 AND-게이트 하드웨어는 소프트웨어에서 AND 연산으로 가동되는데, 예를 들어 [그림 4-21] (a)와 같이 어떤 데이터가 있을 때 이 데이터의 왼쪽 4개 비트는 그대로 두고 아래쪽 4개 비트는 그 내용에 관계없이 무조건 0으로 만들고 싶다면 이 때 [그림 4-21] (b)와 같이 AND 연산을 이용할 수 있다.

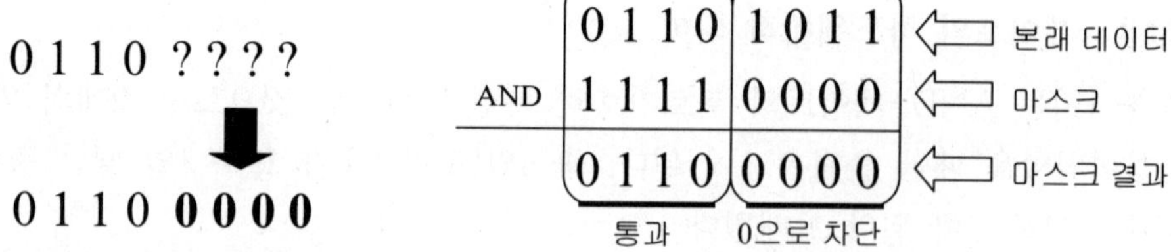

(a) 데이터 변환 예 (b) AND 연산

[그림 4-21] AND 연산의 활용 예

즉 만약 조작할 데이터가 [그림 4-21] (b)와 같이 "0110 1011"이었다 가정할 때 이의 왼쪽 4개 비트는 그대로 두기 위해, 즉 AND-게이트에서 통과시키기 위해 "1111"과 AND 연산을 행하고, 아래쪽 4개 비트는 무조건 0으로 만들기 위해 "0000"과 AND 연

산을 수행한다.

이와 같이 데이터를 조작하기 위해 구성한 “1111 0000”이라는 숫자를 “마스크(mask)”라 하는데, 이는 우리가 사용하는 마스크의 경우 필요한 곳을 가려 통과하지 못하게 막는 역할에서 비롯된 용어이다. 따라서 [그림 4-21] (b)의 데이터 중 왼쪽 4개 비트들은 각각 1과 AND 되므로 그대로 통과하고, 오른쪽 4개 비트들은 각각 0과 AND 되므로 모두 0으로 처리되어 통과하지 못하는 결과를 얻을 수 있다. 이와 같이 마스크 패턴을 이용해 필요한 데이터를 통과시키고 필요 없는 데이터를 차단하는 작업을 “마스킹(masking)한다”고 한다.

다. OR-gate

[그림 4-22]는 OR-게이트의 회로기호와 특성을 나타낸 것으로서, 2개의 입력 중 한 곳이라도 1이 입력되면 출력은 1이 된다. 즉 a 또는(OR) b 중 1일 때는 출력이 1이 된다고 배웠다.

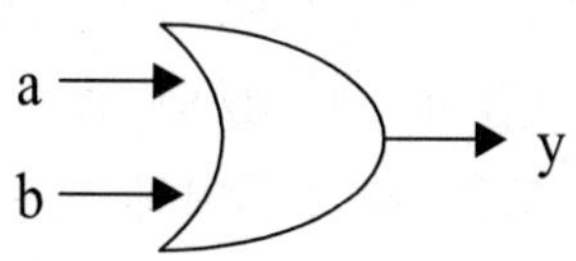

(a) 회로 기호

a	b	y
0	0	0
0	1	1
1	0	1
1	1	1

(b) 논리 결과

[그림 4-22] OR-게이트의 기호와 특성

이러한 OR-게이트를 그 의미를 확실하게 이해하기 위해 [그림 4-23] (a)에 약간 다르게 나타내었다. 이는 입력 b를 아래로 그려 나타낸 것으로서, 만약 [그림 4-23] (b)와 같이 입력 b가 0이라면 입력 a에 0이 입력되었을 때는 0이 출력되고 1이 입력되면 1의 출력이 나타나므로 a에 입력된 신호가 출력쪽으로 통과되는 결과가 나타난다.

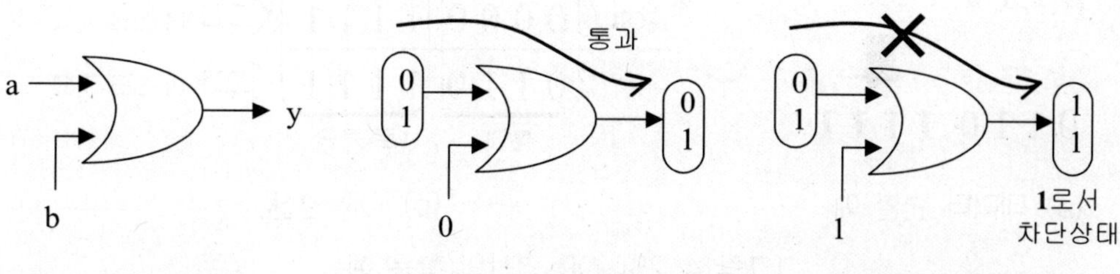

(a) OR-게이트 (b) 통과 상태 (c) 차단 상태

[그림 4-23] OR-게이트의 기호와 특성

이에 비해 [그림 4-23] (c)와 같이 입력 b가 1이었다면 입력 a가 0이든 1이든 출력은 무조건 1이 되며, 이는 입력이 출력으로 전달이 되지 않는 "1로서 차단" 상태가 된다. 여기서 "1로서 차단"이라는 말이 언뜻 이해가 되지 않겠지만, [그림 4-24]와 같은 비유를 살펴보면 쉽게 이해할 수 있다.

(a) 0으로 단선 (b) 1로서 단선

[그림 4-24] 스위치와 전구의 단선 2가지 예

[그림 4-24] (a)와 같이 스위치가 있는데, 전구와 연결되어 있지 않다면 스위치를 켜도 꺼도 전구가 계속 꺼져 있을 것이다. 한편 [그림 4-24] (b)와 같이 이번에는 내가 스위치를 꺼도 켜도 전등이 계속 켜져 있다면 이 또한 이 스위치와 전구는 연결되지 않은 것이다.

라. OR-게이트의 소프트웨어적 의미

이상에서 살펴본 OR-게이트 하드웨어는 소프트웨어에서 OR 연산으로 가동되는데, 예를 들어 [그림 4-25] (a)와 같이 어떤 데이터가 있을 때 이 데이터의 왼쪽 4개 비트는 그대로 두고 아래쪽 4개 비트는 그 내용에 관계없이 무조건 1로 만들고 싶다면 이때 [그림 4-25] (b)와 같이 OR 연산을 이용할 수 있다.

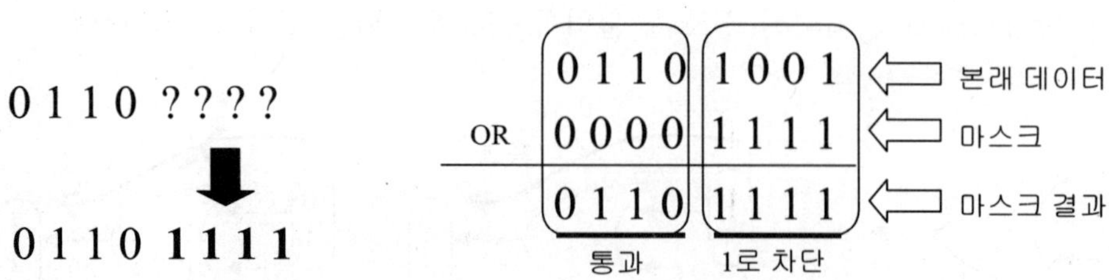

(a) 데이터 변환 예 (b) OR 연산

[그림 4-25] OR 연산의 활용 예

즉 만약 조작할 데이터가 [그림 4-25] (b)와 같이 "0110 1001"이었다 가정할 때 이의 왼쪽 4개 비트는 그대로 두기 위해, 즉 OR-게이트에서 통과시키기 위해 "0000"과 OR 연산을 행하고, 아래쪽 4개 비트는 무조건 1로 만들기 위해 "1111"과 OR 연산을 수행한다.

⑤ 논리 연산에 의한 블링커와 윙커의 혼합

이상에서 살펴본 논리연산을 이용해 구성한 프로그램을 [리스트 4-8]에 나타내었다.

```
            :
 7    Private Sub Timer1_Tick( ... ) Handles Timer1.Tick
 8      If LED_flag Then
 9        Port_A = Port_A AND 254 ' (1111 1110) LED1을 off
10        LED_flag = False
11      Else
12        Port_A = Port_A OR 1 ' (0000 0001) LED1을 on
13        LED_flag = True
14      End If
15      Pb1.Out_A(Port_A)
16    End Sub
            :
17    Private Sub Timer_Winker_Tick( ... ) Handles Timer_Winker.Tick
18      If Winker_LED_flag Then
19        Port_A = Port_A OR 4 ' (0000 0100) LED3은 on
20        Port_A = Port_A AND 253 ' (1111 1101) LED2는 off
21        Winker_LED_flag = False
22      Else
23        Port_A = Port_A AND 251 ' (1111 1011) LED3은 off
24        Port_A = Port_A OR 2 ' (0000 0010) LED2는 on
25        Winker_LED_flag = True
26      End If
27      Pb1.Out_A(Port_A)
28    End Sub
```

[리스트 4-8] 블링커와 윙커의 독립 동작을 위한 개선

라인 9는 Port_A 변수 내용 중 0번 비트만을 0으로 만들기 위해 2진수 "1111 1110"에 해당하는 숫자인 254를 AND 연산한다. 참고로, 이러한 2진수를 계산할 때는 "1111 1111"에 해당하는 255로부터 원하는 비트 수의 숫자, 여기서는 1을 뺄셈하면 254를 얻을 수 있다.

동일한 방법으로 라인 12에서는 Port_A 변수 내용 중 0번 비트만을 1로 설정하기 위해 2진수 "0000 0001"에 해당하는 1과 OR 연산한다.

라인 19와 20에서는 각각 Port_A 변수의 내용 중 2번 비트를 1로, 1번 비트를 0으로 설정하는 과정이며, 라인 23과 24는 각각 Port_A 변수의 내용 중 2번 비트를 0으로, 1번 비트를 1로 설정하는 과정이다.

이상과 같이 변경한 후 프로그램을 실행하면 블링커와 윙커가 완전히 독립적으로 동작함을 확인할 수 있다.

마지막으로 블링커나 윙커를 정지시킬 경우 약간 이상한 결과가 나타나는데, 이는 원래 프로그램에서는 정지 버튼을 클릭하면 타이머를 정지시키고 포트-A에 0을 출력해 LED를 off하도록 구성되어 있기 때문에 타이머만 정지하고 Port_A라는 변수의 내용은 그대로 있기 때문이다. 따라서 각 정지 버튼들은 [리스트 4-9]와 같이 Port_A 변수의 내용을 off시키고 이를 출력해 정지하도록 구성해야 정상적인 정지가 이루어질 수 있다.

```
        :
Private Sub Btn_Stop_Blink_Click( ... ) Handles Btn_Stop_Blink.Click
  Timer1.Enabled = False
  Port_A = Port_A And 254 ' (1111 1110) LED off
  Pb1.Out_A(Port_A)
End Sub
        :
Private Sub Btn_Stop_Winker_Click( ... ) Handles Btn_Stop_Winker.Click
  Timer_Winker.Enabled = False
  Port_A = Port_A And 249 ' (1111 1001) LED2, 3 off
  Pb1.Out_A(Port_A)
End Sub
        :
```

[리스트 4-9] 블링커와 윙커의 정지 부분 개선

이상의 과정에서 컴퓨터를 이용한 중요한 제어 방법 중 하나인 AND 연산과 OR 연산의 활용방법에 관해 살펴봤다.

(4) 4개 LED 제어 실험

앞서 실험한 3개 LED에서 4개 LED로의 확장은 어찌 보면 무의미한 것 같지만 확장의 의미보다는 4개 LED로 구성된 신호등을 구성하고 신호등 시퀀스를 실험해 볼 수 있는 의미가 있다. 특히 스스로 작동하는 자동식 신호등과 버튼을 누르면 변화되는 수동 식 신호등의 구성을 통해 우리 주변에서 볼 수 있는 실재 기기의 동작과정을 학습할 수 있다.

① 4개 LED로의 확장회로

[그림 4-26] (a)와 (b)에 4개 LED 확장회로도와 구성도를 각각 나타내었다. [그림 4-26] (b)의 구성에서 앞으로의 8개 확장을 위해 LED 위치를 브래드보드의 왼쪽으로부터 충분히 떨어지도록 구성하면 이후에 편리하다.

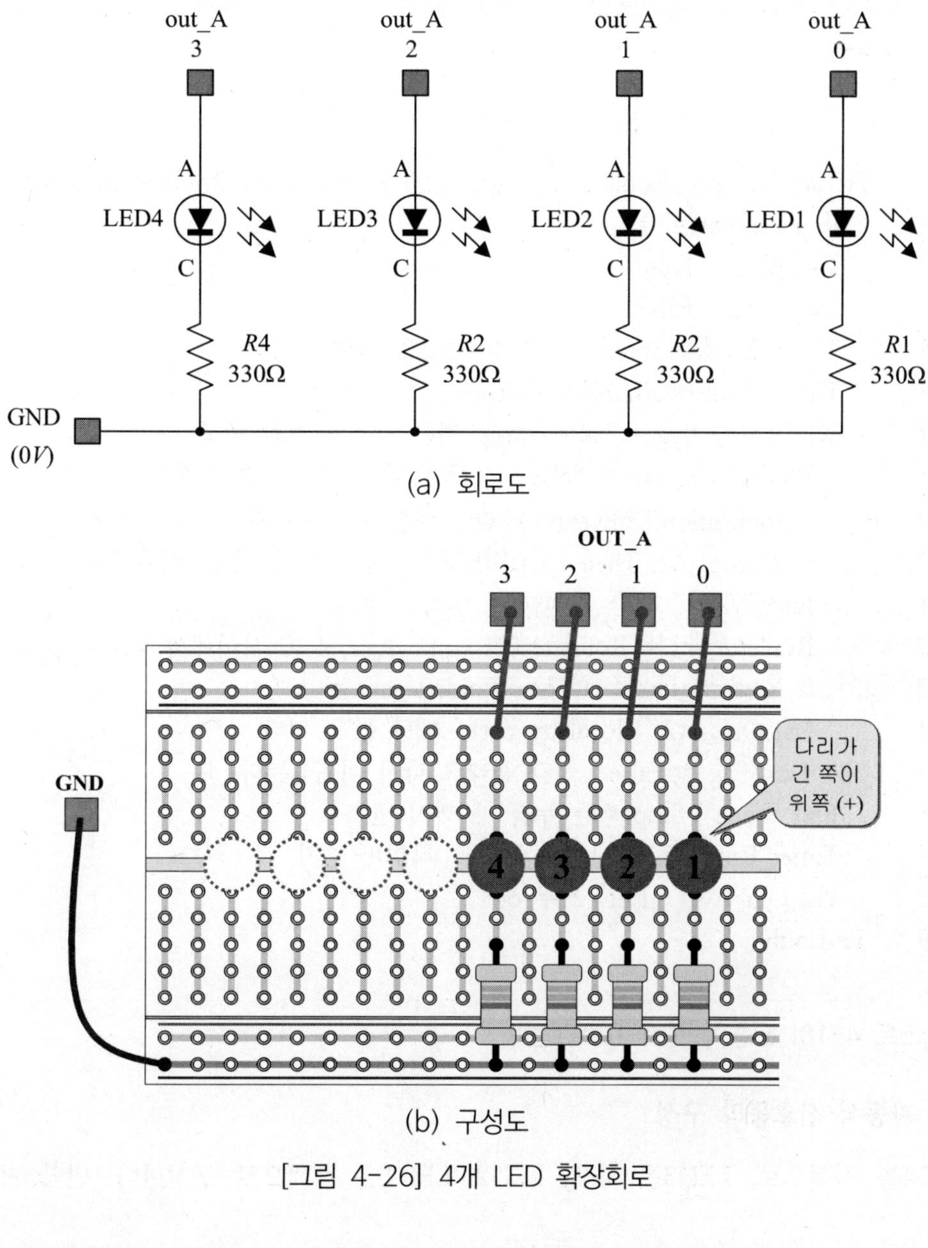

(b) 구성도

[그림 4-26] 4개 LED 확장회로

② 제어 프로그램의 구성

제어 프로그램은 앞서 3개 LED를 이용한 룰렛 프로그램을 개선해 4개까지 구동되도록 한다.

[리스트 4-10]은 앞서 3개 LED 오른쪽 방향 룰렛 구동 프로그램을 4개 LED 구동용으로 변경한 것으로서, 오로지 라인 13의 숫자 2를 3으로 변경함으로서 간단히 4개까지 구동할 수 있다. 즉 개별적으로 LED를 구동해 나가는 방법으로 구성하지 않고 이와 같이 숫자 연산으로 구성한 경우 추가적인 프로그램 구성없이 숫자만 변경함으로서 변경이 간단히 이루어질 수 있다.

이와 동일한 방법으로 왼쪽으로 진행되는 룰렛 프로그램도 4개 LED를 구동할 수 있도록 변경해보라.

```
            :
1   Private Sub Btn_Roulette_R_Click( ... ) Handles Btn_Roulette_R.Click
2     Roulette_cnt = 0
3     Tick_flag = False
4     Stop_flag = False
5     Timer_Roulette.Interval = 200 ' 0.2초 타이머 가동
6     Timer_Roulette.Enabled = True
7     While Stop_flag = False ' Stop 버튼 안눌린 동안 반복
8       While Tick_flag = False ' 시간이 되지 않은 동안 반복
9         Application.DoEvents( ) '다른 버튼 누르는지 확인
10        If Stop_flag Then Exit While ' Stop 버튼 눌렀을 때는 종료
11      End While ' 시간 될 때까지 반복
12      Roulette_cnt = Roulette_cnt - 1 ' 3, 2, 1, 0 사이에서 감소하며 회전
13      If Roulette_cnt < 0 Then Roulette_cnt = 3
14      Pb1.Out_A(2 ^ Roulette_cnt) ' 해당 LED 켠다
15      Tick_flag = False ' 시간 플래그 다시 지워놓는다
16    End While ' Stop 버튼 누를 때 까지 반복
17    Timer_Roulette.Enabled = False ' 타이머 중지
18    Pb1.Out_A(0) ' LED 모두 off
19  End Sub
            :
```

[리스트 4-10] 오른쪽 룰렛 프로그램

③ 자동식 신호등의 구성

LED4를 적색으로, LED3은 황색, LED2, LED1은 녹색으로 구성한다. 만약 가능하다

면 LED2의 경우 왼쪽 화살표의 의미로 [그림 4-27] (a)와 같이 삼각형 LED를 사용하거나 LED 위에 테이프 등을 붙여 삼각형으로 나타나도록 한다.

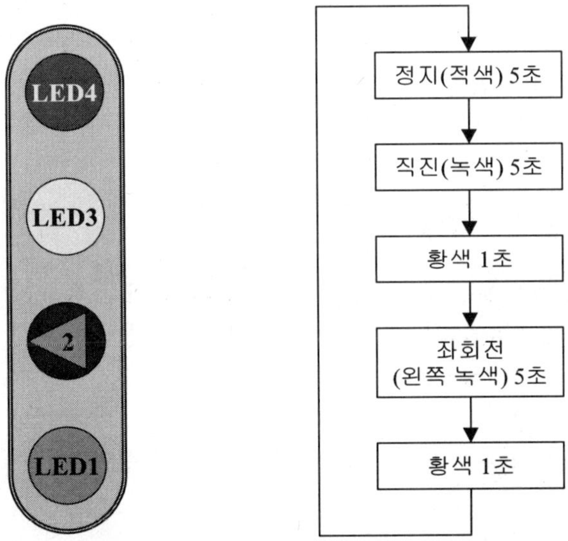

(a) 배치 예 (b) 진행 예

[그림 4-27] 4개 LED를 이용한 신호등 구성의 예

여기서 구성하는 신호등은 [그림 4-27] (b)와 같은 흐름으로 진행하도록 한다. 즉 정지, 직진, 좌회전 신호는 5초간 켜지고 황색은 1초간 켜지도록 구성한다. 이를 구성하기 위한 폼의 예를 [그림 4-28] (a)에 나타내었다.

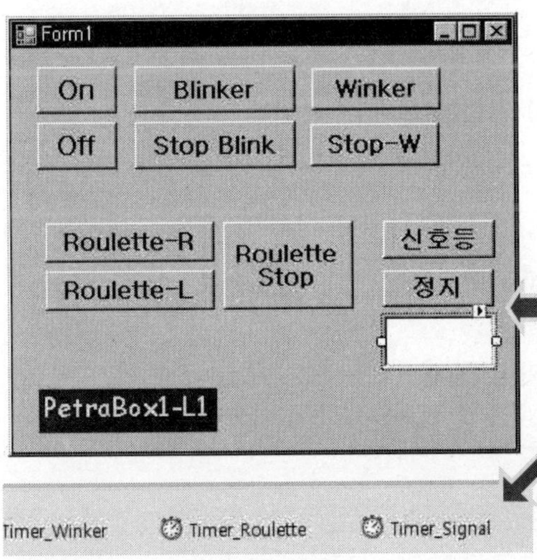

(a) 구성 폼

컨트롤	속성	값
Button1	(Name)	Btn_Signal_A
	Font	굵게, 12
	Text	신호등
Button2	(Name)	Btn_Signal_Stop
	Font	굵게, 12
	Text	정지
TextBox1	(Name)	Txt_Signal
	Font	굵게, 18
Timer2	(Name)	Timer_Signal

(b) 컨트롤 속성

[그림 4-28] 신호등 폼

신호등 버튼을 누르면 자동 신호등이 동작을 개시하고, 이 때 아래의 텍스트박스에는 현재 진행되고 있는 시간이 0.5초를 1단위로 나타나도록 할 예정이다. 이는 5초라면 9부터 0까지 나타나고, 1초라면 1부터 0까지 나타나는 것이다. 각 컨트롤들의 속성은 [그림 4-28] (b)와 같이 설정하며, 이 때 타이머는 프로그램 중에 500밀리초, 즉 0.5초 단위로 동작하도록 설정할 예정이다.

```
          :
1  Dim Tick_cnt As Integer

2  Private Sub Btn_Signal_A_Click( ... ) Handles Btn_Signal_A.Click
3     Timer_Signal.Interval = 500 ' 0.5초 단위 실행
4     Timer_Signal.Enabled = True
5     Stop_flag = False
6     While Stop_flag = False ' Stop 버튼 안눌린 동안 반복
7        ' 정지
8        Tick_cnt = 10
9        Pb1.Out_A(8) ' 정지 LED on
10       While Tick_cnt
11           Application.DoEvents( ) ' 다른 버튼 누르는지 확인
12           If Stop_flag Then Exit While ' Stop 버튼 눌렀을 때는 종료
13       End While
14       ' 직진
15       Tick_cnt = 10
16       Pb1.Out_A(1) ' 직진 LED on
17       While Tick_cnt
18           Application.DoEvents( ) ' 다른 버튼 누르는지 확인
19           If Stop_flag Then Exit While ' Stop 버튼 눌렀을 때는 종료
20    End While

21     If Stop_flag Then Exit While ' Stop 버튼 눌렀을 때는 종료
22    End While
23    Timer_Signal.Enabled = False ' 타이머 중지
24    Pb1.Out_A(0) ' LED 모두 off
25 End Sub
          :
```

[리스트 4-11] 작성 중인 프로그램

[리스트 4-11]은 작성 중인 프로그램의 리스트를 나타낸 것으로서, 라인 1은 Tick_cnt

라는 변수를 전역변수로 선언한 것이다. 전역변수의 위치는 지금까지는 프로그램 가장 첫 부분에서 선언하였으나 여기서는 본 루틴 바로 위에서 선언하는 다른 예를 보인 것이다. 전역변수는 프로그램 첫 부분에 선언하는 것이 프로그램을 일목요연하게 확인할 수 있는 장점이 있지만, 반드시 첫 부분에 선언해야만 하는 것은 아니고, 리스트에서와 같이 어떤 서브루틴에도 속하지 않으면 전역변수로 사용되는 것이다. 이 변수는 타이머 루틴을 한번 다녀오면 1씩 감소해 시간이 다 되면 0이 되는 변수이다.

라인 3에서 타이머를 0.5초로 설정한 후 라인 4에서 가동시키고 라인 5에서 정지 플래그를 지워놓는다.

라인 6의 While문에 의해 정지 플래그가 설정되지 않은 동안, 즉 정지 버튼을 누르지 않았다면 라인 7부터 라인 21 사이를 계속 실행한다.

라인 7부터 라인 13까지는 정지 신호를 켜는 단계로서, 라인 8에서 일단 Tick_cnt를 10으로 설정해 5초간 동작하도록 한다. 이는 타이머가 0.5초마다 동작해 1씩 감소하므로 10인 경우 5초간 동작하는 것이다. 라인 9에서 정지 LED를 켜고 라인 10의 While문에 의해 Tick_cnt값이 0이 아닌 동안 라인 12까지를 계속 반복한다. 즉 Tick_cnt 값이 0이 될 때까지 대기한다.

라인 11은 대기하는 동안 다른 버튼을 클릭하는지 확인하는 동작을 수행하며, 라인 12에서 만약 정지 버튼을 누른 것으로 검출되면 While문을 종료한다.

라인 14부터 라인 20까지는 직진 신호를 켜는 단계로서, 이 부분을 살펴보면 앞의 라인 7부터 13까지의 과정과 거의 동일함을 알 수 있다. 다를 수 있는 것은 Tick_cnt 값과 켤 LED 값뿐이다. 이러한 동일한 부분이 앞으로 황색일 때, 좌회전일 때, 다시 황색일 때도 계속 반복될 것이다. 따라서 이와 같이 반복되는 부분을 서브루틴으로 구성해 사용한다면 프로그램의 구성이 훨씬 간단해짐은 물론 프로그램의 해석과 변경도 매우 용이하게 될 수 있다.

따라서 라인 8부터 라인 13까지 부분을 서브루틴으로 구성하고, 이를 호출하는 측에서는 Tick_cnt 값과 LED값을 전송하도록 구성한 것을 [리스트 4-12]에 나타내었다.

라인 8부터 14까지는 Signal_Sub라는 서브루틴을 호출하며, 이 때 전달하는 숫자는 진행될 초와 켤 LED 코드이다. 여기서는 직접 초를 전달하면 서브루틴에서는 이를 0.5초 단위로 환산해 처리하도록 구성하였다.

라인 21부터 라인 28은 Signal_Sub 서브루틴으로서, 기본 구조는 앞서 [리스트 4-11]의 라인 8부터 13까지와 완전히 동일하다.

라인 21에서 서브루틴이 값을 받을 부분은 다음과 같이 입력하면 비주얼베이직에서 자동으로 나머지 부분을 채워줄 것이다.

```
Private Sub Signal_Sub( cnt As Integer, LED As Integer)
```

```
        :
Dim Tick_cnt As Integer

Private Sub Btn_Signal_A_Click( ... ) Handles Btn_Signal_A.Click
  Timer_Signal.Interval = 500 ' 0.5초 단위 실행
  Timer_Signal.Enabled = True
  Stop_flag = False
  While Stop_flag = False ' Stop 버튼 안눌린 동안 반복
    ' 정지
    Call Signal_Sub(5, 8) ' 5초, 정지 LED on
    ' 직진
    Call Signal_Sub(5, 1) ' 5초, 직진 LED on
    ' 좌회전
    Call Signal_Sub(1, 4) ' 1초, 황색 LED on
    Call Signal_Sub(5, 2) ' 5초, 좌회전 LED on
    Call Signal_Sub(1, 4) ' 1초, 황색 LED on
    If Stop_flag Then Exit While ' Stop 버튼 눌렀을 때는 종료
  End While
  Timer_Signal.Enabled = False ' 타이머 중지
  Pb1.Out_A(0) ' LED 모두 off
  Txt_Signal.Text = ""
End Sub

Private Sub Signal_Sub(ByVal cnt As Integer, ByVal LED As Integer)
  Tick_cnt = cnt * 2
  Pb1.Out_A(LED) ' LED 켬
  While Tick_cnt
    Application.DoEvents( ) ' 다른 버튼 누르는지 확인
    If Stop_flag Then Exit While ' Stop 버튼 눌렀을 때는 종료
  End While
End Sub

Private Sub Btn_Signal_Stop_Click( ... ) Handles Btn_Signal_Stop.Click
  Stop_flag = True
End Sub

Private Sub Timer_Signal_Tick( ... ) Handles Timer_Signal.Tick
  If Tick_cnt = 0 Then Exit Sub
  Tick_cnt = Tick_cnt - 1
  Txt_Signal.Text = Tick_cnt
End Sub
        :
```

[리스트 4-12] 자동식 신호등 프로그램

라인 22는 전송되어온 초를 실재 타이머 수로 환산하는 것으로서, 0.5초마다 1개씩 처리할 것이므로 전송된 초에 2배를 한다.

라인 23에서 해당 LED를 켜고 라인 24부터 27까지의 대기 처리를 진행한다.

라인 29부터 31은 정지 버튼을 눌렀을 경우 처리하는 곳으로서, Stop_flag를 True 값으로 설정해 정지 버튼이 눌렸음을 표시한다.

라인 32부터 36는 타이머 처리 부분으로서, 0.5초만에 이곳으로 진입하면 라인 33에서 이미 Tick_cnt값이 0인 경우에는 더 이상 진행하지 않고 종료한다.

0이 아닌 경우에는 라인 34에서 Tick_cnt 값을 1 감소시키고, 라인 35에서 텍스트박스에 이를 표시한 후 종료한다.

이상에서 작성한 프로그램을 실행해 그 결과를 확인하고, 텍스트박스에서 나타나는 경과시간을 확인하라.

④ 수동식 신호등의 구성

이번에는 버튼을 누를 때만 신호등이 진행하는 수동식 신호등을 구성해본다. 이의 흐름은 [그림 4-29] (a)와 같이 진행된다.

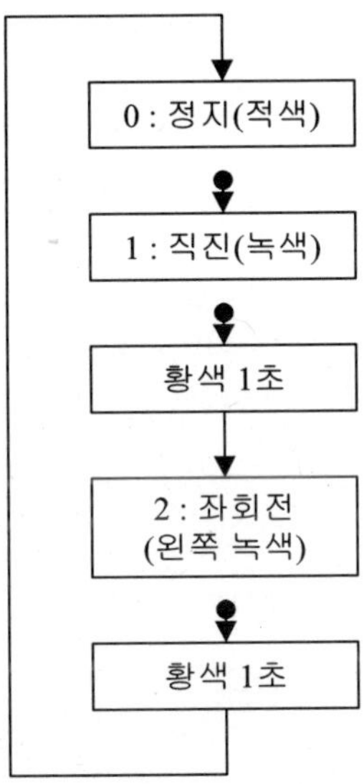

(a) 동작의 흐름

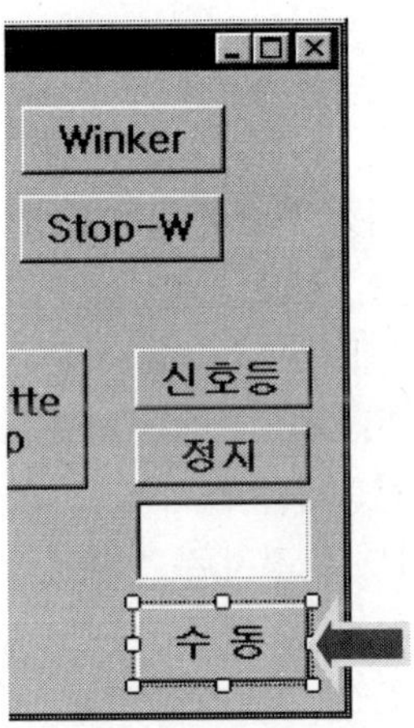

(b) 폼의 구성

컨트롤	속성	값
Button1	(Name)	Btn_Signal_M
	Font	굵게, 12
	Text	수 동

(c) 컨트롤 속성

[그림 4-29] 수동식 신호등 폼

처음에 정지 LED가 켜지면 이곳에서 흐름이 정지된다. 이후 버튼을 클릭하면 직진 LED로 진행하고 이곳에서 흐름이 정지된다. 다시 버튼을 클릭하면 황색이 자동으로 1초간 켜진 후 좌회전이 켜지고 여기서 흐름이 정지된다.

[그림 4-29] (b)에 수동식 신호등 버튼 컨트롤을 설치한다.

이 버튼을 클릭할 때 마다 한 단계씩 진행하려면 버튼이 클릭되었을 때 이전에 어떤 상태가 진행 중이었는지를 기억할 필요가 있다. 즉 이전에 정지 LED를 처리했었다면 이번에는 직진 LED를 처리해야 하는 것이다. 버튼을 처리하는 서브루틴 내부에서 변수를 선언하는 경우 버튼의 처리가 끝나면 변수가 사라지므로 이러한 기억을 계속 유지하려면 전역변수를 이용해야 한다.

[리스트 4-13]에 수동식 신호등 프로그램을 나타내었다.

라인 1은 현재의 신호등 상태를 기억하기 위한 변수로서, 라인 2부터 시작하는 서브루틴 바깥에 위치해 전역변수로 선언되었다. 만약 라인 2 다음 위치에 이 변수를 선언하면 수동 버튼이 눌릴 때마다 변수가 새롭게 선언되므로 변수의 내용은 항상 0만 유지될 것이다.

라인 4는 현재의 신호등 상태에 따라 Select문에 의해 분리한다.

```
        :
1   Dim Signal_Status As Integer ' 현재 상태 - 0 : 정지, 1 : 직진, 2 : 좌회전

2   Private Sub Btn_Signal_M_Click( ... ) Handles Btn_Signal_M.Click
3   Timer_Signal.Interval = 500 ' 0.5초 단위 실행
4     Select Case Signal_Status
5       Case 0 ' 현재 정지상태이므로 직진으로 진행
6         Pb1.Out_A(1) ' 직진 LED on
7         Signal_Status = 1 ' 직진상태를 표시
8       Case 1 ' 현재 직진상태이므로 좌회전으로 진행
9         Timer_Signal.Enabled = True ' 타이머 가동
10        Call Signal_Sub(1, 4) ' 1초, 황색 LED on
11        Timer_Signal.Enabled = False ' 타이머 중지
12        Pb1.Out_A(2) ' 좌회전 LED on
13        Signal_Status = 2 ' 좌회전상태를 표시
14      Case 2 ' 현재 좌회전상태이므로 정지로 진행

15        Timer_Signal.Enabled = True ' 타이머 가동
16        Call Signal_Sub(1, 4) ' 1초, 황색 LED on
17        Timer_Signal.Enabled = False ' 타이머 중지
18        Pb1.Out_A(8) ' 정지 LED on
19        Signal_Status = 0 ' 좌회전상태를 표시
20    End Select
21  End Sub
        :
```

[리스트 4-13] 수동식 신호등 프로그램

라인 5-7은 현재 정지상태였을 때 직진으로 진행하는 부분으로서, 단순히 직진 LED만 켜고 Signal_Status 변수에 현재 상태를 직진으로 표시한다.

라인 8-13은 현재 직진상태였을 때 좌회전으로 진행하는 부분으로서, 직진에서 좌회전으로 바뀔 때는 황색이 잠시 켜진 후 좌회전이 켜져야 하므로 라인 9에서 앞서 자동신호등에서 사용했던 타이머를 가동시키고, 라인 10에서 앞서 자동 신호등에서 구성했던 서브루틴을 호출해 1초간 황색을 켠다. 그 후 라인 11에서 더 이상 타이머가 필요 없으므로 타이머를 중지하고 라인 12에서 좌회전 LED를 켠다. 라인 13에서는 Signal_Status 변수에 현재 좌회전 상태임을 표시한다.

라인 14-19는 현재 좌회전상태였을 때 정지로 진행하는 부분으로서, 이는 위의 직진에서 좌회전으로 진행할 때와 동일하다.

⑤ Static 변수

앞서 작성한 수동식 신호등에서 프로그래밍 작업에 있어 매우 중요한 개념을 한 가지 학습할 수 있다. [리스트 4-13]의 라인 1에서 선언한 Signal_Status 변수는 이를 사용하는 곳이 오로지 바로 다음의 수동식 신호등 버튼 처리에서만 사용한다. 즉 수동식 신호등 전용 변수이지만 변수의 내용을 지속적으로 유지하기 위해 전역변수로 선언하였다. 전역변수란 이 루틴, 저 루틴에서 공용으로 사용할 때 사용하기 위한 변수이지만 이 경우에는 한 루틴의 전용이지만 내용을 유지하기 위해 사용한 것이다. 본 프로그램은 규모가 작기 때문에 큰 문제가 되지 않지만, 규모가 큰 프로그램의 경우 전역변수를 프로그램 앞부분에 모두 정리하는데, 이 변수들 중에 진정한 전역변수가 아닌 사실상 지역변수이지만 내용을 유지하기 위해 전역변수에 끼어있는 지역변수가 존재하는 것이다. 이것은 정리 차원에서도, 프로그램의 구성 측면에서도 바람직하지 않다. 따라서 이와 같이 사실상 한 루틴에서만 사용하는 지역변수이지만 그 내용을 지속적으로 유지하는 변수를 "Static 변수"라 한다.

[리스트 4-14]는 그 사용 예를 나타낸 것으로서, 라인 1의 전역변수 선언을 삭제하고, 이를 라인 2와 3 사이로 이동시킨다. 이 때 변수 선언문의 첫 부분에 "Static"이라는 문을 추가하면 이 변수는 static 변수로서 선언된다.

Static 변수는 수동 버튼을 클릭해 이 루틴이 실행될 때 최초 실행 시에는 변수를 생성한다. 그러나 이 루틴이 종료된 이후에도 이 변수는 그대로 남아있고, 다음에 다시 수동 버튼을 클릭해 이 루틴이 실행되면, 이미 변수가 사라지지 않고 남아 있으므로 새로 생성하지 않고 이 변수의 내용을 그대로 계속 사용하는 것이다. 따라서 지역변수이지만 굳이 전역변수로 선언하지 않아도 그 내용을 계속적으로 유지할 수 있다.

[리스트 4-14]와 같이 프로그램을 변경한 후 실행하고 그 결과가 이전과 동일함을 확인하라.

```
          :
1   Dim Signal_Status As Integer ' 현재 상태 - 0 : 정지, 1 : 직진, 2 : 좌회전
2   Private Sub Btn_Signal_M_Click( ... ) Handles Btn_Signal_M.Click
        Static Dim Signal_Status As Integer ' 현재 상태 - 0 : 정지, 1 : 직진, 2 : 좌회전
3       Timer_Signal.Interval = 500 ' 0.5초 단위 실행
4       Select Case Signal_Status
5           Case 0 ' 현재 정지상태이므로 직진으로 진행
6               Pb1.Out_A(1) ' 직진 LED on
                    :
                    :
```

[리스트 4-14] Static 변수를 이용한 수동식 신호등 프로그램

확인실험 - 1

- 라인 2와 3 사이에 삽입한 선언문의 "Static"을 지우고 프로그램을 실행해 결과를 확인하라.
  이를 통해 Static 변수와 일반 변수의 차이를 확인할 수 있다.

확인실험 - 2

- 프로그램 실행하고 자동 신호등의 "정지" 버튼을 한번 누른 후 수동 신호등을 실행해 보라. 황색에서 이상한 동작을 할 것이다. 이의 원인이 무엇인지 생각해보라.

이는 Stop_flag 변수 때문에 일어난 현상이다. 즉 "정지" 버튼을 누르면 Stop_flag 변수에 True가 설정되는데, 이는 Signal_Sub 서브루틴 내에서 곧바로 빠져나가기 때문이다. 따라서 수동식 버튼을 눌렀을 때 첫 부분([리스트 4-14]의 라인 3 바로 앞)에 다음과 같은 코드를 삽입해 놓아야 이러한 현상을 방지할 수 있다.

```
Stop_flag = False
```

(5) 저항 어레이를 이용한 회로

지금까지는 회로 구성의 연습을 위해 개별적인 저항 소자들을 사용했으나, 8개 LED로의 확장을 위해서는 많은 수의 저항이 필요하다. 더구나 모든 저항들의 한쪽은 접지로

접속되어 있는데, 이러한 경우 편리하게 사용할 수 있는 소자로 저항 어레이(또는 어레이 저항이라고도 한다)가 있다.

① 저항 어레이(Resistor Array)

저항 어레이 소자의 외형과 내부 결선도를 [그림 4-30]에 나타내었다.

저항 어레이는 [그림 4-30] (a)에 나타낸 바와 같이 일렬로 구성된 핀이 한쪽에 나열되어 있으며, 이러한 형태의 구조를 SIL(Single In-line Package)이라 부른다. 소자의 외부에는 1번 핀을 표시하는 점이 찍혀있으며, 이 점을 기준으로 핀 번호를 부여한다. 또한 소자 외부에 3자리의 숫자가 표기되는데, 이는 색상으로 표기한 저항 띠의 숫자와 동일한 형식으로 나타낸다. 그림의 경우 "331"이라 표기되어 있으며, 이는 33 다음에 0이 1개 있다는 의미이며, 따라서 330Ω을 뜻한다.

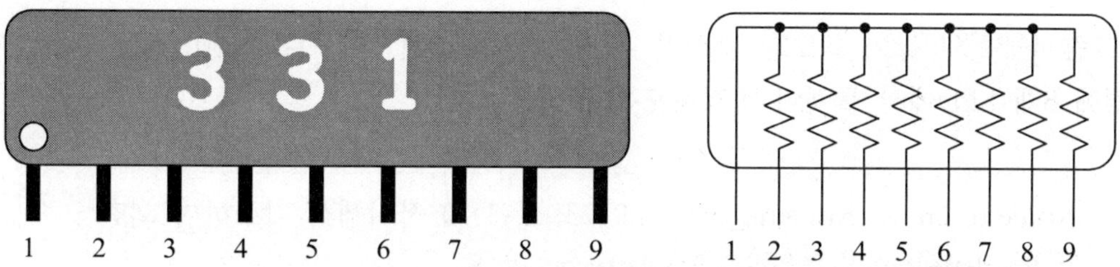

(a) 소자의 외형(9핀의 경우) (b) 내부 결선도

[그림 4-30] 저항 어레이의 외형과 내부 구성 예

[그림 4-30]에 예로 나타낸 소자는 9핀의 것으로, 이는 내부 구성이 [그림 4-30] (b)와 같이 8개의 저항 핀과 1개의 공통 핀으로 구성된다. 따라서 만약 5핀의 저항 어레이라면 실재 내부에는 4개의 저항이 접속된 것이다.

② 8개 LED 구동회로

[그림 4-31]에 저항 어레이를 이용해 8개 LED를 구동하는 회로를 나타내었다. 각 LED들의 (+)극, 즉 애노드(Anode)는 각 포트의 출력과 접속되고, LED들의 (-)극, 즉 캐소드(Cathode)는 저항 어레이의 각 핀으로 접속된다. 저항 어레이의 공통핀인 1번 핀은 0V로 접속되며, 따라서 포트로부터 출력되는 전류는 LED를 통과해 저항 어레이를 거쳐 0V로 흐른다.

[그림 4-32]는 저항 어레이를 이용한 8개 LED 구동회로의 구성도로서, 앞서 구성했던 개별 저항을 사용할 때에 비해 회로가 훨씬 간결하고 부품의 수가 크게 줄어들어 사용하기 매우 편리함을 알 수 있다. (물론, 브래드보드를 이용하는 우리의 입장에서는 배선 수가 훨씬 더 많다.)

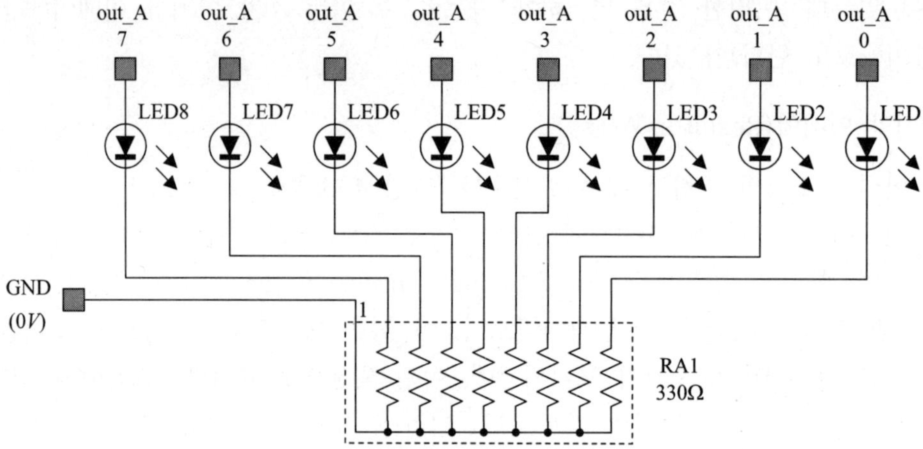

[그림 4-31] 저항 어레이를 이용한 8개 LED 구동회로

[그림 4-32]와 같이 회로를 구성한 후 앞서 사용했던 [리스트 4-10] 룰렛 프로그램을 변경해 8개 LED에서 룰렛이 동작하도록 하라.

```
Roulette_cnt = Roulette_cnt - 1 ' 3, 2, 1, 0 사이에서 감소하며 회전
If Roulette_cnt < 0 Then Roulette_cnt = 7
              :
```

[오른쪽 룰렛의 답]

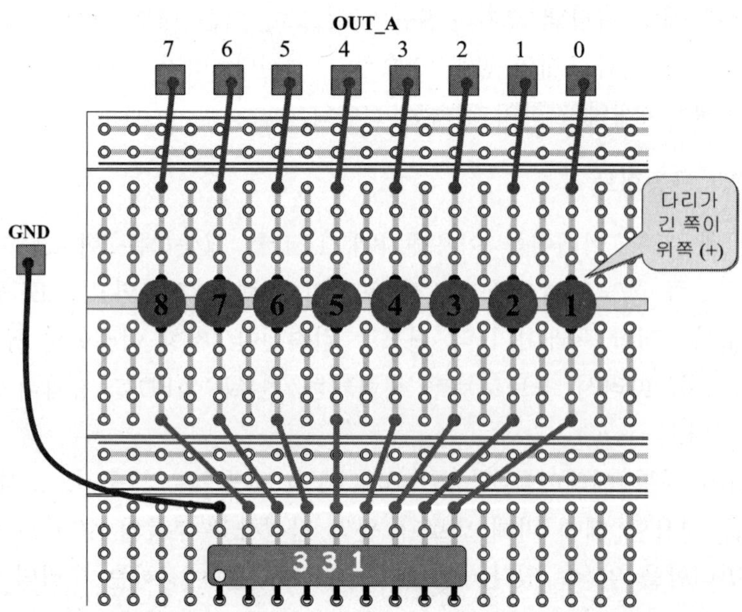

[그림 4-32] 저항 어레이를 이용한 8개 LED 구동회로의 구성 예

(6) 원형 전자 룰렛

이 절에서는 앞서 구성한 8개 LED 룰렛의 회로는 동일하지만 LED의 배치를 다르게 함으로서 전혀 색다른 효과가 나타날 수 있다.

① 기본 구성

앞서 구성했던 8개 LED를 [그림 4-33](a)와 같이 원형으로 구성한다. 즉 회로는 동일하고 단지 LED들의 배열만 다르게 구성한 것이므로 LED를 이동시키고 이에 접속된 전선들만 이동하면 간단히 구성할 수 있다.

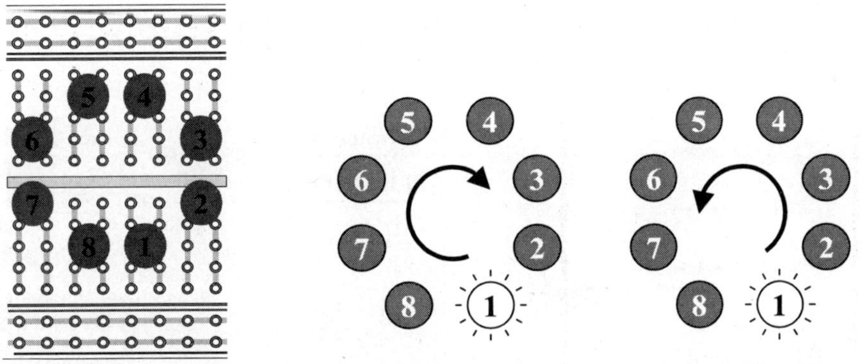

(a) LED들의 배치 (b) 오른쪽 룰렛 (c) 왼쪽 룰렛

[그림 4-33] 원형으로 구성한 8개 LED 회로

각 룰렛 프로그램을 동작시키면 [그림 4-33] (b), (c)와 같이 LED가 회전하는 모양으로 나타날 것이다. 즉 비록 동일한 회로이지만 이전의 직선 배열에 비해 원형으로 구성한 경우 상당히 다른 느낌의 모양으로 나타나 보인다.

② 패턴에 의한 표시

이번에는 [그림 4-34]에 나타낸 바와 같이 2개의 서로 마주보는 LED들이 함께 회전하도록 구성하고자 한다.

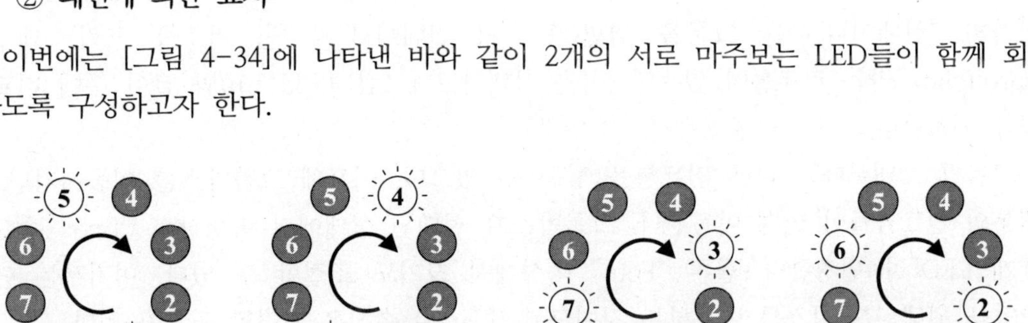

(a) 0번 패턴 (b) 1번 패턴 (c) 2번 패턴 (d) 3번 패턴

[그림 4-34] 다른 패턴의 예

이는 다음에 나타낸 바와 같이 앞서 룰렛 프로그램에서 사용했던 수학적 방법으로는 적용하기 어려우며, 특히 이후에 나올 다양한 모양들은 더욱 수학적으로 해결하기 어렵다.

```
Pb1.Out_A(2 ^ Roulette_cnt) ' 해당 LED 켠다
```

즉 이전의 룰렛 프로그램에서는 Roulette_cnt라는 변수 값에 따라 항상 지정된 위치에서 1개의 LED가 켜졌지만, [그림 4-34]과 같이 한꺼번에 2개나 또는 다른 형태로 켜질 때는 적용할 수 없다. 따라서 [그림 4-34]의 각 패턴들마다 표시하고 시간을 지연하는 방법으로 진행해야 한다.

[그림 4-34]을 표시하기 위해 일단 [그림 4-35]와 같은 약간 다른 폼을 구성해 본다.

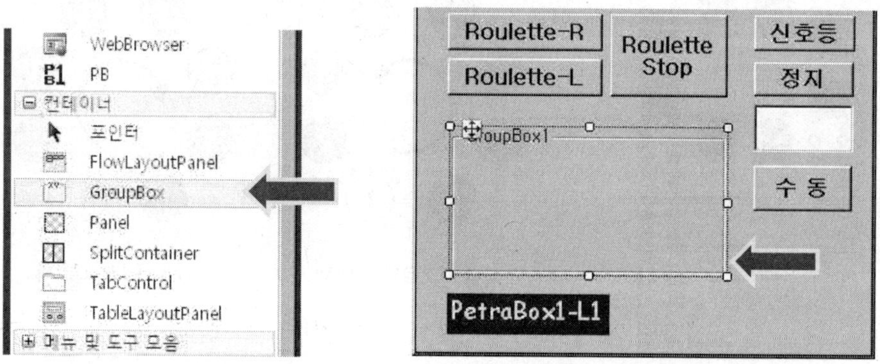

(a) 그룹박스 컨트롤 (b) 그룹박스 컨트롤 배치의 예

[그림 4-35] 그룹박스 컨트롤의 배치

지금부터 작성할 8개 LED 루틴들은 패턴에 따라 여러 가지를 구성해 볼 것이므로 이들을 그룹으로 보이도록 표시할 수 있다. 이를 위해 [그림 4-35](a)와 같이 컨트롤 도구상자의 “컨테이너”라는 그룹을 열면(즉 “⊞ 컨테이너”의 ⊞ 기호를 클릭) 내부에 “GroupBox”라는 컨트롤이 있는데, 이를 선택하고 [그림 4-35] (b)와 같이 폼에 비교적 넓게 배치한다.

그룹박스 내부에는 다른 컨트롤을 넣을 수 있으며, 이후에 그룹박스를 이동시키면 그 내부의 컨트롤들이 함께 이동된다. 그룹박스가 선택된 상태에서 속성창의 “Text” 속성을 “8개 LED”라 변경한다. 물론 “Font” 속성에서 크기도 조절할 수 있다. 여기서는 단지 모양을 위해 그룹박스를 이용하는 것이므로 (Name) 속성은 변경할 필요가 없다.

다음은 [그림 4-36] (a)와 같이 그룹박스 내부에 버튼 컨트롤을 2개 배치하고 각각 속성을 변경한다. 이때 만약 그룹박스의 글자크기 등을 변경해 놓았으면 버튼 컨트롤도 이와 동일하게 자동 설정된다.

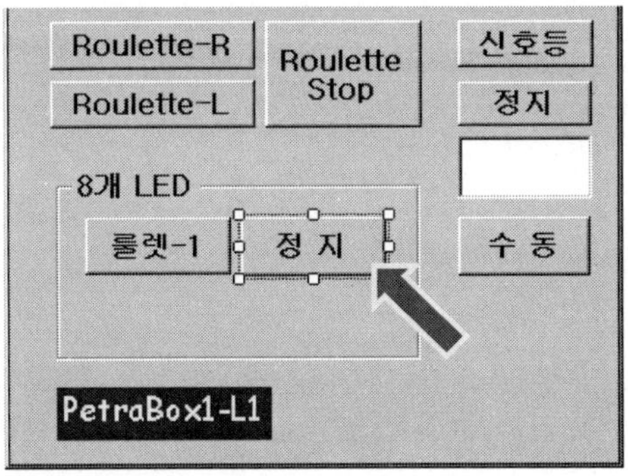

(a) 버튼 컨트롤 배치

컨트롤	속성	값
Button1	(Name)	Btn_LED8_1
	Text	룰렛-1
Button2	(Name)	Btn_LED8_Stop
	Text	정 지

(b) 버튼 컨트롤 속성

[그림 4-36] 버튼 컨트롤들의 배치

이제 코드를 작성하는데, 일단 단순한 형태로부터 시작해 점차 루틴화하는 방법으로 진행해 프로그래밍 기법을 익혀나가도록 한다.

가. 단순한 제어

[리스트 4-15]에 룰렛-1 버튼과 정지 버튼에서 진행될 코드를 나타내었다. 이는 매우 단순한 것으로서, 타이머는 앞서 사용했던 Timer_Roulette을 재활용하도록 하고, 따라서 인터럽트 발생 시 처리하는 루틴에서도 그 루틴을 다녀오면 Tick_flag 변수에 True가 넣어지는 형태 그대로 사용한다.

[리스트 4-15]는 8개 LED의 2개 패턴만을 표시하도록 구성한 것으로서, 라인 6-11까지가 첫 번째 패턴([그림 4-34] (a)), 라인 12-17까지가 두 번째 패턴([그림 4-34] (b))을 처리하는 부분이다.

이와 같이 2개 또는 3개 정도의 코드를 작성하다보면 공통적으로 반복되는 부분이 보이는데, 이러한 곳을 서브루틴화 시키면 다른 패턴을 표시할 때 매우 편리하게 될 수 있다. 우선 이 프로그램의 전체적인 흐름을 살펴본 후 공통부분을 서브루틴화 하도록 한다.

라인 2와 3에서는 앞서 사용했던 Timer_Roulette 타이머의 간격을 일단 500밀리초, 즉 0.5초 간격으로 설정하고 타이머를 가동시킨다.

라인 4에서는 정지 버튼을 아직 누르지 않은 것으로 가정해 Stop_flag를 False로 설정한다.

라인 5는 라인 18과 함께 Stop_flag가 False인 동안, 즉 정지 버튼을 누르지 않은 동안 이 사이의 문장들을 계속 반복한다.

정지 버튼이 눌렸을 때 라인 19에서 타이머를 정지하고 라인 20에서 모든 LED를 off한 후 종료된다.

라인 22-24는 정지 버튼을 눌렀을 때 처리하는 부분으로서, 단순하게 Stop_flag에 True 값을 넣어 정지 버튼이 눌렸음을 알려준다.

```
1  Private Sub Btn_LED8_1_Click( ... ) Handles Btn_LED8_1.Click
2    Timer_Roulette.Interval = 500
3    Timer_Roulette.Enabled = True
4    Stop_flag = False
5    While Stop_flag = False

6      Pb1.Out_A(17) ' 00010001
7      Tick_flag = False
8      While Tick_flag = False
9        Application.DoEvents()
10       If Stop_flag Then Exit While
11     End While

12     Pb1.Out_A(136) ' 10001000
13     Tick_flag = False
14     While Tick_flag = False
15       Application.DoEvents()
16       If Stop_flag Then Exit While
17     End While

18   End While
19   Timer_Roulettc.Enabled = False ' 타이머 정지
20   Pb1.Out_A(0) ' LED 모두 off
21 End Sub

22 Private Sub Btn_LED8_Stop_Click( ... ) Handles Btn_LED8_Stop.Click
23   Stop_flag = True
24 End Sub
```

[리스트 4-15] 8개 LED 룰렛의 단계 구성-1

라인 6부터 라인 11까지는 한 패턴을 표시하는 부분으로서, 라인 6에서 2진수 “0001 0001”을 표시한다.

라인 7에서는 타이머가 작동하는 것을 감지하기 위해 미리 Tick_flag를 False값으로 지워놓는다.

라인 8부터 11은 타이머가 동작할 때까지 대기하는 부분으로서, 대기 중에 라인 9에서 다른 어떤 일이 벌어지고 있는지 확인하고, 라인 10에서 정지 버튼이 눌렸는지 확인한다.

일단 여기까지 모두 입력하고 실행해 이상이 없는지 확인한다. 단, [리스트 4-15]는 2

개의 패턴만을 처리하므로 마치 2개의 윙커와 같이 동작할 것이다.

나. 서브루틴의 작성 및 활용

라인 6-11과 라인 12-17을 비교해 보면 표시할 패턴 숫자만 다를 뿐 다른 부분은 완전히 동일하므로 이 부분을 서브루틴화 한다면 다른 패턴에서도 동일한 방법으로 처리할 수 있을 것이다. 따라서 [리스트 4-16]의 라인 14-20과 같이 서브루틴화 하면 모든 패턴을 처리할 수 있다.

```
1     Private Sub Btn_LED8_1_Click( .... ) Handles Btn_LED8_1.Click
2       Timer_Roulette.Interval = 500
3       Timer_Roulette.Enabled = True
4       Stop_flag = False
5       While Stop_flag = False
6         Call LED8_sub(17) ' 00010001
7         Call LED8_sub(136) ' 10001000
8         Call LED8_sub(68) ' 01000100
9         Call LED8_sub(34) ' 00100010
10      End While
11      Timer_Roulette.Enabled = False ' 타이머 정지
12      Pb1.Out_A(0) ' LED 모두 off
13    End Sub

14    Private Sub LED8_sub(Num As Integer)
15      Pb1.Out_A(Num)
16      Tick_flag = False
17      While Tick_flag = False
18        Application.DoEvents( )
19        If Stop_flag Then Exit While
20      End While
21    End Sub
```

[리스트 4-16] 서브루틴의 구성

[리스트 4-16]의 라인 15-20은 앞서 반복되었던 패턴 표시부분을 복사해 붙이고, 단지 표시 숫자 부분만을 변수로 대체시킨 것이다. 이에 따라 전체 패턴 부분은 라인 6-9까지의 4줄로서 완성된다.

[리스트 4-16]을 실행하고 결과를 확인하라.

다. 서브루틴의 단순화

[리스트 4-16]의 서브루틴에서 라인 17-20으로 이루어진 While문의 경우 더 단순화 할 수 있다. 즉 While문을 빠져나가는 경우를 살펴보면 라인 17에서 Tick_flag 변수가 False인 동안 실행하고, True라면 빠져나갈 것이다. 이는 타이머에서 시간이 되었을 때 빠져나가는 조건이다. 또 한 가지는 라인 19에서 Stop_flag가 설정 되었다면 Exit While 문에 의해 빠져나간다. 따라서 우리말로 정리하면 다음과 같다.

"Tick_flag가 True일 때 빠져 나가거나 또는 Stop_flag가 True일 때 빠져 나간다"

이를 영어로 정리하면 다음과 같다.

"Tick_flag = True OR Stop_flag = True일 때 빠져 나간다"

그런데 While문의 조건은 빠져 나가지 않고 지속되는 것을 나타내므로 위와는 반대의 상황이다. 따라서 논리적으로 반대이므로 이들을 반대의 식으로 적는다면 다음과 같다.

"Tick_flag = False AND Stop_flag = False일 때 계속 유지 한다"

이는 논리회로, 또는 디지털 공학에서 배우는 부울 대수의 법칙에 의해 구한 것이다. 즉 True의 반대는 False이고, OR의 반대는 AND이며, "빠져 나간다"의 반대는 "계속 유지 한다"이다. 따라서 서브루틴은 [리스트 4-17]과 같이 더 간단히 표현할 수 있다.

```
14    Private Sub LED8_sub(ByVal Num As Integer)
15      Pb1.Out_A(Num)
16      Tick_flag = False
17      While Tick_flag = False And Stop_flag = False
18        Application.DoEvents( )
19      If Stop_flag Then Exit While
20      End While
21    End Sub
```

[리스트 4-17] 서브루틴의 단순화 연습

[리스트 4-17]과 같은 변경은 그다지 중요한 것은 아닐지 모르지만 프로그래밍 논리 개발의 연습에 유용한 예제가 될 수 있다.

③ 다른 패턴의 표시-1

이번에는 또 다른 버튼을 설치해 [그림 4-37]과 같은 패턴을 표시하고자 한다. 즉 2개의 연속된 LED가 켜지며 회전하는 것으로서, 이는 앞서 작성했던 서브루틴을 활용할 경우 매우 간단히 구성할 수 있다.

[그림 4-38] (a)와 같이 버튼 컨트롤을 하나 설치한 후 속성을 변경한다.

이 버튼의 코드는 [리스트 4-18]과 같이 구성될 것이다. 이와 같이 입력한 후 실행해 보라.

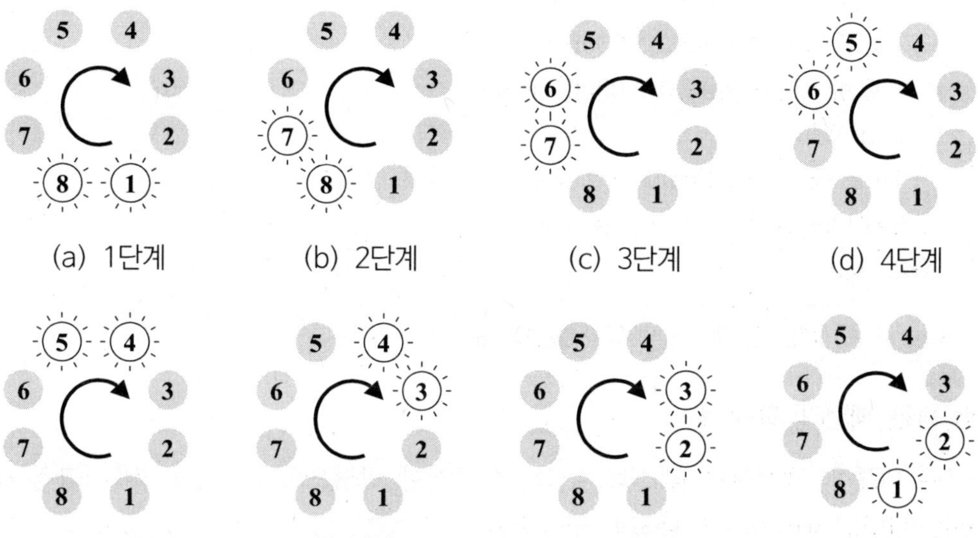

(a) 1단계 (b) 2단계 (c) 3단계 (d) 4단계

(e) 5단계 (f) 6단계 (g) 7단계 (h) 8단계

[그림 4-37] 다른 패턴의 표시 예

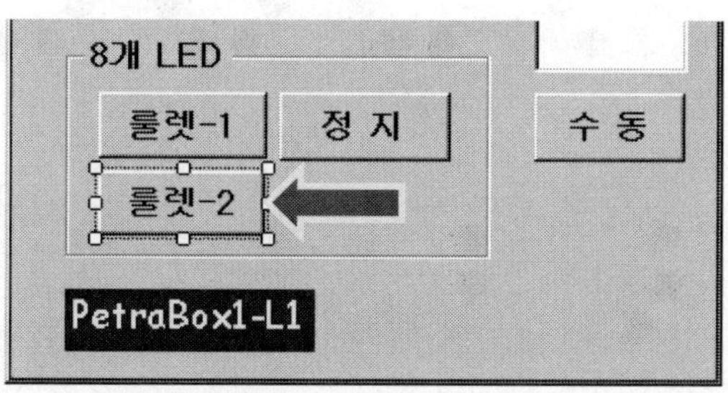

(a) 버튼 컨트롤 배치

컨트롤	속성	값
Button1	(Name)	Btn_LED8_2
	Text	룰렛-2

(b) 버튼 컨트롤 속성

[그림 4-38] 버튼 컨트롤의 배치

```
Private Sub Btn_LED8_2_Click( ... ) Handles Btn_LED8_2.Click
  Timer_Roulette.Interval = 200
  Timer_Roulette.Enabled = True
  Stop_flag = False
  While Stop_flag = False
    Call LED8_sub(129) ' 1000 0001
    Call LED8_sub(192) ' 1100 0000
    Call LED8_sub(96) ' 0110 0000
    Call LED8_sub(48) ' 0011 0000
    Call LED8_sub(24) ' 0001 1000
    Call LED8_sub(12) ' 0000 1100
    Call LED8_sub(6) ' 0000 0110
    Call LED8_sub(3) ' 0000 0011
  End While
  Timer_Roulette.Enabled = False ' 타이머 정지
  Pb1.Out_A(0) ' LED 모두 off
End Sub
```

[리스트 4-18] 2번째 8개 LED 룰렛의 표시

④ 다른 패턴의 표시-2

새로운 버튼을 생성하고 [리스트 4-18]과 유사한 방법으로 [그림 4-39], [그림 4-40]과 같은 다양한 패턴이 나타나도록 구성하라.

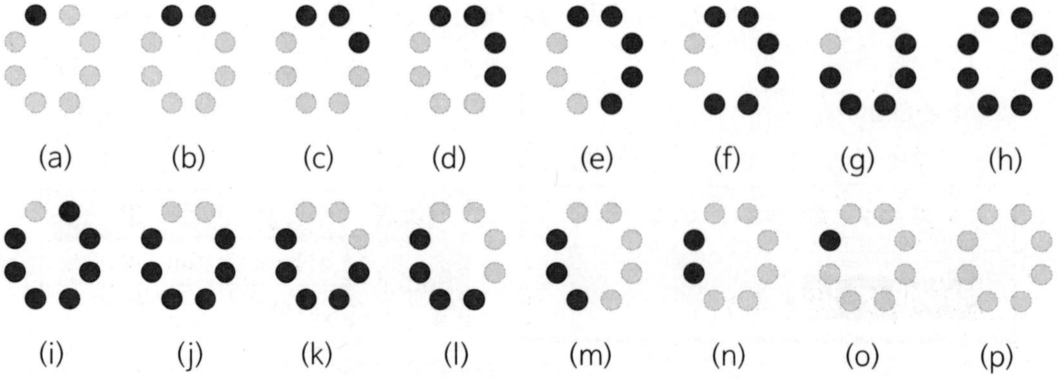

[그림 4-39] 16단계 패턴의 예

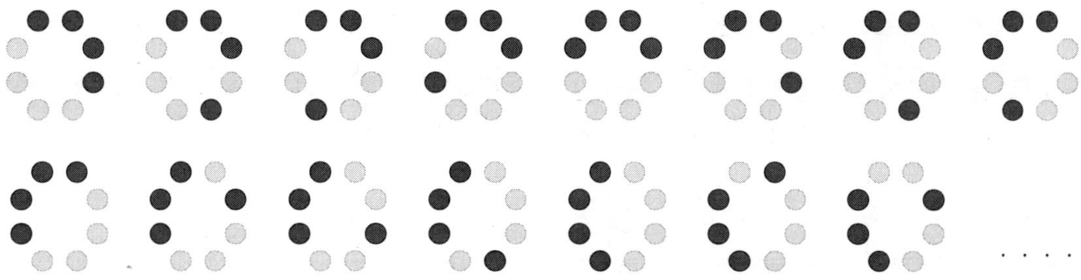

[그림 4-40] 매우 복잡한 패턴의 예

⑤ **패턴의 복합**

지금까지 제작했던 다양한 패턴들이 모두 섞여 표시될 수 있도록 새로운 버튼을 설치하고 [리스트 4-19]와 같은 요령으로 작성해보라.

```
Private Sub Btn_LED8_5_Click( ... ) Handles Btn_LED8_5.Click
  Timer_Roulette.Interval = 200
  Timer_Roulette.Enabled = True
  Stop_flag = False
  While Stop_flag = False
  ' 1번째 패턴 2회 반복
    Call LED8_sub(17) ' 00010001
              :
    Call LED8_sub(34) ' 00100010
    Call LED8_sub(17) ' 00010001
              :
    Call LED8_sub(34) ' 00100010
   ' 2번째 패턴
    Call LED8_sub(129) ' 1000 0001
              :
    Call LED8_sub(3) ' 0000 0011
   ' 3번째 패턴
              :
  End While
  Timer_Roulette.Enabled = False ' 타이머 정지
  Pb1.Out_A(0) ' LED 모두 off
End Sub
```

[리스트 4-19] 패턴들의 조합 표시 예

⑥ **2개 포트를 이용한 실험**

포트-B까지 이용해 [그림 4-41] 과 같이 2개의 원형 표시를 구성한 후 자전거 바퀴의 회전을 흉내 내는 표시나 스마일 모양 등을 표현해보라.

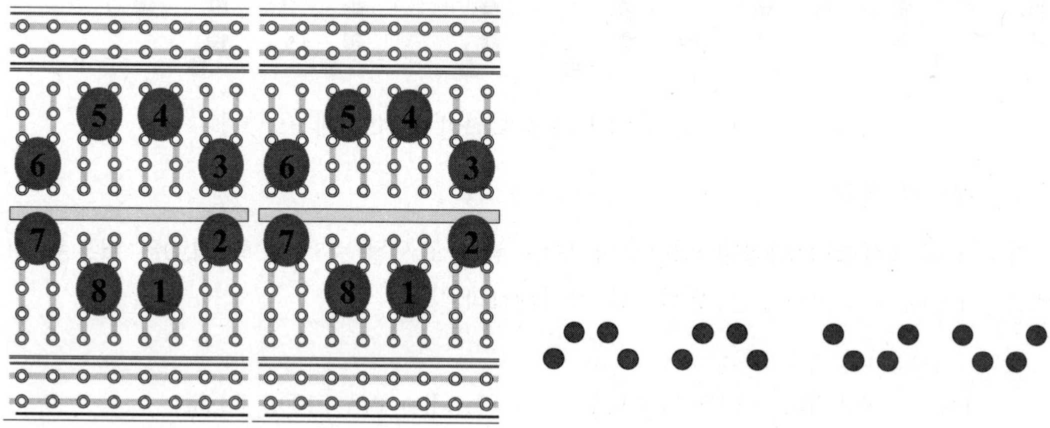

(a) 2개 포트 배치 예 (b) 웃는 스마일 (c) 눈 감은 스마일

[그림 4-41] 2개 포트를 이용한 실험 예

(7) 전자 주사위

① **하드웨어의 구성**

현재의 실험에서는 LED의 배치를 우리가 원하는 대로 가능하므로 [그림 4-42] (a)와 같이 배치하면 주사위를 표시할 수 있다.

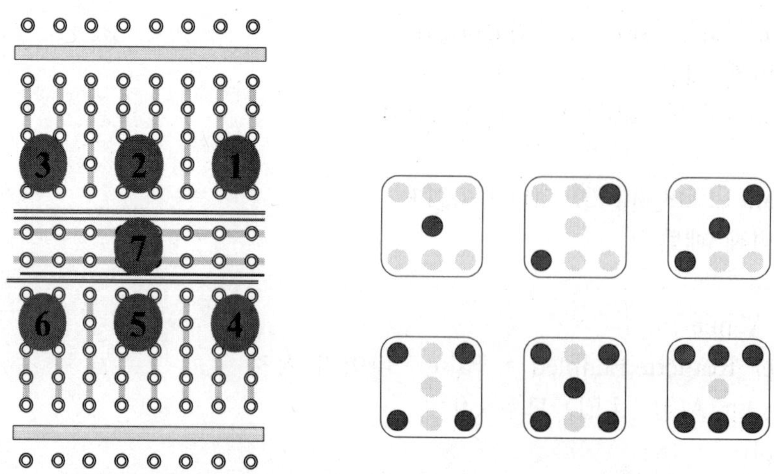

(a) LED의 배치 (b) 표시 예

[그림 4-42] 주사위의 구성 예

② 기본 폼 구성

주사위 프로그램을 구성하기 위해 지금까지 작성했던 프로그램은 모두 저장하고 새로운 프로젝트로 시작하기 위해 비주얼베이직을 다시 기동한다.

"새 프로젝트"를 선택하고 "Windows Forms 응용 프로그램"을 선택한 후 아래쪽의 프로젝트 명은 "dice"(주사위)라 한다. 새로운 폼이 나타나면 PB 컨트롤을 배치하고 폼 바탕을 더블클릭해 Form_Load 부분에 "PB1.init"를 입력해 초기화를 준비한다.

[그림 4-43] (a)와 같이 텍스트박스와 버튼 컨트롤을 배치하고 버튼 컨트롤의 속성을 [그림 4-43] (b)와 같이 설정하였다. 이 때 텍스트박스 컨트롤의 속성은 변경하지 않았다.

(a) 폼의 구성

컨트롤	속성	값
Button1	(Name)	Btn_Dice
	Text	주사위

(b) 속성 변경

[그림 4-43] 주사위의 폼 구성 예

현재 작성된 폼에서 텍스트박스 컨트롤은 발생되는 주사위의 숫자를 표시하기 위함이다. 이제 주사위 버튼을 누를 때 마다 1부터 6 사이의 숫자가 무작위로 발생되어야 하는데, 이와 같이 무작위의 수, 즉 난수를 발생시키는 함수로서 rnd( ) 함수가 있다.

③ RND( ) 함수의 사용법

RND( ) 함수가 어떤 형태로 출력이 발생하는지 확인하기 위해 버튼 컨트롤을 더블클릭해 다음과 같은 코드를 입력해 실행해보라.

```
Private Sub Btn_Dice_Click( ... ) Handles Btn_Dice.Click
  TextBox1.Text = Rnd()
End Sub
```

[리스트 4-20] 난수 발생의 확인

실행 결과를 살펴보면 버튼을 누를 때 마다 0부터 1미만 사이의 숫자가 발생됨을 확인할 수 있다. 이러한 형태의 출력은 수학 함수 중 "표준화" 된 함수, 즉 삼각함수 등과 같은 경우와 유사하며, 언뜻 보기에는 사용이 어려워 보이지만 이와 같은 형태의 출력이 사용하기 가장 용이하다. 이 함수는 0부터 1미만, 즉 0.9999999... 사이의 숫자를 발생시키기 때문에 여기에 우리가 원하는 숫자를 곱셈하면 원하는 범위의 임의의 숫자로 변환하기 쉽다. 주사위의 경우 1부터 6까지의 숫자가 필요하므로 RND( ) 함수 결과에 6을 곱셈하면 [그림 4-44] (b)와 같이 0부터 5.999999의 범위로 조절된다.

	수 식	최소 값	최대 값
(a)	RND( )	0	0.999999999
(b)	RND( ) * 6	0	5.999999999
(c)	INT(RND( ) * 6)	0	5
(d)	INT(RND ( ) * 6) + 1	1	6

[그림 4-44] RND( ) 숫자의 변환과정

이후 [그림 4-44] (c)와 같이 숫자의 정수 부분만을 남기기 위해 INT( ) 함수를 사용하면 0부터 5까지의 숫자만 남으며, 우리가 사용하는 범위로 환산하기 위해 [그림 4-44] (d)와 같이 1을 덧셈하면 1부터 6까지로 변한다.

결론적으로 RND( ) 함수에 곱셈하는 숫자는 우리가 원하는 숫자의 가짓수이고, 마지막에 덧셈하는 것은 숫자의 범위를 조절하는 것이다. 따라서 [리스트 4-21]과 같이 변경하고 실행해보라.

```
Private Sub Btn_Dice_Click( ... ) Handles Btn_Dice.Click
    TextBox1.Text = Int(Rnd() * 6) + 1
End Sub
```

[리스트 4-21] 주사위용 난수의 발생

④ RANDOMIZE( ) 함수

[리스트 4-21] 프로그램을 실행하면 아마도 "5, 4, 4, 2, 2, 5 ..."의 순서로 숫자들이 나타날 것이다. 그런데 프로그램 실행을 중단하고 다시 실행해 확인하면 이와 동일한 순서의 숫자들이 나타날 것이다. 심지어 저자가 적은 위 숫자들의 순서와도 일치할 것이다. 이것은 완전한 난수가 아니다. 즉 숫자의 진행 상황은 분명히 난수이지만 프로그램이 처음 시작될 때부터 순서가 동일한 난수가 발생하므로, 예를 들어 이 숫자를 어떤 게임에 사용한다면 프로그램이 시작될 때마다 항상 동일한 순서대로 진행된다. 이러한 원

인은 RND( ) 함수가 수학에서 사용하는 난수 생성 수식이 그대로 사용되기 때문이며, 이 식은 첫 숫자가 정해지면 수학식에 의해 다음 숫자가 결정되는 방식이므로 이 프로그램이 실행될 때 첫 숫자가 0이므로 그 이후 숫자는 항상 동일하게 발생되는 것이다.

이러한 문제점을 보완하기 위해 준비된 함수가 RANDOMIZE( ) 함수로서, 이 함수는 난수 발생 수식의 처음 숫자를 설정해 준다. (이를 전문 용어로 "random seed"라 한다) 첫 숫자가 1만 변경되어도 그 이후의 발생 숫자들은 전혀 달라지기 때문에 첫 숫자가 반드시 난수일 필요는 없다. 즉 프로그램이 실행 될 때마다 실행된 횟수를 카운트해 이 숫자를 대입해도 되고, 현재 시간을 초 단위로 대입해도 된다. 어떤 방법으로든 다른 숫자를 초기숫자로 대입해야 정상적인 난수를 얻을 수 있는데, 비주얼베이직에서는 다행히 RANDOMIZE( ) 함수를 한번 호출만 하면 내부에서 자동으로 어떤 숫자를 대입하도록 구성되어 있다. C-언어 등과 같은 다른 언어에서는 반드시 이와 같지는 않으므로 시스템 타이머 값 등을 넣도록 구성하는 등 구성이 다르므로 유의하라.

따라서 정상적인 난수 발생을 위해 [리스트 4-22]와 같이 Form_Load 시에 한번만 첫 숫자를 대입하도록 구성한다. 이와 같이 구성한 후 프로그램이 실행 될 때마다 다른 숫자가 발생하는지 확인해 보라.

```
Private Sub Form1_Load( ... ) Handles MyBase.Load
    Pb1.Init()
    Randomize()
End Sub

Private Sub Btn_Dice_Click( ... ) Handles Btn_Dice.Click
    TextBox1.Text = Int(Rnd() * 6) + 1
End Sub
```

[리스트 4-22] 완전한 난수의 발생

⑤ LED로의 표시

이상의 과정에서 발생된 난수를 포트로 출력하는 프로그램을 [리스트 4-23]에 나타내었다.

- 라인 2 : 발생되는 주사위 숫자를 보관하기 위한 변수를 선언한 것이다.
- 라인 3 : 주사위 숫자를 발생한다.
- 라인 4 : 텍스트박스로 표시한다.
- 라인 5 : dice 변수 내용에 따라 Select문에 의해 분기해 처리한다.
- 라인 6부터 17까지 : dice 변수 내용에 따른 포트 출력 처리 부분들이다.

```
Private Sub Btn_Dice_Click( ... ) Handles Btn_Dice.Click
  Dim dice As Integer
  dice = Int(Rnd( ) * 6) + 1
  TextBox1.Text = dice
  Select Case dice
    Case 1
      Pb1.Out_A(64) ' 0100 0000
    Case 2
      Pb1.Out_A(33) ' 0010 0001
    Case 3
      Pb1.Out_A(97) ' 0110 0001
    Case 4
      Pb1.Out_A(45) ' 0010 1101
    Case 5
      Pb1.Out_A(109) ' 0110 1101
    Case 6
      Pb1.Out_A(63) ' 0011 1111
  End Select
End Sub
```

[리스트 4-23] 난수의 LED 출력

4) 7-세그먼트 LED 실험

(1) 7-세그먼트 소자

① 소자의 사용 예

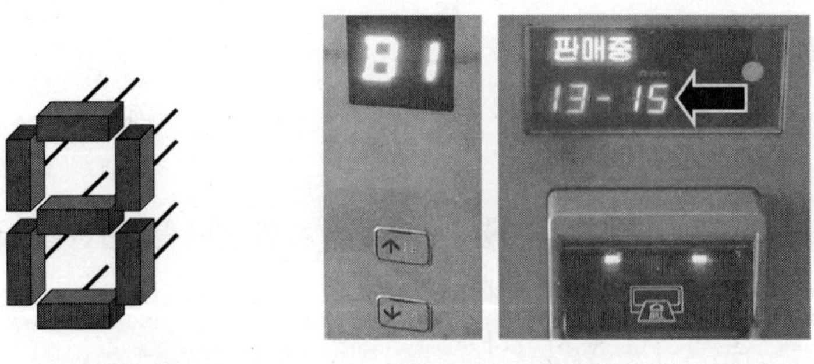

(a) LED들의 배치　　　　(b) 사용 예

[그림 4-45] 7-세그먼트 LED

7-세그먼트(Segment) LED는 7개의 사각형 LED와 1개의 원형 LED(이 LED는 선택 사항)를 [그림 4-45] (a)와 같이 배열한 것으로서, 일명 FND(Fairchild Numeric Display)라고도 한다. 참고로, "Fairchild"는 이 소자를 처음 개발한 반도체 제조회사 명이다. 7-세그먼트 LED는 기본적으로 자체에서 빛을 발하는 LED 소자이므로 가독성이 매우 뛰어나 [그림 4-45] (b)와 같이 엘리베이터 층수를 표시하거나 자동판매기의 금액 표시 등 다양한 용도에 사용된다.

② 소자의 구성 및 사용법

[그림 4-46] (a)의 7개 LED로 구성된 각 세그먼트들은 [그림 4-46] (b)와 같이 위로부터 “a-세그먼트”, “b-세그먼트”라 명명하며 이 LED들을 on/off 시킴에 따라 [그림 4-46] (d)와 같은 모양을 표시할 수 있다.

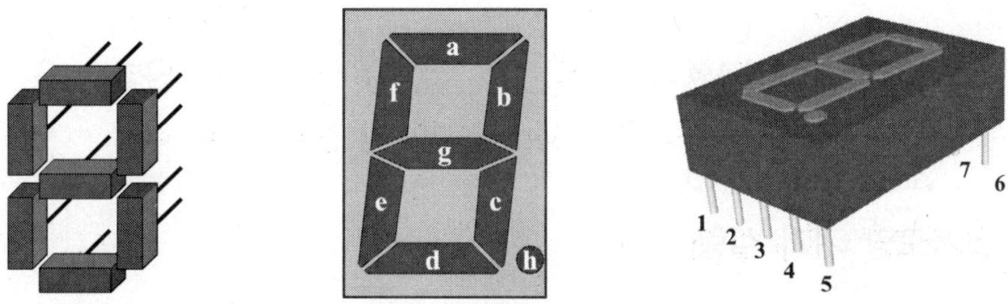

(a) LED들의 배치 (b) 각 LED들의 명칭 (c) 소자의 외형 예

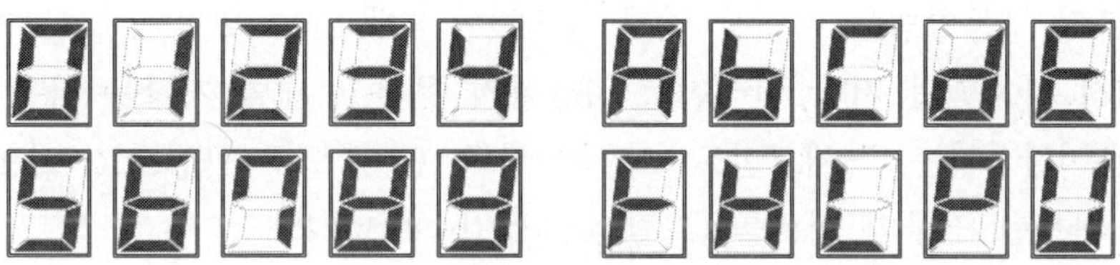

(d) 점등 예

[그림 4-46] 7-Segment LED

7-세그먼트 LED는 각 LED 당 2개 핀이 인출된다면 모두 16개의 핀이 필요한데, 일반적으로 [그림 4-46] (c)와 같이 10핀으로 구성되며 이는 [그림 4-47]과 같이 공통단자를 사용한 접속으로 되어있다. [그림 4-47] (a)의 공통 애노드(Common Anode(약자로 CA))형은 애노드측이 공통으로 접속돼 있는 형태로서, [그림 4-47] (c)와 같이 공통 단자에 전원이 미리 인가하고 캐소드 단자에서 전류를 끌어내 원하는 LED를 점등한다. 이에 비해 공통 캐소드(Common Cathode(약자로 C.C))형은 [그림 4-47] (b)와 같이 캐소드측이 공통으로 접속돼 있는 형태로서, [그림 4-47] (d)에 나타낸 바와 같이 공통 단자는 접지와 접속하고, 애노드에 전원을 공급해 원하는 LED를 점등한다.

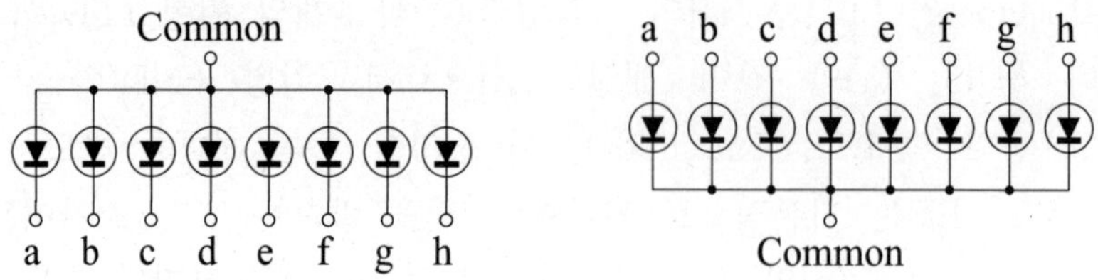

(a) 공통 애노드(CA)형 (b) 공통 캐소드(CC)형

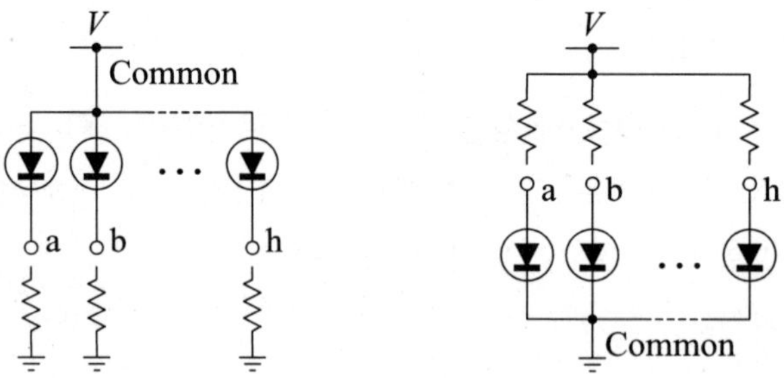

(c) C.A형의 사용법 (d) C.C형의 사용법

[그림 4-47] 7-Seg. LED의 핀 접속과 사용 예

(2) 글자모양 켜기 실험

① 하드웨어의 구성

7-세그먼트의 구동방법은 사실상 앞서 실험했던 8개 LED 회로와 동일하다. 단지 8개 LED 실험에서 사용했던 저항 어레이를 사용하지 못하고 개별 저항을 사용해야 하는 점만이 다를 뿐이다. 이는 7-세그먼트 소자의 한쪽 핀이 모두 공통으로 인출되기 때문이며, CC형을 사용한 경우의 회로를 [그림 4-48] (b)에 나타내었다.

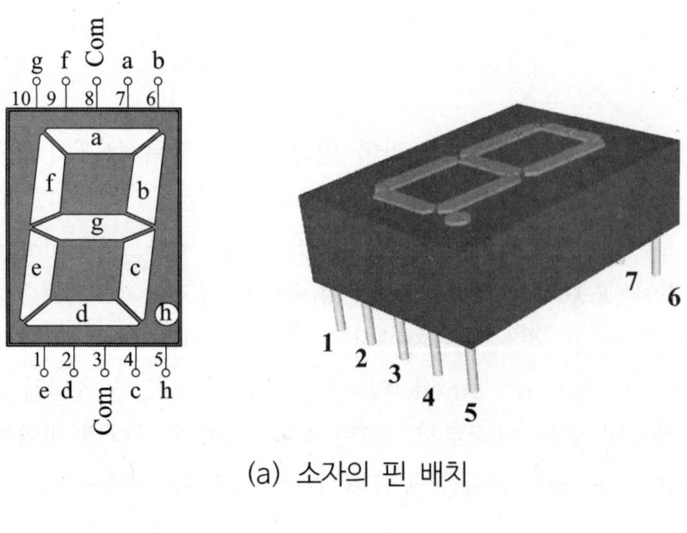

(a) 소자의 핀 배치

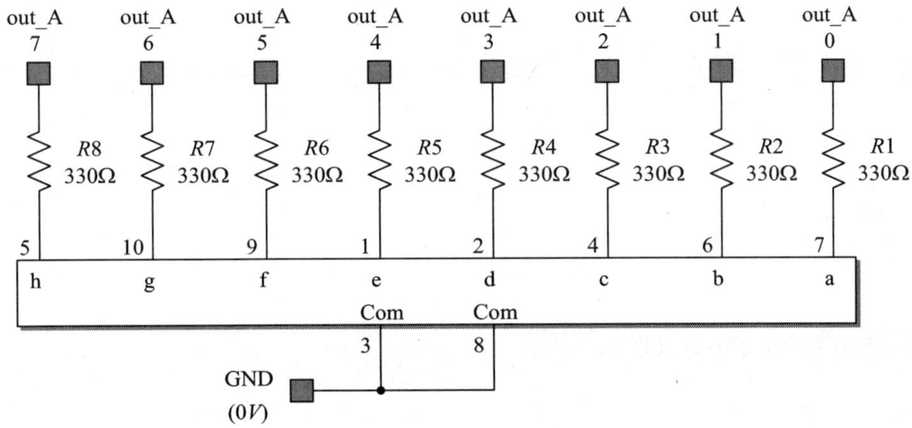

(b) 구성 회로

[그림 4-48] 실험 회로

[그림 4-48] (b)의 구성회로에서 각 포트로부터 전압이 출력되면 저항에서 전류를 제어하며 7-세그먼트의 LED들에 전류를 공급하고, 세그먼트의 3번과 8번 공통핀으로 전류가 출력되면 이는 0V로 흐른다. 이와 같은 회로를 브래드보드에 구성한 예를 [그림 4-49] 에 나타내었다.

[그림 4-49] (a)는 3단 구성의 브래드보드인 경우 저항을 세로로 배치한 것이며, 만약 브래드보드에 여유가 없다면 [그림 4-49] (b)와 같이 가로로 구성해도 무방하다.

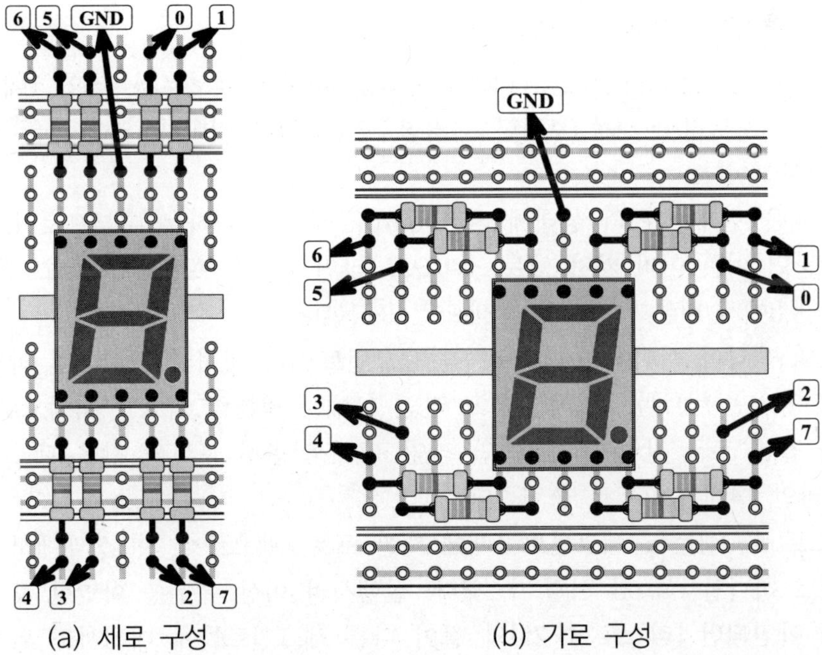

(a) 세로 구성 (b) 가로 구성

[그림 4-49] 실험회로의 구성 예

② 폼의 구성

비주얼 베이직을 시동하고 "새 프로젝트"를 선택한 후 "Windows Forms 응용 프로그램"을 선택하고 아래쪽의 프로젝트 명을 "7-seg"로 설정한다.

새로운 폼이 나타나면 PB1 컨트롤을 배치하고 [그림 4-50] (a)와 같이 1개의 텍스트 박스와 8개의 버튼을 배치한다.

각 버튼 컨트롤들은 [그림 4-50] (b)와 같이 각 명칭과 Text 속성을 설정한다.

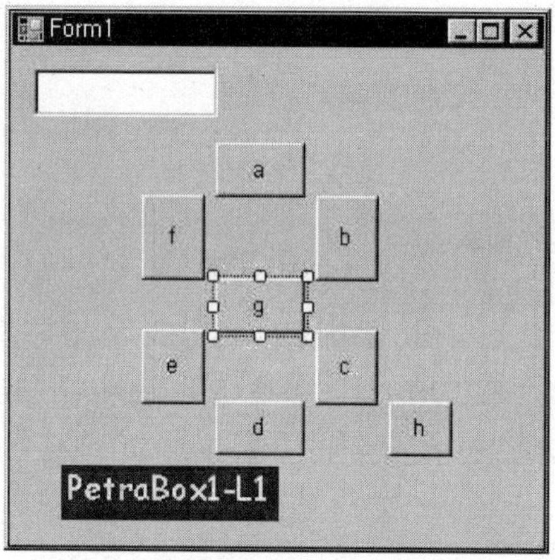

(a) 컨트롤 배치

컨트롤	속성	값
TextBox1	(Name)	Txt_Dsp
	Font	굵게, 12
Button1	(Name)	Btn_Seg_a
	Text	a
Button2	(Name)	Btn_Seg_b
	Text	b
Button3	(Name)	Btn_Seg_c
	Text	c
:	:	:

(b) 컨트롤 속성

[그림 4-50] 컨트롤들의 배치

③ 프로그램의 구성

[리스트 4-24]는 Btn_Seg_a 버튼의 경우를 나타낸 것으로서, 라인 1에서는 현재 표시되고 있는 포트의 상태를 보관할 전역변수를 선언한 것이다. 라인 3은 폼이 로드될 때 초기화 부분이다.

라인 6은 현재 버튼의 상태에 따라 on/off 토글 전환하는 부분으로서, 버튼의 색상이 적색이라면 이는 이미 켜져 있는 것이므로 라인 7에서 포트의 0번 비트를 0으로 설정하고, 라인 8에서 버튼의 색상을 회색으로 표시한다.

버튼의 색상이 적색이 아니라면, 즉 세그먼트-a가 켜져있지 않다면 라인 10으로 진행해 포트의 0번 비트를 1로 설정하고 라인 11에서 버튼의 색상을 적색으로 변경한다.

이와 같은 토글 작업이 종료되면 라인 13에서 현재 포트의 값을 텍스트 박스에 표시하고, 라인 14에서 포트로 출력한다.

[리스트 4-24]는 a-세그먼트 1개에 대한 프로그램으로서, 이 상태에서 동작시키면 a-세그먼트 하나만 on/off 시킬 수 있다. 실행시켜 이상 유무를 확인한 후 정상적으로 동작됨이 확인되면 [리스트 4-25]와 같이 다른 세그먼트들에 대해서도 확장해 가며 동작을 확인한다.

```
Dim Port_A As Integer
Private Sub Form1_Load( ... ) Handles MyBase.Load
  Pb1.Init( )
End Sub

Private Sub Btn_Seg_a_Click( ... ) Handles Btn_Seg_a.Click
  If Btn_Seg_a.BackColor = Color.Red Then
    Port_A = Port_A - 1
    Btn_Seg_a.BackColor = Color.LightGray
  Else
    Port_A = Port_A + 1
    Btn_Seg_a.BackColor = Color.Red
  End If
  Txt_Dsp.Text = Port_A
  Pb1.Out_A(Port_A)
End Sub
```

[리스트 4-24] a-세그먼트의 구동

```
Private Sub Btn_Seg_b_Click( ... ) Handles Btn_Seg_b.Click
  If Btn_Seg_b.BackColor = Color.Red Then
    Port_A = Port_A - 2
    Btn_Seg_b.BackColor = Color.LightGray
  Else
    Port_A = Port_A + 2
    Btn_Seg_b.BackColor = Color.Red
  End If
  Txt_Dsp.Text = Port_A
  Pb1.Out_A(Port_A)
End Sub

Private Sub Btn_Seg_c_Click( ... ) Handles Btn_Seg_c.Click
  If Btn_Seg_c.BackColor = Color.Red Then
    Port_A = Port_A - 4
    Btn_Seg_c.BackColor = Color.LightGray
  Else
    Port_A = Port_A + 4
    Btn_Seg_c.BackColor = Color.Red
  End If
  Txt_Dsp.Text = Port_A
  Pb1.Out_A(Port_A)
End Sub
```

[리스트 4-25] b, c-세그먼트의 구동 부분

모든 세그먼트 버튼들에 대한 동작이 확인되면 연습문제에 나타낸 바와 같은 글자 모양을 구성하기 위한 데이터들을 구한다. 여기서 구한 데이터들은 '0'자의 모양을 나타내기 위해서는 63을 출력해야 하며, '1'자 모양을 나타내기 위해서는 6을 출력해야 하는 등의 데이터를 구할 수 있다. 이와 같이 '글자의 모양'을 나타내기 위한 데이터를 '폰트(Font)'라 한다.

연습문제

- 다음과 같은 글자모양을 형성하기 위한 포트 데이터를 구해 적으시오.

글자 모양	데이터	글자 모양	데이터	글자 모양	데이터	글자 모양	데이터	글자 모양	데이터
	63	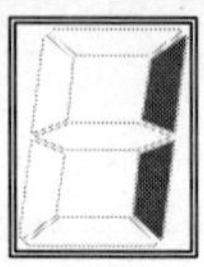		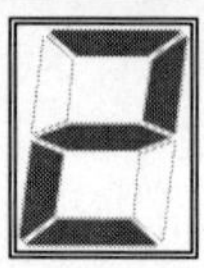		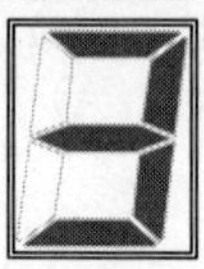		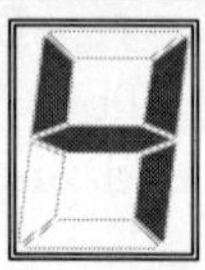	
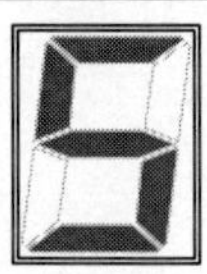				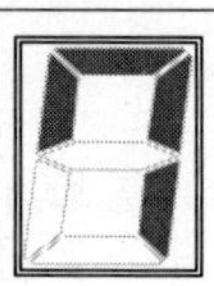				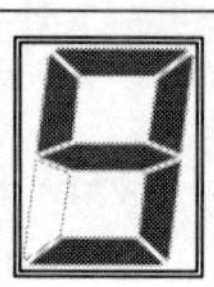	

(3) 폰트 표시 서브루틴의 제작 및 응용

① 폰트 표시 서브루틴

이상의 과정에서 각 글자의 모양을 표시하는 폰트 데이터를 구했으므로, 7-세그먼트 소자를 통해 글자를 표시하는 서브루틴을 제작해본다. 이 서브루틴에는 숫자 데이터가 입력되면 그 숫자에 해당하는 세그먼트를 표시하는 매우 간단한 것으로서, 완성되면 다양한 분야에 활용 가능하다.

```
Private Sub Dsp_Seg(Num As Integer)
  Select Case Num
    Case 0
      Pb1.Out_A(63)
    Case 1
      Pb1.Out_A(6)
    Case 2
      Pb1.Out_A(91)
```

```
        Case 3
          Pb1.Out_A(79)
        Case 4
          Pb1.Out_A(102)
        Case 5
          Pb1.Out_A(109)
        Case 6
          Pb1.Out_A(125)
        Case 7
          Pb1.Out_A(39)
        Case 8
          Pb1.Out_A(127)
        Case 9
          Pb1.Out_A(111)
      End Select
    End Sub
```

[리스트 4-26] 숫자를 해당 글자모양으로 표시하는 서브루틴

② 초 카운터의 제작

7-세그먼트를 이용해 1초마다 카운트하는 타이머를 제작해 본다. [그림 4-51]과 같이 버튼 컨트롤 1개와 타이머 컨트롤을 설치한다.

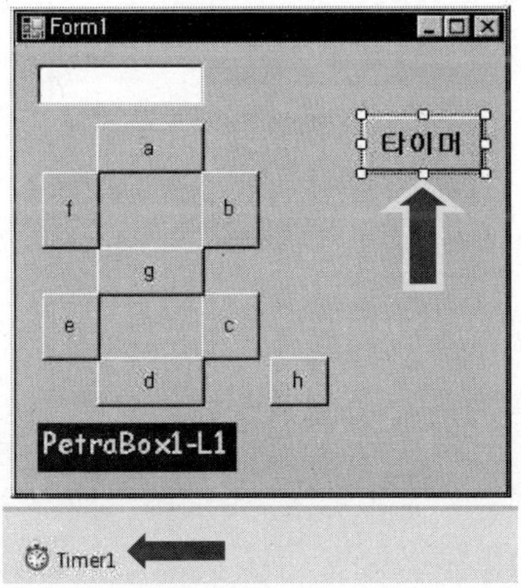

(a) 컨트롤 배치

컨트롤	속성	값
Button1	(Name)	Btn_Timer
	Font	굵게, 12
	Text	타이머

(b) 컨트롤 속성

[그림 4-51] 컨트롤들의 배치

[리스트 4-27] 은 7-세그먼트를 이용해 타이머를 표시하는 프로그램으로서, 라인 1은 시간을 카운트하기 위한 변수이며 어떤 서브루틴에도 속하지 않는 전역변수로 선언하기 위해 라인 2보다 위에 위치한다.

라인 2부터 13까지는 타이머 버튼을 눌렀을 때 동작하는 부분으로서, 라인 3에서 타이머 버튼의 글자 내용을 이용해 토글동작을 진행한다. 즉 라인 3에서 버튼의 글자가 "타이머"일 경우에는 아직 작동 중이 아니었으므로 라인 4에서 글자를 "가동중"으로 변경하고 라인 5에서 타임 카운트 변수를 초기화하며, 라인 6에서 타이머1의 간격을 1초로 설정하고 라인 7에서 타이머1을 가동시킨다.

라인 3에서 "타이머" 글자가 아니라면 이는 타이머가 동작 중이었던 것이므로 라인 9부터 11까지의 중지 부분을 처리하며, 라인 9에서 버튼의 글자를 "타이머"로 설정하고 라인 10에서 타이머1을 정지하고 라인 11에서 포트의 출력을 모두 off한다.

라인 14-18은 타이머1이 시간이 되었을 때 동작하는 부분으로서, 라인 15에서 카운트 변수를 1 증가시키고 라인 16에서 만약 10이 되었다면 다시 0으로 재설정한다. 그 후 라인 17에서 앞서 작성했던 폰트 표시 서브루틴을 호출해 7-세그먼트로 시간을 표시한다.

```
1  Dim Time_cnt As Integer
2  Private Sub Btn_Timer_Click( ... ) Handles Btn_Timer.Click
3    If Btn_Timer.Text = "타이머" Then
4      Btn_Timer.Text = "가동중"
5      Time_cnt = 0
6      Timer1.Interval = 1000
7      Timer1.Enabled = True
8    Else
9      Btn_Timer.Text = "타이머"
10     Timer1.Enabled = False
11     Pb1.Out_A(0)
12   End If
13 End Sub

14 Private Sub Timer1_Tick( ... ) Handles Timer1.Tick
15   Time_cnt = Time_cnt + 1
16   If Time_cnt = 10 Then Time_cnt = 0
17   Call Dsp_Seg(Time_cnt)
18 End Sub
```

[리스트 4-27] 7-세그먼트 타이머 프로그램

③ 다른 디스플레이 실험

버튼 컨트롤을 설치하고 이의 이름을 "Btn_Fly", Text를 "파리"라 정한 후 다음 프로그램을 입력해 실행해보라. 실행 결과가 너무 느리거나 빠르면 라인 26의 숫자를 조절하라.

이 프로그램이 어떻게 이러한 결과가 나타나는지 해석해보라.

```
1  Private Sub Btn_Fly_Click( ... ) Handles Btn_Fly.Click
2    Static Dim Stop_flag As Boolean
3    If Btn_Fly.Text <> "파리" Then
4      Stop_flag = True
5      Btn_Fly.Text = "파리"
6      Exit Sub
7    Else
8      Btn_Fly.Text = "가동중"
9      Stop_flag = False
10     While Stop_flag = False
11       Call Fly_sub(1)
12       Call Fly_sub(2)
13       Call Fly_sub(64)
14       Call Fly_sub(16)
15       Call Fly_sub(8)
16       Call Fly_sub(4)
17       Call Fly_sub(64)
18       Call Fly_sub(32)
19     End While
20     Pb1.Out_A(0)
21   End If
22 End Sub

23 Private Sub Fly_sub( Num As Integer)
24   Dim dly As Integer
25   Pb1.Out_A(Num)
26   For dly = 0 To 100000
27     Application.DoEvents( )
28   Next
29 End Sub
```

[리스트 4-28] 파리 날기 프로그램

4-2 비 TTL 전압 제어

비 TTL 전압이란 일반적으로 TTL에 사용되는 전압인 +5*V*보다 높고 전류 또한 20*mA* 이상으로 클 경우를 말한다. 이러한 전압과 전류로 구동되는 대상체를 컴퓨터를 이용해 제어하려면 직접 제어하는 것은 불가능하며, 따라서 컴퓨터와 대상체 사이를 연결시켜주는 소자나 회로가 필요하다.

1) 트랜지스터를 이용한 제어

(1) 트랜지스터의 필요성

컴퓨터를 이용해 [그림 4-52]와 같은 대상체, 즉 12*V*, 200*mA*로 동작하는 꼬마전구나 12*V*, 170*mA*로 동작하는 냉각 팬 등을 제어하려는 경우를 생각해본다.

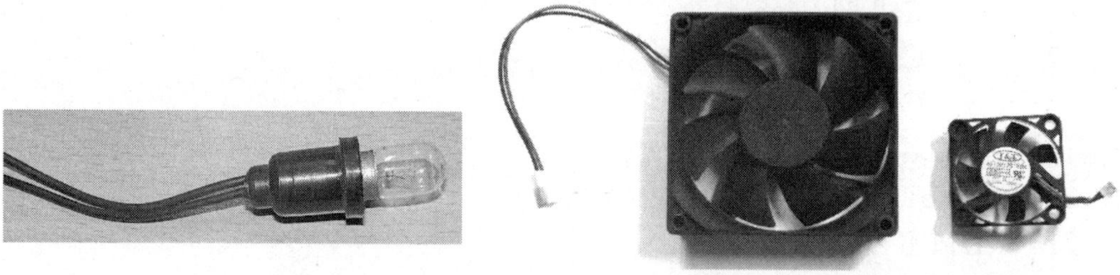

(a) 꼬마전구(12*V*, 200*mA*) (b) 냉각 팬(12*V*, 170*mA*)

[그림 4-52] 비 TTL 전압 대상체의 예

① 구동 전압의 문제

[그림 4-52]와 같은 꼬마전구나 냉각 팬을 컴퓨터를 이용해 제어하려면 몇 가지 고려해야 할 점이 있는데, 우선 전압과 전류의 비호환 문제이다. 지금까지 실험을 진행했던 LED의 경우 컴퓨터에서는 +5*V*의 전압이 발생하는데 비해 LED는 그보다 낮은 전압에서 동작하므로 저항 등을 이용해 전압을 낮춰 구동할 수 있었다. 그러나 꼬마전구나 냉각 팬의 경우 +5*V*보다 낮은 전압에서 구동되는 종류는 그다지 많이 않고, 대부분 컴퓨터 전압보다 훨씬 높은 전압을 사용하기 때문에 컴퓨터가 이를 직접 제어할 수 없다.

② 구동 전류의 문제

설령 +5V 이하로 동작하는 전구나 냉각팬이 있다면 이는 +5V로 제어가 가능하겠지만, 컴퓨터의 포트로부터 공급되는 전류가 일반적으로 수 mA에서 수 10mA 수준이므로 수 100mA 이상의 전류가 필요한 대상체를 구동할 수 없다.

우리가 사용하고 있는 실습키트의 경우 구동 전류가 상당히 큰 편으로서 약 20mA 정도까지 나올 수 있는데, 이전의 LED 실험에서는 이 이하이었으므로 충분히 구동하였다. 그러나 이러한 포트에 전구나 냉각팬을 접속할 경우 지나치게 많은 전류를 포트로부터 끌어내므로 포트 및 실습키트가 파손된다.

③ 인터페이스(interface)

앞서 포트 용어의 설명 중에 소개한 용어인 인터페이스가 현재 이 경우에 속한다. 즉 [그림 4-53]에 나타낸 바와 같이 +5V, 20mA의 용량까지만 사용할 수 있는 실습키트의 포트와 예를 들어 12V, 200mA 용량의 꼬마전구를 서로 접속하기 위해 이들 사이의 교량역할을 할 인터페이스 회로가 필요한 것이다.

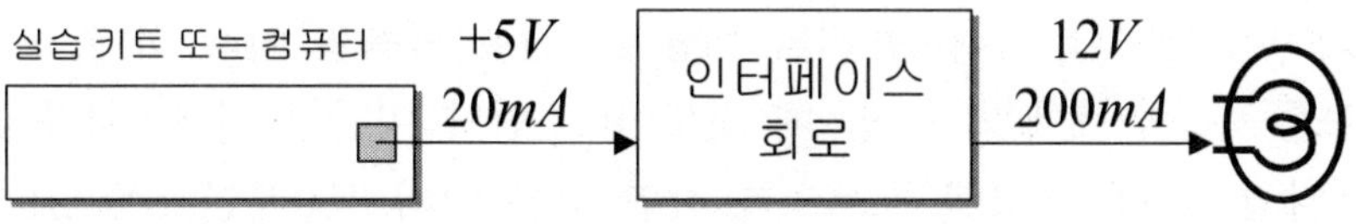

[그림 4-53] 인터페이스의 필요성

(2) 트랜지스터 소자

지금과 같이 작은 전압과 전류를 이용해 큰 전압과 전류의 대상을 제어하기 위해 가장 많이 사용되는 방법은 트랜지스터(Transistor) 소자를 이용하는 것이다.

① 트랜지스터 소자의 정의

여기서 다룰 트랜지스터는 정확히는 NPN-BJT(Bipolar Junction Transistor)라는 것인데, 혼동을 줄이기 위해 우선 트랜지스터라 부르기로 하고, 상세한 것은 이후에 차츰 진행하면서 소개한다. 트랜지스터는 [그림 4-54]에 나타낸 바와 같이 여러 가지 형태로 구성되어 있는데, 공통적인 것은 소자의 핀이 3개라는 것이다.

트랜지스터 소자의 기호는 [그림 4-55] (a)에 나타낸 바와 같이 구성되며, 핀의 명칭은 각각 그 역할에 따라 에미터(Emitter), 컬렉터(Collector), 베이스(Base)라 한다. 각 단어의 의미는 에미터는 내뿜다(emit)는 뜻이며, 이와 같이 내뿜게 된 근본 원인(base)을 제공하는 핀이라 해서 베이스, 에미터에 의해 뿜어진 전기를 다시 모은다(collect) 해서 컬렉터라 한다. 무엇이 어떻게 내뿜어지는지는 전문적인 내용이므로 여기서는 생략한다.

[그림 4-54] 각종 트랜지스터 소자의 외형

트랜지스터의 소자의 핀 명칭은 [그림 4-55] (a)의 화살표 붙은 쪽이 에미터, 판형 모양이 베이스, 선만 인출된 쪽을 컬렉터라 하고, 에미터의 화살표는 전류의 방향을 나타낸다.

이 트랜지스터의 기능은 결론적으로 [그림 4-55] (b)와 같이 요약할 수 있는데, 베이스에서 에미터로 전류 I_2를 흘리면, 컬렉터로부터 에미터로 이에 비례하는 큰 전류 I_1이 흐른다는 것이다. 얼마나 비례하는지의 비율을 "전류 증폭률"이라 하며, 트랜지스터마다 다르지만, 보통 수 백 배에서 수 만 배 정도이다. 만약 어떤 트랜지스터가 100배의 증폭률로 되어있다면, I_2에 $1mA$를 흐르도록 하면 I_1은 이의 100배인 $100mA$가 흐른다. 따라서 I_2를 조절해 큰 전류 I_1을 조절할 수 있는 소자이다.

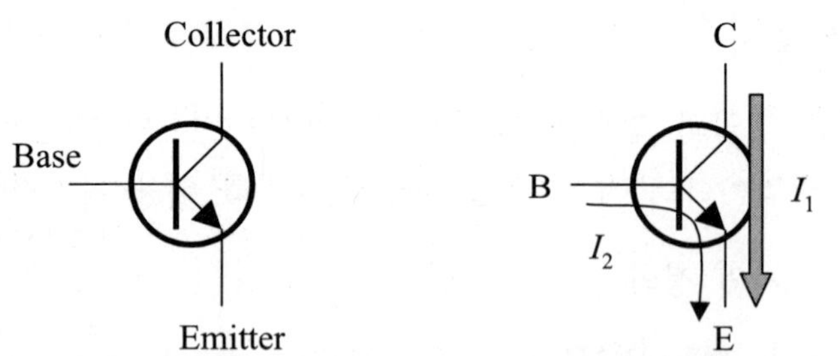

(a) 소자의 기호와 핀 명칭 (b) 소자의 동작방법

[그림 4-55]트랜지스터의 기호

② 트랜지스터의 전압 표기법

트랜지스터는 저항이나 LED 등과 달리 3개의 핀이 존재하기 때문에 전압을 표기하는 방법을 명확하게 정의해야 혼돈을 피할 수 있다. 〈표 4-1〉은 전자공학에서 트랜지스터에서의 각종 전압을 표기하는 방법을 요약한 것이다.

〈표 4-1〉트랜지스터 전압 표기법

	표기법	의 미	참 고
절대전압	V_B	베이스(Base) 전압	접지와의 전압 차
	V_C	컬렉터(Collector) 전압	
	V_E	에미터(Emitter) 전압	
상대전압	V_{BE}	B - E간 전압 : $V_{BE} = V_B - V_E$	트랜지스터 기호의 위부터 아래 순서
	V_{CE}	C - E간 전압 : $V_{CE} = V_C - V_E$	
	V_{CB}	C - B간 전압 : $V_{CB} = V_C - V_B$	
공급전압	V_{BB}	베이스(Base) 공급전압	
	V_{CC}	컬렉터(Collector) 공급전압	
	V_{EE}	에미터(Emitter) 공급전압	

이들은 [그림 4-56]에 나타낸 바와 같은 의미를 가진다.

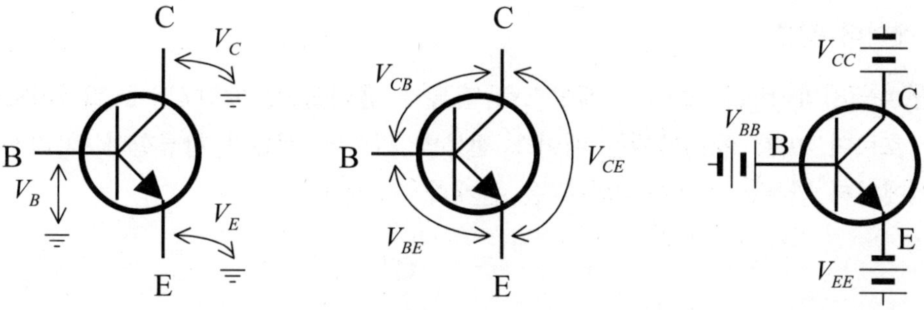

(a) 절대전압 (b) 상대전압 (c) 공급전압

[그림 4-56] 전압 기호의 의미

〈표 4-1〉에서 '절대전압'이란 전기 기준점(이를 '접지(接地, Ground')라 하며 그림의 땅 기호를 사용한다)인 접지와의 전압 차, 즉 각 단자 자체의 고유 전압을 의미한다. 이 경우에는 단자 명칭을 첨자로 사용해 각각 V_B, V_C, V_E라 표시한다.

'상대전압'이란 단자와 단자 사이의 전압차를 의미하며, 첨자는 두 단자를 표시하되 트랜지스터 기호의 위부터 아래(가장 위는 컬렉터, 다음은 베이스, 가장 아래는 에미터) 순서로 표시한다. 즉, 베이스와 에미터 사이의 전압은 V_{BE}, 컬렉터와 에미터 사이의 전압은 V_{CE}, 컬렉터와 베이스 사이의 전압은 V_{CB}로 표시한다.

'공급전압'이란 각 단자에 전기를 공급하는 소자, 즉 전원이 접속되어 있을 때 이를 표시하기 위한 것으로서, 만약 컬렉터에 전기를 공급하는 전원이 있다면 이는 V_{CC}라 표시하고, 에미터에 전원이 있다면 V_{EE}, 베이스에 전원이 있다면 V_{BB}라 표시한다.

③ 전류 표기법

원래의 트랜지스터 전류 표시는 [그림 4-57] (a)에 나타낸 바와 같이 소자 내부로 입력되는 방향을 (+)방향으로, 소자 바깥으로 나오는 전류를 (-)방향으로 표시하나, 이를 일일이 구분해 표시하기는 복잡하므로 관습적으로 [그림 4-57] (b)에 나타낸 것처럼 전류값이 항상 (+)가 되도록 트랜지스터 본래의 전류 방향을 (+)방향으로 간주해 사용한다.

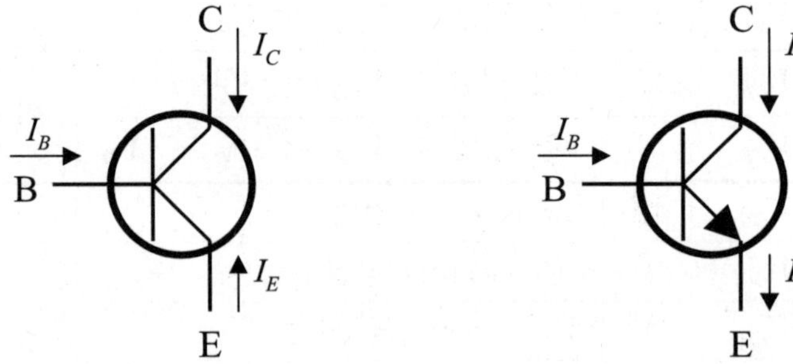

(a) 전류 방향의 정의 (b) 관습적인 전류방향

[그림 4-57] 전류 방향의 약속

④ 에미터 전류

[그림 4-58]의 트랜지스터는 베이스로 전류가 흘러들고, 이 때문에 컬렉터로부터 큰 전류가 흐르며, 이때 에미터에는 베이스 전류와 컬렉터 전류가 합류한다. 따라서 트랜지스터의 에미터 전류는 식 (4-4)와 같은 관계가 성립한다.

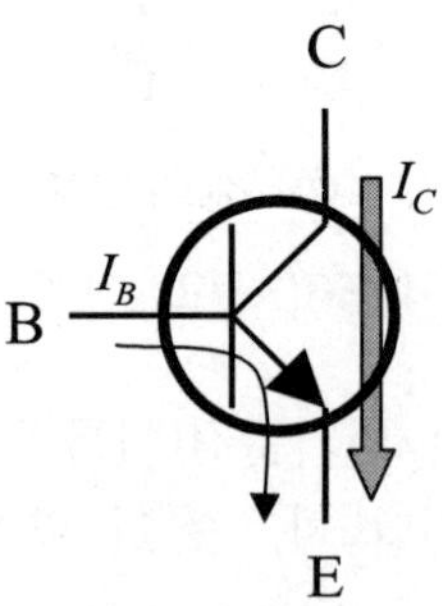

[그림 4-58] 에미터 전류

$$I_E = I_C + I_B \qquad \text{식 (4-4)}$$

⑤ 전류 증폭률 β

앞서 트랜지스터의 원리에서 베이스에 전류가 흐르면 컬렉터에는 이에 비례하는 큰 전류가 흐른다는 사실을 알고 있다. 이와 같이 작은 전류를 이용해 큰 전류를 제어하는 것을 '증폭(Amplify)'이라하며, 베이스 전류와 컬렉터 전류 사이의 비율, 즉 I_B가 흘렀을 때 I_C가 흐르는 비율을 전류 증폭률 β라하며, 이를 식으로 나타내면 다음과 같다.

$$\beta = \frac{I_C}{I_B} \qquad \text{식 (4-5)}$$

예 제

- 어떤 트랜지스터의 베이스에 $1mA$를 흘렸더니 컬렉터에 $100mA$가 흘렀다. 이때의 전류 증폭률 β는 얼마인가?

풀이) $\beta = \frac{I_C}{I_B} = \frac{100mA}{1mA} = 100$

(즉, 컬렉터 전류는 베이스 전류의 100배 크기로 흐른다. 만약, 베이스에 $2mA$가 흐른다면 컬렉터에는 $200mA$가 흐를 것이다.)

트랜지스터의 β값은 트랜지스터의 특성을 결정하는 매우 중요한 인수이므로 트랜지스터 메이커의 규격에 표시되어 있으며, 일반적으로 '전류 증폭률'이라 하면 이 β값을 가리킨다.

⑥ **베이스 전류**

트랜지스터의 베이스와 에미터 사이에는 [그림 4-59](a)와 같이 LED와 유사하게 오프셋 전압이 존재하며, 전류 특성은 [그림 4-59](b)와 같이 $0.6V$ 이상이 되어야 전류가 흐르기 시작하며, 일단 흐르면 급격히 흐르는 특성이 있다.

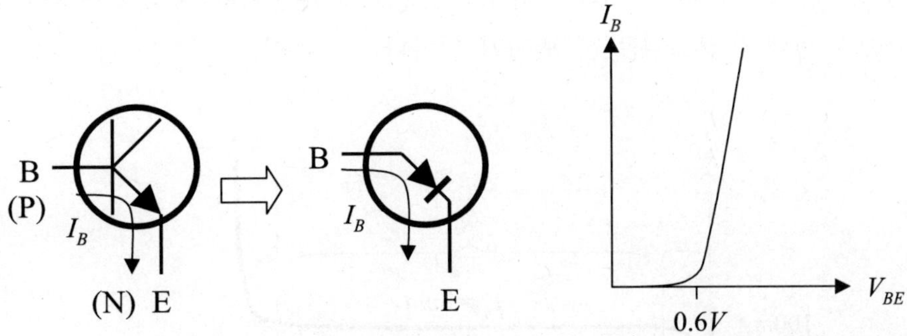

(a) 베이스-에미터의 관계 (b) 베이스 전류 곡선

[그림 4-59] 베이스-에미터의 관계

트랜지스터의 베이스와 에미터 사이에 존재하는 오프셋 성질은 트랜지스터를 이용하는 데 있어서 매우 중요한 요소이므로 완전히 숙지해 둘 필요가 있다.

⑦ 컬렉터 전류

앞서 트랜지스터의 원리에서, 트랜지스터의 컬렉터 전류는 베이스 전류에 의해 정해짐을 알 수 있었다. 즉, 만약 β = 100인 트랜지스터의 베이스에 $1mA$를 흐르게 하면 컬렉터에는 이의 100배인 $100mA$가 흐른다. 그러나 여기서 말하는 '$100mA$가 흐른다'는 표현은 정확히 '$100mA$가 흐를 수 있다'가 더 정확한 표현이다. 왜냐하면 만약 컬렉터 단자의 사정에 의해 $100mA$에 못 미치는 전류가 공급되고 있다면 실제로는 $100mA$가 흐를 수 없기 때문이다.

이와 같은 컬렉터 전류의 변화에 대한 여러 가지 상황을 분류해 각각 트랜지스터의 동작 상태로 나타낸다. [그림 4-60]에 이러한 트랜지스터 상황을 살펴보기 위한 간단한 회로를 나타내었다.

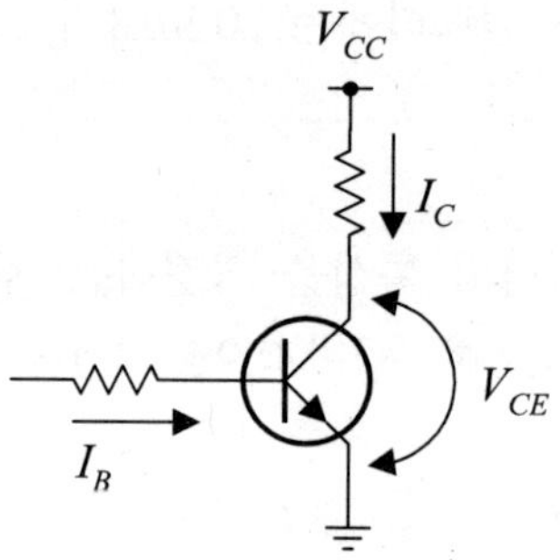

[그림 4-60] 컬렉터 전류 변화 관측을 위한 회로

그림에서 트랜지스터의 전류 증폭률 $\beta = 100$, 베이스 전류 $I_B = 1mA$이고, 컬렉터에 충분한 전류가 공급되도록 컬렉터 전압 V_{CE}가 충분히 크다면, 컬렉터 전류는 $100mA$가 흐를 것이다. 이러한 상태는 [그림 4-61]의 ⓐ영역에 해당되며, 트랜지스터의 V_{CE}가 상당히 변화해도 컬렉터 전류에는 큰 변화가 나타나지 않는다.

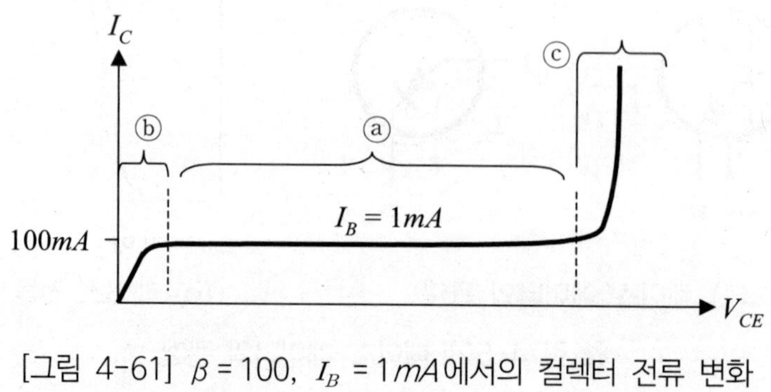

[그림 4-61] $\beta = 100$, $I_B = 1mA$에서의 컬렉터 전류 변화

그런데 만약 앞의 상황에서 트랜지스터의 V_{CE}가 점차 작아져 컬렉터 공급전류가 $100mA$에 못 미치는 상황이 된다면 [그림 4-61]의 ⓑ영역과 같이 전류가 점차 줄어든다. 이 때의 트랜지스터 상태는 베이스 전류에 비해 오히려 컬렉터 공급전류가 더 작다. 바꾸어 말하면, 흐를 수 있는 컬렉터 전류에 비해 베이스 전류가 지나치게 큰 상태이므로 이를 '포화(saturation)상태'라 한다.

이번에는 트랜지스터의 컬렉터 전압 V_{CE}가 계속 커진다면 어떤 한계에 도달하면 트랜지스터가 파괴되어 [그림 4-61]의 ⓒ영역과 같이 큰 전류가 흐른다. 이는 트랜지스터의 정상상태가 아니므로 일반적으로 이 부분까지는 표시하지 않으며, 트랜지스터가 파괴되는 상태를 의미하는 '항복(Breakdown)상태'라 한다.

(3) 트랜지스터 소자의 제어

① 트랜지스터의 상태

이상에서 살펴본 상황은 트랜지스터의 베이스 전류 I_B가 $1mA$일 경우를 가정한 상태이며, 만약, 베이스에 $2mA$가 흐르고 있었다면 컬렉터 전류는 $200mA$ 상태로 된 다른 그래프가 나타날 것이다. 이와 같이 베이스 전류 IB를 여러 가지 값에 고정시킨 상태에서 컬렉터 전압 V_{CE}를 증감시켜 얻은 그래프들을 한꺼번에 나타내면 [그림 4-62]와 같이 된다.

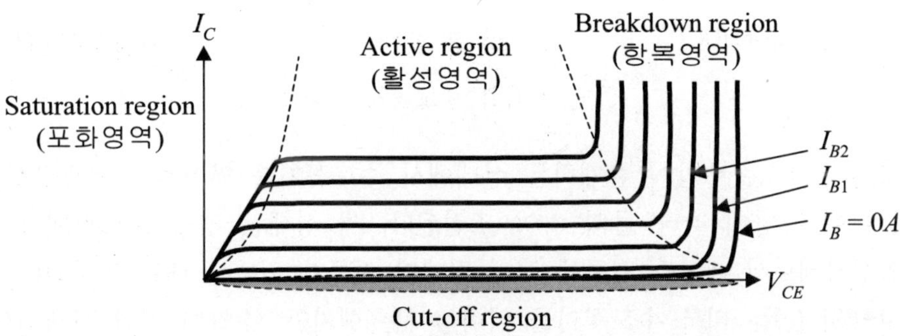

[그림 4-62] 여러 베이스 전류에 대한 컬렉터 전압-전류 특성 곡선

그림의 여러 그래프들 중에서 가장 아래에 위치한 것은 베이스에 전류가 흐르지 않을 때를 나타낸 것으로서, 이 때는 컬렉터 전류가 거의 흐르지 않으며 이는 마치 트랜지스터가 off된 것과 같으므로 이를 '차단(Cut-off)상태'라 하며, 그래프의 이러한 영역을 '차단영역'이라 한다.

그림의 중앙 부분은 트랜지스터가 정상적으로 동작하는 영역, 즉 베이스 전류에 의해 컬렉터 전류의 량이 조절되는 영역이므로 이를 '활성(Active)영역'이라 하며, 이 때의 트랜지스터 상태를 '활성상태'라 한다.

그림에서 베이스 전류가 커질수록 항복영역의 항복전압이 점차 낮아지는 것을 알 수 있는데, 이는 다음절에 설명할 트랜지스터의 정격 전력 때문이다. 즉, 트랜지스터가 견딜 수 있는 전력은 일정하게 정해져 있으므로, 동일한 V_{CE} 전압에 대하여 전류량이 커지면 그만큼 전력량이 커지므로 더 작은 전압에서 항복상태가 나타난다.

② 트랜지스터 상태에 대한 비유 설명

트랜지스터 특성 곡선에 사용된 용어 중 항복영역을 제외한 나머지 3개 용어, 즉 활성영역, 포화영역, 그리고 차단영역은 트랜지스터 동작 상태를 표현하는 중요한 용어들이므로 [그림 4-63]과 같이 수도꼭지의 비유를 통해 설명한다.

그림에서 수도꼭지는 트랜지스터의 베이스 전류를, 수압은 컬렉터 전압을, 그리고 흐르는 물은 컬렉터 전류를 나타낸 것이다. [그림 4-63] (a)는 수도꼭지가 완전히 잠긴 상태로서 이는 수압이 존재해도 꼭지가 잠겨 있으므로 물은 흐르지 않으며, 이 상태가 트랜지스터의 차단상태이다. 즉, 베이스 전류가 없으므로 컬렉터 전류는 흐르지 않는다.

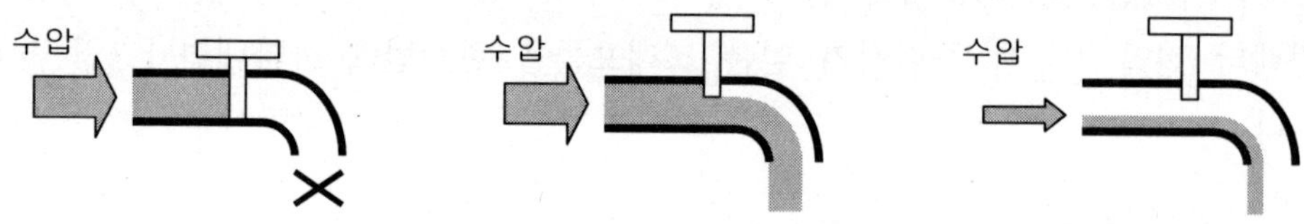

(a) 차단상태 (b) 활성상태 (c) 포화상태

[그림 4-63] 수도꼭지의 비유

[그림 4-63] (b)는 수압이 존재하는 상태에서 수도꼭지를 열어놓은 것으로서 이 때는 수도꼭지의 여는 양에 따라 물의 량이 조절된다. 이 상태는 정상적인 트랜지스터 동작 상태인 활성상태로서 베이스 전류에 의해 컬렉터 전류가 원하는 대로 조절된다.

[그림 4-63] (c)는 비록 수도꼭지를 열어놓기는 했지만, 수압이 약한 상태이므로 수도꼭지를 조절해도 물의 량은 조절되지 않으며, 주어진 수압에 비해 수도꼭지가 지나치게 많이 열려있는 상태이다. 이는 트랜지스터의 포화상태로서, 베이스 전류가 흐름에도 불구하고 컬렉터 전류가 그에 미치지 못해 조절이 되지 않는 상태, 거꾸로 표현하면 컬렉터 전류의 량에 비해 베이스 전류가 '지나치게 큰' 상태, 또는 '충분히 큰 상태'이다.

③ 트랜지스터 스위치

트랜지스터가 차단상태와 포화상태를 오가며 동작하는 것을 트랜지스터의 스위칭(switching)동작이라 하며, 이러한 동작은 디지털 논리회로의 기본이 된다. 이 동작은 전류를 완전히 흐르지 않도록 차단하거나 또는 모든 전류가 완전히 흐를 수 있도록 충분한 베이스 전류가 공급되는 포화상태로 동작해야 한다. 이러한 트랜지스터 스위치는 작은 전류를 이용해 큰 전류를 스위치 같이 제어하는 용도에 사용되며, 이러한 예를 몇 가지 설명한다.

비교적 작은 전류로 동작하는 LED를 구동하기 위한 회로 예를 [그림 4-64]에 나타내었다.

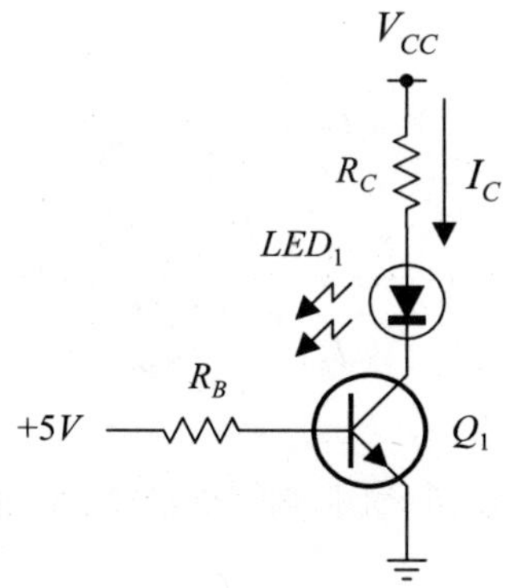

[그림 4-64] 트랜지스터에 의한 LED 구동회로

[그림 4-64]의 예는 컴퓨터 포트에서 출력되는 +5V를 이용해 LED를 구동하기 위한 회로 예를 나타낸 것으로서, 포트의 출력을 베이스 전류제한 저항 R_B를 거쳐 트랜지스터로 공급하고, 트랜지스터는 이 전류를 증폭해 LED_1을 구동한다.

트랜지스터 회로의 설계는 베이스단 회로 설계와 컬렉터단 회로 설계의 2단계로 이루어진다. [그림 4-64]에서 LED_1의 구동전압은 컴퓨터에서 사용하는 전압과 동일한 +5V를 사용하고, LED는 12mA의 전류로 구동하는 것을 목표로 한다면, [그림 4-64]에서 LED를 구동하는 전류는 트랜지스터의 컬렉터 전류이므로, 트랜지스터의 베이스 전류는

$$I_B = I_C / \beta$$

로서 구할 수 있다. 즉, 트랜지스터의 β값이 결정되면 그에 따라 베이스 전류를 구할 수 있는데, 만약 트랜지스터의 품종에 따라 β값이 달라지면 동일한 베이스 전류에 대한 컬렉터 전류가 변해 LED의 밝기가 달라진다. 이러한 현상을 방지하기 위해서, 트랜지스터를 완전히 포화상태로 동작시켜 LED 전류가 트랜지스터의 β값과 무관하게 흐르도록 하기 위해 충분한 베이스 전류를 공급해야 한다.

트랜지스터의 β값은 트랜지스터의 온도에 따라, 또는 품종에 따라 다르기 때문에 최악의 조건을 가정해 $\beta = 100$인 경우에도 충분히 포화될 수 있는 베이스 전류를 공급해야 한다. (서적에 따라서는 최악의 값을 $\beta = 20$으로까지 정하기도 하는데, 최근의 트랜

지스터는 β값이 보통 100 이상을 충분히 넘어선다) 따라서, 최악의 조건을 $\beta=100$으로 가정하면 베이스 전류는 다음과 같다.

$$I_B = I_C / \beta = 12mA / 100 = 120\mu A$$

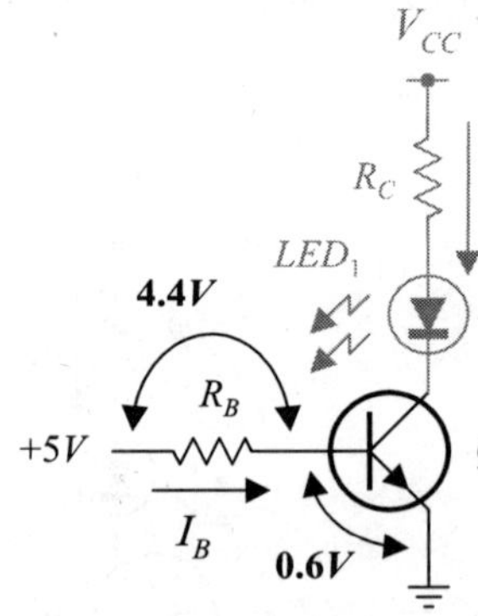

[그림 4-65] 베이스단 설계 과정

[그림 4-65]는 베이스단 설계과정을 나타낸 것으로서, 포트로부터의 출력전압은 +5V이고, 트랜지스터의 V_{BE}, 즉 오프셋 전압은 0.6V이므로 베이스 저항 R_B 양단에 나타나는 전압차는

$$V_{RB} = V_{BB} - V_{BE} = +5V - 0.6V = 4.4V$$

로서 4.4V가 된다. 따라서 베이스 저항 R_B는 다음과 같이 구할 수 있다.

$$R_B \le \frac{V_{RB}}{I_B} = \frac{4.4V}{120\mu A} = 36.667K\Omega$$

즉, 트랜지스터가 충분히 포화되려면 베이스 저항 R_B는 36.667$K\Omega$ 보다는 작아야 하며, 따라서 이 경우 R_B를 30$K\Omega$으로 결정한다면 트랜지스터의 실제 베이스 전류는 다음과 같다.

$$I_B = \frac{4.4V}{30K\Omega} = 146.7\mu A$$

이 경우 컬렉터 전류는 이의 100배인 14.67mA까지 포화영역으로 동작시킬 수 있다.

다음은 컬렉터 단 설계에 대한 사항을 살펴보기 위해 [그림 4-66]에 회로를 나타내었다.

LED는 오프셋 전압이 일반적으로 약 1.2V이고, 트랜지스터의 포화전압은 보통 약 0.2V 정도이므로 전압분포는 [그림 4-66]과 같이 되며, LED의 전류는 앞서 설정한 바와 같이 $12mA$였으므로 컬렉터 저항 R_C는 다음과 같이 구할 수 있다.

$$R_C = \frac{3.6V}{12mA} = 300\Omega$$

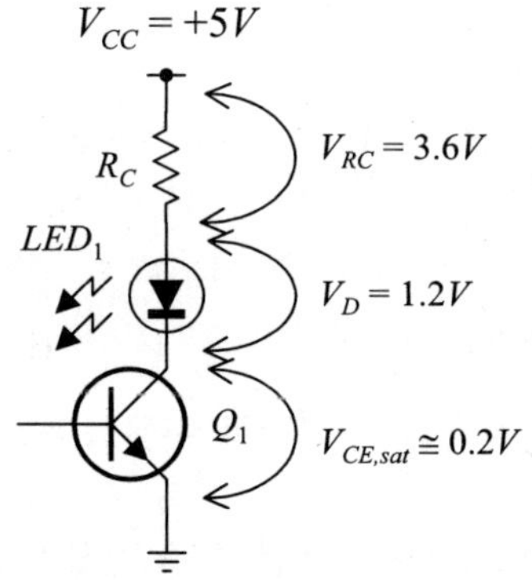

[그림 4-66] 컬렉터 단 설계 과정

연습문제

- LED를 $15mA$로 구동하기 위한 저항 값들을 계산하시오.

④ 트랜지스터를 이용한 꼬마전구의 on/off 제어 실험

이상에서 학습한 지식들을 바탕으로 $+5V$보다 높은 전압으로 동작하는 대상 중 꼬마 전구를 on/off 제어하는 실험을 진행한다.

가. 회로의 조건

실험에 사용할 꼬마전구는 $12V$용을 사용할 것이며, 전류는 다른 실험들에서도 활용할 수 있도록 $250mA$ 정도를 목표로 한다.

나. 회로의 설계

이 회로의 경우 꼬마전구 자체가 저항이므로 동작전압이 정해지면 컬렉터 전류는 자체적으로 정해지므로 컬렉터단의 설계과정은 필요 없고 단지 베이스단의 설계만으로 종료된다.

[그림 4-67] (a)는 앞서 제시한 회로의 조건들을 나타낸 것으로서 최대 $250mA$의 전류가 충분히 통과할 수 있는 포화조건을 설계하는 것이 목표이다. 만약 트랜지스터의 β 값을 최소 100으로 가정한다면, 베이스 전류는 다음 식에 의해 결정된다.

$$I_B = 250mA / 100 = 2.5mA$$

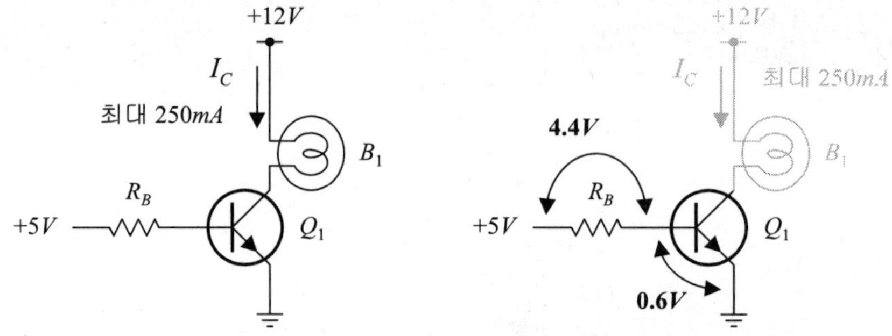

(a) 회로의 조건들 (b) 베이스단 설계

[그림 4-67] 꼬마전구 구동회로의 설계

최소의 베이스 전류가 정해졌으므로 [그림 4-67] (b)의 과정에서 컴퓨터 포트의 출력 전압은 +5V이고, 트랜지스터의 오프셋 전압은 0.6V이므로 나머지 전압은 모두 베이스 저항 R_B에 인가된다. 따라서 앞서 구한 베이스 전류가 흐르기 위해서는 다음과 같이 저항이 계산된다.

$$R_B \le \frac{4.4V}{2.5mA} = 1.76K\Omega$$

따라서 베이스 저항은 이 저항보다 충분히 작은 값을 적용하면 트랜지스터는 포화될 수 있으며, 여기서는 1$K\Omega$ 등을 사용한다.

다. 회로의 구성

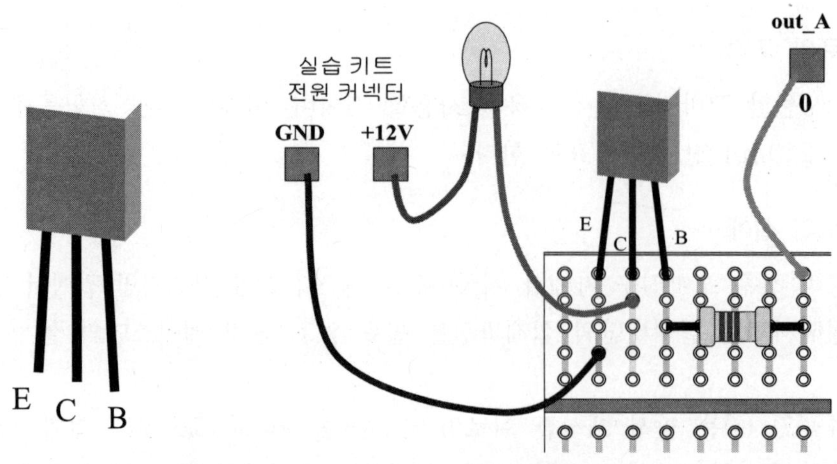

(a) 트랜지스터의 핀배치 (b) 회로의 구성

[그림 4-68] 꼬마전구 구동회로의 구성

이 실험에서 사용할 트랜지스터는 [그림 4-68] (a)에 나타낸 바와 같이 소형 규격인 2SC1815, 2SC3198 또는 이와 동등품을 사용한다. 이 트랜지스터는 소자명칭이 기록된 면을 앞으로 봤을 때 왼쪽부터 에미터, 컬렉터, 베이스의 순서로 핀이 구성되어 있으며, 핀이 다르게 끼워진 경우 이 실험에서는 +12V를 사용하므로 트랜지스터는 물론 실습키트까지 파손될 수 있으므로 유의한다.

1$K\Omega$ 저항은 갈색, 흑색, 적색이다.

라. 프로그램의 구성

비주얼베이직을 새로 시작하여 "새 프로젝트"를 선택하고 "Windows Forms 응용 프로그램"을 선택하며, 아래쪽에 이름을 "TR-01"이라 설정하고 "확인"을 누른다.

새로운 폼에 PB 컨트롤을 배치하고 [그림 4-69] (a)와 같이 2개의 버튼 컨트롤을 배치한 후 속성을 조절한다.

(a) 폼의 형태

컨트롤	속성	값
Button1	(Name)	Btn_On
	Font	굵게, 12
	Text	On
Button2	(Name)	Btn_Off
	Font	굵게, 12
	Text	Off

(b) 속성 설정

[그림 4-69] 실험 회로 제어를 위한 프로그램

```
Private Sub Form1_Load( ... ) Handles MyBase.Load
  Pb1.Init()
End Sub

Private Sub Btn_On_Click( ... ) Handles Btn_On.Click
  Pb1.Out_A(1)
End Sub

Private Sub Btn_Off_Click( ... ) Handles Btn_Off.Click
  Pb1.Out_A(0)
End Sub
```

[리스트 4-29] 실험 회로 제어를 위한 프로그램

[리스트 4-29]와 같은 프로그램을 구성하고 on 버튼과 off 버튼을 눌러 동작을 확인해 보라.

- 라인 2 : 폼 바탕을 더블클릭하고 입력한 실습키트를 초기화 하는 명령이다.
- 라인 5 : On 버튼을 더블클릭하고 입력한 것으로서, 포트-A의 0번 비트를 켠다.
- 라인 8 : Off 버튼을 더블클릭하고 입력한 것으로서, 포트-A의 0번 비트를 off한다.

⑤ 냉각 팬의 제어

컴퓨터에서 사용하는 냉각팬의 경우 대부분 12*V*이므로 [그림 4-70]과 같이 꼬마전구 대신 접속하면 전구의 경우와 동일하게 동작한다. 이 때 냉각팬은 내부가 전자회로로 이루어진 BLDC라는 전동기이므로 (+), (-)극을 구분해 접속해야 한다.

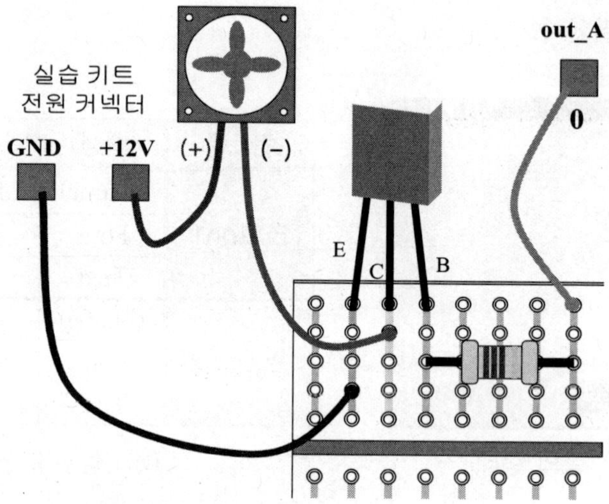

[그림 4-70] 냉각팬 구동회로의 구성

(4) 유도성 소자의 제어

이상에서 실험한 트랜지스터를 이용한 꼬마전구 회로에서 +5*V*보다 큰 전압, 트랜지스터가 견딜 수 있는 큰 전류까지 컴퓨터를 이용해 제어할 수 있었다. 그러나 이 회로에 릴레이나 브러시 직류 전동기와 같은 대상체를 사용하면 트랜지스터가 파손되며, 현재의 트랜지스터보다 더 큰 용량의 것을 사용해도 파손된다. 이는 트랜지스터의 용량이 부족해서 발생하는 것이 아니라 릴레이와 전동기의 특성에 의해 발생하는 문제점이다.

① 솔레노이드(Solenoid)

솔레노이드란 권선이 여러 회 감겨있는 부품을 통칭하는 것으로서, 이 중 전자 부품용으로 사용되는 것을 특히 인덕터(inductor)라 한다. 솔레노이드를 구성하는 기본 부품은 가늘고 긴 전선[이를 코일(coil)이라 한다]이며, 이 전선에 전류가 흐르면 [그림 4-71] (a)와 같이 전선 주위에 자계가 형성된다. 이 전선을 [그림 4-71] (b)와 같이 원형으로 구부리면 자계는 전선의 중앙으로 집중되는데, 이와 같은 형상의 전선을 루프(loop)라 한다. 이러한 루프를 여러 개 형성하면 [그림 4-71] (c)와 같이 모든 자계가 중앙에 집중되는데, 이를 솔레노이드라 한다. 또한 [그림 4-71] (d)와 같이 솔레노이드 중앙에 금속 막대를 위치시키면 자계가 유도되어 외부로 흩어지지 않고 강력한 자계를 발생한다.

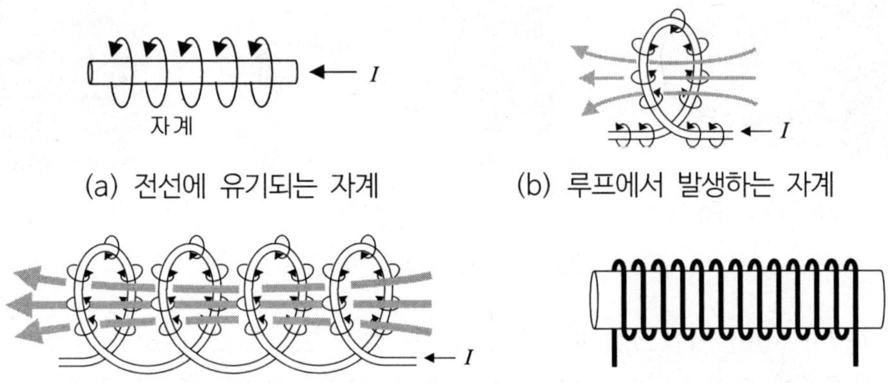

(a) 전선에 유기되는 자계　　(b) 루프에서 발생하는 자계

(c) 솔레노이드의 자계　　(d) 철심 코어의 삽입

[그림 4-71] 솔레노이드의 구조

② **릴레이에 의한 제어**

만약 컴퓨터에 의해 전등 스위치를 움직일 수 있다면 큰 전기를 제어할 수 있는데, 이와 같은 용도에 사용되는 소자가 릴레이이다. 릴레이 소자란 작은 전기를 제어하여 큰 전기를 제어할 수 있는 기계적 소자로서, 그 구조와 기호를 [그림 4-72] (a)에 나타내었다.

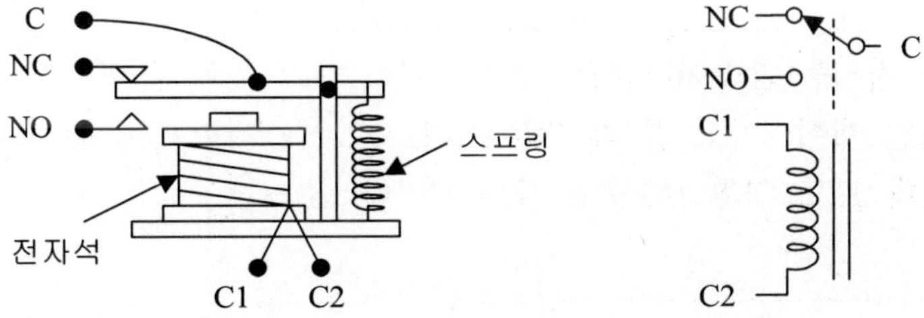

(a) 내부 구조　　(b) 회로 기호

[그림 4-72] 릴레이의 구조와 기호

[그림 4-72] (a)에서, 솔레노이드로 구성된 전자석의 코일 단자인 C1, C2에 전류를 흘리면 이 전자석은 위쪽의 철판을 당기며, 이 철판은 전기 접점을 움직여 큰 전류를 제어할 수 있다. 즉, 코일에 전류를 흘림으로서 스위치를 움직이도록 한 것이다. 코일에 전

류가 흐르지 않으면 스프링에 의해 접점은 원래대로 복귀된다. 각 접점들 사이를 이동하는 철판 부분을 common이라 하여 'C'로 표시하고, 평소에 접점이 붙어있는 쪽을 NC (Normal Closed), 평소에 접점이 열려있는 쪽을 NO(Normal Open)이라 한다. [그림 4-73]에 이의 실물 사진들을 나타내었다.

(a) 실물 사진 (b) 접점부 (c) 케이스의 기호

[그림 4-73] 릴레이의 구조

[그림 4-73] (a)는 케이스를 제거한 릴레이의 내부 모습으로서, 중앙 왼쪽에 접점들이 있으며, 아래쪽에 "12VDC"라 인쇄된 부분이 솔레노이드이다. 즉 이 솔레노이드는 12*V* 직류(DC)용이다. [그림 4-73] (b)는 접점부를 확대한 것으로서, 솔레노이드에 전류가 흐르면 자석이 되어 위쪽의 철편을 당기고, 여기에 함께 부착된 스위치가 움직이도록 구성되어 있으며, 우측에 복귀용 스프링이 보인다. [그림 4-73] (c)는 외부 케이스에 인쇄된 내부 접점의 구성도로서, 솔레노이드 접점이 ⑦번과 ⑧번 핀에, 나머지가 스위치를 구성하고 있다.

이와 같은 릴레이 소자는 우리 주변에서 매우 광범위하게 사용되고 있는 것으로서 사용 예는 다음과 같다.

자동차 방향 지시등(깜박이) 점멸 텔레비전 전원 제어 (켜고 끌 때 '틱' 소리) 컴퓨터 모니터 모드 전환 (해상도 전환 시 '틱' 소리) :

③ 인덕턴스(Inductance)

릴레이와 같은 솔레노이드 형태의 부품에 전류가 흐르면 특이한 현상이 발생하는데, 솔레노이드를 통과하는 전류에 관성이 붙는다는 것이다. 관성이란 어떤 물체가 운동할 때 하던 운동을 계속 지속하려는 성질을 의미하는데, 예를 들어 달리던 버스가 정지하면 안에 있던 사람들은 계속 달리려는 관성이 있어 앞쪽으로 쏠리게 되는 현상이다. 또한 반대로 버스가 출발하면, 안에 있던 사람들은 계속 정지해 있으려 하므로 이번에는 뒤로 쏠리는 현상이 발생한다. 이와 유사하게 솔레노이드를 통과하는 전류도 이러한 현상이 나타나며, 이를 전기/전자 용어로 인덕턴스라 하며, 이러한 현상을 이용하는 전자 부품을 인덕터(Inductor)라 한다.

이러한 인덕턴스 현상 때문에 솔레노이드 구조로 되어 있는 기기를 제어할 때 유의할 필요가 있는데, 이의 원리를 [그림 4-74]에 비유적으로 나타내었다.

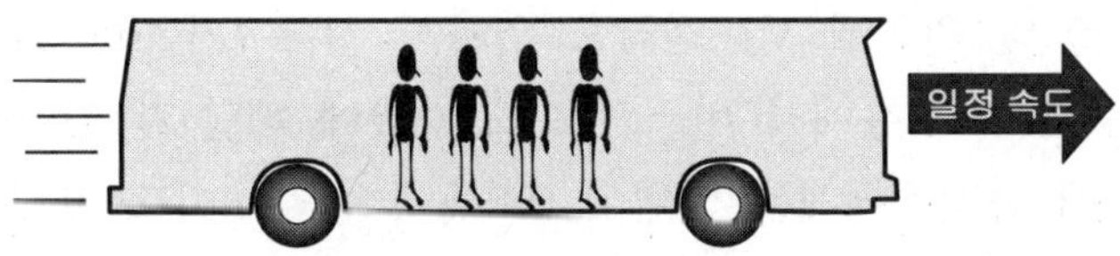

(a) 일정한 속도일 때

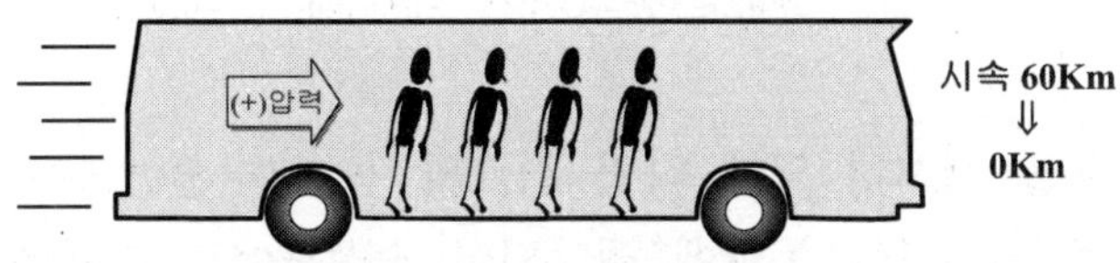

(b) 서서히 정지할 때

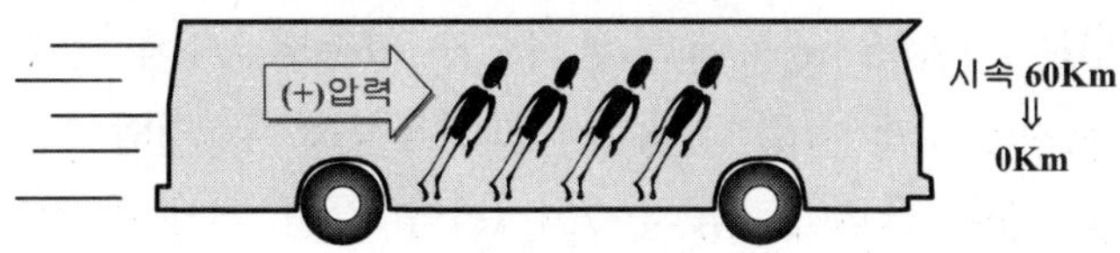

(c) 급하게 정지할 때

(d) 0.1초만에 정지할 때

[그림 4-74] 솔레노이드에서의 전류 비유

[그림 4-74] (a)는 어떤 버스가 일정한 속도로 운행하고 있는 경우를 나타낸 것으로서, 이 때 버스 안의 승객에게는 아무런 압력이 인가되지 않는다.

[그림 4-74] (b)는 예를 들어 시속 60Km로 달리던 버스가 정류장에 도달해 먼 거리에서부터 서서히 0Km로 속도를 줄이면 승객들에게는 약간의 압력이 앞쪽으로 가해지며 승객들이 앞쪽으로 쏠리는 현상을 겪는다.

[그림 4-74] (c)는 동일하게 시속 60Km에서 0Km로 속도를 줄이기는 하나 비교적 짧은 시간에 줄이면, 즉 정류장 거의 다와서 갑자기 속도를 급격히 줄이면 내부의 승객

들은 앞쪽으로 상당한 압력을 받는다.

[그림 4-74] (d)는 동일하게 60Km부터 0Km로 줄어든 것이기는 하나, 단 0.1초만에 줄어드는 상황, 즉 사고가 발생하면 내부의 승객들은 앞쪽으로 엄청난 압력을 받아 차창 밖으로 튕겨나가는 상황까지 발생한다.

[그림 4-74]의 4가지 경우에서 알 수 있듯이 모두 동일한 60Km인 상황이지만 속도가 0Km까지 줄어들 때 "얼마만큼 시간동안"이라는 사실이 매우 중요하게 작용한다.

솔레노이드의 경우에서도 이와 완전히 동일한 현상이 발생하는데 [그림 4-75] (a)와 같이 어떤 솔레노이드의 왼쪽에 V1 전압을 인가해 전류 I가 흐르고, 이 전류에 변화가 없는 상태라면 이는 앞서 비유에서 버스의 속도(전류에 해당)가 일정하게 유지되고 있는 것과 동일하며, 이 때 승객들에게는 압력이 0이듯이 솔레노이드 자체 전압 V2에는 전압 차가 없다. 즉 이 상태에서의 솔레노이드는 오직 긴 전선에 불과하기 때문에 전기가 흐르는데 전혀 지장을 주지 않고 그대로 통과하기 때문에 솔레노이드 자체에는 전압이 인가되지 않는다.

이 때 만약 저항 R을 서서히 크게 하면 회로의 전류가 줄어드는데, 전류가 줄어드는 동안은 버스의 속도가 줄어드는 동안에 해당되어 솔레노이드 자체에서 전압 V2가 발생한다. 이는 버스의 속도가 줄어드는 동안에 승객들의 앞쪽으로 압력이 발생하는 것과 동일하다. 이 때 발생되는 전압은 왼쪽에 기본적으로 접속된 V1에 더해 V2가 발생하는 것으로서 이는 마치 전지를 2개 직렬 접속한 것과 유사해 두 전압이 합산된 전압이 발생한다. 더 구체적으로 예를 들면 [그림 4-75] (c)와 같이 본래의 전압 V1이 만약 +5V였고, 이 때 전류가 줄어든 것이 원인으로 발생된 솔레노이드의 전압이 +2V였다면 저항 R에는 +7V의 전압이 인가되는 것이다.

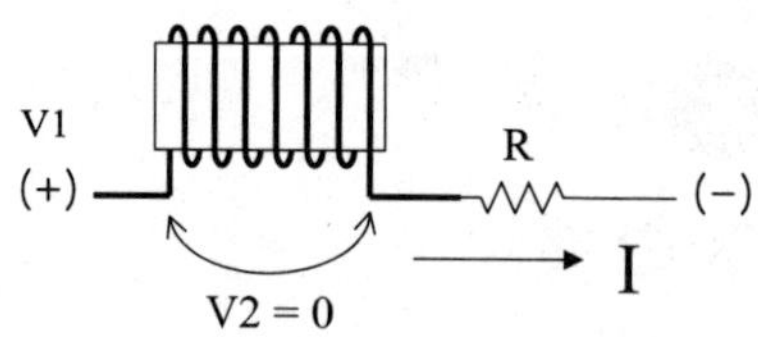

(a) 일정 전류가 흐를 때

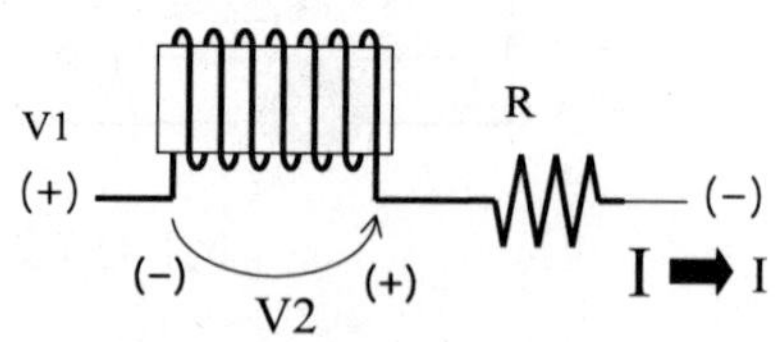

(b) 전류가 점차 줄어들 때

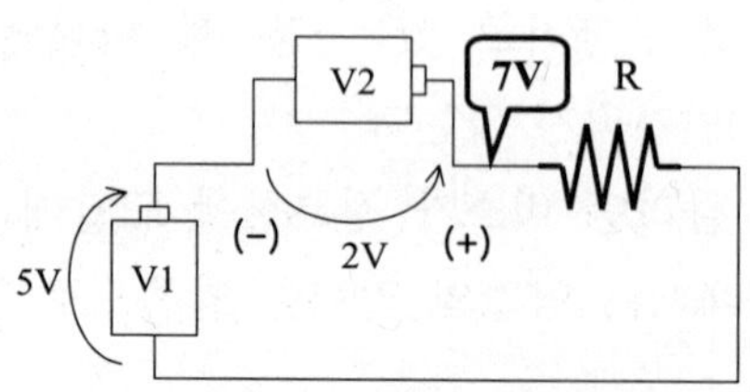

(c) 생성된 전압의 예

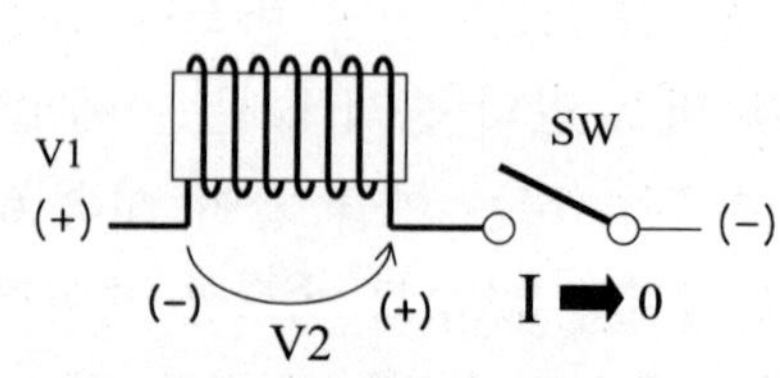

(d) 순간적으로 전류가 0이 되는 회로

[그림 4-75] 솔레노이드에서의 전압 생성

본래의 +5*V*보다 더 높은 전압이 생성되는 것은 "전류가 줄어드는 순간"에만 나타난다. 버스가 정차하는 순간에만 압력이 발생하는 것과 동일하다.

한편, 앞서 버스 속도를 감소하는 예에서와 같이 솔레노이드에서도 전류를 얼마만큼의 시간에 이와 같이 줄이는가에 따라 솔레노이드 자체에서 발생되는 전압이 달라지며, 만약 [그림 4-75] (b)의 예에서 전류를 10초 사이에 줄였을 때 2*V*가 생성되었다면, 동일하게 전류를 줄이더라도 5초 만에 줄이면 전압은 이의 2배인 4*V*가 생성된다. 1초 만에 줄이면 20*V*가 생성되며, 0.1초 만에 줄이면 200*V*가 발생하고, 0.01초 만에 줄이면 2,000*V*가 발생한다.

언뜻 보면 믿어지지 않는 현상이겠지만, 이 원리를 이용해 고압을 생성하며, 예를 들어 과거의 CRT 텔레비전이나 모니터의 경우 전원을 켜면 텔레비전이나 모니터 주변에 정전기 소리가 나면서 동작하던 기억이 있을 것이다. 이는 CRT라는 부품이 동작하기 위해 초고압 전압을 생성해 동작하는 것으로서, 내부에서 솔레노이드의 이러한 원리를 이용해 보통 20,000*V* 이상의 전압을 생성하는 과정에서 발생하는 정전기 현상이다. 참고로, 우리가 일상적으로 겪는 정전기가 약 20,000*V* 정도이다. 또한 승용차와 같은 가솔린 엔진의 경우 엔진 내부에 연료와 공기를 흡입하고 불꽃을 튀겨 불을 붙이는 "점화 플러그"라는 부품이 있는데, 이 부품에도 매우 높은 고압 전기를 넣어 불꽃을 일으키는 원리이며, 자동차의 +12*V* 전압으로부터 점화플러그용 수천V 전압을 생성하는 "점화 코일" 또한 솔레노이드의 이러한 원리를 이용한 것이다. 전기 점화방식 가스렌지에서 손잡이를 돌리면 버너에서 자동으로 불꽃이 튀는 고압 또한 이 원리에 의해 생성한 전압이며, 휴대폰 보조 배터리의 내부 전압은 4.3*V*이지만 이를 휴대폰으로 공급할 때 5*V*로 승압하는 원리도 솔레노이드의 원리이다.

따라서 [그림 4-75] (d)와 같이 만약 스위치로 구성된 회로에서는 스위치가 off되는 시간이 극히 짧은 시간에 이루어지므로 전류가 멈추는 잠깐 동안 솔레노이드에서는 엄청난 전압이 생성된다. 이러한 원인으로 인해 솔레노이드로 구성된 기기를 스위치를 이용해 on/off 하도록 설치된 기기에서는 스위치 off시 스위치 접점 부분에 스파크가 발생해 시간이 지나면 스위치 접점이 모두 녹아 주기적으로 새것으로 교체해야 한다.

[그림 4-76] (a)는 앞서 실험에 사용했던 꼬마전구 제어회로를 다시 나타낸 것으로서, [그림 4-76] (b)와 같이 단순히 꼬마전구를 릴레이로 대체시킨 경우 트랜지스터가 동작할 때는 전류가 계속 흐르므로 릴레이가 동작하지만, 트랜지스터를 off하는 순간 릴레이 내부의 솔레노이드에 의해 고압이 발생하므로 트랜지스터가 파괴된다.

여기서 말하는 트랜지스터가 파괴된다는 의미는 단순히 소자가 고장이 발생하는 정도가 아니라 실재로 파손되어 깨지거나 폭발한다.

따라서 트랜지스터를 이용해 솔레노이드로 구성된 기기를 제어할 경우 이와 같은 고압 발생 현상을 반드시 방지해야 하며, 이러한 방지회로 종류를 스너버(snubber) 회로라 한다. 스너버 회로에는 여러 가지가 있는데 간편하고 효과가 좋은 다이오드를 이용한 스너버 회로를 주로 사용한다.

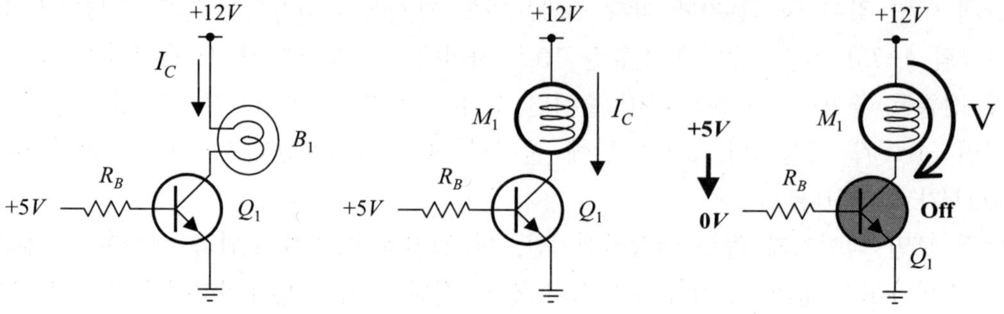

(a) 꼬마전구 회로 (b) 전동기 on 상태 (c) 전동기 off 순간

[그림 4-76] 솔레노이드에서의 전압 생성

④ **다이오드**(Diode)

다이오드란 전류의 방향에 따라 전류를 통과시키거나 차단하는 역할을 하며, 이러한 개념을 [그림 4-77]에 나타내었다.

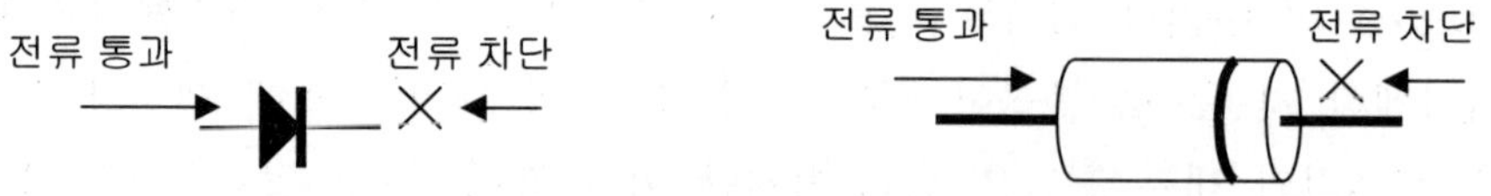

(a) 기호에 의한 표시 (b) 실물에 의한 표시

[그림 4-77] 다이오드의 전류 제어

[그림 4-77]에 나타낸 바와 같이 전류는 다이오드의 방향에 따라 흐름이 다르며, 전류가 흐를 수 있는 방향을 '순방향(順方向, forward bias)', 전류가 차단되는 방향을 '역방향(逆方向, reverse bias)'이라 한다. 또한 [그림 4-78]과 같이 전류가 들어가는 방향을 애노드(Anode)라 하고 전류가 나오는 방향을 캐소드(Cathode)라 한다. 사실 앞서 소개한 LED는 이 다이오드의 한 부류이므로 당연하지만 모든 용어들과 한쪽 방향으로 전류가 흐르는 성질이 동일하다.

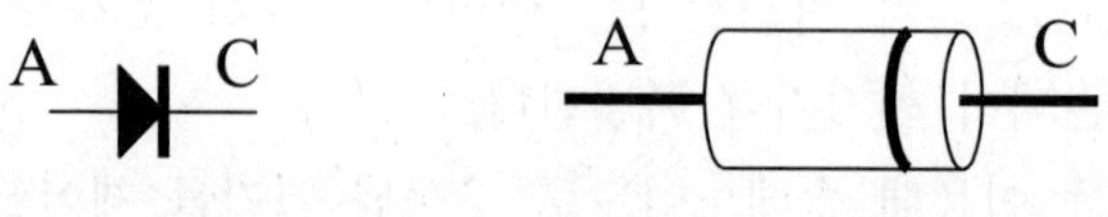

[그림 4-78] 다이오드의 극성 명칭

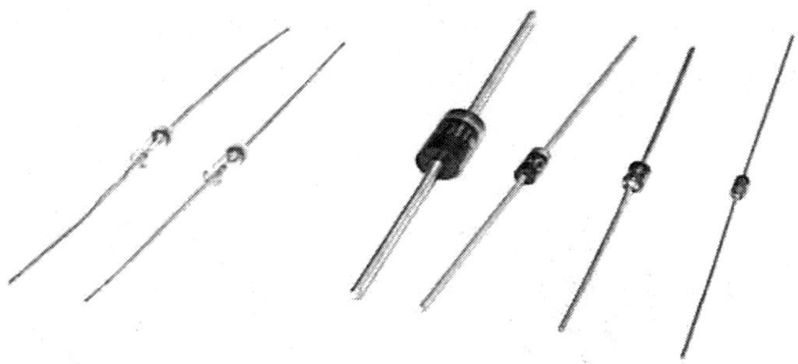

(a) 게르마늄 다이오드 (b) 실리콘 다이오드

[그림 4-79] 다이오드의 실물 사진

다이오드에 순방향 전압이 인가되어도 언제든지 전류가 흐르는 것은 아니고, 반도체 구성 물질에 따라 특정 전압 이상을 넘어서야 흐를 수 있는데, 이를 오프셋 전압, 또는 문턱 전압이라 한다. 이러한 오프셋 전압은 반도체 물질이 게르마늄(Ge)일 때는 약 0.2 V ~ 0.3 V, 실리콘(Si)일 때는 약 0.5 V ~ 0.6 V이다.

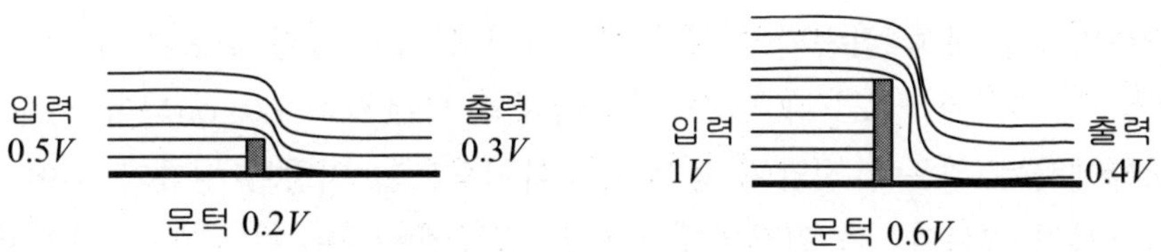

(a) 게르마늄 다이오드 (b) 실리콘 다이오드

[그림 4-80] 오프셋 전압의 개념

[그림 4-80] (a)에서, 게르마늄 다이오드에 0.5 V의 입력을 인가했을 경우 다이오드 자체에서 약 0.2 V의 오프셋 전압을 유지하고 나머지 0.3 V의 전압이 출력으로 나타나며, [그림 4-80] (b)에서는 실리콘 다이오드에 1 V의 입력을 인가하면 다이오드에서 약 0.6 V의 오프셋 전압을 유지하고 나머지 0.4 V의 전압이 출력으로 나타난다. 오프셋 전압이 0.2~0.3 V, 0.5~0.7 V와 같이 정확한 값을 갖지 못하는 것은 반도체가 온도에 의해 상태가 변화하기 때문인데, 실리콘의 경우 상온에서는 약 0.65 V정도의 오프셋 전압을 가지며, 온도가 상승하면 오프셋 전압은 점차 낮아진다. 따라서 보통 실리콘의 오프셋 전압을 0.6 V나 0.7 V로 설정해 계산하고 있으며, 이 책에서는 0.6 V를 사용한다. (실제 제작된 기기 내부는 상온보다 온도가 높기 때문에 보통 0.5 V ~ 0.6 V 사이가 된다.)

⑤ 프리휠링 다이오드(Free-wheeling Diode)

프리휠링 다이오드란 새로운 다이오드의 이름이 아니라 다이오드를 사용하는 용도의 명칭이다. 즉 다이오드를 솔레노이드의 전류가 중단되는 순간 발생하는 고압을 방지하기 위한 용도로 사용하는 것을 가리키는 용어이다. [그림 4-81] (a)에 프리휠링 다이오드가 부가된 회로를 나타내었다.

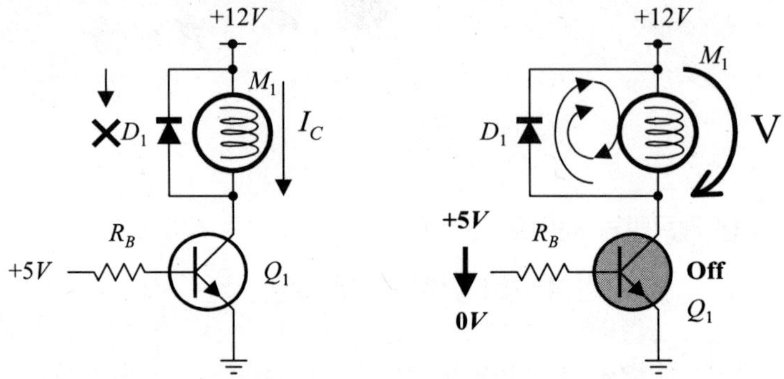

(a) On 동작 상태 (b) Off되는 순간

[그림 4-81] 프리휠링 다이오드의 역할

[그림 4-81] (a)의 D_1이 프리휠링 다이오드로서, 전동기의 전기방향과 거꾸로 접속, 즉 $+12V$인 위쪽을 향해 접속되어 있다. 이 다이오드는 [그림 4-81] (a)와 같이 정상적인 on 상태, 즉 위쪽에 $+12V$가 인가되고, 아래쪽 트랜지스터가 on되어 전류 I_C가 흐르고 있는 상태에서는 위쪽이 전압이 높으므로 다이오드는 역방향 상태가 되어 다이오드로는 전류가 흐르지 않는다. 즉 릴레이에 흐르는 전류에는 아무런 영향을 미치지 않는다.

[그림 4-81] (b)는 트랜지스터를 off시킨 직후의 상태를 나타낸 것으로서, 트랜지스터가 순간적으로 off되면 릴레이 내부의 솔레노이드에 의해 흐르던 전류가 계속 흐르려 하므로 위쪽 $+12V$ 전압보다 더 높은 전압이 아래쪽에 발생하는데, 이는 다이오드 D_1 입장에서는 아래쪽이 전압이 더 높으므로 순방향이 되어 솔레노이드로부터 계속해서 흐르려는 전류가 다이오드를 통해 다시 솔레노이드로 회전되어 전류는 급격히 중단되지 않고 서서히 정지하므로 고압이 발생하지 않는다.

이는 마치 다람쥐 쳇바퀴같이 전류가 빙글빙글 돌다가 서서히 멈추는 것과 같다 하여 프리휠링(Free-wheeling) 이라는 명칭이 붙었고 한글로는 “환류(還流) 다이오드”라고도 한다.

결론적으로 이 다이오드는 릴레이가 정상적인 동작 상태에서는 아무런 영향을 주지 않고, off하는 순간에는 솔레노이드의 전류가 급격히 정지하지 않고 쳇바퀴 돌듯이 돌면서 서서히 멈추도록 함으로서 고압이 발생하지 않도록 하여 트랜지스터의 파손을 방지한다.

⑥ 릴레이 구동회로

릴레이는 내부 구성에서 알 수 있듯이 솔레노이드의 응용소자이므로 앞서 다루었던 프리휠링 다이오드가 반드시 추가되어야 한다. [그림 4-82](a)에 릴레이 구동회로를, [그림

4-82] (b)에 실재 배선도를 나타내었다. 여기서 릴레이 소자는 극성이 없으므로 (+), (-) 구분 없이 접속한다.

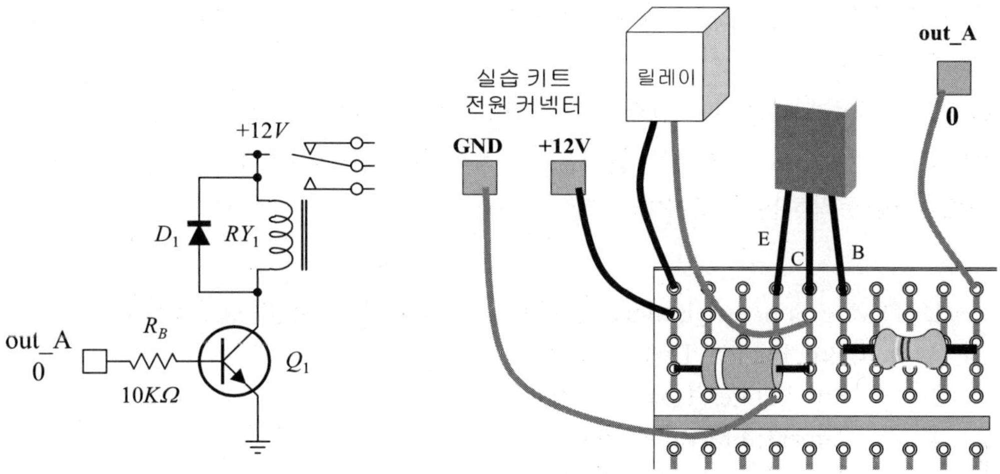

(a) 제어 회로 (b) 실재 배선도

[그림 4-82] 릴레이 구동회로

이와 같이 회로를 구성한 후 앞서 사용하던 on/off 제어 프로그램을 실행해 각 버튼을 눌러 동작을 확인하라.

⑦ 자동차 방향지시등의 구성

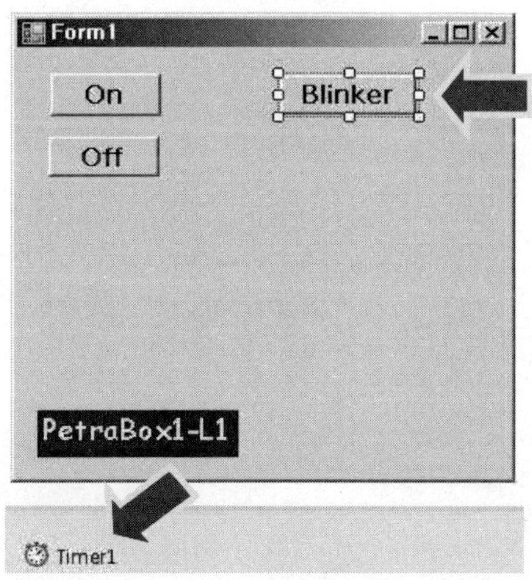

컨트롤	속성	값
Button1	(Name)	Btn_Blinker
	Font	굵게, 12
	Text	Blinker

(a) 폼의 형태 (b) 속성 설정

[그림 4-83] 실험 회로 제어를 위한 프로그램

릴레이 구동회로를 구성하였으므로 이를 이용해 자동차 방향지시등(일명 깜빡이)를 제작해 보도록 한다. 하드웨어는 모두 완성된 상태이므로 프로그램만 작성하면 된다. [그림 4-83]와 같이 버튼 컨트롤 1개와 타미어 컨트롤 1개를 배치한다. 참고로, 타이머 컨트롤은 도구 상자의 "구성 요소" 카테고리에 있다. 버튼 컨트롤은 [그림 4-83] (b)와 같이 속성을 설정한다.

[리스트 4-30]과 같은 프로그램을 구성하고 Blinker 버튼을 눌러 동작을 확인해 보라.

라인 1 - 11은 Blinker 버튼을 눌렀을 때 동작하는 부분이며, 12 - 21은 타이머가 시간이 되었을 때 동작하는 부분이다.

```
1  Private Sub Btn_Blinker_Click( ... ) Handles Btn_Blinker.Click
2    If Btn_Blinker.Text = "Blinker" Then
3      Btn_Blinker.Text = "Stop"
4      Timer1.Interval = 500
5      Timer1.Enabled = True
6    Else
7      Btn_Blinker.Text = "Blinker"
8      Timer1.Enabled = False
9      Pb1.Out_A(0)
10   End If
11 End Sub

12 Private Sub Timer1_Tick( ... ) Handles Timer1.Tick
13   Static Blinker_Flag As Boolean
14   If Blinker_Flag Then
15     Blinker_Flag = False
16     Pb1.Out_A(0)
17   Else
18     Blinker_Flag = True
19     Pb1.Out_A(1)
20   End If
21 End Sub
```

[리스트 4-30] 릴레이를 이용한 깜빡이 프로그램

라인 2는 블링커 버튼의 글자 내용이 "Blinker"라면 아직 블링커가 시작되지 않은 것이므로 라인 3에서 버튼의 글자를 "Stop"으로 변경하고 라인 4에서 타이머1의 시간간격을 0.5초로 설정한 후 라인 5에서 타이머1을 가동한다. 라인 2에서 블링커 버튼의 글자 내용이 "Blinker"가 아니었다면 현재 가동중이므로 라인 7에서 버튼의 글자를 다시

"Blinker"로 변경하고 라인 8에서 타이머1의 가동을 정지하며, 라인 9에서 포트-A를 모두 off한 후 종료한다.

타이머1이 가동되면 0.5초마다 라인 12로 진입하며, 라인 13에서는 현재의 블링커 상태를 보관하기 위해 Blinker_Flag라는 변수를 선언한다. 단, 타이머1 처리 서브루틴이 종료되어도 다음에 다시 실행될 때 이 보관이 계속 유지되어야 하므로 Static으로 선언한다. 라인 14에서 이 변수의 내용이 True라면 라인 15에서 False로 변경하고 라인 16에서 포트-A를 off한다. 라인 14에서 변수의 내용이 True가 아니었다면 라인 18에서 True로 변경하고 라인 19에서 포트-A의 0번 비트를 1로 설정한다.

2) PWM(Pulse Width Modulation)

지금까지 다뤄온 트랜지스터를 이용한 전구나 냉각팬 제어에서, 이제는 전구의 밝기와 냉각팬의 회전속도를 제어하려 한다. 이를 위해 유용한 수단인 PWM에 관해 살펴본다.

(1) PWM 제어의 필요성

전압을 조절한다면 전구의 밝기나 냉각팬의 속도가 조절될 수 있을 것이다. 즉 전압을 낮게 조절하면 전구로 흘러드는 전류가 작아져 더 어둡게 빛날 것이고, 냉각팬은 회전속도가 더 느려진다. 따라서 컴퓨터를 이용해 이러한 대상체를 제어하려면 전압을 제어하거나 또는 저항 등을 이용해 제어해야 하는데, 이 때 발생되는 문제점에 관해 살펴본다.

① 저항에 의한 전력소모

[그림 4-84] (a)와 같은 100V로 동작하는 100W 전구의 밝기를 조절하는 경우를 살펴본다. 이 전구의 밝기를 저항으로 제어하기 위해 전구의 저항값을 먼저 알아낸다.

전구는 100V, 100W이므로 $P = V \times I$에 의해

$$100\,W = 100\,V \times I$$
$$\therefore\ I = 1A$$

이다. 따라서 전구의 저항은

$$R = \frac{V}{I} = \frac{100\,V}{1A} = 100\Omega$$

이다. 즉 전구는 하나의 저항체로 볼 수 있으며 따라서 이를 이용해 회로를 다시 나타내면 [그림 4-84] (b)와 같이 직렬로 구성된 회로이다.

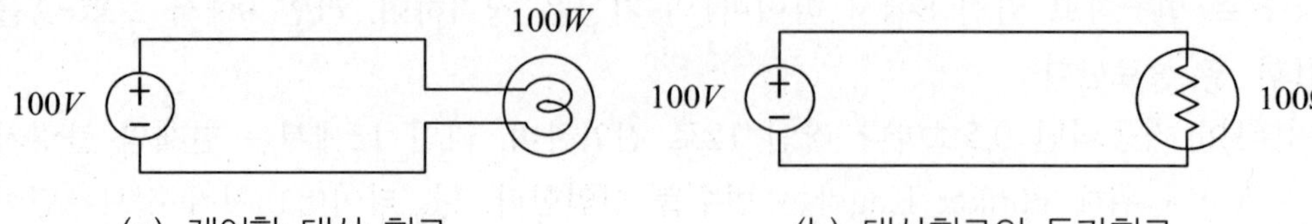

(a) 제어할 대상 회로 (b) 대상회로의 등가회로

[그림 4-84]저항에 의한 제어대상의 예

전구의 밝기를 조절하기 위해 [그림 4-85] (a)와 같이 직렬로 저항을 연결하면 회로의 전류가 작아져 전구의 밝기가 어두워진다. 즉 저항값을 조절하면 전구의 밝기가 조절될 수 있다.

그러나 회로의 동작상태를 분석하면 문제점을 발견할 수 있는데, 예를 들어 [그림 4-85] (b)와 같이 외부 저항을 전구의 저항과 동일한 값인 100Ω으로 설정하면 회로 전체 저항은 200Ω이므로 전류는 0.5A가 되며, 전압은 각각 50V씩 분배된다. 따라서 이 때의 전구는 25W로 동작하지만 저항에서도 50V에 0.5A가 흐르므로 25W의 열이 발생한다. 즉 전체 소비전력은 100V, 0.5A이므로 50W이지만, 이 중 전구에서 25W, 저항에서 25W씩 소비되므로 우리가 전구에서 얻는 출력의 효율은 50% 밖에 되지 않는다. 바꿔 말하면 25W의 전구 밝기를 얻기 위해 25W의 전력을 낭비하고 있는 것이다. 더구나 25W나 되는 열을 견디기 위한 저항은 매우 크고(우리 주먹만 할 것이다) 몹시 뜨겁기 때문에 도저히 실용성이 없다.

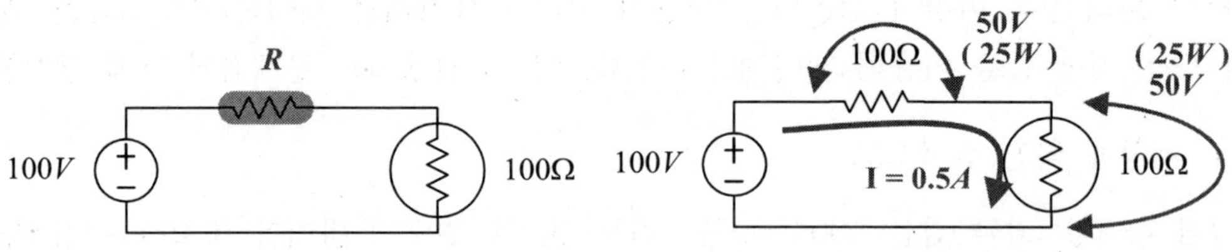

(a) 제어 회로 (b) R = 100Ω일 때

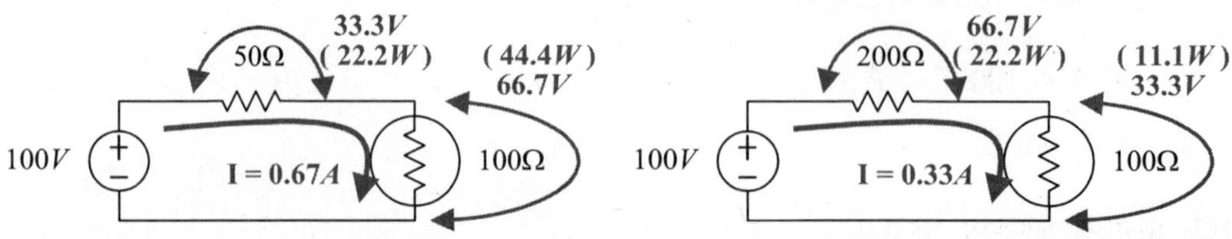

(c) R = 50Ω일 때 (d) R = 200Ω일 때

[그림 4-85] 저항에 의한 제어 예

[그림 4-85] (c)와 (d)에서는 다른 저항값을 사용했을 경우를 나타낸 것으로서, [그림 4-85] (c)는 전구에서 44.4W를 사용하지만 저항에서 22.2W가 낭비되고, 특히 [그림

4-85] (d)는 전구를 어둡게 하도록(전기를 절약하기 위해서였을 것이다) 큰 저항을 사용함으로 인해 전구에서는 11.1 W를 사용하지만 저항에서 22.2 W를 낭비하는 매우 비효율적인 방법임을 알 수 있다.

② 트랜지스터에 의한 전압조절

제어용 소자로 저항을 사용하지 않고 [그림 4-86] (a)와 같이 트랜지스터를 이용할 수 있는데, 이때도 동일한 문제점이 발생한다. [그림 4-86] (b)와 같이 트랜지스터를 조절해 트랜지스터 양단에 50 V가 걸리도록 한다면 전구에 나머지 50 V가 인가되므로 0.5 A가 흐르고, 이 전류는 트랜지스터를 통과하기 때문에 트랜지스터 자체에서 25 W의 열이 발생한다.

이와 같은 방법으로 제어하는 것을 "아날로그 전압 제어"라 하며, 이는 매우 비효율적이므로 전력효율이 그다지 큰 문제가 되지 않는 작은 전력의 회로에서만 적용할 수 있다.

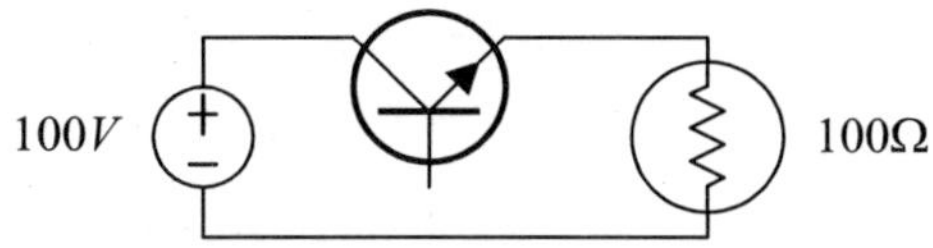

(a) 제어 회로

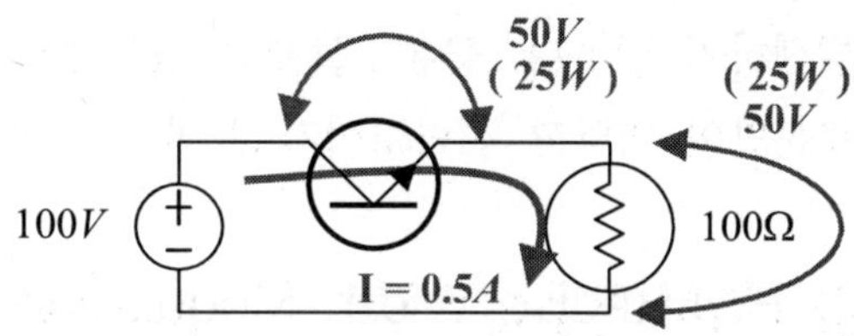

(b) 회로의 상태 예

[그림 4-86] 트랜지스터에 의한 아날로그 제어 예

③ 스위치의 전력소모

이상에서 살펴본 바와 같이 저항이나 트랜지스터를 이용해 아날로그 전압으로 제어하면 효율이 좋지 않으므로 스위치 방식, 즉 on/off 또는 1과 0으로 제어하는 디지털 제어를 이용할 수 있다. 디지털 제어의 가장 간단한 예로는 [그림 4-87] (a)에 나타낸 바와 같이 단순히 on/off만이 가능한 스위치에 의한 제어이다.

스위치가 off일 때 회로 상태는 그림 [그림 4-87] (b)와 같고, 스위치가 열려 있으므로 회로의 전류는 0 A 이고, 모든 전압은 열려있는 스위치 양단에 걸린다. 전구의 입장에서는 전류가 0이므로 켜지지 않고, 따라서 소비전력은 0이 되며, 스위치 입장에서는 비록 전압이 모두 스위치 양단에 인가되어 있지만 전류가 흐르지 않으므로 소비전력은 0이다.

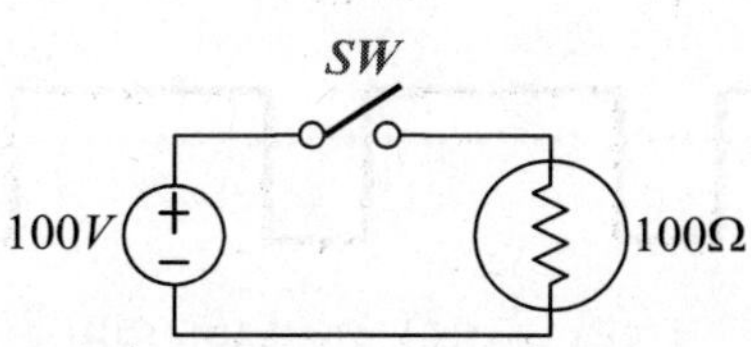

(a) 제어 회로

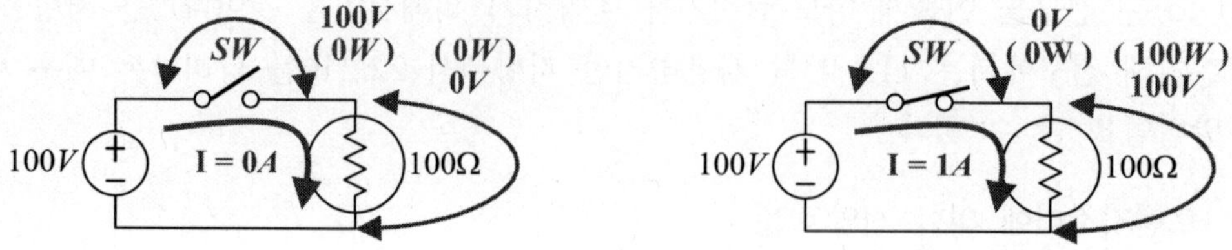

(b) SW off 상태 (c) SW on 상태

[그림 4-87] 스위치에 의한 제어 예

스위치가 on일 때 회로 상태는 [그림 4-87] (c)와 같고, 스위치 접점이 완전한 0Ω이라면 모든 전압은 전구에 인가되어 $1A$의 전류가 흐른다. 전구의 입장에서는 $100V$의 전압과 $1A$ 의 전류가 흐르므로 소비전력이 100W가 되며, 스위치 입장에서는 전류가 $1A$ 흐르기는 하지만 자신에게 인가된 전압이 없기 때문에 소비전력은 0이 된다.

이상과 같이 스위치가 on일 때나 off일 때나 공통적으로 스위치 자체에서는 소비전력이 발생하지 않는다. 물론, 실제의 경우에는 스위치에 약간의 미세한 저항이 존재하므로 이 부분만이 미약한 전력소비가 발생할 뿐이다.

(2) PWM(Pulse Width Modulation)

① PWM 제어의 개념

앞서 스위치를 이용한 제어의 경우 on일 때나 off일 때나 스위치 자체에서 소비되는 전력은 거의 없음을 확인하였다. 이러한 사실을 이용하면 아날로그 제어가 가능해지는데, 만약 위 스위치를 매우 빠른 속도로 on/off 시킬 수 있다 가정하면 [그림 4-88]과 같이 스위치를 제어했을 때 각각 다른 결과가 나타날 것이다.

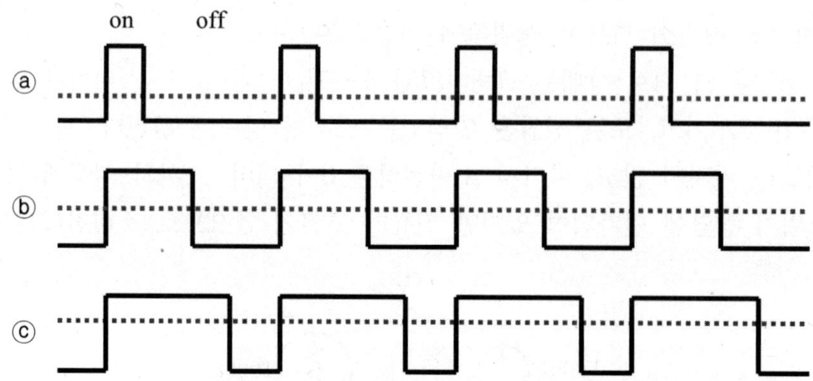

[그림 4-88] PWM의 원리

[그림 4-88]의 ⓐ, ⓑ, ⓒ 파형들은 모두 on으로 변화하는 위치들이 동일하다. 즉 파형이 한번 on, off 되는 시간은 모두 동일한다. 단지 on되는 시간과 off 되는 시간의 비율만이 다를 뿐이다. 이러한 파형이 전구에 인가되고, 파형의 주파수가 매우 빠르다면 우리 눈에는 이 파형의 에너지가 평균되어 적색 점선과 같이 보인다. 즉, [그림 4-88]의 ⓐ는 on 시간이 짧고 off 시간이 길기 때문에 평균 에너지 량은 작고, ⓑ는 on이 절반, off 가 절반이므로 평균은 절반이 될 것이다. 이와 같이 on 되는 시간, 즉 펄스폭을 변화시켜 제어하는 방법을 "펄스폭 변조(Pulse Width Modulation)", 약자로 PWM이라 한다.

PWM 제어를 이용하는 경우 제어 소자는 기본적으로 스위치 동작이므로 소비전력은 이론적으로 0이 되어 앞서 아날로그 제어 회로에 비해 효율이 매우 높아지는 장점이 있으나, PWM 주파수가 너무 낮으면 우리 눈에 깜빡임이 나타날 수 있고, 지나치게 높으면 제어 소자의 속도에 한계가 발생하므로 용도에 적합한 주파수를 선정하는 것이 중요하다.

② PWM에 의한 제어

이상에서 살펴본 바와 같이 PWM 제어를 이용하면 전력 효율면에서 우수한 전력제어가 가능함을 확인하였다. PWM을 발생하는 것은 상당히 복잡한 회로를 이용해야 하는데, 우리가 사용하고 있는 실습 키트에는 [그림 4-89]에 나타낸 바와 같은 PWM 기능들이 이미 장치되어 있다.

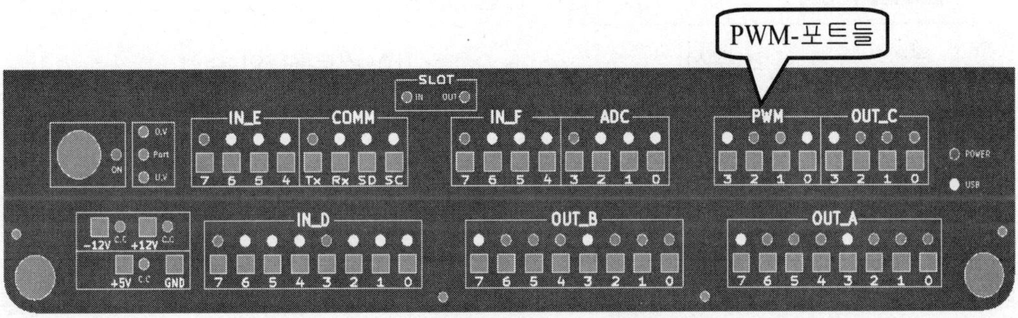

[그림 4-89] PWM 포트들

[그림 4-89]에 나타낸 바와 같이 4개의 PWM 포트들이 장치되어 있으며, 우리는 이 하드웨어에 명령만 내리면 해당 PWM 파형을 생성해 내므로 쉽고 편리하게 사용할 수 있다.

현재 실습키트의 PWM 포트에 함께 설치된 LED들의 경우 고휘도 LED로서 PWM 제어 시 그 결과를 명확히 확인할 수 있도록 구성되어 있다. 따라서 우선 이 LED들을 이용해 PWM의 효과를 확인하도록 한다.

③ PWM 기능 확인

PWM 포트를 제어하는 방법을 학습하기 위해 앞서 사용했던 폼에 [그림 4-90]과 같이 텍스트 박스 컨트롤과 버튼 컨트롤을 하나씩 설치해 텍스트 박스에 숫자를 입력하고 "PWM" 버튼을 누르면 이 숫자가 PWM 포트에 반영될 수 있도록 구성할 예정이다.

이와 같이 폼이 완성된 후 "PWM" 버튼 컨트롤을 더블 클릭해 다음의 코드를 삽입한다.

```
Private Sub Btn_PWM_Click( ... ) Handles Btn_PWM.Click
  Pb1.pwm0(Val(Txt_Input.Text))
End Sub
```

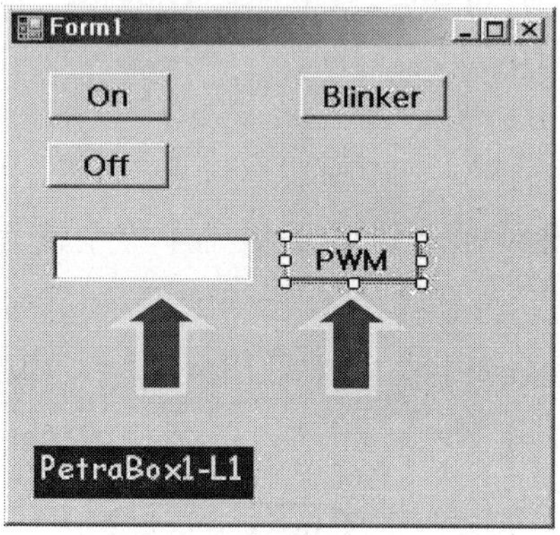

(a) 폼의 구성

컨트롤	속성	값
TextBox1	(Name)	Txt_Input
	Font	굵게, 12
Button1	(Name)	Btn_PWM
	Font	굵게, 12
	Text	PWM

(b) 컨트롤들의 속성

[그림 4-90] PWM 기능 확인을 위한 폼의 구성

이는 Txt_Input 텍스트 박스 컨트롤의 내용물(Txt_Input.Text)을 읽고, 그 글자들을 숫자로 변환해(Val( ) 함수) 이를 PB1의 pwm0 포트에 출력하라는 의미이다.

프로그램을 실행하고 텍스트 박스에 0부터 255 사이 숫자를 기록하고 "PWM" 버튼을 눌러 그 결과를 확인하라. LED의 밝기가 변화함을 확인할 수 있을 것이다. LED의 밝기가 이와 같이 변화하는 것은 이전의 원리에서 설명했듯이 전압을 직접적으로 제어하는 것이 아니라 on 시간과 off 시간의 비율만 조절함에 의해 나타난 결과임을 상기하라. 참고로, 프로그램에 "PB1.pwm1", "PB1.pwm2", "PB1.pwm3" 등을 추가하며 결과를 확인하라.

④ PWM 제어 프로그램의 폼 구성

이번에는 다른 지식을 습득해 보기 위해 이와 같은 PWM을 마치 보일러 컨트롤러 등과 같이 버튼만으로 제어할 수 있도록 구성해 보도록 한다. 즉, 숫자를 직접 입력하지 않고 2개의 상/하 버튼을 구성해 이 단추를 누름으로서 마치 온도를 올리고 내리듯이 제어한다.

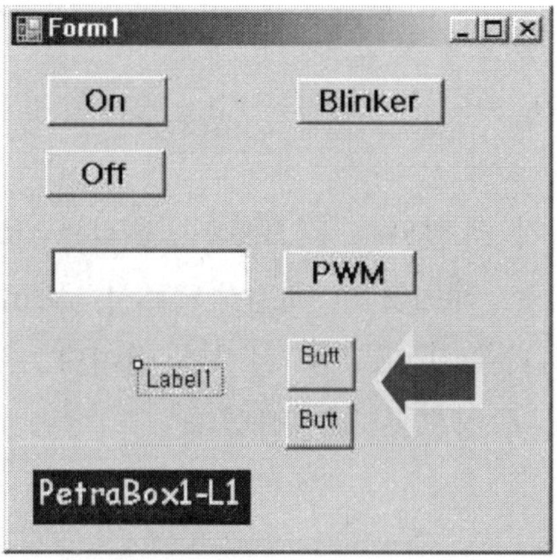

(a) 폼의 초기 배치

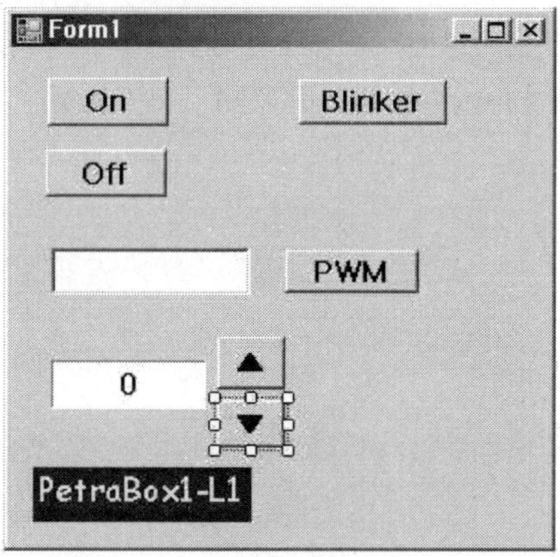

(b) 완성된 폼

컨트롤	속성	값
Label1	(Name)	Dsp_PWM
	AutoSize	False
	BackColor	Window
	BorderStyle	Fixed3D
	Font	굵게, 12
	Text	0
	TextAlign	MiddleCenter
Button1	(Name)	Btn_PWM_Up
	Font	굵게, 12
	Text	▲
Button2	(Name)	Btn_PWM_Dn
	Font	굵게, 12
	Text	▼

(c) 폼의 속성 설정

[그림 4-91] 레이블 컨트롤을 이용한 폼의 구성

먼저 이와 같은 구성을 위해 필요한 컨트롤에 관해 살펴본다. 현재 우리가 사용하고 있는 텍스트 박스의 경우 이 박스를 통해 어떤 내용을 표시할 수도 있지만 이 박스를 통해 어떤 내용을 입력받을 수도 있다. 그런데 이제 보일러 컨트롤러 등과 같은 기능을 구현할 때는 이 박스에 입력을 받을 필요가 없고, 오히려 입력해서는 안 된다. 입력을 받도록 하면 사용자가 잘못된 숫자 범위를 입력할 수 있으며, 이러한 경우 오류가 발생하고 프로그램이 정지되어버리는 "완성도 높은" 프로그램이 되지 못한다. 따라서 오로지 내용을 표시만 할 수 있는 컨트롤이 필요하며, 이 때 사용할 수 있는 것이 "레이블(Label)" 컨트롤이다. 레이블 컨트롤은 오로지 표시만 가능하고 입력이 불가능하므로 일반적으로 화면의 제목 표시용으로 사용하지만, 이를 이용하면 표시용 디스플레이와 같이 활용이 가능하다.

[그림 4-91] (a)와 같이 폼에 레이블 컨트롤 1개와 버튼 컨트롤 2개를 배치한 후 [그림 4-91] (c)와 같이 속성을 조절한다. 그 후 [그림 4-91] (b)와 같이 적절하게 배치한다. 버튼 컨트롤에 입력되는 특수문자는 Text 속성에서 한글로 'ㅁ'자를 입력한 후 한자 버튼을 누르면 윈도우의 특수 문자들이 나타나며, 이 중 오른쪽 키(→)를 눌러 두번째 페이지와 세번째 페이지에 이 문자들이 배치되어 있다.

레이블의 속성들 중 AutoSize는 자동으로 크기가 조절되는 것으로서, 우리는 고정배치하기 위해 이를 False로 변경하였다. BackColor는 레이블의 배경색으로서, Window와 동일한 색상을 이용했고, BorderStyle은 레이블의 테두리 모양를 설정한 것이다. TextAlign은 레이블에 나타날 글자의 위치로서, 중앙으로 설정하였다.

⑤ PWM 제어 프로그램의 코드 구성

[리스트 4-31]에 [그림 4-91]에 의해 구성된 폼의 프로그램을 나타내었다.

```
 1 Private Sub Btn_PWM_Up_Click( ... ) Handles Btn_PWM_Up.Click
 2   Dim PWM As Integer
 3   PWM = Val(Dsp_PWM.Text)
 4   PWM = PWM + 5
 5   If PWM > 255 Then PWM = 255
 6   Dsp_PWM.Text = PWM
 7   Pb1.pwm0(PWM)
 8 End Sub

 9 Private Sub Btn_PWM_Dn_Click( ... ) Handles Btn_PWM_Dn.Click
10   Dim PWM As Integer
11   PWM = Val(Dsp_PWM.Text)
12   PWM = PWM - 5
13   If PWM < 0 Then PWM = 0
14   Dsp_PWM.Text = PWM
15   Pb1.pwm0(PWM)
16 End Sub
```

[리스트 4-31] 상·하 버튼을 이용한 제어 프로그램

라인 1-8은 ▲버튼을 눌렀을 때 실행되는 부분으로서, 라인 2에서는 이 루틴에서 잠시 사용할 PWM이라는 변수를 선언한다. 라인 3에서 현재 레이블 컨트롤에 표시된 내용(.Text)의 값을 추출해(Val 함수) PWM 변수에 저장한다. 라인 4에서 PWM 변수의

값에 5를 덧셈한다. 라인 5에서 만약 PWM 값이 255보다 큰 경우 PWM값을 255로 설정한다. 라인 6에서 조절된 PWM 변수를 표시하고 라인 7에서 PWM 포트로 출력한다.

라인 9 - 16은 ▼버튼을 눌렀을 때 실행되는 부분으로서, 앞서 ▲버튼과 기본적인 골격은 동일하고 단지 PWM 수를 5 감소시키고 0보다 작은지만을 판단하는 것이 다르다.

이 프로그램을 실행해 상승 버튼과 하강 버튼을 눌러가며 그 결과를 확인하라.

⑥ PWM 실습회로의 구성

PWM의 근본적인 원리는 앞서 설명한 바와 같이 빠른 속도로 on/off 동작을 반복하는 것이므로 이를 제어하는 회로는 앞서 사용했던 [그림 4-92] (a) 회로를 이용하는 것이 가능하다.

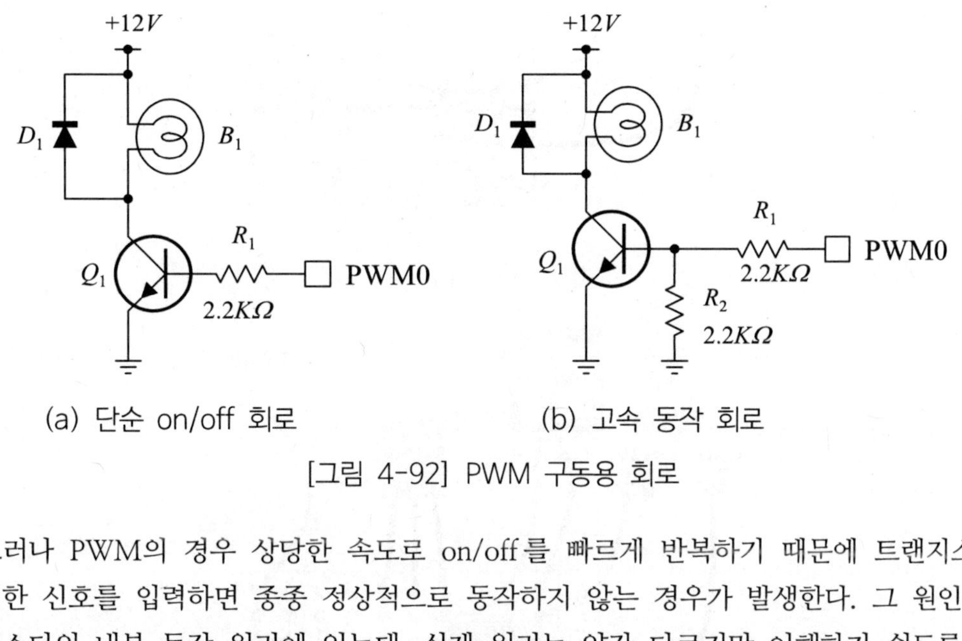

(a) 단순 on/off 회로 (b) 고속 동작 회로

[그림 4-92] PWM 구동용 회로

그러나 PWM의 경우 상당한 속도로 on/off를 빠르게 반복하기 때문에 트랜지스터에 이러한 신호를 입력하면 종종 정상적으로 동작하지 않는 경우가 발생한다. 그 원인은 트랜지스터의 내부 동작 원리에 있는데, 실제 원리는 약간 다르지만 이해하기 쉽도록 설명하면 트랜지스터의 베이스에서는 약간의 "충전" 현상이 있다고 볼 수 있다. 즉 +5V 전압이 입력되어 on 상태일 때 트랜지스터 내부에 약간 충전되고, 이후 전압이 0V로 전환되면 내부에 충전된 전기가 빠질 때 까지 트랜지스터는 off되지 않고 조금 더 동작한다. 따라서 off를 위한 신호에서 트랜지스터가 느리게 반응하므로 on 시간이 더 길어지며, 특히 PWM 파형의 on 시간이 매우 길고 off 시간이 매우 짧은 경우 트랜지스터는 거의 off되지 않고 계속 on 상태를 유지한다. 따라서 이러한 현상을 감소시키기 위해 [그림 4-92] (b)와 같이 저항 R_2를 추가해 +5V가 입력되어 트랜지스터에 전압이 공급될 때는 큰 지장을 주지 않지만, 0V로 되었을 때 트랜지스터의 베이스에 충전된 전기가 R_1과 R_2 2곳으로 빨리 방전될 수 있도록 구성하면 고속으로 동작이 가능하다. 이들 저항은 엔지니어들의 관습에 의해 R_1과 R_2는 동일한 값으로 사용하고, 전류의 계산 방법 또한 동일하므로 R_2는 on 상태에 거의 영향을 미치지 않는다. 이와 같이 R_2와 같은 역할로서 부착되는 저항을 전문용어로 "Speed-up 저항"이라 한다.

또한 회로에서는 프리휠링 다이오드가 부가되어 있는데, 이는 꼬마전구를 구동할 때는 필요 없으므로 생략할 수 있다. [그림 4-93]에 speed-up 저항을 추가한 배선도를 나타내었다.

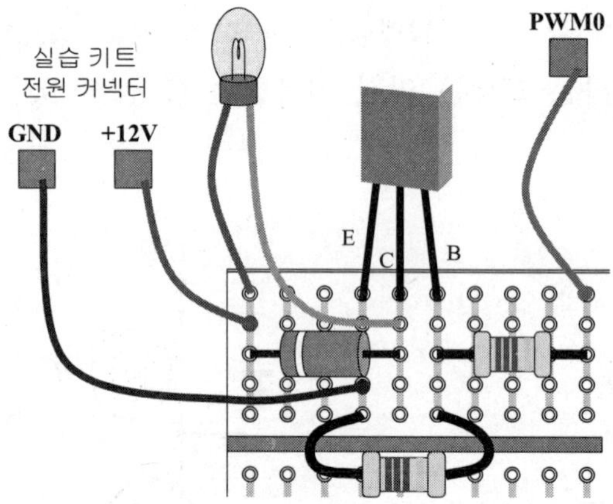

(a) 꼬마전구 구동

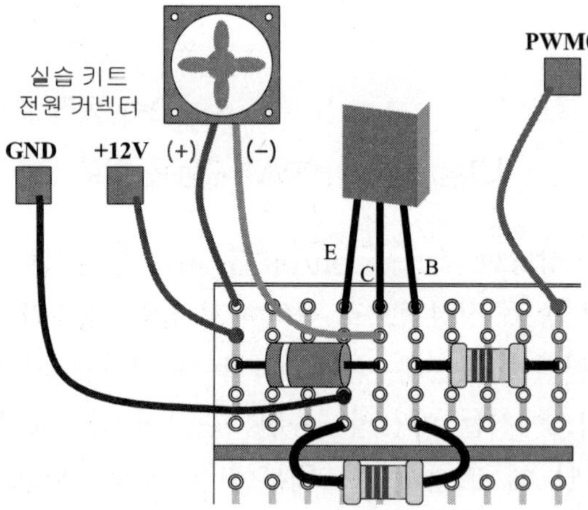

(b) 냉각팬 구동

[그림 4-93] PWM 구동용 회로의 배선도.

이와 같이 회로를 구성한 후 앞서 작성한 프로그램을 실행해 PWM 값들을 변경하며 결과를 확인하라. 또한 [그림 4-93] (b)와 같이 꼬마전구 대신 냉각팬을 접속해 PWM 값에 따른 속도 변화를 관찰하라.

Chapter

05 페트라박스 입력

이 장에서는 페트라박스를 이용해 외부의 상태를 입력받는 방법에 관해 학습한다. 외부 상태를 입력받는 방법은 디지털 입력과 아날로그 입력이 있는데, 특히 아날로그 입력을 이용하면 센서신호를 입력받을 수 있으므로 각종 제어회로의 구성이 가능해진다.

5-1 디지털 입력

앞장까지는 본 키트의 출력을 이용한 실험을 진행하였다. 본 장에서는 외부 상태를 키트로 입력받아 이 데이터를 이용해 출력을 제어하는 것에 관해 학습한다.

1) 입력포트

컴퓨터가 외부 상태를 입력받을 수 있는 방법에는 크게 디지털 입력과 아날로그 입력이 있다. 이 중 더 간단한 디지털 입력에 관해 먼저 살펴본 후 아날로그 입력에 관해 살펴본다.

(1) 입력포트의 사용법

① 입력포트 읽기 실험

[그림 5-1]에 본 키트의 디지털 입력포트들을 나타내었다.

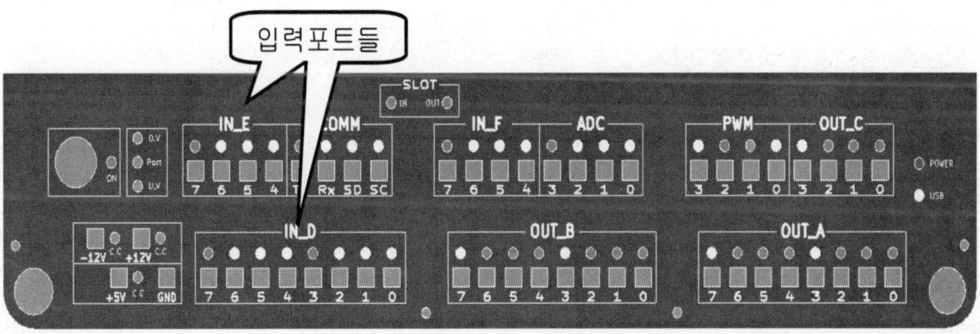

[그림 5-1] 디지털 입력 포트들

비주얼베이직을 시작하고 “새 프로젝트”를 선택한 후 “Windows Forms 응용 프로그램”을 선택하고 아래쪽의 이름을 "Input-01"이라 설정한다. PB 컨트롤을 폼에 배치하고, 입력포트를 읽는 방법을 익히기 위해 [그림 5-2]와 같이 폼을 구성한다.

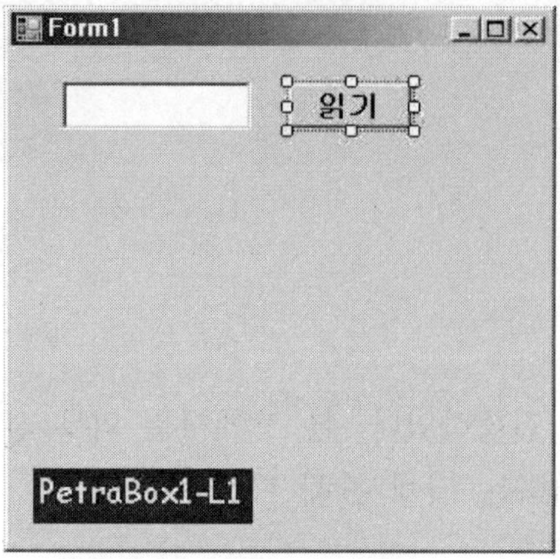

(a) 폼의 구성

컨트롤	속성	값
TextBox1	(Name)	Txt_Dsp
	Font	굵게, 12
Button1	(Name)	Btn_Read
	Font	굵게, 12
	Text	읽기

(b) 컨트롤들의 속성

[그림 5-2] 입력포트 확인을 위한 폼의 구성

폼의 바탕을 더블클릭해 [리스트 5-1]의 라인 2 초기화 코드를 입력하고, 읽기 버튼을 더블클릭해 [리스트 5-1]의 라인 5를 입력한다.

```
1  Private Sub Form1_Load( ... ) Handles MyBase.Load
2      Pb1.Init()
3  End Sub

4  Private Sub Btn_Read_Click( ... ) Handles Btn_Read.Click
5      Txt_Dsp.Text = Pb1.In_D
6  End Sub
```

[리스트 5-1] 입력포트 읽기 프로그램

프로그램을 실행하고 읽기 버튼을 누르면 아마도 0이 표시될 것이다. 이는 포트-D를 입력받은 결과로서, 아무런 입력이 없으므로 모두 0인 것이다. [그림 5-3]과 같이 전선을 1개 이용해 +5*V*와 포트-D의 어느 한 비트를 접속하면 해당 비트의 LED가 켜질 것이다. 이 상태에서 읽기 버튼을 눌러보라. 전선을 다른 비트로 옮기고 읽기 버튼을 눌러보라.

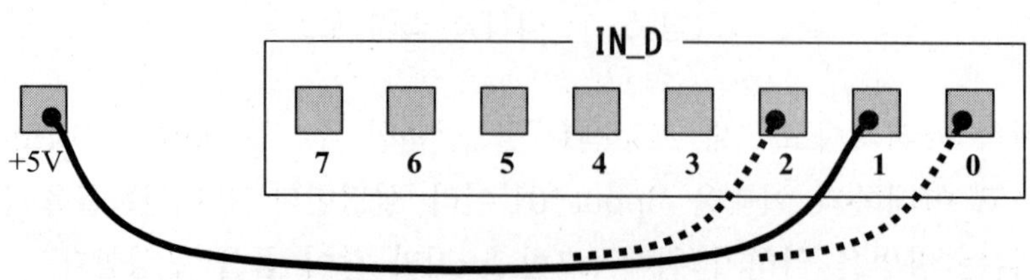

[그림 5-3] +5*V* 입력의 접속

이상에서 살펴본 바와 같이 다음 명령어는 포트-D의 상태를 입력받아 보고하는 함수이다.

```
Pb1.In_D
```

포트-D의 입력상태는 이 함수 자체의 출력으로 나타나므로 [리스트 5-1]의 라인 5와 같이 이 함수의 출력을 직접 사용한다.

② 입력상태에 따라 반응하는 프로그램

포트-D의 입력상태에 따라 반응하는 프로그램을 구성해 입력포트의 활용에 관해 더 구체적으로 살펴본다. [그림 5-4] (a)와 같이 2개의 버튼 컨트롤을 배치하고 [그림 5-4] (b)와 같이 속성을 설정한다.

(a) 폼의 구성

컨트롤	속성	값
Button1	(Name)	Btn_Inp01
	Font	굵게, 12
	Text	입력반응
Button2	(Name)	Btn_Stop
	Font	굵게, 12
	Text	정지

(b) 컨트롤의 속성

[그림 5-4] 입력에 대한 반응을 위한 폼의 구성

각 버튼들에 대해 [리스트 5-2]에 나타낸 바와 같이 프로그램을 구성한다. 이 때 라인 1의 전역변수는 Btn_Inp01 처리부분 바로 위에 위치시킨다. 라인 2 - 16은 "입력반응" 버튼에 대한 처리이고 라인 17 - 19는 "정지" 버튼에 대한 처리이다.

라인 3은 이 서브루틴에서 잠시 사용할 변수를 선언한 것이다. 라인 4는 이 버튼이 눌렸을 때 Stop_flag 변수를 False로 설정해 두는 것으로서, 라인 5에서 이 변수가 True일 때는 처리를 종료하도록 한다. 즉 라인 18에서 정지 버튼이 눌렸을 때 이 변수를 True로 변경하므로 정지 버튼이 눌렸음을 라인 5에서 감지할 수 있다.

라인 6에서 포트-D의 상태를 읽어 inp 변수에 저장한 후 라인 7에서 텍스트 표시창에 표시한다. 라인 8에서 inp 변수가 0이 아닐 때는 라인 9에서 포트-A에 15, 즉 2진수

0000 1111을 출력하고, 라인 8에서 inp 변수가 0일 때는 라인 11에서 포트-A에 240, 즉 2진수 1111 0000을 출력한다. 라인 13에서 다른 버튼 등이 눌렸는지 확인하고 라인 14에서 While 루프를 반복해 라인 5로 진행한다. 이 프로그램을 실행한 후 입력반응 버튼을 누르면 포트-D의 상태에 따라 포트-A로 나타나는 출력이 달라진다.

```
 1 Dim Stop_flag As Boolean

 2 Private Sub Btn_Inp01_Click( ... ) Handles Btn_Inp01.Click
 3   Dim inp As Integer
 4   Stop_flag = False
 5   While Stop_flag = False
 6     inp = Pb1.In_D
 7     Txt_Dsp.Text = inp
 8     If inp Then
 9       Pb1.Out_A(15)
10     Else
11       Pb1.Out_A(240)
12     End If
13     Application.DoEvents()
14   End While
15   Txt_Dsp.Text = ""
16 End Sub

17 Private Sub Btn_Stop_Click( ... ) Handles Btn_Stop.Click
18   Stop_flag = True
19 End Sub
```

[리스트 5-2] 입력에 대한 반응 프로그램

③ 특정 비트에 대한 반응

앞서 작성했던 프로그램은 포트-D의 여러 비트 중 어떤 한 비트라도 +5V가 연결되면 라인 8에 의해 포트-A에서의 반응이 바뀌었다. [리스트 5-2]의 라인 6을 다음과 같이 변경한 후 실행해보라.

```
6      inp = Pb1.In_D And 1
```

[리스트 5-3] 입력의 마스크 처리

[리스트 5-3]은 포트-D로부터 입력된 값과 숫자 1을 AND시킨 것으로서, 실행결과는 오직 비트 0번에 +5 *V*가 접속되었을 때 출력이 변화한다. 다른 비트들에는 어떤 입력이 들어오던지 상관없이 오직 비트 0번이 +5 *V*이면 무조건 반응한다. 이는 라인 8을 다음과 같이 변경했을 때와는 전혀 다른 것으로서, 입력신호를 처리할 때 매우 중요하게 사용되는 "마스크(mask)"라는 기법이다. 사실 이러한 마스크 작업은 이전에 출력 실험에서도 잠시 설명된 적 있었다.

```
8        If inp = 1 Then
```

[리스트 5-4] 단순 비교의 방법

즉 [리스트 5-4]와 같이 inp 변수가 1일 때 어떤 동작을 하도록 구성한다면, 포트-D의 비트 0과 1에 모두 +5 *V*가 입력되어 3이라는 숫자가 읽어지므로 이 조건에 해당하지 않는다. 이에 비해 [리스트 5-3]은 다른 비트가 어떤 값이든 관계없이 비트 0이 1이기만 하면 되는 것이다.

(2) 신호의 마스킹

① 마스크의 개념

각종 기기들을 다루는 프로그램을 진행하다보면 특정한 입력만을 관찰해 그 사항에 대한 처리를 진행해야 할 경우가 있다. 이 때 관찰하려는 입력만을 추출하는 과정을 "마스크(mask)"한다고 한다. 마스크 과정은 출력보다는 특히 입력과정에서 매우 중요하게 사용되는 기법으로서, 입력처리를 매우 쉽게 가능하도록 한다.

② 마스크의 필요성

[그림 5-5] (a)와 같이 어떤 기기, 예를 들어 자동판매기에서 입력포트의 0, 1, 2번 비트에 각각 스위치들이 접속되고, 3 – 7번 비트에는 다른 센서들의 입력이 주어진 경우를 가정해보자.

이 때 우리의 프로그램에서 마침 스위치 2번의 상태를 감지해 이 상태에 따라 처리를 진행해야 할 경우 다른 비트들의 상태는 무시해야 한다. 이를 단순하게 스위치 2번의 상태만 생각해 입력포트가 2일 때와 0일 때만을 고려한다면 다른 입력들에 의해 스위치 2번의 상태를 판단하기 매우 어려워진다. 예를 들어 "if PB1.In_D = 2"라는 문장으로 스위치 2번을 검출하는 경우, 만약 다른 센서 신호들에서 비트 7번이 1이었다면 이 입력값은 2가 아니라 128이 더해진 130이 되고, if 문에서는 2가 아니므로 스위치가 눌리지 않은 것으로 처리된다. 이러한 상황은 다른 모든 입력들에 대해서도 마찬가지이므로 단순한 if문으로만 처리하려면 나머지 비트들의 상태를 모두 고려해 128가지를 판단해야 하는 문제점이 발생한다. 즉 스위치 2가 눌렸을 때 마침 스위치 1도 눌렸다면 6이 될 수 있고, 이 때 다른 센서 신호들의 입력 값도 어떤 값인지 알 수 없기 때문에 이 모든 것을 판단해야 하는 것이다.

[그림 5-5] (b), (c)는 내가 관심 있는 비트가 비트-1번인 경우 "0000 0010"이라는 마스크 패턴과 AND 연산을 행한 경우로서, 스위치가 눌리지 않았다면 [그림 5-5] (b)와 같이 비트-1번을 제외한 다른 비트들은 0과 AND 되므로 모두 0으로 처리되고 비트-1번의 값은 그대로 0이 나타나므로 마스크 작업 이후 값은 0이다. 스위치가 눌려 비트-1이 1이 되었다면 [그림 5-5] (c)와 같이 마스크 이후의 값도 "0000 0010"이 되므로 0이 아닌 값이 나타난다. 따라서 이와 같이 마스크 처리 한 후 if문에서 0인지 0이 아닌지를 검출한다면 다른 비트들의 상태에 관계없이 오로지 비트-1의 값만 이용해 판단할 수 있다.

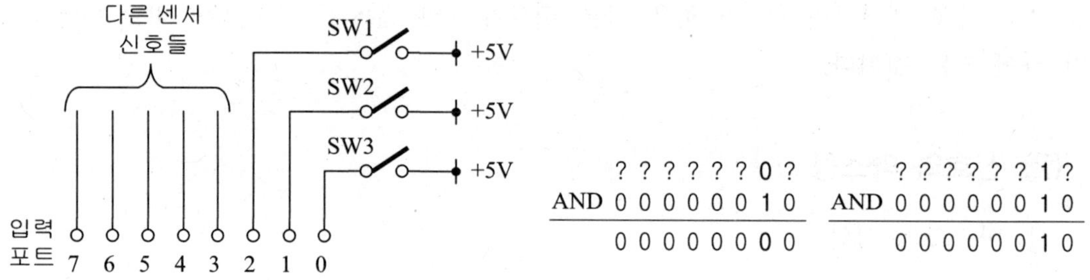

(a) 입력포트의 예　(b) 비트-1이 0일 때　(c) 비트-1이 1일 때

[그림 5-5] 마스크의 예

③ 마스크 실험

마스크에 관한 간단한 실험을 위해 [리스트 5-5]와 같이 라인 6의 문장을 AND 3으로 수정하고 프로그램을 실행한 후 입력포트에 +5*V*를 이곳저곳에 입력해 텍스트박스에 나타나는 결과를 확인해보라.

```
6       inp = Pb1.In_D And 3
```

[리스트 5-5] 입력의 마스크 처리 예

아마도 비트-0에 입력하면 1로, 비트-1에 입력하면 2로 나타나지만, 비트-3부터는 입력해도 0으로 나타날 것이다. 즉 "0000 0011"이라는 3과 AND하였으므로 비트-0과 비트-1의 결과만 나타나는 것이고, 다른 입력들은 어떻게 되든 무시하는 것이다.

2) 스위치(Switch)

인간이 컴퓨터에게 지시를 내리는 가장 자주 사용되는 수단은 스위치이다. 컴퓨터 키보드의 경우 수많은 스위치들이 집단으로 모인 기기이고, 마우스 역시 2개에서 3개의 스위치가 존재하며, 각종 가전제품 등 전자제품의 지시를 내리기 위한 각종 스위치들이 장치되어 있다. 따라서 스위치의 종류에 관해 정확히 이해하고 있어야 스위치 소자를 자유롭게 사용할 수 있다.

(1) 접점에 따른 스위치의 종류

스위치는 전기의 흐름을 차단하거나 흐르도록 제어할 때, 또는 다른 경로로 흐르도록 제어할 때 사용되는 부품이며, 구조와 용도에 따라 매우 다양한 종류가 있다. 스위치는 [그림 5-6]에 나타낸 바와 같이 움직임이 일어나는 쪽과 접점이 닿는 쪽이 있는데, 움직이는 쪽을 폴(pole)이라 하고 접점이 닿는 부분을 쓰로(throw)라 한다. 폴은 우리말로 '극(極)'이라고도 하고 쓰로는 '투(投)'라고도 한다.

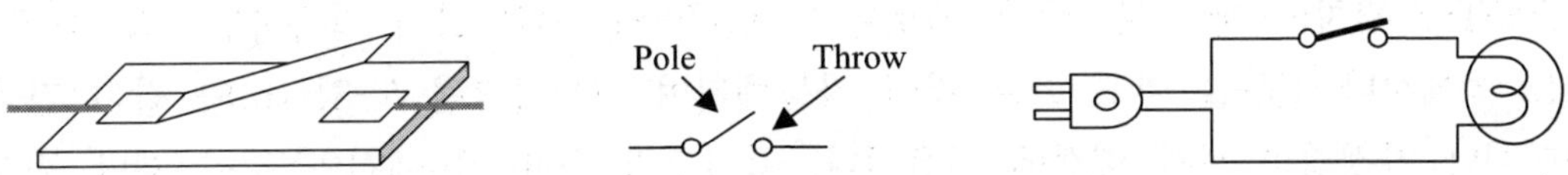

(a) 기본 구조 (b) 회로 기호 (c) 사용 예

[그림 5-6] 스위치의 구성 부품

스위치는 이를 구성하는 폴과 쓰로의 개수에 따라 구분할 수 있다.

① SPST(Single-Pole, Single-Throw) switch

이는 앞서 [그림 5-6]과 같이 한 개의 폴과 한 개의 쓰로로 구성된 가장 단순한 형태의 스위치로서 우리말로 "단극단투(單極單投) 스위치"라고도 하며 전기의 흐름을 끊거나 잇는 역할을 한다. 이와 같은 스위치의 대표적인 예로는 [그림 5-6] (c)와 같은 가정용 전등 스위치를 들 수 있으며 전자계산기 스위치, 컴퓨터 키보드 스위치, 커피 자판기 스 위치, 전화기 자판, 휴대폰 자판 등이 모두 이 종류이다.

② SPDT(Single-Pole, Double-Throw) switch

이는 우리말로 "단극쌍투(單極雙投) 스위치" 또는 "3로(三路) 스위치"라고도 하는데, [그림 5-7] (a)에 나타낸 바와 같이 한 개의 폴과 2개의 쓰로로 구성되어 전기의 흐름을 2개 중 한 곳으로 선택해 보낼 수 있다. 이 스위치는 회로 기호로 나타낼 때 폴과 쓰로의 구분이 안돼는 수가 있으므로 [그림 5-7] (b)와 같이 폴에 화살표를 그리거나 [그림 5-7] (c)와 같이 폴을 다른 색상으로 표시하기도 한다.

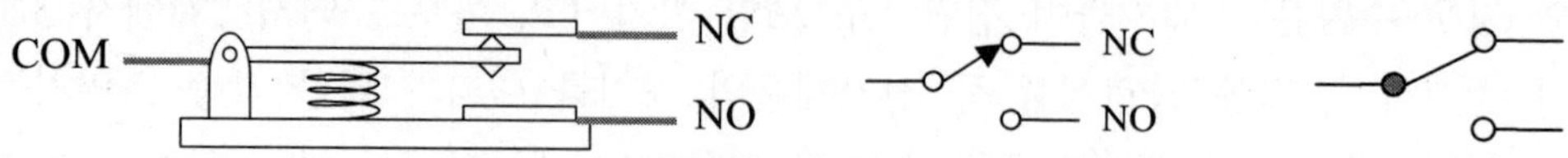

(a) 기본 구조 (b) 회로 기호-1 (c) 회로 기호-2

[그림 5-7] SPDT 스위치의 구조 및 기호

[그림 5-7] (a)에 나타낸 스위치는 누르면 아래로 내려가고 손을 떼면 다시 위로 올라오는 것으로서, 이 형식의 스위치는 위쪽 접점은 평소에 계속 붙어있으므로 NC(Normal Close)라 표시하고, 아래쪽 접점은 평소에 떨어져 있으므로 NO(Normal Open)이라 표시하며, 가운데의 폴 부분은 위 접점과 아래 접점에 공통으로 작용하므로 COM (Common)이라 표시한다. 만약 한번 누르면 켜지고 또 한번 누르면 꺼지는 형식의 스위치에서는 NC와 NO의 구분은 없다.

SPDT 스위치의 재미있는 응용 예로는 [그림 5-8] (a)와 같이 접속하면 SW1과 SW2 어느 쪽에서나 전등을 켜고 끄는 것이 가능해지며 이는 [그림 5-8] (b)와 같이 건물의 계단이나 가정집의 현관 배선에 사용한다. 즉 [그림 5-8] (b)에서와 같이 계단 중간에 전등을 설치하고 아래층 계단과 윗층 계단에 각각 두 스위치를 설치하면 계단을 올라갈 때 켜고 올라가서 끄거나, 반대로 내려오면서 켜고 내려와서 끌 수 있다. [그림 5-8] (a) 회로는 전등이 켜져 있는 상태의 스위치 상황으로서, 양쪽 스위치 중 어느 한쪽이 스위치를 전환하면 전등은 꺼진다. 또한 꺼진 상태에서 양쪽 스위치 중 어느 한쪽을 다른 쪽으로 전환하면 전등은 켜진다.

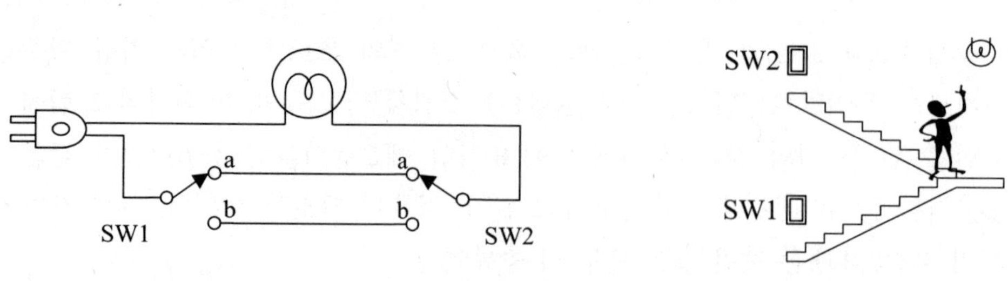

(a) 배선도 (b) 배 치

[그림 5-8] SPDT 스위치의 응용 예

③ DPST(Double-Pole, Single-Throw) switch

이는 우리말로 “쌍극단투(雙極單投) 스위치”라고도 하며 기본 구조는 [그림 5-9] (a)

와 같다. 즉 이 스위치는 [그림 5-9] (c)와 같이 한번에 2개의 전기를 차단하거나 연결할 수 있기 때문에 SPST 스위치와 같이 한쪽만 차단하는 것에 비해 훨씬 안전하므로 가정이나 건물의 전기 인입구(引入口) 스위치 등은 모두 이 형태로 구성되어 있다.

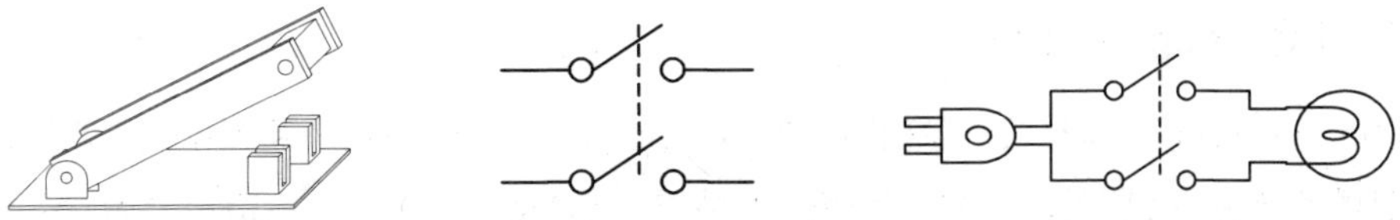

(a) 기본 구조 (b) 회로 기호 (c) 배선 예

[그림 5-9] DPST 스위치의 구조 및 배선 예

④ DPDT(Double-Pole, Double-Throw) switch

이는 우리말로 "쌍극쌍투(雙極雙投) 스위치"라고도 하며 기본 구조는 [그림 5-10] (a)와 같이 SPDT 스위치 2개가 연동된 것과 같다. 따라서 이 스위치의 연결지점은 [그림 5-10] (b)와 같이 총 6개가 된다.

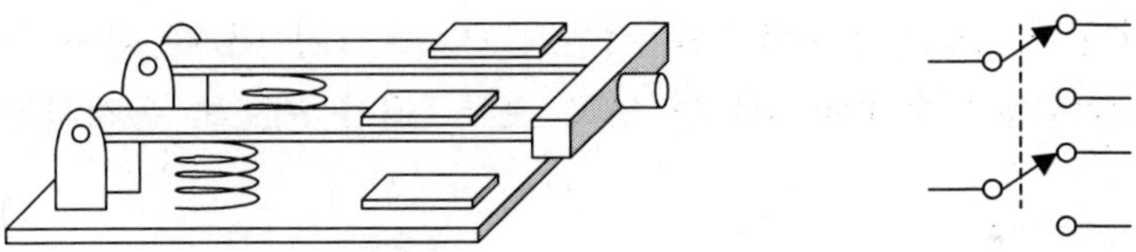

(a) 기본 구조 (b) 회로 기호

[그림 5-10] DPDT 스위치의 구조

⑤ Rotary Switch

로터리 스위치는 [그림 5-11]과 같이 하나의 폴에 2개 이상의 쓰로가 설치된 것을 의미하는데, 여러 전압 중 한 개를 선택하거나 어느 쪽으로 신호를 보낼 것인가를 선택할 때 사용한다.

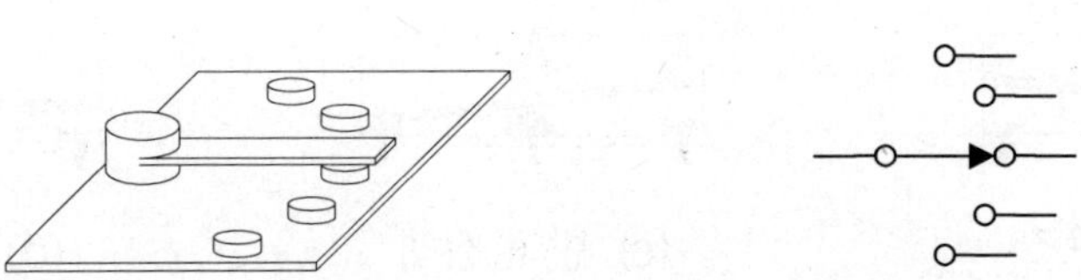

(a) 기본 구조 (b) 회로 기호

[그림 5-11] 로터리 스위치의 구조 및 사용 예

(2) 동작 방법에 따른 분류

스위치는 조작 후 상태를 그대로 유지하는지, 아니면 다시 손을 떼면 원상태로 돌아오는지에 따라 크게 2종류로 구분할 수 있다.

① 토글(Toggle) 동작

토글 스위치란 on과 off 상태가 명확히 고정되는 스위치를 통칭하는 것으로서 예를 들어 실내조명용 스위치의 경우 한번 on하면 그대로 유지하고, off시키면 이를 그대로 유지하기 때문에 토글 스위치이다. 토글 스위치는 형태나 원리에 따라 종류가 매우 다양한데, 이에 관해서는 다음의 외형에 따른 분류에서 다시 소개하고, 이 중 한 가지를 [그림 5-12]에 나타내었다. 이 스위치는 기기의 외부에서 보면 [그림 5-12] (a)와 같이 손잡이 부분만 보이며 내부 원리는 [그림 5-12] (b)와 같다.

[그림 5-12] (b)의 경우와 같이 손잡이가 오른쪽으로 꺾이면 손잡이 아래쪽에 있는 스프링과 공이가 시이소 형태의 구리판 왼쪽을 누르므로 전기 접점은 중앙과 왼쪽이 접속된다. 즉 손잡이의 반대 방향으로 접속된다. [그림 5-12] (c)와 같이 손잡이를 왼쪽으로 꺾으면 이번에는 스프링과 공이가 구리판의 오른쪽을 누르므로 전기 접점은 중앙과 오른쪽으로 접속된다. 또한 종류에 따라서는 [그림 5-12] (d)와 같이 구리판 중앙에 돌기를 설치에 손잡이가 가운데에 머물면 양쪽 모두 off가 되도록 동작하는 것도 있다.

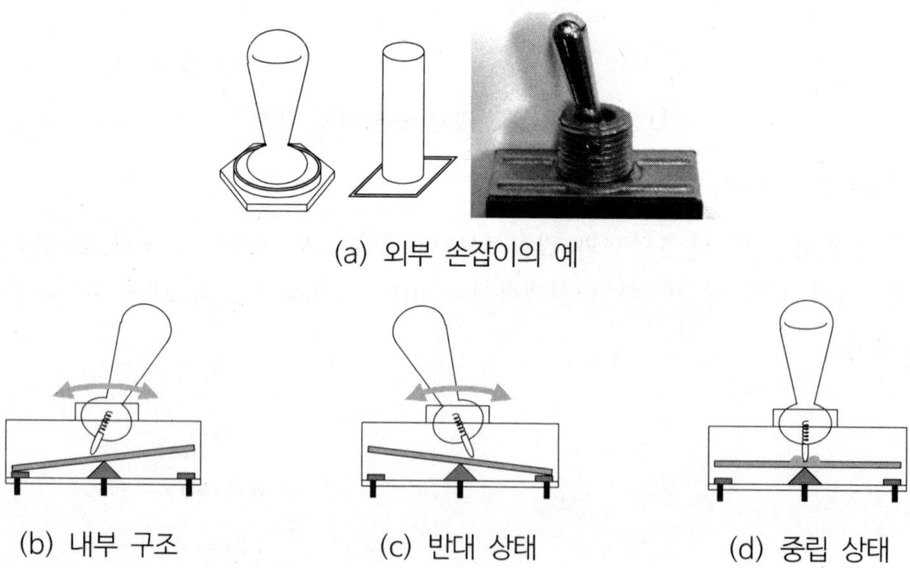

(a) 외부 손잡이의 예

(b) 내부 구조　(c) 반대 상태　(d) 중립 상태

[그림 5-12] 토글 스위치의 구조 및 동작원리

② 푸시(Push) 동작

버튼 스위치는 스위치를 동작시키고 나서 손을 떼면 자동으로 원상 복귀되는 것을 의미하는데, 대표적으로 초인종 스위치나 컴퓨터 키보드 스위치, 마우스 스위치 등이 이에 속한다. [그림 5-13] (a)는 초인종에 사용하는 버튼 스위치, [그림 5-13] (b)는 컴퓨터 키보드에 사용되는 버튼 스위치를 나타낸 것으로서 동작 원리는 [그림 5-13] (c)와 같이 위쪽 버튼을 누르면 내부의 두 접점이 붙고, 손을 떼면 스프링에 의해 스위치는 다시 떨어진다.

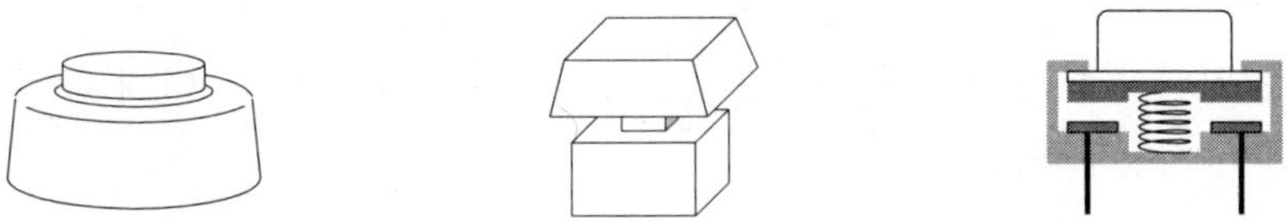

(a) 초인종 용 (b) 컴퓨터 키보드용 (c) 동작원리

[그림 5-13] 버튼 스위치의 구조 및 동작원리

(3) 동작 원리에 의한 분류

스위치가 동작하는 원리에 따라 다양한 분류가 있으며, 여기서는 자주 사용되는 몇 종류를 살펴본다.

① 막대 스위치(Stick Switch)

막대 스위치 또는 놉(Knob) 스위치는 [그림 5-14]에 나타낸 바와 같이 스위치의 동작을 막대 형태의 손잡이로 동작시키는 것을 의미하며 주로 토글 스위치용으로 사용하지만 버튼 스위치용으로도 종종 사용된다.

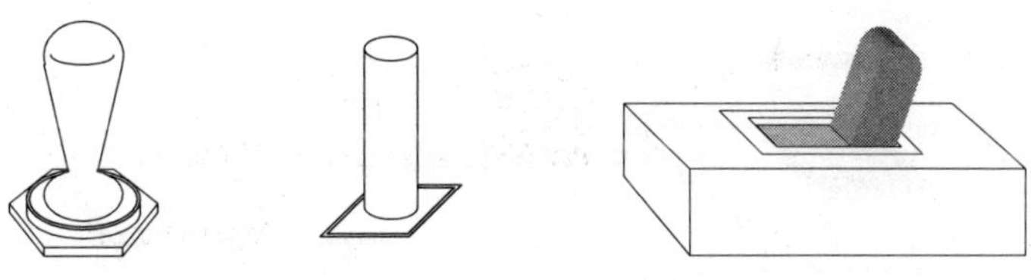

[그림 5-14] 막대 스위치의 예

② 푸시 스위치(Push Switch)

(a) 푸시 스위치-1 (b) 푸시 스위치-2

[그림 5-15] 푸시 스위치의 예

푸시 스위치는 누르는 형식의 것을 나타낸 것으로서 [그림 5-15] (a), (b)와 같은 모

양을 가졌으며, 한 번 누르면 켜지고 한 번 누르면 꺼지는 것이라면 "푸시 토글 스위치", 누른 때에만 켜지는 것이라면 "푸시 버튼 스위치"가 된다.

③ **시이소 스위치**(Seesaw Switch)

시이소 스위치는 스위치의 동작 형태가 놀이기구인 시이소와 유사해 붙여진 이름으로서 [그림 5-16] (a)와 같은 구조로 되어있고 스위치의 한쪽 부분을 누르면 다른 쪽이 올라오도록 구성된다. 이 형식의 스위치는 [그림 5-16] (b)와 같이 벽에 부착되는 전등 스위치 등에 자주 사용된다.

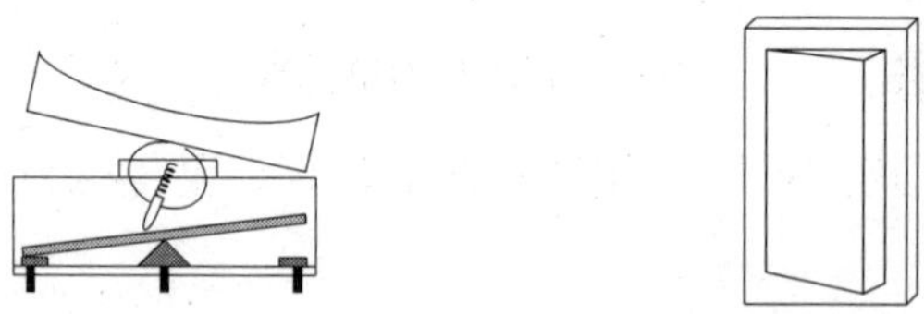

(a) 시이소 스위치-1 (b) 시이소 스위치-2

[그림 5-16] 시이소 스위치의 예

④ **슬라이드 스위치**(Slide Switch)

슬라이드 스위치는 [그림 5-17] (a)에 나타낸 바와 같이 스위치를 가동하는 부분이 한쪽으로 미끄러지는 듯한 원리에서 붙여진 이름이다. 이는 [그림 5-17] (b)와 같이 내부적으로도 접점이 미끄러져 접촉하도록 되어 있으며 [그림 5-17] (c)와 같이 슬라이드가 4지점에서 멈추도록 제작할 수 도 있다.

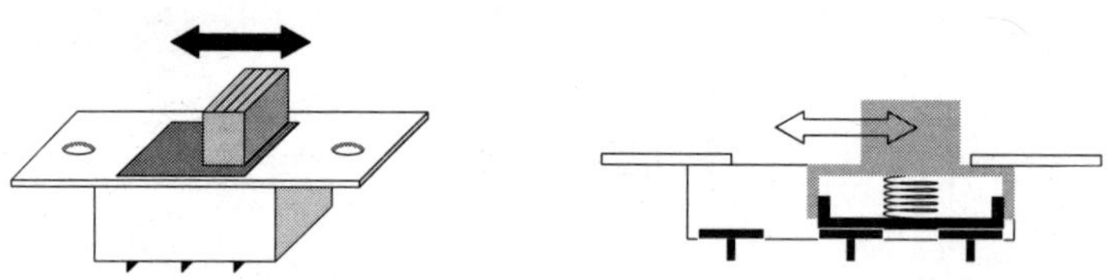

(a) 스위치의 외형 (b) SPDT형의 동작원리

(c) SP4T 스위치의 동작원리

[그림 5-17] 슬라이드 스위치

⑤ **오뚜기 스위치, 텀블러 스위치**(Tumbler Switch)

오뚜기 스위치는 과거에 형광등에 줄 형태로 매달아 사용하던 것으로서 [그림 5-18]

(a)와 같이 오뚜기 모양으로 생겨 이와 같은 명칭이 붙었다. 이 스위치는 양쪽에 적색과 백색 단추가 돌출되어 있고 한 쪽을 누르면 반대쪽이 밀려 나오는 식으로 동작한다.

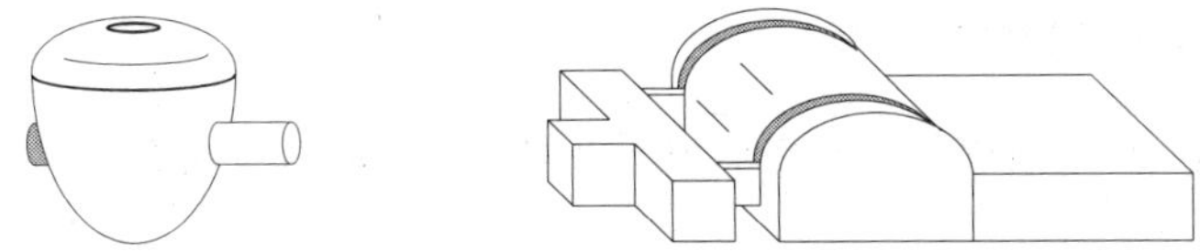

(a) 오뚜기 스위치　　　　(b) 나이프 스위치

[그림 5-18] 오뚜기 스위치와 나이프 스위치

⑥ **나이프 스위치**(Knife Switch)

나이프 스위치는 [그림 5-18] (b)와 같이 스위치의 폴이 마치 작두칼과 같이 동작한다 하여 붙여진 이름으로서 전기 인입구에서 흔히 볼 수 있다. 참고로, 이 스위치 그림의 오른쪽 박스 내에는 다음에 설명할 퓨즈가 내장되어 있다.

□ **회전 스위치**(Turn Switch)

회전 스위치는 [그림 5-19] (a)와 같이 스위치 부분을 회전시켜 동작시키는 것으로서, 주로 로터리 스위치 등에 자주 사용된다.

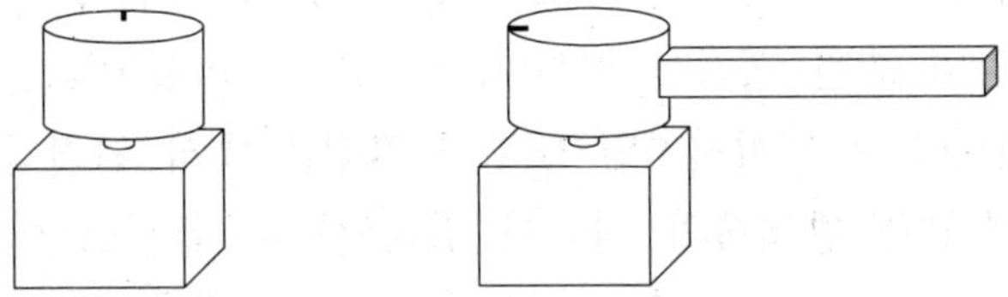

(a) 회전 스위치　　　　(b) 레버 스위치

[그림 5-19] 회전 스위치와 레버 스위치

⑧ **레버 스위치**((Lever Switch)

레버 스위치는 [그림 5-19] (b)와 같이 회전 스위치에 손잡이를 부착해 동작시키는 것으로서, 주로 대전력을 제어하는 스위치 등에 사용된다.

3) 스위치를 이용한 실험

이상에서 살펴본 다양한 스위치 중 몇 종류를 이용해 실험을 진행한다.

(1) 토글 스위치 이용 실험

토글 스위치, 그 중 막대형(놉형) 토글 스위치를 이용해 컴퓨터 제어에 활용한다.

① 막대형 토글 스위치의 구성

[그림 5-20] (a)에 막대형 토글 스위치의 내부구성을 나타내었다.

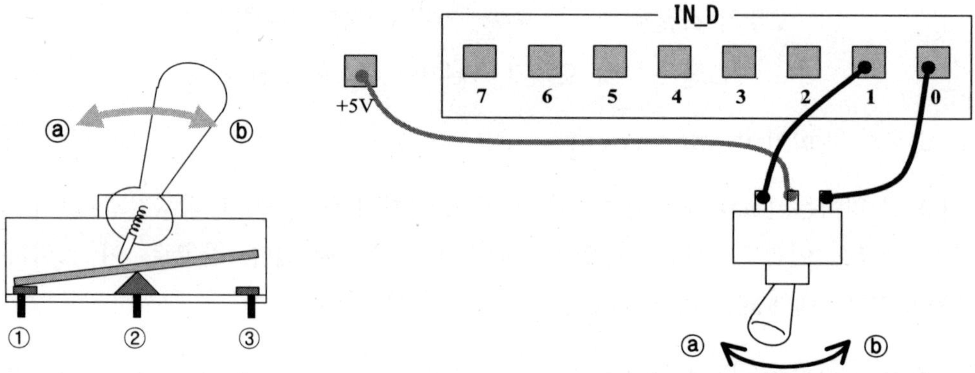

(a) 스위치의 구조 (b) 스위치의 배선

[그림 5-20] 막대형 토글 스위치의 구조 및 배선

막대형 토글 스위치의 경우 [그림 5-20] (a)와 같이 스위치 아래쪽에 3개의 접점이 배치되고 이 중 중앙의 ②번 접점이 공통(com), 즉 폴(pole)이다. 이 때 스위치의 막대를 그림과 같이 ⓑ방향으로 위치시키면 내부의 접점은 ①과 연결됨에 유의하라. 즉 스위치 막대가 움직인 방향과 반대쪽의 접점이 접속되므로 실재로 이 스위치를 활용할 때 배선을 거꾸로 접속하는 경우가 자주 발생한다. 이 스위치를 기기의 on/off 스위치로 사용할 때 스위치를 좌우로 움직이도록 배치한 경우 일반적으로 우측이 on 방향이고, 스위치를 상하로 움직이도록 배치한 경우 상측이 on 방향이지만, 배선이 바뀐 경우 반대쪽으로 움직여야 on이 되므로 일반인들의 경우 매우 혼란스러운 배치가 된다.

[그림 5-20] (b)와 같이 스위치와 키트를 배선한다. 즉 스위치의 중앙(com)은 +5*V*, 나머지 접점들은 각각 입력포트 0번과 1번에 배치한다. 기기의 전원이 켜져 있는 경우 스위치의 막대방향이 ⓐ일 때와 ⓑ일 때의 입력포트에 부착된 LED가 켜지는 것을 확인하면 스위치 막대와 반대방향의 것이 켜짐을 확인할 수 있다.

② 제어 프로그램의 제작

[그림 5-21] (a)와 같이 버튼 컨트롤을 한 개 배치하고 [그림 5-21] (b)와 같이 속성을 설정한다.

(a) 폼의 구성

컨트롤	속성	값
Button1	(Name)	Btn_Switch
	Font	굵게, 12
	Text	Switch

(b) 컨트롤의 속성

[그림 5-21] 스위치 입력 프로그램 폼의 구성

현재 스위치의 배선 상태를 살펴보면 입력포트-D의 0번 비트와 1번 비트에 각각 스위치가 배선되어 있으므로 이 포트를 읽으면 1 또는 2의 값이 나타날 것이다. 현재의 실험에서 다른 비트들에는 입력이 없으므로 마스크 할 필요는 없으며, 스위치 위치 판단은 입력포트가 1인지 아닌지로 가능하다. 이를 바탕으로 [리스트 5-6]과 같은 프로그램을 구성한다.

```
Private Sub Btn_Switch_Click( ... ) Handles Btn_Switch.Click
    Dim dir, port_cnt, t As Integer
    Stop_flag = False
    While Stop_flag = False
      If Pb1.In_D = 1 Then dir = 1 Else dir = -1
      port_cnt = port_cnt + dir
      If port_cnt < 0 Then port_cnt = 7
      If port_cnt > 7 Then port_cnt = 0
      Pb1.Out_A(2 ^ port_cnt)
      For t = 1 To 100000
        Application.DoEvents( )
      Next
    End While
    Pb1.Out_A(0)
  End Sub
```

[리스트 5-6] 스위치 입력에 대한 반응 프로그램

[리스트 5-6]은 스위치 상태에 따라 포트-A에서 다른 표시가 나타나도록 구성한 프로그램이다.

- 라인 2에서 LED의 진행방향(Direction)을 정하는 변수 dir과 포트의 LED 순서를 카운트하는 변수 port_cnt, 시간 카운트 변수 t를 선언한다.
- 라인 3에서 Stop_flag를 false로 초기화한다. 즉 앞서 작성했던 정지버튼에 의해 정지하도록 구성한 것이다. 라인 4에서 정지 버튼이 눌릴 때까지 라인 13 사이의 명령들을 반복한다.
- 라인 5에서 입력포트의 상태가 1이라면 진행방향을 +1, 1이 아니라면 진행방향을 -1로 설정한다.
- 라인 6에서 포트 카운터를 설정된 진행방향으로 진행한다.
- 라인 7에서 포트 카운터가 0보다 작다면 7로 초기화한다. 즉 진행방향이 -1이고 포트 카운터가 0이었을 때는 -1이 되므로 이를 7로 되돌리는 것이다.
- 라인 8애서 포트 카운터가 7보다 크다면 0으로 초기화한다. 즉 진행방향이 +1이고 포트 카운터가 7이었을 때는 8이 되므로 이를 0으로 되돌리는 것이다.
- 라인 9에서 출력포트-A의 해당 비트 LED를 켠다.
- 라인 10에서 t를 1부터 10만회 반복, 즉 시간 지연을 시킨다.
- 라인 11에서 다른 조작을 진행하는지 살펴본다.
- 라인 14에서 정지 버튼이 눌려 정지하는 경우 출력포트-A를 모두 off한다.

응용문제

- [리스트 5-6] 프로그램에서 스위치 상태에 따라 LED의 진행방향이 반대로 구성되도록 변경하시오.

답)
```
5        If Pb1.In_D = 2 Then dir = 1 Else dir = -1
```
또는
```
5        If Pb1.In_D = 1 Then dir = -1 Else dir = 1
```

(2) 푸시 버튼 스위치 이용 실험

푸시 버튼 스위치를 한번 누를 때 마다 숫자가 1씩 증가하는 프로그램을 구성한다.

① 푸시 버튼 스위치의 구성

푸시 버튼 스위치(Push-button Switch)는 누르도록 구성되며, 손을 떼면 다시 자동으로 복구되어 off되는 형태의 스위치로서, 컴퓨터 키보드나 마우스의 스위치와 동일한 것이다.

[그림 5-22] (a)는 푸시 버튼 스위치 중 택 스위치(Tack Switch)라는 종류로서 가전제품 등에서 자주 사용되는 간단하고 저렴한 종류이다. 핀 배치는 그림과 같이 4핀으로 구성되고 내부 구성은 [그림 5-22] (b)와 같이 1 - 4번과 2 - 3번 핀이 내부적으로 이미 접속되어 있으며, 스위치를 누르면 1 - 2번이나 3 - 4번이 서로 접속된다. [그림 5-22] (c)는 택 스위치를 브래드보드에 배치한 예를 나타낸 것으로서 스위치의 한쪽 접점은 +5*V*와 접속하고, 나머지 접점은 IN_D 포트의 0번 비트에 접속한다.

접속이 완료되어 스위치를 누르면 IN_D 포트의 LED가 켜지고 스위치에서 손을 떼면 LED가 꺼짐을 확인할 수 있다.

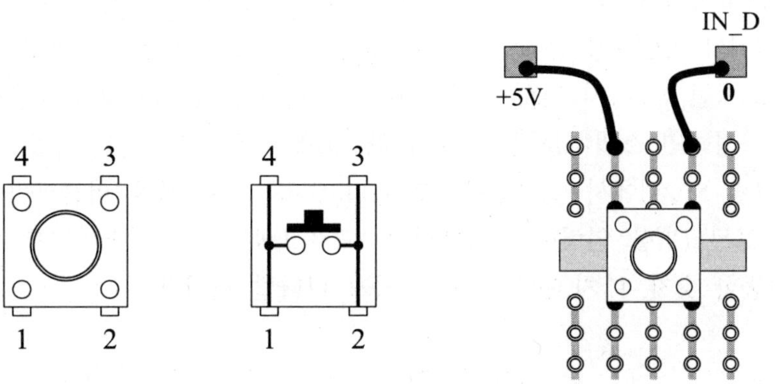

(a) 외 형　　(b) 내부 구성　　(c) 브래드보드 배치

[그림 5-22] 스위치 입력 프로그램 폼의 구성

② **폼의 구성**

컨트롤	속성	값
Button1	(Name)	Btn_SW_cnt
	Font	굵게, 12
	Text	SW_count

(a) 폼의 구성　　(b) 컨트롤의 속성

[그림 5-23] 스위치 카운트 프로그램 폼의 구성

[그림 5-23] (a)와 같이 SW_count라는 버튼을 생성한다. 이 버튼을 누르면 스위치 카운터가 시작되고 위에 배치된 정지 버튼을 누르면 동작이 정지되도록 구성하며, 카운트 값은 텍스트 박스에서 나타나도록 구성한다.

③ 프로그램의 구성

푸시 스위치를 감지해 이를 처리하는 프로그램은 여러 가지 고려해야 할 사항이 있다. 우선 단순히 [그림 5-24]와 같은 알고리즘을 생각해본다. 그림은 프로그램의 흐름을 나타내는 플로차트(flow-chart)라는 것으로서, 프로그램을 작성하는데 가장 중요한 문서이다. 즉 이러한 플로차트가 완성되면 사실상 프로그램 작업은 거의 종료된 것이나 다름없다.

그림에서 프로그램이 시작되면 변수 등을 초기화한 후 스위치가 눌렸는지 검출한다. 검출 후 아직 눌리지 않았다면 계속 스위치 검출을 진행하며, 이 과정이 스위치 on을 검출하는 과정이다. 이 과정 중에 스위치가 눌린 것으로 검출되면 아래로 진행해 카운트를 증가하고 표시한 후 다시 위로 돌아와 다시 스위치가 눌리는 것을 검출한다.

이와 같이 구성하면 스위치를 한번 누를 때 마다 카운트가 1씩 증가할 것으로 보인다. 이를 위해 [그림 5-24]에서 설치했던 SW_count 버튼 컨트롤을 더블클릭한 후 [리스트 5-7]과 같이 프로그램을 입력하고 실행한다. 프로그램 실행 후 스위치를 누르면 예상한 것과 다른 엉뚱한 숫자, 마치 난수 같은 숫자가 나타날 것이다.

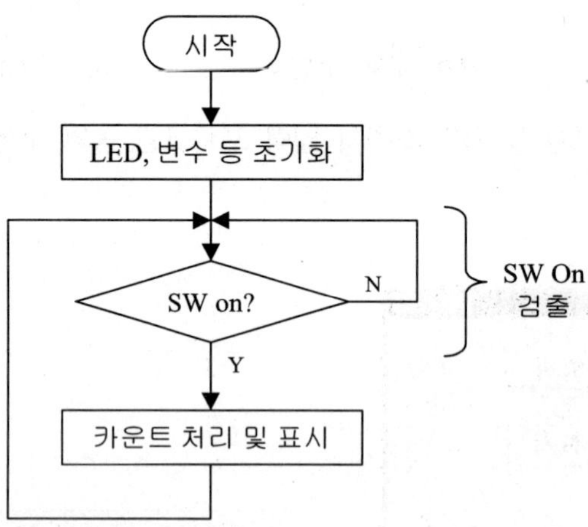

[그림 5-24] 스위치 카운트 프로그램의 구성

[리스트 5-7]의 구성은 다음과 같다.

라인 2에서 텍스트박스에 0을 표시한다.

라인 3에서 Stop-flag 변수를 초기화하고 라인 4에서 이 변수가 False인 동안 라인 10과의 사이 문장을 계속 반복한다.

라인 5에서 입력포트를 읽어 그 값이 0이라면, 즉 스위치가 눌리지 않았다면 라인 8과의 사이를 계속 반복한다. 이 과정 중에 라인 6에서 다른 버튼들이 눌리는지 검출하고, 정지 버튼이 눌렸다면 라인 7에서 While문을 종료한다. 결론적으로 라인 5부터 8사이는 스위치가 눌릴 때까지 대기하고 있는 것이다.

스위치가 눌린 것으로 검출되면 라인 9로 진행해 현재의 텍스트박스 내용을 숫자로 변환한 후 1을 덧셈해 다시 텍스트박스로 대입한다. 즉 카운터 처리와 표시를 진행한다.

라인 10에서 정지 버튼을 누르지 않았다면 다시 라인 4로 진행한다.

정지 버튼이 눌렸다면 라인 11로 진행해 텍스트박스의 내용을 지우고 종료한다.

```
1  Private Sub Btn_SW_cnt_Click( ... ) Handles Btn_SW_cnt.Click
2     Txt_Dsp.Text = 0
3     Stop_flag = False
4     While Stop_flag = False
5        While Pb1.In_D = 0 ' SW on 검출
6           Application.DoEvents()
7           If Stop_flag Then Exit While
8        End While
9        Txt_Dsp.Text = Val(Txt_Dsp.Text) + 1 ' 카운터 처리 및 표시
10    End While
11    Txt_Dsp.Text = ""
12 End Sub
```

[리스트 5-7] 스위치 카운트 프로그램-1

④ 푸시 스위치의 검출방법

앞서 과정에서 작성한 프로그램은 전혀 문제가 없는 것 같지만 정상적으로 실행되지 않는다. 이는 푸시 스위치의 검출과정을 실재 스위치와 컴퓨터의 입장에서 생각한 것이 아니라 우리의 생각, 바램으로 생각한 결과이다. [리스트 5-7]의 프로그램이 이상한 결과가 나타난 원인은 [그림 5-25] (a)와 같다. 즉 [리스트 5-7]의 라인 5에서 입력포트를 검출하는 과정 중 [그림 5-25] (a)의 ⓐ 부분과 같이 아직 스위치를 누르지 않았을 때는 라인 5-8 사이를 반복하며 스위치가 on됨을 검출한다. 이후 스위치를 눌렀을 때 그림의 ⓑ지점에서 스위치가 on 되었음이 검출되어 라인 8에서 증가가 이루어지고 다시 라인 5로 되돌아오지만, 이 때는 [그림 5-25] (a)의 ⓒ지점이며, 여전히 스위치가 on되어 있으므로 다시 라인 9에서 증가시키고 다시 돌아와 라인 5에서 검출하며, 이때도 여전히 on이므로 증가하고 돌아오는 과정을 순식간에 여러 차례 반복하는 것이다.

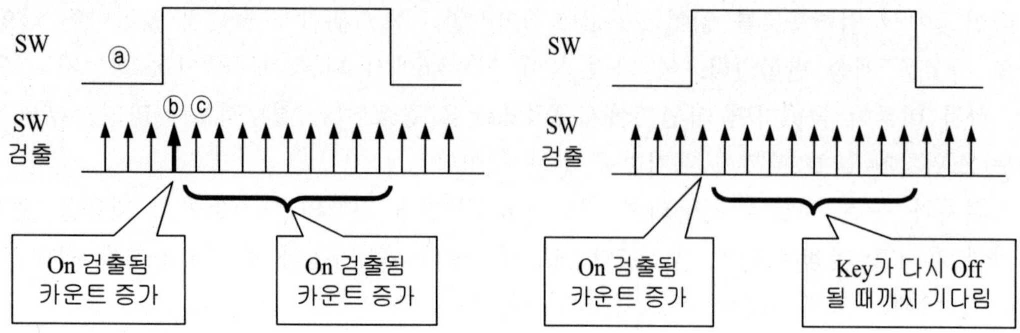

(a) 현재의 처리상태 (b) 개선해야 할 상태

[그림 5-25] 스위치 카운트 방법

즉, 사용자 입장에서는 스위치를 "잠깐" 눌렀지만 속도가 빠른 컴퓨터의 입장에서는 매우 긴 시간동안 누른 것이므로 아무리 빨리 눌러도 수차례 숫자가 증가하는 것이다. 따라서 프로그램의 흐름은 [그림 5-25] (b)와 같이 스위치가 눌린 것이 검출되어 카운트를 증가한 이후에는 스위치가 다시 off될 때까지 대기해고, 스위치가 off됨이 확인되면 그 때 다시 위 과정으로 돌아가 스위치가 다시 on 되는 것을 검출해야 한다. 이를 플로차트로 나타내면 [그림 5-26]과 같다.

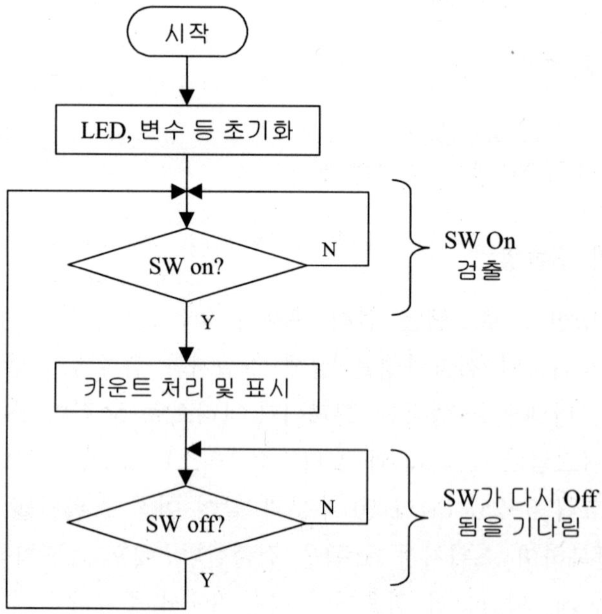

[그림 5-26] 스위치 off 검출이 추가된 프로그램의 구성

즉, 스위치가 눌린 것이 검출되어 카운트 처리를 진행한 이후에는 스위치가 다시 off될 때까지 대기하는 과정이 필요한 것이다. 이는 우리가 사용하는 컴퓨터 키보드 스위치나 마우스 스위치, 자동판매기의 버튼 등 모든 푸시버튼에서 동일하게 적용되는 알고리즘이다. [리스트 5-8]에 [그림 5-26]에 추가된 과정을 고려한 프로그램 리스트를 나타내었다.

```
Private Sub Btn_SW_cnt_Click( ... ) Handles Btn_SW_cnt.Click
  Txt_Dsp.Text = 0
  Stop_flag = False
  While Stop_flag = False
    While Pb1.In_D = 0 ' SW on 검출
      Application.DoEvents( )
      If Stop_flag Then Exit While
    End While
    Txt_Dsp.Text = Val(Txt_Dsp.Text) + 1 ' 카운터 처리 및 표시
    While Pb1.In_D = 1 ' SW off 검출
      Application.DoEvents( )
      If Stop_flag Then Exit While
    End While
  End While
  Txt_Dsp.Text = ""
End Sub
```

[리스트 5-8] 스위치 카운트 프로그램-2

이를 추가하고 실행하면 스위치가 누를 때 마다 정확히 1씩 증가하는 결과를 확인할 수 있다. 만약 스위치를 누르거나 뗄 때 숫자가 2 또는 3씩 증가하는 현상이 나타난다면, 이는 다음 절의 채터링 현상을 참조하라.

(3) 7-세그먼트에 의한 푸시 스위치 카운터

푸시 스위치회로에 앞서 구성했던 7-세그먼트 회로를 결합하면 카운트 결과를 7-세그먼트로 표시할 수 있도록 구성이 가능하다.

① 하드웨어의 구성

[그림 5-27]에 앞서 실험했던 7-세그먼트 표시회로를 다시 나타내었다. 그림에 표시된 숫자들은 포트-A의 비트 번호들이다.

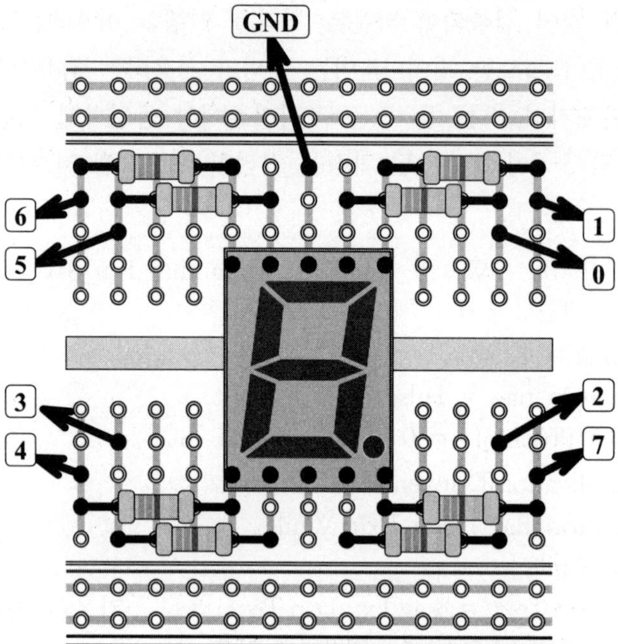

[그림 5-27] 7-세그먼트 표시 회로 구성 예

② 소프트웨어의 구성

스위치에 의해 구동되는 7-세그먼트 카운터는 이전에 작성했던 "7-Seg" 프로그램 중의 [리스트 4-26] 부분인 7-세그먼트 표시 서브루틴을 활용한다. [리스트 5-9]는 현재의 카운터 프로그램에 7-세그먼트 표시 부분을 추가한 것이며, [리스트 5-10]은 이전의 7-세그먼트 표시 서브루틴이다.

참고로 예전에 작성했던 프로그램 리스트 중 일부를 복사해 현재의 프로그램에 삽입하는 방법은 다음과 같다.

예를 들어 이전에 작성했던 7-Seg 프로그램이 담겨있던 폴더에 가면 Form1.vb라는 파일이 있는데, 이 파일이 폼1에 대한 내용이 모두 담겨있다. 이 파일을 마우스 우클릭하여 연결 프로그램에서 메모장을 선택하면 내부의 내용이 모두 나타나며 이 중 필요한 부분을 선택해 복사한 후 비주얼 베이직의 에디터에 복사하면 된다.

[리스트 5-9]의 라인 3은 카운터를 처음 가동했을 때 7-세그먼트에 0자 모양이 나타나도록 초기화한 것이다.

라인 11은 현재의 텍스트박스 내용을 숫자로 변환한 후 10으로 나눈 나머지(Mod 연산자)를 추출해 이를 7-세그먼트로 표시한다. 즉 텍스트박스에 나타난 숫자의 가장 마지막 자리가 7-세그먼트로 출력된다.

라인 18은 프로그램을 정지했을 때 포트-A의 표시를 모두 off한다.

스위치에 의해 구동되는 7-세그먼트 카운터는 이전에 작성했던 "7-Seg" 프로그램 중의 [리스트 4-26] 부분인 7-세그먼트 표시 서브루틴을 활용한다.

[리스트 5-9]는 현재의 카운터 프로그램에 7-세그먼트 표시 부분을 추가한 것이며, [리스트 5-10]은 이전의 7-세그먼트 표시 서브루틴이다.

```
Private Sub Btn_SW_cnt_Click( ... ) Handles Btn_SW_cnt.Click
  Txt_Dsp.Text = 0
  Call Dsp_Seg(0)
  Stop_flag = False
  While Stop_flag = False
    While Pb1.In_D = 0 ' SW on 검출
      Application.DoEvents()
      If Stop_flag Then Exit While
    End While
    Txt_Dsp.Text = Val(Txt_Dsp.Text) + 1 ' 카운터 처리 및 표시
    Call Dsp_Seg(Val(Txt_Dsp.Text) Mod 10) ' 7-세그먼트로 표시
    While Pb1.In_D = 1 ' SW off 검출
      Application.DoEvents()
      If Stop_flag Then Exit While
    End While
  End While
  Txt_Dsp.Text = ""
  Pb1.Out_A(0)
End Sub
```

[리스트 5-9] 카운트를 7-세그먼트로 표시하는 프로그램

```
Private Sub Dsp_Seg(ByVal Num As Integer)
  Select Case Num
    Case 0
      Pb1.Out_A(63)
    Case 1
      Pb1.Out_A(6)
    Case 2
      Pb1.Out_A(91)
    Case 3
      Pb1.Out_A(79)
    Case 4
      Pb1.Out_A(102)
    Case 5
      Pb1.Out_A(109)
    Case 6
      Pb1.Out_A(125)
    Case 7
      Pb1.Out_A(39)
    Case 8
      Pb1.Out_A(127)
    Case 9
      Pb1.Out_A(111)
  End Select
End Sub
```

[리스트 5-10] 숫자를 해당 글자모양으로 표시하는 서브루틴

(4) 실재 스위치 회로

지금까지는 실습키트에 내장된 입력포트 기능을 이용해 스위치 상태를 입력받는 실험을 진행하였다. 이제는 실재로 전자제품 등에 사용되는 스위치에 적용되는 내용에 관해 살펴보고자 한다.

① 풀업(Pull-up)과 플로팅(Floating)

[그림 5-28]에 일반적인 스위치 사용방법의 예를 나타내었다. 우리는 현재까지 스위치를 통해 +5V를 입력하는 방법으로 스위치를 이용하였지만 실재 전자장치에서는 [그림 5-28] (a)와 같이 0V와 접속하는 방법으로 구성한다. 이는 잡음 문제 등을 비롯해 여러 소자의 사정상 일반적으로 이와 같이 구성하는데, 이 때 [그림 5-28] (b)와 같이 스위치

가 on일 때는 확실하게 0 V와 접속되므로 입력포트의 전압은 0 V가 된다.

(a) 스위치 off (b) 스위치 on

[그림 5-28] 스위치 상태에 따른 전압

그런데 [그림 5-28] (a)와 같이 스위치가 off일 경우의 입력포트 전압은 몇 V일까? 전자회로에 익숙지 않은 학습자의 경우 이 때도 0 V라 생각하기 쉽지만 이는 0 V가 아니다. 확실한 0 V가 되려면 [그림 5-28] (b)와 같이 0 V에 접속되어야 한다. 즉 0 V라는 전압은 "전기가 없다"라는 의미가 아니라 0 V라는 전기의 압력 수준을 말하는 것이다. 비유를 들면 현재 온도가 0℃라면 "열이 전혀 없는" 상태가 아니라 얼음이 어는 온도라는 의미일 뿐이다. 즉 -10℃와 비교하면 훨씬 열이 많은 상태인 것이다. 이와 마찬가지로 0V라는 것 또한 전기가 없다는 의미가 아니라 어떤 압력을 의미할 뿐이다.

이에 비해 [그림 5-28] (a)는 스위치가 off되어 있으므로 입력포트는 아무 곳에도 연결되지 않은 상태이며, 이는 0 V가 아니다. 이와 같이 전선이 아무런 전압에도 연결되어 있지 않은 상태에서는 외부에서 약간의 잡음이 입력되면 이 전선은 그 잡음 전압으로 변화하고, 어떤 전압에 연결하면 그 전압으로 변화한다. 즉 전압이 "둥둥 떠있는" 상태라는 의미로 "플로팅(Floating)상태"라 한다. 이는 전기적으로 매우 불안정한 상태이므로 어떤 특정 전압으로 안정화시킬 필요가 있다.

[그림 5-29] (a) 회로는 우리가 사용하는 키트의 내부 회로를 나타낸 것으로서, 입력포트 내부에 매우 큰 저항이 0 V로 접속되어 있다. 따라서 그림과 같이 스위치가 off되어 있을 때는 입력포트에 어떤 잡음이 유입되더라고 이 저항을 통해 0 V로 빠져나가므로 입력포트는 0 V 상태가 된다. 이후 우리가 입력포트를 통해 +5 V를 입력하면 극히 일부 전류는 이 저항을 통해 0 V로 빠져나가지만 대부분의 전압은 입력포트로 전달된다. 이와 같이 플로팅 된 전선을 0 V 전압으로 내려놓는 역할의 저항을 풀-다운(Pull-down) 저항이라 한다.

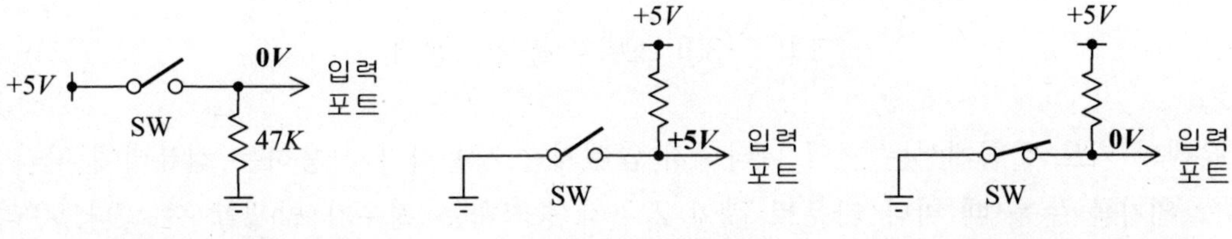

(a) 키트의 내부회로 (b) 풀-업 저항 배선 (c) SW on일 때

[그림 5-29] 플로팅 상태의 제거

이에 비해 실재 전자제품 등에서는 [그림 5-29] (b)와 같이 스위치가 off되어 있을 때 저항을 이용해 +5*V*로 올려놓는 배선을 자주 사용하는데, 이러한 역할의 저항을 풀-업(Pull-up) 저항이라 한다. 이 배선의 경우 스위치가 off되면 입력포트에는 +5*V*, 즉 논리 1이 입력되고, 스위치가 on이면 [그림 5-29] (c)와 같이 모든 전류가 0*V*로 빠지므로 입력포트는 0이 입력된다. 일반적으로 잡음이 그다지 심하지 않은 상황에서 가동되는 기기의 경우 풀-업 저항은 100*K*에서 10*K* 정도의 저항을 사용하고, 잡음이 심한 경우에는 1*K* 정도까지도 사용한다. 저항이 작아질수록 잡음에는 강해지지만 스위치가 on일 때 흐르는 전류가 커지며, 이에 따른 다양한 문제점들이 발생되기도 한다.

② **채터링**(Chattering)**과 디바운스**(Debounce)

[그림 5-29] (b)와 같은 풀-업 저항을 이용한 입력신호 처리 시 입력포트로 인가되는 전압은 [그림 5-30] (a)와 같이 스위치를 누르지 않았을 때는 +5*V*였다가 스위치가 on이면 0*V*로 내려가고 스위치가 다시 off이면 +5*V*로 되는 출력이 나타날 것이다. 그러나 실재로 스위치는 기계적인 접점으로 구성되어 있으므로 접점이 붙는 순간의 진동 등에 의해 [그림 5-30] (b)와 같이 채터링(Chattering)이라는 현상이 반드시 나타난다. 이 현상은 스위치마다 다르지만 이 현상이 나타나는 시간만 차이가 있을 뿐이지 반드시 존재하며, 스위치뿐만 아니라 릴레이 접점 등과 같이 기계적인 접점에서는 모두 존재한다. 따라서 [그림 5-30] (b)와 같은 채터링이 섞인 신호를 매우 빠른 프로세서나 컴퓨터에서 읽으면 스위치가 처음 on되어 카운터를 처리하고 다시 off될 때까지 기다리는데, 채터링에 의해 신호가 다시 off되므로 다시 on을 감지하는 상태로 돌아가는 작업을 순간적으로 여러 번 반복해 카운트 값이 여러 개씩 진행되는 현상이 반복된다.

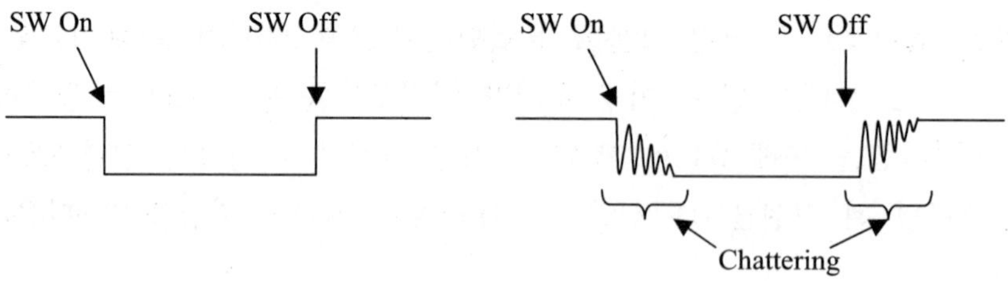

(a) 정상적인 출력 (b) 실재의 출력

[그림 5-30] 스위치 출력의 상태

우리의 키트 실험에서는 거의 나타나지 않겠지만 사용자가 사용하는 컴퓨터에 따라 간혹 스위치를 누를 때 마다 카운트 값이 2, 3씩 증가하는 경우가 발생할 수 있다. 우리가 사용하는 키트의 경우 스위치 상태 검출을 위해 Pb1.In_D 명령이 내려지면 이 명령을 USB 통신을 경유해 키트로 전달하고, 키트에서는 포트의 상태를 읽어 이를 다시 USB

통신을 경유해 컴퓨터로 전달하면 컴퓨터가 이 신호를 받아 입력포트 상태가 판독된다. 따라서 이 시간이 상당히 지속되므로 이 기간 사이에 채터링이 대부분 지나가므로 다행히 채터링의 영향을 크게 받지 않지만, 마이크로컨트롤러를 이용해 직접 스위치 상태를 읽거나 병렬포트를 통해 스위치 상태를 읽을 때는 그 속도가 매우 빠르므로 채터링에 의한 오동작이 반드시 발생한다.

이와 같은 기계적 접점에 의한 채터링현상을 제거하는 작업을 "디바운스(Debounce)한다"고 한다. 디바운스 방법은 하드웨어적인 방법과 소프트웨어적인 방법이 있는데, 여기서는 소프트웨어에 의한 방법을 살펴본다. 우리가 사용하고 있는 컴퓨터 키보드나 마우스의 스위치는 모두 소프트웨어에 의한 디바운스를 이용해 채터링 현상을 제거하고 있다.

③ 소프트웨어에 의한 디바운스

소프트웨어에 의한 디바운스의 원리를 [그림 5-31]에 나타내었다.

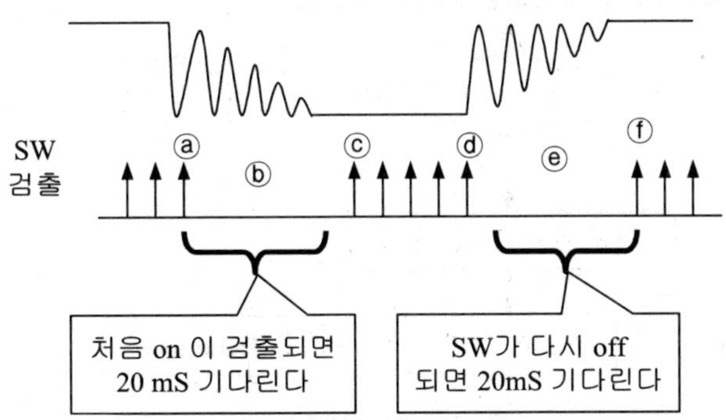

[그림 5-31] 소프트웨어 디바운스의 원리

[그림 5-31]에서 스위치를 지속적으로 검출하는 과정 중 ⓐ점에서 스위치가 on 검출되면 이 이후 ⓑ 기간동안은 분명히 채터링이 존재하므로 이 기간동안 컴퓨터에서는 검출을 진행하지 않는다. 즉 시간지연을 하는 것이다. 이후 채터링이 제거된 ⓒ점이 되면 이 때부터 계속 스위치를 검출해 여전히 on 상태이므로 off되기를 기다린다. ⓓ점에서 스위치의 off가 검출되면 ⓔ 기간에 채터링이 존재하므로 이 기간동안 검출을 진행하지 않고 ⓕ 지점부터 다시 검출한다.

정상적인 스위치는 채터링현상이 대부분 $20mS$ 이내에 종료되므로 소프트웨어에서도 대부분 $20mS$를 디바운스 시간으로 설정하고 있다. 스위치가 노후되면 채터링 시간이 길어지며, 만약 이 기간이 [그림 5-31]의 ⓒ점까지 지속된다면 ⓒ점에서 스위치가 off, on을 반복하는 것으로 검출될 수 있어 스위치를 여러 번 누른 것으로 감지될 수 있다. 우리가 사용하는 컴퓨터 키보드의 경우에도 노후된 종류는 채터링 기간이 길어져 어떤 키를 누르면 글자가 한꺼번에 2, 3개씩 입력되는 경우가 나타나는데, 이는 키 접점의 수명이 다 되었다고 볼 수 있다.

그러나 공업용 대형 스위치 등에서는 채터링이 3, 40*mS* 정도 되는 경우도 있기 때문에 이 경우 [그림 5-31]의 ⓑ 기간과 ⓔ 기간의 대기시간을 100*mS* 정도 설정하기도 한다. 컴퓨터 키보드는 빠른 속도로 끊임없이 누르는 기기이므로 여기에서 100*mS* 정도를 설정하면, 이는 0.1초에 해당하기 때문에 사용자는 키보드의 반응속도가 느리다고 느껴질 수 있어 적용하기 어렵지만, 공업용 스위치의 경우에는 어쩌다 한 번씩 누르기 때문에 안전하게 100*mS*까지 설정하기도 한다. [그림 5-32]에 디바운스 처리가 추가된 플로차트를 나타내었다.

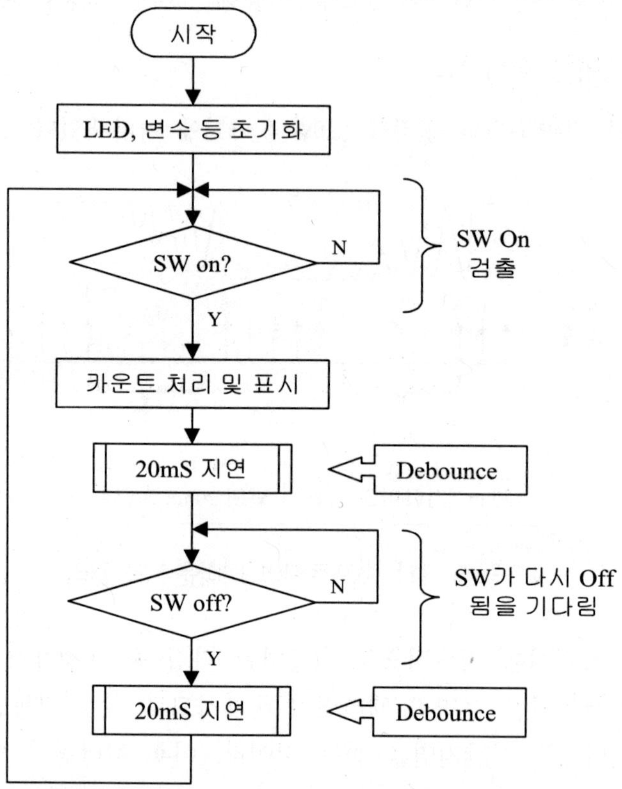

[그림 5-32] 디바운스 처리가 추가된 플로차트

그림에서 스위치 on 검출이 된 후 카운트 처리 및 표시를 진행하고 그 다음에 20*mS* 지연을 시키며, 스위치 off가 검출된 직후에도 20*mS* 지연을 시키면 채터링에 대한 처리가 완료된다. 이론적으로는 SW on 검출 바로 다음에 디바운스 시간지연을 진행하고 카운트 처리 및 표시가 진행되어야 맞지만, 이와 같이 구성한 경우 실제로 전자기기들에서는 사용자가 스위치를 눌렀을 때 표시와 같은 반응이 약간 더디게 나타나는 느낌이 들기 때문에 일단 표시부터 모두 행한 후 디바운스를 처리한다.

④ **프로그램의 구성**

우리가 사용하는 비주얼베이직에서 20*mS*라는 짧은 시간을 지연하려면 타이머를 이용하기는 어렵다. 이는 타이머가 비록 1*mS* 단위로 제어할 수 있다고 정의되어 있지만 실재로 타이머에서 시간이 완료되어 타이머 루틴으로 진행했다가 다시 돌아오는 과정까지 합치면 일반적으로 100*mS* 이상이 걸린다고 한다. 그러나 현재 우리는 학습을 하는 과정이므로 정밀한 20*mS*는 얻을 수 없지만 이론적으로나마 이해할 수 있도록 진행한다.

현재 사용하고 있는 폼에 [그림 5-33] (a)와 같이 도구상자의 "구성 요소" 중에서 타이머 한 개를 배치하고 [그림 5-33] (b)와 같이 속성을 변경한다.

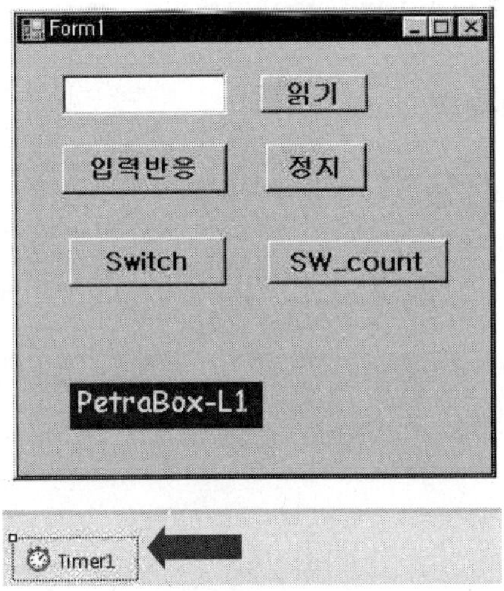

(a) 폼의 구성

컨트롤	속성	값
Timer1	(Name)	Tm_Debounce

(b) 컨트롤의 속성

[그림 5-33] 디바운스용 타이머 설치

[리스트 5-11]은 디바운스 처리를 추가한 프로그램의 리스트를 나타낸 것으로서, 라인 1 - 21은 이전에 작성했던 SW_count 버튼 처리 부분이고, 라인 22 - 31은 새롭게 추가한 서브루틴이며, 라인 32 - 34는 타이머 컨트롤을 더블클릭한 후 입력한 부분이다.

라인 13와 라인 17에서는 각각 스위치의 상태가 검출된 후 디바운스 처리 서브루틴을 호출한다.

라인 22는 전역변수로 디바운스 시간이 되었는지를 저장하는 변수를 선언한다.

라인 23부터는 디바운스 서브루틴으로서, 이 루틴이 호출되면 라인 24에서 디바운스 플래그 변수를 초기화하고 라인 25에서 디바운스 타이머를 20*mS*로 설정하며, 라인 26에서 디바운스 타이머를 가동시킨다.

라인 27 - 29에서는 디바운스 타이머가 동작할 때 까지 대기하는 부분으로서, 라인 28에서는 대기 중에 다른 버튼 등의 처리가 발생하는지 감시한다.

```
Private Sub Btn_SW_cnt_Click( ... ) Handles Btn_SW_cnt.Click
  Txt_Dsp.Text = 0
  Call Dsp_Seg(0)
  Stop_flag = False
  While Stop_flag = False
    While Pb1.In_D = 0 ' SW on 검출
      Application.DoEvents( )
      If Stop_flag Then Exit While
    End While
    Txt_Dsp.Text = Val(Txt_Dsp.Text) + 1 ' 카운터 처리 및 표시
    Call Dsp_Seg(Val(Txt_Dsp.Text) Mod 10) ' 7-세그먼트로 표시
    Call Debounce( )
    While Pb1.In_D = 1 ' SW off 검출
      Application.DoEvents( )
      If Stop_flag Then Exit While
    End While
    Call Debounce( )
  End While
  Txt_Dsp.Text = ""
  Pb1.Out_A(0)
End Sub

  :

Dim dbnc_flag As Boolean

Private Sub Debounce( )
  dbnc_flag = False
  Tm_Debounce.Interval = 20
  Tm_Debounce.Enabled = True
  While dbnc_flag
    Application.DoEvents( )
  End While
  Tm_Debounce.Enabled = False
End Sub

Private Sub Tm_Debounce_Tick( ... ) Handles Tm_Debounce.Tick
  dbnc_flag = True
End Sub
```

[리스트 5-11] 디바운스 처리가 추가된 프로그램

시간이 완료되었다면 라인 30으로 진행하며, 여기서 타이머의 동작을 중단시키고 라인 31에서 호출했던 부분으로 복귀한다.

라인 33은 타이머의 시간이 되었을 때 이 루틴을 통과했다는 표시를 남기기 위해 dbnc_flag 변수에 True를 대입한다.

[리스트 5-11]과 같은 프로그램을 입력하고 실행해 SW_count 버튼을 눌러 가동시키고 스위치를 눌러보라. 만약 이전에 스위치를 누르거나 뗄 때 채터링에 의해 숫자 카운트가 불안정했었다면 이 프로그램에서는 그 현상이 사라졌음을 관찰 할 수 있을 것이다.

(5) 자동 반복(Auto-repeat)

스위치 입력 처리에 있어서 기술적으로 최종적인 것은 오토-리피트, 일명 자동 반복 기능일 것이다. 우리가 작성하고 있는 스위치 카운터에도 오토-리피트 기능을 추가함으로서 오토-리피트에 관한 원리를 이해하고 어떤 조절사항들이 존재하는지 이해하도록 한다.

① 오토-리피트의 원리

오토-리피트(Auto-repeat) 기능은 우리가 사용하고 있는 컴퓨터 키보드에 구현되어 있는 기술로서, 특정 키를 누르고 지정된 시간 이내에 키에서 손을 때면 한 글자만 입력되지만, 지정된 시간 이상을 계속 누르고 있으면 그 이후로는 키에서 손을 뗄 때까지 입력이 자동으로 반복되는 동작을 진행한다. 즉 오토-리피트의 동작과정을 살펴보면 스위치가 눌린 기간 중에 발생하는 동작임을 알 수 있다. [그림 5-34] (a)는 우리가 작성한 스위치 카운터에서 오토-리피트가 진행되었을 때의 과정을 나타낸 것으로서, 스위치를 처음 누르면 카운트는 1로 증가한다. 이후 스위치를 계속 누르고 있다면 일정 시간이 지난 후부터 자동으로 2, 3, 4로 증가해야 한다.

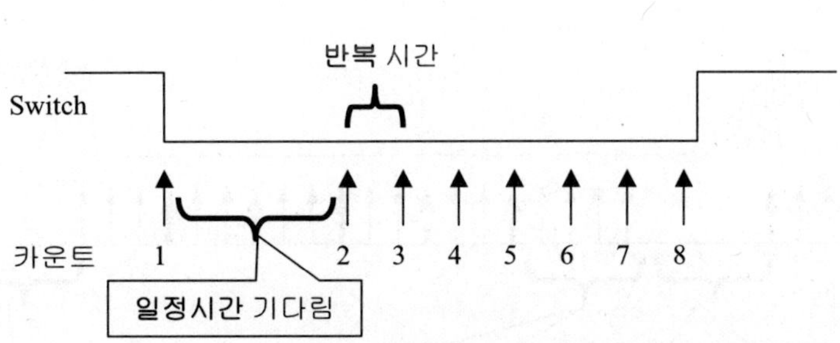

[그림 5-34] 오토-리피트 카운트의 진행 과정 예

여기서 오토-리피트 기능을 구현하기 위한 2가지 설정요소가 나타나는데, 스위치가 처음 눌린 후 어느 시간동안 기다리는지에 대한 대기시간 설정과 반복이 진행될 때 반복속도를 결정하는 반복시간 설정이다. 이는 윈도우의 제어판 중 키보드 설정 부분을 살펴보면 [그림 5-35]와 같이 "재입력 시간"과 "반복 속도"의 2가지 설정이 있으며, 이 설정들이 오토-리피트의 2가지 설정 사항들이다.

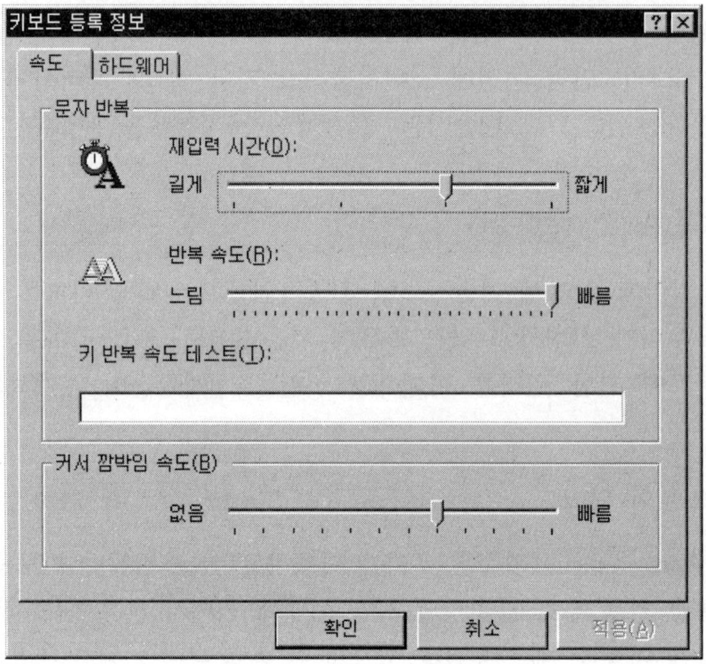

[그림 5-35] 윈도우에서 키보드 오토-리피트 설정사항 예

[그림 5-36]는 오토-리피트 기능이 추가된 스위치 처리의 과정을 나타낸 것으로서 스위치가 눌려있는 동안 단순히 스위치가 off되기만을 기다리는 것이 아니라 눌려있는 시간을 카운트해 그 시간이 되어도 스위치가 off되지 않으면 반복을 진행하는 것이다.

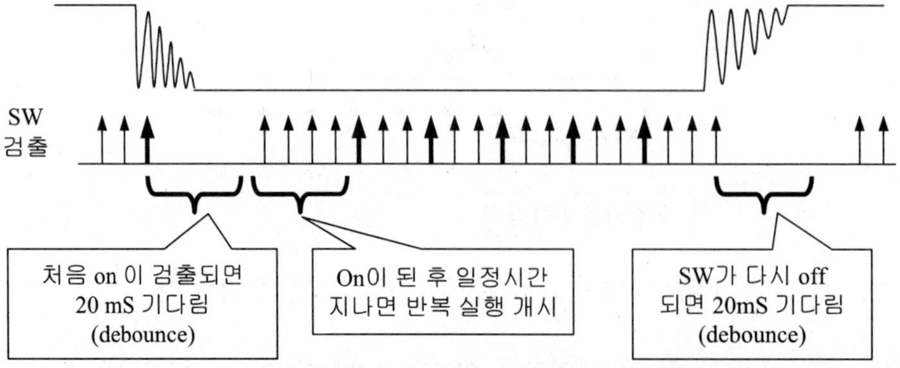

[그림 5-36] 오토-리피트의 상세한 처리 과정

② 오토-리피트의 구현 방법

[그림 5-37]은 이러한 처리과정을 플로차트로 나타낸 것이다. [그림 5-37] (a)는 앞서 작성했던 카운트 프로그램의 흐름으로서, 이 중 굵은 원 부분에 오토-리피트 처리가 추가된 것을 다시 정리해 나타내면 [그림 5-37] (b)와 같다.

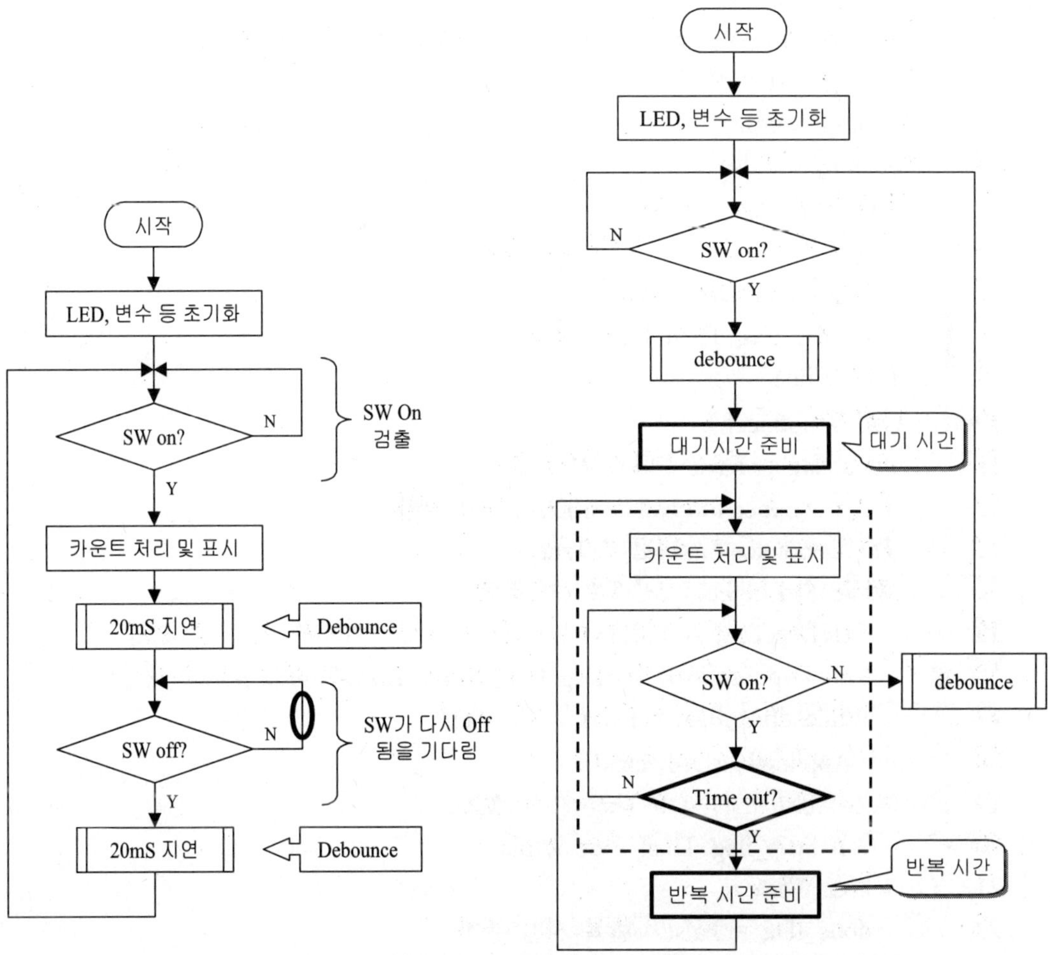

(a) 본래의 카운트 (b) 오토-리피트 추가

[그림 5-37] 오토-리피트 구현 알고리즘

[그림 5-37] (b)에서 스위치가 on되었음을 검출하고 디바운스 처리를 진행한 후 대기시간을 준비한다. 단, 여기서는 프로그램의 단순화를 위해 [그림 5-37] (a)에 비해 카운트 처리 및 표시와 디바운스 부분의 순서를 변경하였다. 그 후 카운트 처리 및 표시를 진행하고 스위치가 여전히 on 상태인지 대기하는 중에 시간이 완료되었는지 확인한다. 이 시간 내에 스위치가 다시 off되었다면 우측의 디바운스를 거쳐 처음으로 돌아가고,

시간이 다 되도록 계속 on 상태가 유지되고 있다면 반복시간을 설정하고 위로 되돌아가 카운트 처리 및 표시를 진행한다. 즉 그림의 점선 부분이 스위치 on 상태에서 대기하는 부분이며, 이 부분에서 완료될 시간을 위쪽의 "대기시간"과 아래쪽의 "반복시간" 2종류로 설정하는 것이다.

```
Private Sub Btn_SW_cnt_Click( ... ) Handles Btn_SW_cnt.Click
  Txt_Dsp.Text = 0
  Call Dsp_Seg(0)
  Stop_flag = False
  While Stop_flag = False
    While Pb1.In_D = 0 ' SW on 검출
      Application.DoEvents( )
      If Stop_flag Then Exit While
    End While
    Call Debounce( )
    dbnc_flag = False ' 대기 시간 준비
    Tm_Debounce.Interval = 1000 ' 대기 시간
    Tm_Debounce.Enabled = True
    While Pb1.In_D = 1 ' SW off 검출
      Txt_Dsp.Text = Val(Txt_Dsp.Text) + 1 ' 카운터 처리 및 표시
      Call Dsp_Seg(Val(Txt_Dsp.Text) Mod 10) ' 7-세그먼트로 표시
      While dbnc_flag = False ' 시간 대기
        Application.DoEvents( )
        If Pb1.In_D = 0 Then Exit While
        If Stop_flag Then Exit While
      End While
      dbnc_flag = False ' 반복 시간 준비
      Tm_Debounce.Interval = 500 ' 반복 시간
    End While
    Call Debounce( )
  End While
  Txt_Dsp.Text = ""
  Pb1.Out_A(0)
  Tm_Debounce.Enabled = False
End Sub
```

[리스트 5-12] 오토-리피트 처리가 추가된 프로그램

[리스트 5-12]는 대기시간을 1초(라인 12), 반복시간을 0.5초(라인 23)로 설정한 오토-리피트 프로그램을 나타낸 것이다.

이 프로그램을 입력하고 실행한 후 스위치를 눌렀다 떼는 동작을 반복해 카운트 동작이 진행되는 것을 관찰하고, 누른 상태에서 기다려 자동으로 카운트가 진행되는 것을 관찰하라.

라인 10은 스위치가 on 되었을 때 디바운스를 위한 루틴으로서, 앞서 작성했던 프로그램에서 순서를 바꾼 것이다.

라인 11-13은 대기시간 1초를 준비하는 과정이고 라인 13에서 타이머를 가동시킨다.

라인 14는 스위치가 다시 off됨을 기다리는 루프로서 스위치가 off되기 전까지 라인 24와의 사이를 계속 반복하며 대기한다.

라인 15, 16은 카운터 증가와 표시 처리를 진행한다.

라인 17은 시간이 다 되었는지 대기하는 부분으로서, 타이머에서 설정되었던 시간(처음이라면 1초, 반복 중이라면 0.5초)이 되기 전까지 라인 21과의 사이에서 대기한다.

라인 18-20은 타이머 시간 대기 중 진행하는 과정으로서, 라인 18에서 다른 컨트롤 등을 눌렀는지 감시하고, 라인 19에서 스위치가 off된 것으로 감지되거나 라인 20에서 정지 버튼이 눌린 것으로 검출되면 시간 대기로부터 빠져나간다.

라인 22, 23은 시간 대기 부분이 완료된 후 반복시간을 준비하는 과정이다.

라인 24에 도달하는 경우는 시간이 완료되었을 때, 스위치가 off인 것이 검출되었을 때(라인 19), 그리고 정지 버튼이 눌린 것이 검출되었을 때(라인 20)이며, 라인 14에서 스위치 off가 검출되었을 때만 라인 25로 진행할 수 있다. 즉 시간이 완료된 경우와 정지 버튼을 누른 경우라면 다시 라인 15로 진행한다. 그런데 정지 버튼을 누를 때 여러분은 이미 스위치에서 손을 뗀 후이므로 사실 정지 버튼을 누르기 전에 스위치 off에 의해 라인 25로 진행할 것이다. 만약 시간이 완료되어 라인 24에 도달한 경우에는 스위치가 off되지 않은 것이므로 새롭게 설정된 반복시간에 의해 다시 라인 15부터 0.5초마다 반복해 진행 된다.

연습문제

- 대기시간과 반복시간을 조절한 후 실험해 시간이 변화함을 관찰하라.

5-2 아날로그 입력

지금까지는 0 또는 1로 구성된 디지털 값을 입력받는 과정을 학습하였다. 이 절에서는 아날로그 전압을 입력받는 방법에 관해 학습한다.

1) 아날로그/디지털, 디지털/아날로그 변환기

(1) 아날로그/디지털, 디지털/아날로그 변환기의 목적

아날로그/디지털 변환회로(A/D Converter)는 [그림 5-38] (a)와 같이 아날로그 신호가 입력되면 그에 해당하는 디지털 신호를 출력하며, 이와 반대로 [그림 5-38] (b)와 같이 디지털 신호가 입력되면 이에 해당하는 아날로그 신호를 출력하는 회로를 디지털/아날로그 변환회로(D/A Converter)라 한다.

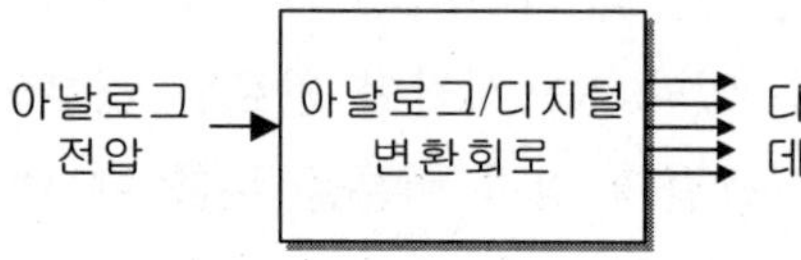

(a) 아날로그/디지털 변환회로

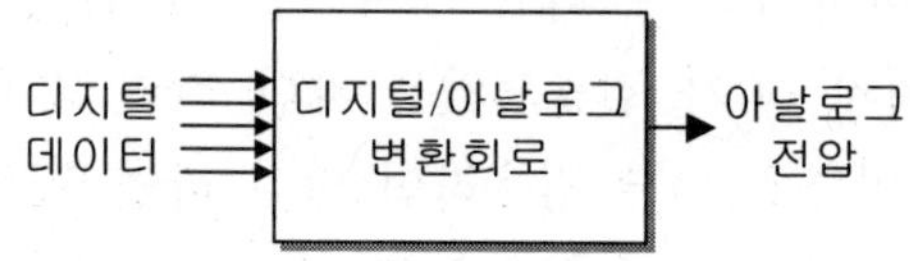

(b) 디지털/아날로그 변환회로

[그림 5-38] 아날로그와 디지털 사이의 신호 변환 개념

이와 같은 아날로그와 디지털 사이의 신호 변환은 매우 중요한 것으로서 멀티미디어 분야나 자동제어 분야, 측정 분야 등 광범위한 곳에 다양하게 사용된다.

[그림 5-39]는 컴퓨터에서 사용되는 데이터 변환 예를 나타낸 것으로서, 전형적인 아날로그 신호인 음향신호는 wave나 MP3 디지털 파일로 변환되고, 영상신호는 avi나 MP4 등의 디지털 파일로 변환된다. 이러한 디지털 형태의 파일은 저장이나 전송이 가능해지며, 더구나 전송 시 디지털의 특징인 전달의 정확성이 확보되어 내용의 손상 없이 전달받을 수 있다. 이를 전송 받은 수신측은 wave나 MP3 디지털 파일을 "사운드 카드(Sound Card)"라는 디지털/아날로그 변환회로(D/A C)에서 원래의 아날로그 신호인 소리로 복원해 스피커로 출력하며, avi나 MP4 디지털 파일은 사운드 카드에서 소리신호를

복원함은 물론 "VGA 카드"라는 디지털/아날로그 변환회로에서 원래의 아날로그 신호인 영상으로 복원해 모니터로 출력한다.

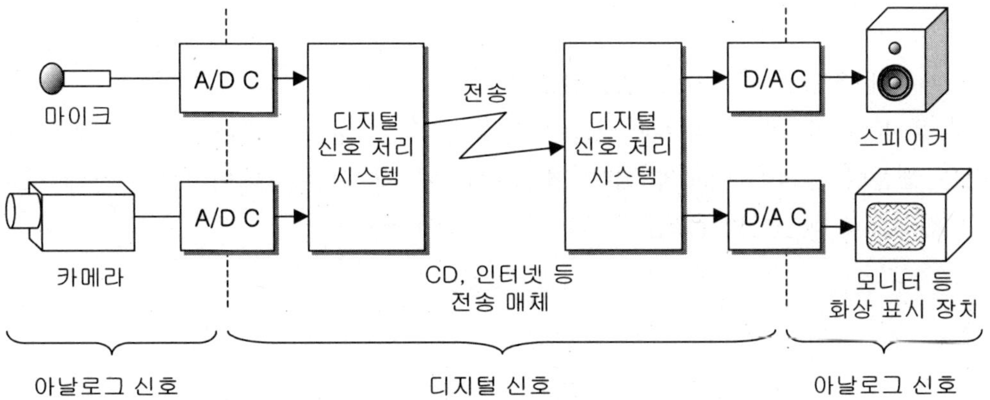

[그림 5-39] 컴퓨터에서의 신호 변환 예

이와 같은 아날로그와 디지털 사이의 데이터 변환 예는 수 없이 많으며, 예를 들어 커피 자동판매기, 세탁기 등에서는 내부 물 온도를 측정할 필요가 있고, 아날로그형 조이스틱의 각도변화에 따른 전압도 디지털 값으로 변환된다.

(2) 아날로그/디지털 변환의 개념 및 용어

여기서는 우선 아날로그/디지털 변환의 개념과 이에 관련된 용어들에 관해 살펴본다.

아날로그-디지털 변환이란 [그림 5-40] (a)에 나타낸 바와 같이 곡선으로 표시된 아날로그 전압을 정해진 시간마다 측정해 측정된 전압을 정해진 [그림 5-40] (b)와 같이 디지털 전압에 해당하는 값으로 변환하는 것을 의미한다.

그림의 예에서는 입력되는 아날로그 전압을 $1V$ 단위로 4개 구간으로 나누고 이를 주기적으로 관찰해 0부터 3까지의 디지털 숫자로 변환한다. 예를 들어 첫 번째 관찰시점인 시간축 0지점에서는 아날로그 전압이 $0V$이므로 디지털 값 0으로 변환된다. 시간축 1지점에서는 아날로그 전압이 $2V$와 $3V$ 사이에 있으므로 이는 디지털 값 2로 변환된다. 이러한 방법으로 아날로그 전압의 변화가 디지털 값으로 변환되면 이후에는 디지털에서 행하는 모든 처리, 즉 저장이나 전송 등이 가능해지고 D/A 변환기를 통해 아날로그 신호로 복원할 수도 있다.

① 샘플링(sampling) 및 샘플링 주기(sampling period)

[그림 5-40]에서 설명한 바와 같이 아날로그/디지털 변환은 정해진 시간마다 아날로그 전압을 관찰하는데, 이와 같이 정해진 시간마다 체크하는 것을 샘플링(sampling)이라

한다. 즉 어떤 공장에서 물건이 연속으로 생산되고 있을 때, 모든 물건을 검사하지 않고 정해진 시간마다 검사하는 것을 "샘플을 채취한다."라 하는 것과 같은 뜻이다. 모든 아날로그 신호를 모조리 검사해 변환하면 좋겠지만, 이 경우 데이터 량이 너무 많아져 저장할 때는 용량의 문제가 발생하고, 통신할 때는 통신 속도가 저하하는 등의 문제점이 발생하기 때문에 적당한 간격으로 샘플링을 한다.

[그림 5-40]과 [그림 5-41]에 샘플링 간격에 의한 파형의 차이를 나타내었다. [그림 5-40]은 샘플링 간격이 비교적 넓은 경우로서, 이 때 수집된 데이터를 이용해 다시 아날로그 전압으로 복원하면 [그림 5-40] (b)와 같이 된다.

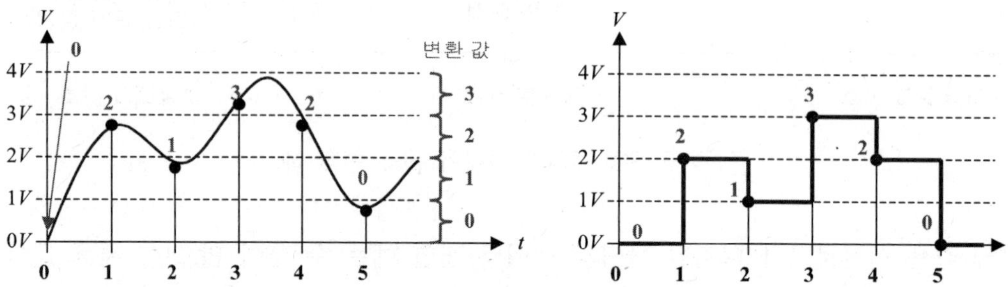

(a) 아날로그-디지털 변환 (b) 아날로그 신호로 복원한 파형

[그림 5-40] 샘플링 주기가 클 때의 예

이에 비해 [그림 5-41]는 [그림 5-40]보다 2배 더 촘촘히 샘플링 한 것으로서, 샘플링 한 데이터가 2배로 발생하지만 이 때 수집된 디지털 데이터를 다시 아날로그 신호로 복원하면 [그림 5-41] (b)와 같이 원래의 아날로그 파형에 더 근사하게 나타남을 알 수 있다.

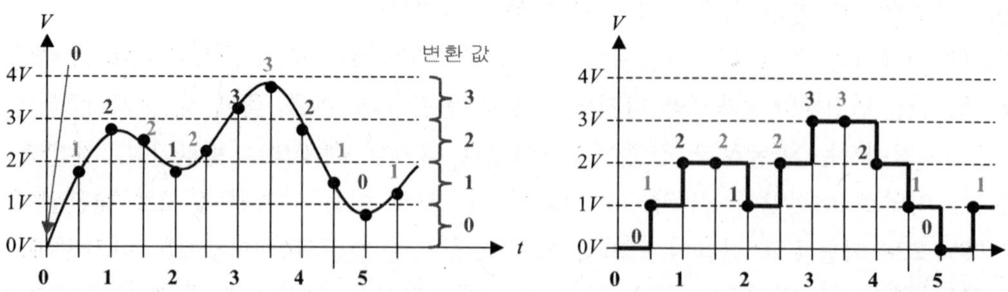

(a) 아날로그-디지털 변환 (b) 아날로그 신호로 복원한 파형

[그림 5-41] 샘플링 주기가 작을 때의 예

이와 같이 샘플링 주기가 작으면 작을수록 더 섬세한 파형을 검출할 수 있지만, 그만큼 데이터 량이 많아지므로 사용할 대상에 가장 적당한 샘플링 주기를 선정하는 것이 중요하

다. 나이키스트 정리(Nyquist Theorem)에 의하면, 어떤 주파수의 아날로그 파형을 검출하기 위해서는 아날로그 파형 주파수의 2배 이상 주파수로 샘플링 해야 한다. 이 샘플링 주파수는 최소의 것으로서, 더 우수한 변환품질을 원한다면 이 이상이 되어야 한다.

참고로 CD 음반, MP3 음원의 경우 44.1KHz의 샘플링 주파수로 샘플링 한다.

② **분해능**(Resolution)

샘플링 주기 이외에 변환 품질을 좌우하는 또 하나의 중요한 요소는 분해능으로서, 이는 아날로그 전압을 몇 단계의 값으로 변환하는지를 나타낸다.

[그림 5-42]와 [그림 5-43]은 이러한 차이를 나타낸 것으로서, [그림 5-42] (a)의 경우 0V부터 4V 사이를 4단계로 구분해 변환했을 때 이를 복원하면 [그림 5-42] (b)와 같이 구성되며, 원래의 아날로그파형과 비교하면 상당한 오차가 있음을 알 수 있다.

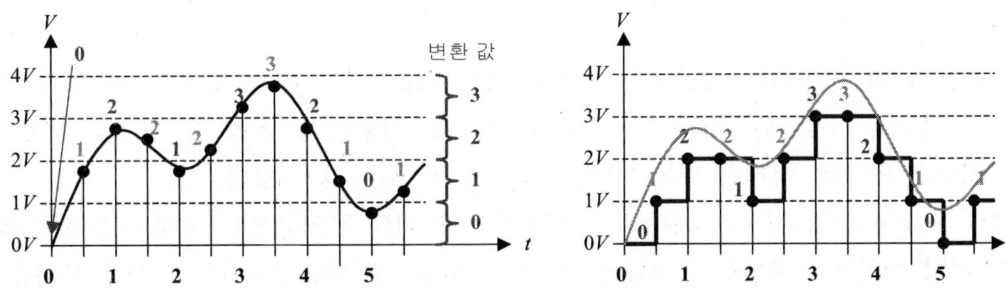

(a) 아날로그-디지털 변환 (b) 아날로그 신호로 복원한 파형

[그림 5-42] 4단계 변환의 예

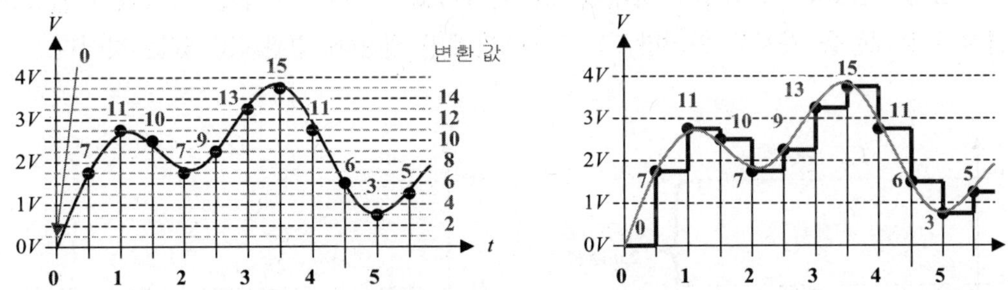

(a) 아날로그-디지털 변환 (b) 아날로그 신호로 복원한 파형

[그림 5-43] 16단계 변환의 예

이에 비해 [그림 5-43] (a)와 같이 0*V*부터 4*V* 사이를 16단계로 구분해 변환했을 때 이를 복원하면 [그림 5-43] (b)와 같이 구성되며, [그림 5-42] (b)의 경우와 비교하면 원래 파형에 더 근접함을 알 수 있다.

이와 같이 4단계로 구분하는 경우 2진수 데이터로 2-비트에 해당하고, 16단계로 구분하는 경우 2진수로 4-비트에 해당한다. 거꾸로 말하면, 8-비트로 A/D 변환하면 256단계로 구분하는 것이고, 10-비트로 A/D 변환하면 1,024단계로 구분하는 것이므로 더 정밀한 변환이 가능하다. 이와 같이 아날로그 전압을 구분하는 비트 수를 분해능이라 한다.

참고로, CD나 MP3의 경우에는 16-비트 분해능, 즉 65,536단계로 변환되어 있다.

③ Vref(기준전압)

앞서 변환 해상도를 설명할 때 0*V*부터 4*V* 구간을 몇 단계로 나누는가를 예로 들었는데, 만약 어떤 아날로그 전압이 5*V*까지 변화하는 것이라면 0*V*부터 5*V* 구간을 단계별로 나누어 변환해야 한다. 이와 같이 변환할 전압구간을 설정하는 것이 Vref(Voltage Reference)로서 8-비트 A/D 변환기라면 Vref를 256단계로 나누어 변환하고, 10-비트 변환기라면 Vref를 1,024단계로 나누어 변환한다. 따라서 만약 최대 2V까지만 변화하는 아날로그 전압이 있다면 Vref를 2*V*로 설정하면 0*V*부터 2*V* 사이를 구간별로 나누어 변환한다.

최대 2*V*까지 변화하는 아날로그 전압의 경우 Vref를 5*V*로 설정해도 상관없지 않는가 하는 의문이 들겠지만, 이와 같이 사용하면 A/D 변환기의 해상도를 최대로 활용하지 않는 결과가 되는데, 이러한 예를 [그림 5-44]에 비교해 나타내었다.

[그림 5-44] (a)의 경우 Vref=5*V*로 설정하고 8-비트 분해능을 사용해 변환하는 예로서 2*V*까지 변화하는 아날로그 전압을 Vref=5*V*를 256등분해 판별하므로 전체 분해능 중 2/5만 사용하는 결과가 된다. 즉 8-비트로 변환하므로 변환결과는 0부터 255까지 얻을 수 있는 범위이지만 [그림 5-44] (a)의 경우 아날로그 전압이 최대 2*V*까지만 존재하므로 (2 / 5) * 256 = 102.4, 즉 102가 최대값으로 나타나고 이 이상의 값은 나타나지 않으므로 256단계의 분해능을 가지고 있지만 그 중 103단계만 활용해 변환하고 있는 것이다.

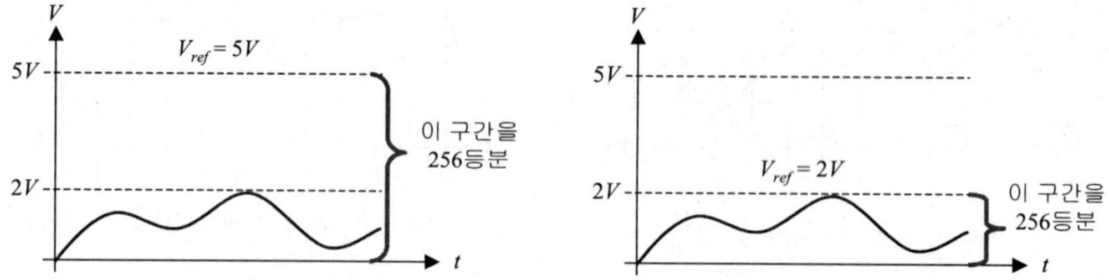

(a) Vref =5V인 경우 (b) Vref =2V인 경우

[그림 5-44] Vref 설정에 따른 차이

이에 비해 Vref를 아날로그 최대전압인 2V로 설정하면 [그림 5-44] (b)와 같이 파형의 최대점인 2*V*까지를 256등분해 변환하므로 8-비트 해상도를 모두 활용할 수 있다.

이를 비교해 정리하면, [그림 5-44] (a)는 $5V$ 사이를 256등분하므로 $19.53mV$ 단위로 변환하지만, [그림 5-44] (b)는 $2V$ 사이를 256등분하므로 $7.8mV$ 단위로 변환하므로 훨씬 세밀한 변환을 한다.

2) 페트라박스의 아날로그/디지털 변환기

페트라박스에는 [그림 5-45]에 나타낸 바와 같이 4개의 아날로그 전압 입력포트가 준비되어 있다. 이들을 활용하는 방법에 관해 상세히 살펴본다.

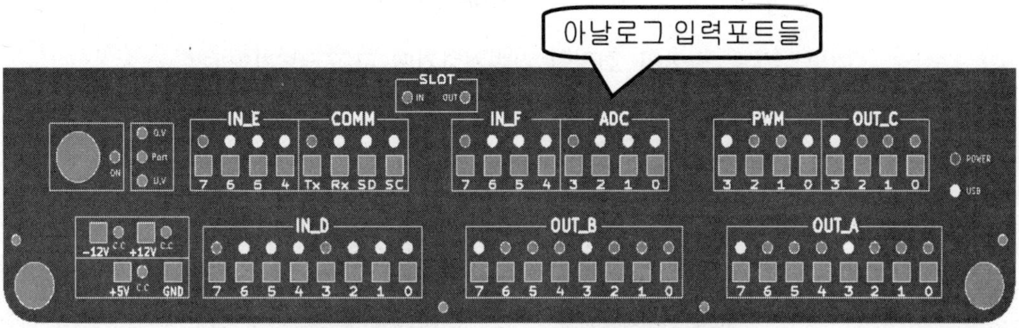

[그림 5-45] 페트라박스의 아날로그 입력 포트들

(1) 회전형 가변저항기

아날로그 전압을 자유롭게 입력하기 위해 회전형 가변저항기라는 소자에 관해 학습한다.

① 회전형 가변저항기의 구조

[그림 5-46] (a)에 회전형 가변저항기의 기본 구조를 나타내었다. 저항판은 얇은 베이클라이트 기판에 탄소저항이 코팅된 원형 판으로서 이 위에 브러시(Brush)라는 구리접점이 마찰로 미끄러지도록 되어있다. 브러시는 와이퍼(Wiper)라는 축으로 중앙에 설치된 회전축과 연결되며, 사용자가 회전축을 회전시키면 브러시가 이동해 a점과 c점 사이, 그리고 b점과 c점 사이의 저항값이 변화한다. 따라서 이 소자의 회로기호는 [그림 5-46] (b)와 같이 표시한다.

즉, [그림 5-46] (a)의 회전축을 왼쪽으로 돌리면 a점과 c점 사이의 저항은 작아지고 b점과 c점 사이의 저항은 커진다. 이러한 가변저항기의 용량은 a점과 b점 사이의 저항값으로 나타내며 [그림 5-47]과 같이 가변저항기의 케이스에 표시되어 있다.

예를 들어 어떤 가변저항기가 $10K\Omega$으로 표시되어 있다면 회전축을 돌렸을 때 최소 0 Ω부터 최대 $10K\Omega$까지 조절할 수 있다는 의미이다. 참고로, 가변저항기 용량표시에는 저항값과 더불어 'A, B, C'라는 글자가 함께 적혀있는데, 이는 회전축의 회전에 따른 저항값의 변화 커브를 나타낸 것으로서 이는 용도에 따라 선택해 사용하지만 매우 정밀한 회로에서만 의미가 있으므로 일반적으로 가리지 않고 사용한다. 일반적으로는 대부분 B형으로서, 회전각에 대한 저항의 변화율이 일직선으로 비례관계에 있다.

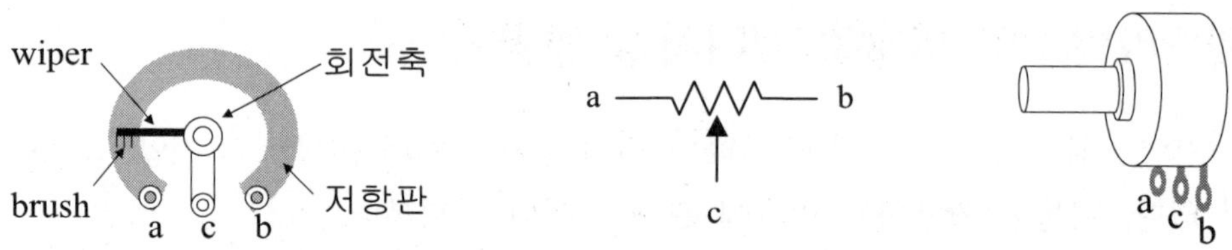

(a) 내부 구조 (b) 회로기호 (c) 외 형

[그림 5-46] 회전형 가변저항기의 구조 및 기호

[그림 5-47] 가변저항기의 용량표시 예

② **회전형 가변저항기의 사용 원리**

회전형 가변저항기의 사용법을 완전히 익히기 위해서는 가변저항기의 동작원리 및 특성을 이해해야 한다. [그림 5-48] (a)에 가변저항이 왼쪽으로 치우쳤을 때의 상태를 나타내었다.

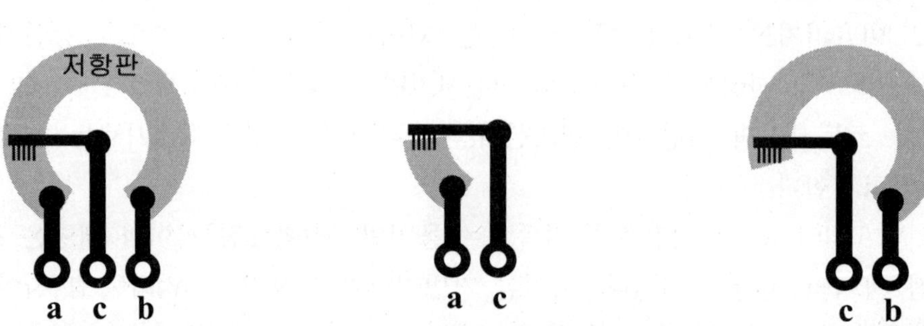

(a) 브러시 위치 (b) a-c 사이 저항 (c) b-c 사이 저항

[그림 5-48] 가변저항이 왼쪽에 위치했을 때

이와 같이 가변저항이 설정되면, 가변저항의 3개 접점 중 a점과 c점 사이에 존재하는 저항은 [그림 5-48] (b)와 같이 전류가 흐르는 경로가 짧다. 즉 a점으로부터 시작해 c점까지의 저항이 매우 짧으므로 저항 값은 작다. 이에 비해 b점과 c점 사이는 [그림 5-48] (c)와 같이 경로가 매우 길기 때문에 저항이 크다.

[그림 5-49] (a)는 가변저항을 중앙에 위치시켰을 경우를 나타낸 경우로서, 이때는 a점과 c점 사이의 경로는 [그림 5-49] (b)와 같이 저항경로의 절반을 경유하도록 되고, b점과 c점 사이도 마찬가지로 [그림 5-49] (c)와 같이 저항경로의 절반을 경유하기 때문에 a-c 사이의 저항이나 b-c 사이의 저항이 동일해진다.

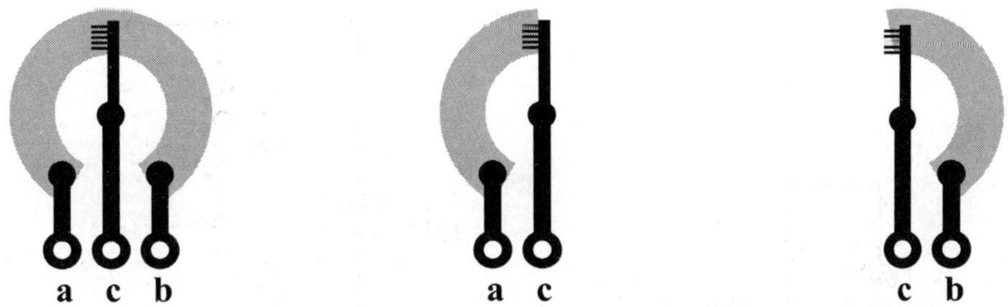

(a) 브러시 위치 (b) a-c 사이 저항 (c) b-c 사이 저항

[그림 5-49] 가변저항이 중앙에 위치했을 때

[그림 5-50] (a)는 가변저항을 오른쪽으로 위치시켰을 경우를 나타낸 것으로서, 이는 [그림 5-50] (b)와 (c)처럼 a와 c 사이는 저항이 크고, b와 c 사이의 저항은 작아진다.

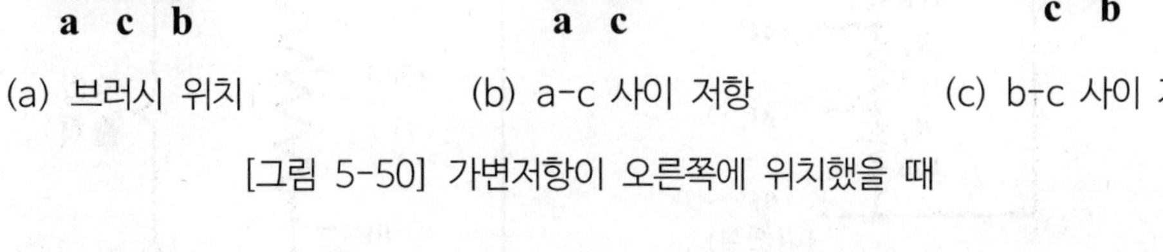

(a) 브러시 위치 (b) a-c 사이 저항 (c) b-c 사이 저항

[그림 5-50] 가변저항이 오른쪽에 위치했을 때

이상에서 살펴본 바와 같이 가변저항은 전체 저항 값이 a와 c 사이, b와 c 사이의 저항 값으로 배분되며, 그 배분 량을 가변저항의 위치로서 설정하는 것이다.

(2) 포텐쇼-미터(Potentio-meter)

① 포텐쇼-미터의 원리

포텐쇼-미터란 [그림 5-51] (a)와 같이 가변저항기의 3개 단자를 모두 사용해 전압 분배용으로 사용할 때를 의미하는 것으로서 오디오의 음량조절용 볼륨 등이 이러한 사용의 대표적인 예이다. 만약 [그림 5-51] (b)의 예와 같이 동일한 2개의 저항이 직렬로 접속된 회로에 한쪽에는 +12 *V*를 인가하고 나머지는 0 *V*를 인가한다면 두 저항에 의한 전압배분 및 전압강하로 인해 그림과 같이 중간에 +6 *V* 출력이 나타날 것이다.

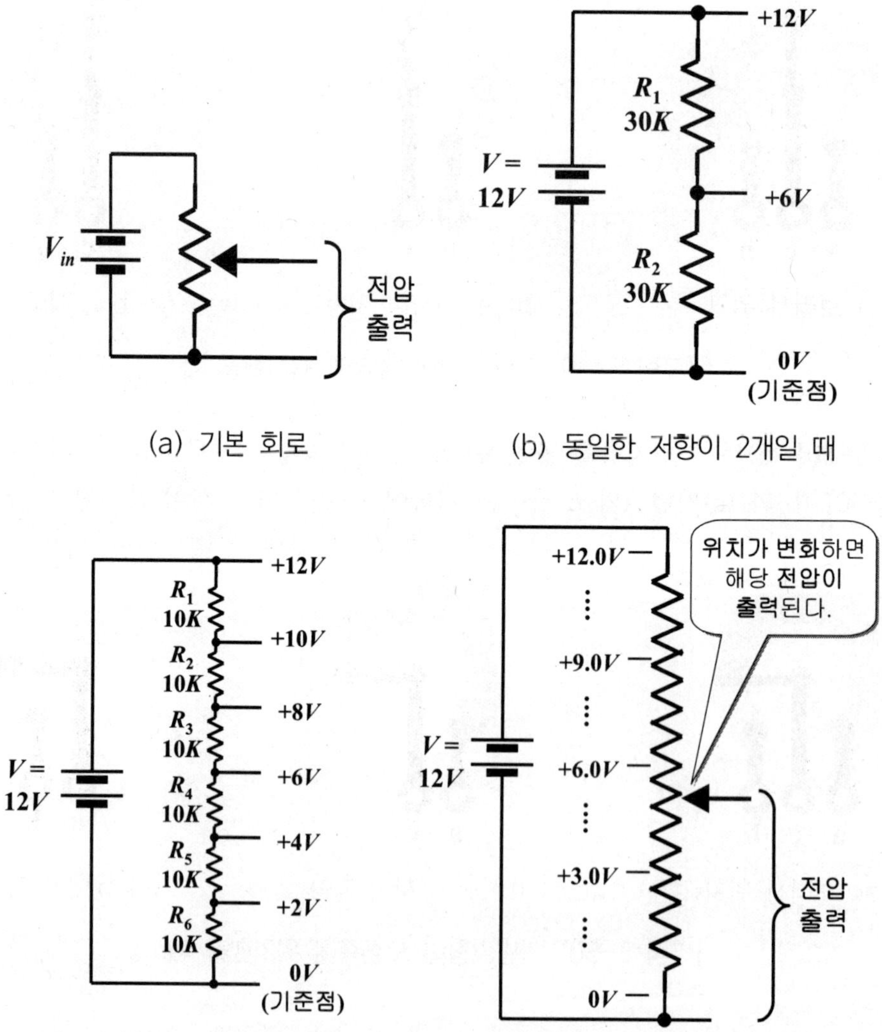

(a) 기본 회로 (b) 동일한 저항이 2개일 때

(c) 6개 저항일 때 (d) 연속저항일 때

[그림 5-51] 포텐쇼-미터의 원리

이와 마찬가지로 [그림 5-51] (c)와 같이 동일한 저항 6개를 사용하면 $2V$의 간격으로 전압들이 나타날 것이며, [그림 5-51] (d)와 같이 연속으로 이어진 저항들이라면 전압도 연속으로 분포될 것이다. 따라서 이러한 연속으로 분포된 전압 중 화살표가 위치한 곳의 전압이 출력으로 나타나며, 화살표 위치를 이동시키면 그 위치에 해당하는 전압이 출력된다. 이와 같이 가변저항기를 이와 같이 전압 조정용으로 사용할 때를 포텐쇼-미터라 한다.

[그림 5-52]에 회전형 가변저항기의 손잡이 위치에 따른 전압분포의 예를 나타내었다.

[그림 5-52] (a)와 같이 가변저항기 손잡이를 가장 왼쪽으로 돌려 가변저항기의 브러시가 a점에 위치했을 때는 $0V$의 출력이 나타난다. [그림 5-52] (b)와 같이 손잡이를 정중앙에 위치시키면 브러시는 a점과 b점 중앙에 위치하므로 절반 전압인 $+5V$가 나타나며 [그림 5-52] (c)와 같이 손잡이를 가장 오른쪽으로 돌리면 $+12V$가 나타난다. 이러한 방법으로 손잡이를 회전시킴에 따라 출력전압은 연속적으로 변화한다.

이상에서 살펴본 예는 $+12V$라는 특정 전압을 인가했을 경우로서, 만약 가변저항기에 임의의 전압 V_x를 인가했을 경우 가장 왼쪽에서는 $0V$, 중앙에서는 $V_x/2$, 가장 오른쪽에서는 V_x가 나타날 것이다. 그러므로 입력전압에 오디오 신호를 입력한다면 가장 왼쪽에서는 $0V$, 즉 소리가 나지 않고, 중앙에서는 절반의 소리가 나며, 가장 오른쪽에서는 가장 큰 소리가 날 것이다. 또한 지금까지 살펴본 바와 같이 포텐쇼-미터 사용법에서는 가변저항기 자체의 저항 값은 중요하지 않고 단지 그 비율만이 의미가 있음을 알 수 있다.

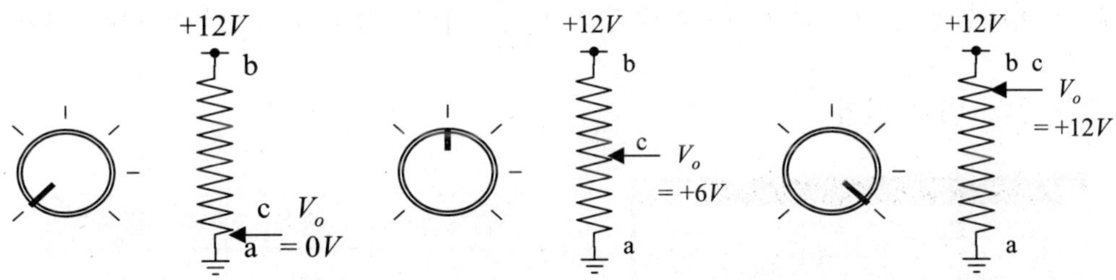

(a) 최저 설정일 때　　(b) 중간 설정일 때　　(c) 최고 설정일 때

[그림 5-52] 가변저항기의 포텐쇼-미터 사용법

② **식에 의한 해석**

앞서 원리적으로 다루었던 포텐쇼-미터의 원리를 식으로 해석해 본다.

[그림 5-53]에서 가변저항기의 브러시가 위치한 부분부터 위쪽의 저항을 R_x, 아래쪽의 저항을 R_y라 하면 출력전압 V_o는 직렬회로의 분압법칙에 의해 다음 식과 같이 나타낼 수 있다.

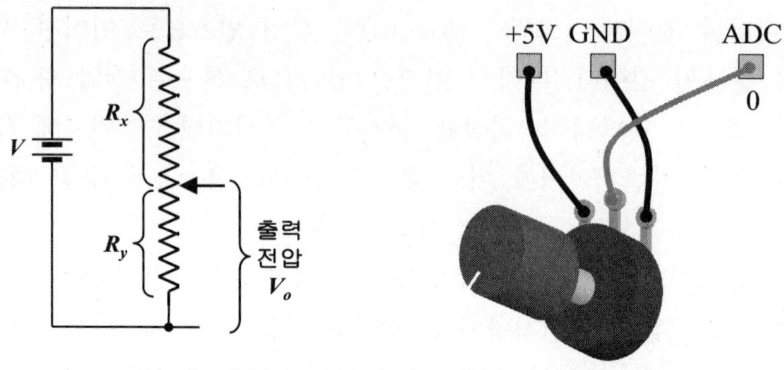

(a) 회로도 (b) 실재 배선도

[그림 5-53] 해석을 위한 회로

$$V_o = \frac{R_y}{R_x + R_y} \cdot V$$

이 식에서 $(R_x + R_y)$는 가변저항기 전체의 저항이므로,

$$V_o = \frac{R_y}{R_{VR}} \cdot V$$

이 식에서 R_{VR}의 값은 가변저항기가 정해지면 변하지 않는 상수이므로, 출력전압 V_o는 R_y에 비례함을 알 수 있다. 즉 출력전압 V_o는 가변저항기의 회전각에 따라 변화한다.

③ 포텐쇼-미터 실험

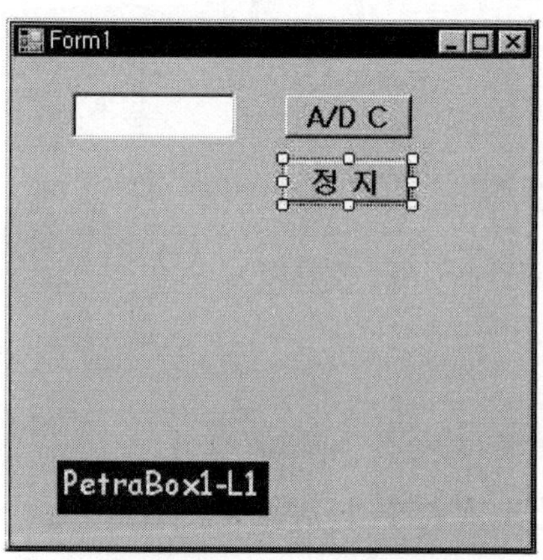

(a) 폼의 구성

컨트롤	속성	값
TextBox1	(Name)	Txt_Dsp
	Font	굵게, 12
Button1	(Name)	Btn_ADC
	Font	굵게, 12
	Text	A/D C
Button2	(Name)	Btn_Stop
	Font	굵게, 12
	Text	정 지

(b) 컨트롤의 속성

[그림 5-54] 아날로그/디지털 변환 실험을 위한 폼의 구성

[그림 5-53] (b)와 같이 키트에 접속한다. 비주얼베이직을 시동하고 "새 프로젝트", "Windows Forms 응용 프로그램"을 선택한 후 아래쪽의 프로젝트 이름을 "ADC"라 지정한다. 새로운 폼에 [그림 5-54] (a)와 같이 PB 컨트롤을 배치하고 텍스트박스 1개와 버튼 2개를 배치한다.

[리스트 5-13]은 포텐쇼-미터를 실험하기 위한 간단한 프로그램이다.

- 라인 1은 Stop_flag라는 변수를 전역변수로 선언한 것이다.
- 라인 2-4는 폼이 로드될 때 초기화하는 부분이다.
- 라인 5-12는 A/D C 버튼을 클릭했을 때 가동되는 부분이다.
- 라인 6은 A/D C 버튼을 클릭해 이 루틴이 시작되었을 때 일단 정지 플래그를 지워놓는다.
- 라인 7은 정지플래그가 눌리지 않은 동안 라인 10까지를 반복한다.
- 라인 8은 페트라박스의 ADC0번의 값을 읽어 텍스트박스에 저장한다.
- 라인 9는 다른 버튼 등을 눌렀는지 확인한다.
- 라인 11은 정지버튼을 눌렀을 때 텍스트박스의 내용을 지운다.
- 라인 13-15는 정지 버튼을 클릭했을 때 가동되는 부분이다.
- 라인 14에서 정지버튼이 눌렸음을 변수에 기록한다.

```
 1 Dim Stop_flag As Boolean

 2 Private Sub Form1_Load( ... ) Handles MyBase.Load
 3   Pb1.Init()
 4 End Sub

 5 Private Sub Btn_ADC_Click( ... ) Handles Btn_ADC.Click
 6   Stop_flag = False
 7   While Stop_flag = False
 8     Txt_Dsp.Text = Pb1.adc0
 9     Application.DoEvents()
10   End While
11   Txt_Dsp.Text = ""
12 End Sub

13 Private Sub Btn_Stop_Click( ... ) Handles Btn_Stop.Click
14   Stop_flag = True
15 End Sub
```

[리스트 5-13] 포텐쇼-미터의 실험 프로그램

[리스트 5-13] 을 입력하고 가동시킨 후 가변저항기를 천천히 회전시키면서 텍스트박

스에 나타나는 숫자를 확인하라. 가변저항기의 전압이 0부터 255 사이의 숫자로 변환됨을 확인할 수 있다.

④ 아날로그 변환값을 이용한 실험

[리스트 5-13] 프로그램에 [리스트 5-14]와 같이 2줄을 추가하고 실험해보라. 그리고 어떻게 이러한 결과가 나타나는지 해석해보라.

```
Private Sub Btn_ADC_Click( ... ) Handles Btn_ADC.Click
  Stop_flag = False
  While Stop_flag = False
    Txt_Dsp.Text = Pb1.adc0
    Pb1.Out_A(2 ^ ((Pb1.adc0 And 224) / 32 + 1) - 1)
    Application.DoEvents()
  End While
  Txt_Dsp.Text = ""
  Pb1.Out_A(0)
End Sub
```

[리스트 5-14] 포텐쇼-미터의 응용 실험 프로그램

연 산	adc0	
	10진수	2진수
	0 - 255	0000 0000 - 1111 1111
AND 224 (1110 0000)	0 - 224	0000 0000 - 1110 0000
/ 32	0 - 7	0000 0000 - 0000 0111
+1	1 - 8	
2 ^	2 - 256	0000 0010 0000 0100 : 1 0000 0000
- 1	1 - 255	0000 0001 0000 0011 : 1111 1111

[그림 5-55] 아날로그/디지털 변환 숫자의 연산과정

라인 5에서 adc0값을 읽어들이고, 이를 224(2진수 1110 0000)와 AND연산한다. 이 과정은 [그림 5-55]에 나타낸 바와 같이 adc0값의 왼쪽 3개 비트를 남기고 나머지는 모두 0으로 마스크한 것으로서, 디지털 변환한 값이 0000 0000부터 1110 0000까지의 8단계로 구성된다. 이 숫자를 32로 나눗셈하면 0000 0000부터 0000 0111 사이의 숫자, 즉 10진수로는 0부터 7까지로 변환된다. 여기에 1을 덧셈하면 1부터 8까지의 숫자가 되며, 이 숫자를 2의 제곱으로 처리한다. 이는 10진수로 2부터 256 사이의 숫자, 즉 2진수로는 0000 0010부터 1 0000 0000이 되며 여기서 1을 뺄셈하면 0000 0001부터 0000 0011, 0000 0111 을 거쳐 1111 1111까지 진행되는 것이다. [리스트 5-15]의 라인을 추가해 실험해 보고 이를 해석하라.

```
 1  Private Sub Btn_ADC_Click( ... ) Handles Btn_ADC.Click
 2    Stop_flag = False
 3    While Stop_flag = False
 4      Txt_Dsp.Text = Pb1.adc0
 5      Pb1.Out_A(2 ^ ((Pb1.adc0 And 224) / 32 + 1) - 1)
 6      Me.BackColor = Color.FromArgb(Pb1.adc0, 0, 255 - Pb1.adc0)
 7      Application.DoEvents()
 8    End While
 9    Txt_Dsp.Text = ""
10    Pb1.Out_A(0)
11  End Sub
```

[리스트 5-15] 포텐쇼-미터의 응용 실험 프로그램-2

3) 센서 입력

앞 절에서 아날로그 전압을 디지털 값으로 입력받는 방법에 관해 학습하였으므로 이제는 센서의 출력을 입력받을 수 있으며, 이는 우리 환경의 상태에 따라 컴퓨터가 이에 대한 반응을 하도록 구성이 가능하다.

(1) 센서와 트랜스듀서

각종 환경요소를 검출하기 위한 기기는 센서(Sensor)와 트랜스듀서(Transducer)가 있는데, 센서는 환경요소를 전기적 신호로 변환하는 기기이고 트랜스듀서는 환경요소를 전기뿐만 아니라 힘이나 길이 등 물리적 결과로 변화시키는 기기를 모두 포함한다. 즉, 센서는 트랜스듀서 중 일부에 해당되는데, [그림 5-56] (b)는 트랜스듀서의 예로서, 가습기 등에서 종종 사용하는 습도 트랜스듀서를 나타낸 것이다.

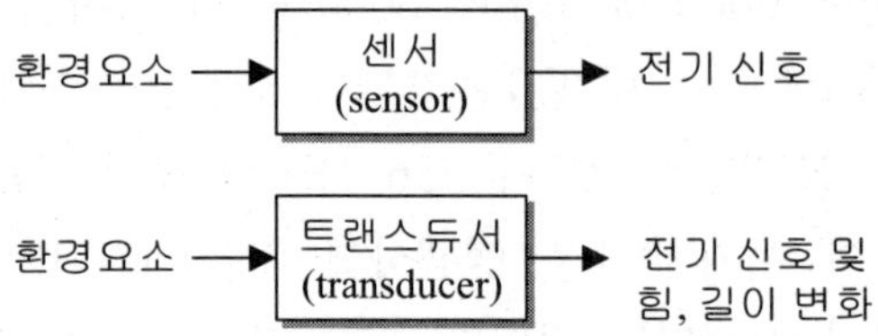

(a) 센서와 트랜스듀서의 개념

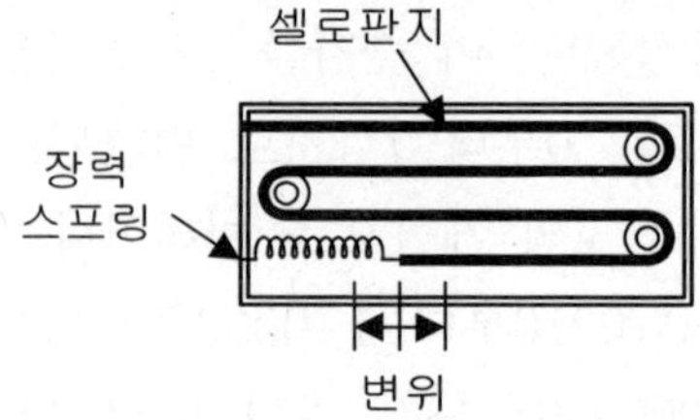

(b) 습도 트랜스듀서의 예

[그림 5-56] 센서와 트랜스듀서

셀로판지는 공기 중의 습도에 의해 늘어나고 줄어드는 성질이 있는데, [그림 5-56] (b)와 같이 길이가 긴 셀로판지의 늘어나고 줄어드는 량(변위)을 이용해 스위치를 on/off 시킬 수 있다.

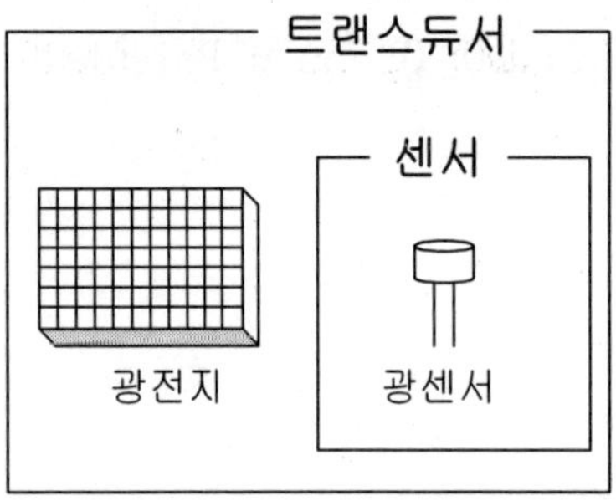

(a) 광 계열의 예

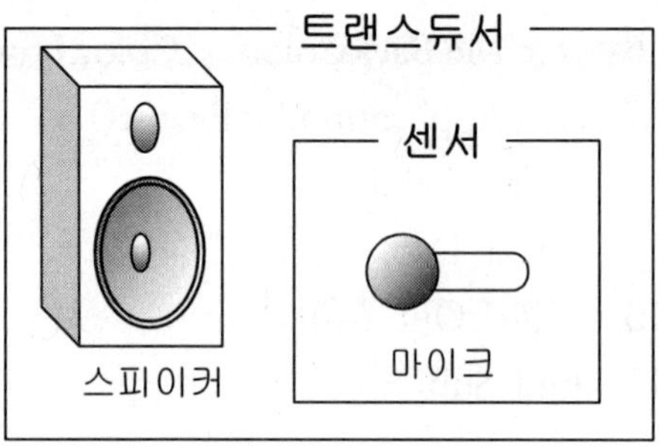

(b) 소리(진동) 계열의 예

[그림 5-57] 전기적 의미의 센서와 트랜스듀서의 범위

전기 분야에 국한해서의 센서라는 의미는 단지 검출을 위한 기기, 트랜스듀서는 다른 형태의 에너지로 변환하는 기기의 의미로 사용되기도 하는데, 예를 들어 [그림 5-57]에 나타낸 바와 같이 빛의 유무를 검출해 전기 신호로 나타내는 기기는 센서이면서 트랜스듀서이고, 빛 에너지를 전기 에너지로 전환하는 광전지 등은 트랜스듀서로 분류한다. 또한 소리신호를 전기신호로 변환하는 마이크는 센서이면서 트랜스듀서이지만 전기신호를 소리신호로 변환하는 스피이커는 트랜스듀서이다.

(2) 센서의 종류

각종 물리량을 검출하는 센서 중 3대 기본 센서가 있는데, 빛을 검출하는 광센서, 온도를 검출하는 온도센서, 그리고 자기(磁氣)를 검출하는 자기센서를 일컬으며, 이 이외에 도 많은 종류의 센서들이 있다.

① **광센서**

광센서는 빛을 검출하는 센서로서, CdS, 포토다이오드, 포토트랜지스터, 포토다이오드의 응용인 CCD 등 다양한 종류가 있으며, 카메라나 조도계, 광전 스위치, 가로등 자동 점멸장치 등과 같은 용도에 사용된다. 특히 적외선을 이용하는 광센서의 경우 기계의 위치검출용이나 물체의 유무를 검출하는 등 사용범위가 매우 넓다.

② **온도센서**

온도센서는 온도를 검출하는 센서로서, 광센서의 적외선과 일부 중첩되어 분류되기도 하지만, 일반적으로 온도센서라 하면 상당히 고온을 검출하는 것을 의미한다. 대표적으로 바이메탈, 서미스터, 열전쌍, 파이로 센서, 서모스탯 등이 있으며, 온도계, 체온계, 전기로의 온도감지, 가스렌지 점화감지, 보일러 온도검출 및 점화감지, 커피자동판매기 물온도 감지, 인체감지 자동 현관조명 등에 사용된다.

③ **자기센서**

자기센서는 자기장을 검출하는 센서로서, 코일, 트랜스포머, 홀소자, 자기저항소자 등의 종류가 있으며, 전동기의 회전속도 검출, 전동기 회전자 위치검출, 폴더식 휴대폰 폴더 위치 검출, 문 열림 감지 방범장치 등에 사용된다.

④ **압력센서**

압력센서는 센서에 가해지는 압력을 감지하는 것으로서, 벨로즈 기구물, 스트레인 게이지, 압전소자 등의 종류가 있다. 이는 기압계, 혈압계, 전자저울, 전동기 다이나모 미터, 전자식 건반악기 건반압력, 로봇의 쥐는 힘 감지 등에 사용된다.

⑤ **위치센서**

기구물의 위치를 검출하는 방법은 앞서 광센서를 이용하거나 자기센서를 이용하기도 하지만 근접 스위치, 리미트 스위치와 같은 디지털적으로 위치를 감지하는 것부터 아날로그적으로 정밀한 위치를 검출하는 차동 트랜스포머, 레졸버 등이 있다. 이들은 자동문의 문 위치 검출, 프린터의 헤드 위치 검출, 전동기의 회전자 위치 검출과 같은 용도에 사용된다. 또한 매우 스케일이 큰 위치센서로는 GPS를 들 수 있는데, 이는 지구상의 어느 위치에 있는지를 알아내는 센서로서 차량의 네비게이션, 선박과 항공기의 항법장치 등에 사용된다.

⑥ **습도센서**

습도센서는 공기 중의 습도를 감지하는 것으로서, 셀로판지의 늘어짐 등을 이용하기도 하지만 대부분 반도체에 의해 검출한다. 이 센서는 초음파 가습기, 항온/항습기, 기상 측정용 습도계 등에서 사용된다.

⑦ **초음파센서**

초음파센서는 사실 압력센서의 일종이라 할 수 있는데, 공기 중의 초음파에 의한 음압을 검출한다. 이는 자동차 후방 경고장치, 자동차 경보기, 거리계, 의료용 초음파 촬영장치 등에 사용된다.

⑧ **화학센서**

화학센서라 하면 상당히 광범위한 것을 포함하는데, 예를 들어 수질센서, 가스센서, 알코올 센서 등이 있다. 이는 수질검사기, 가스 검출기, 음주측정기 등에서 사용된다.

(3) 센서의 출력형태

센서의 출력형태는 센서가 어떤 방법으로 출력을 발생하는지를 분류한 것으로서, 크게 디지털 방식과 아날로그 방식으로 나뉘고, 그 안에서 더 세밀하게 분류된다. 센서를 어떤 용도로 사용할 것인가에 따라 출력형태의 선택이 달라진다. 즉, 거꾸로 말하면 센서의 출력형태에 따라 용도가 결정되므로 출력형태 또한 센서를 선정하는데 중요한 요소 중 하나이다. 여러 가지 출력형태 중 주로 사용되는 몇 종류를 나열하면 다음과 같다.

① **디지털 출력**

가. 펄스의 유무

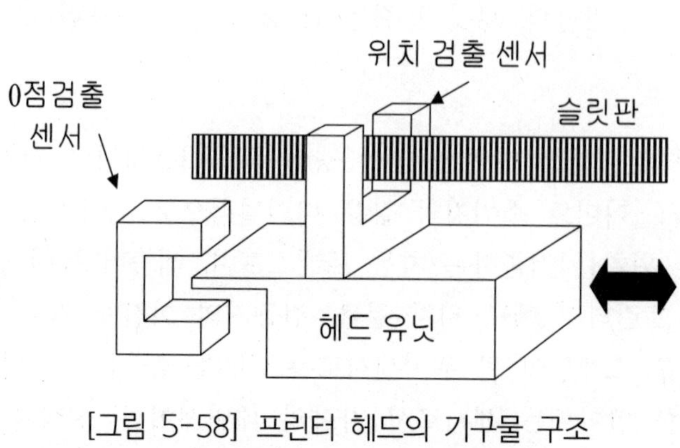

[그림 5-58] 프린터 헤드의 기구물 구조

근접센서나 스위치와 유사한 구조로 되어있는 센서들은 스위치가 on, off됨에 의해 펄스신호가 나오는지 아닌지로 출력된다. 이는 자동문의 문 열림 센서, 닫힘 센서, 전기 주전자가 물이 끓으면 off되는 등과 같이 어떤 한계치를 정해 그 값에 도달했는지를 확인하는 가장 단순한 형태의 것이다. [그림 5-58]은 프린터의 인쇄 헤드 기구물을 나타낸 것으로서, 헤드 유닛이 초기 지점인 왼쪽으로 이동하면 0점 검출센서 사이에 기구물이 들어가므로 이를 검출해 헤드 유닛이 초기지점까지 이동한 것을 확인할 수 있다.

나. 펄스 수

기기가 작동하는 동안 그에 해당하는 신호를 센서에서 펄스형태로 출력하는 것으로서, 펄스가 몇 개 출력되었는지를 확인하면 기기가 얼마만큼 진행했는지를 확인할 수 있다. 예를 들어 [그림 5-58]의 프린터의 헤드는 초기 위치로 귀환하면 앞서 펄스의 유무로서 초기위치에 도달했음을 알 수 있고, 그 이후로는 진행할 때 마다 위치 검출 센서에서 펄스가 계속 출력되어 헤드가 얼마만큼 진행해 어느 위치에 있는지 확인할 수 있다. 이러한 종류로는 인크리멘탈 옵티컬 인코더(Incremental Optical Encoder) 등이 있으며, [그림 5-59]와 같은 컴퓨터에서 사용하는 볼 마우스의 구르는 양 검출, 마우스 휠의 회전량 검출 등이 있다.

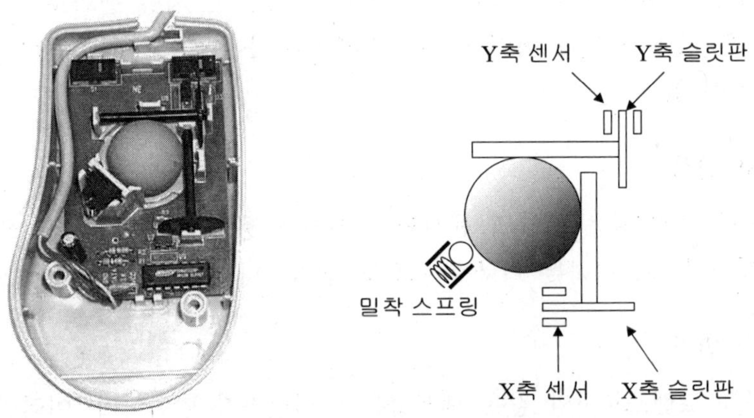

(a) 내부 사진　　(b) 움직임 검출 기구

[그림 5-59] 마우스 내부 구조

다. 펄스 코드

펄스가 2진수의 형태로 출력되는 것으로서, 엡설루트 옵티컬 인코더(Absolute Optical Encoder)의 경우 현재의 위치가 직접 2진수로 출력된다.

라. 펄스 주파수

어떤 아날로그 량을 디지털 펄스를 이용해 전달할 때, 아날로그 량에 비례하는 펄스의 주파수로 전송할 수 있고, 수신부에서는 이 주파수를 다시 아날로그 전압으로 변환할 수 있다.

마. 펄스 폭

어떤 아날로그 량을 디지털 펄스를 이용해 전달할 때, 아날로그 량에 비례하는 펄스의 폭으로 전송할 수 있는데, 예를 들어 자동차 후방에 부착된 초음파 거리센서의 경우 차량과 장애물과의 거리가 가까워질수록 펄스의 폭이 점차 짧아진다.

② 아날로그 출력

가. 전압 변화

센서에서 검출된 물리량에 비례하는 전압으로 출력되는 형태로서, 다이내믹 마이크(Dynamic MIC)의 경우 음향신호에 해당하는 전압이 출력으로 발생한다.

나. 전류 변화

센서에서 검출된 물리량에 비례하는 전류로 출력이 발생하는 형태이다.

다. 저항 변화

센서에서 검출된 물리량에 비례하는 저항으로 변화가 나타나는 것으로서, 빛을 검출하는 CdS나 온도를 검출하는 서미스터 등이 이에 해당한다. 저항 변화로 나타나는 센서의 경우 바이어스 전압과 저항을 어떤 형태로 접속하는가에 따라 전압 변화나 전류 변화의 형태로 변환할 수 있다.

라. 정전용량 변화

콘덴서 마이크 등과 같은 종류의 센서는 커패시터 용량이 변화하는 것으로 출력이 발생하는데, 커패시턴스의 변화는 회로를 이용해 전압이나 전류의 변화로 변환해야 한다.

마. 인덕턴스 변화

레졸버나 차동 트랜스포머와 같은 센서들은 인덕턴스가 변화하며, 이러한 변화를 전압이나 전류로 변환하는 회로가 필요하다.

(4) 광센서(CdS)

① CdS의 특징 및 사용법

CdS(황화카드뮴)는 이 소자를 구성하고 있는 물질의 화학 명으로서, 빛을 받으면 저항이 작아지는 성질을 가지고 있으므로 이를 이용해 빛을 검출한다. 소자의 외형은 [그림 5-60] (a)와 같으며 중앙의 지그재그 모양에서 빛을 감지해 양 극 사이의 저항이 변화한다. 따라서 회로의 기호는 [그림 5-60] (b)와 같이 저항 기호에 원을 그리고 CdS라 기록해 표시한다. CdS라 표시하는 다른 센서들에서도 이와 동일하게 저항에 원을 그리는 기호가 다수 있기 때문에 이를 구분하기 위한 것이다.

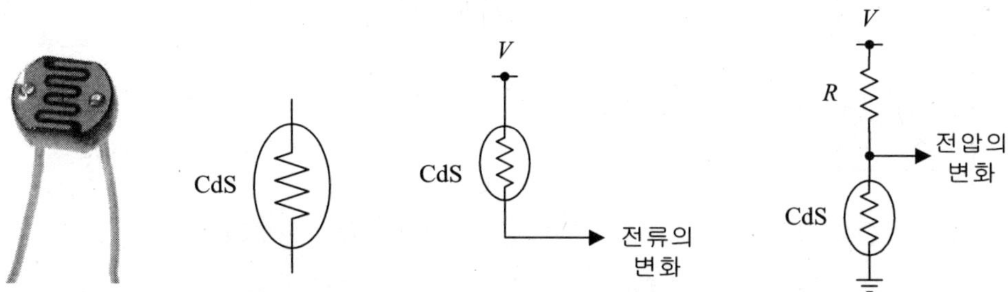

(a) 외 형 (b) 회로 기호 (c) 사용 예-1 (d) 사용 예-2

[그림 5-60] CdS의 외형과 기호

[그림 5-60] (c)는 전류 형태로 출력이 나타나는 회로의 예로서, CdS의 저항 값이 변화하면 옴의 법칙에 의해 출력 전류가 변화한다. [그림 5-60] (d)는 전압 형태로 출력이 나타나도록 접속한 예로서, CdS의 저항 값이 변화하면 보조 저항 R과의 전압 배분 비율에 의한 전압이 나타난다. 이 회로가 어떤 원리에 의해 빛의 변화에 대해 전압의 변화로 출력이 발생하는지에 관해 이해하려면 직렬회로의 특성을 이해해야 하므로, 직렬회로의 전압 배분이 관해 간단히 살펴본다.

② 직렬회로에 의한 센서전압 검출

직렬회로(直列回路 : Series Circuit)란 [그림 5-61] (a)와 같이 모든 소자들이 일렬로 접속된 회로를 의미한다. 이 회로에서 검출전압이란 CdS에 걸리는 전압이고, CdS가 500Ω일 경우 이 소자에 흐르는 전류 I를 알면 옴의 법칙에 의해 전압을 알 수 있다. 그러나 이 전류가 얼마인지를 계산하려면 회로 전체의 저항이 2개이므로 옴의 법칙을 곧바로 적용시킬 수 없으므로 2개의 저항을 1개의 저항으로 계산해 옴의 법칙에 대입해야 하는데, 직렬로 접속된 저항 값은 다음 공식에 의해 전체 값을 구할 수 있다.

$$R_T = R_1 + R_2 + R_3 + \cdots$$

즉 직렬로 구성된 저항 값을 합하면 전체 저항 값을 구할 수 있는데, 이는 [그림 5-61] (b)의 원리와 같이 자동차가 도로를 진행하면서 거치는 전체 저항은 각 저항들을 모두 합한 것과 같다.

따라서 [그림 5-61] (a)회로의 전체 저항 값은 800Ω이 되며 이는 [그림 5-62] (a)와 동일한 회로로 볼 수 있다. 이때 R_T와 같이 다른 저항들의 합성에 의해 나타나는 저항 값을 "합성저항"이라 하며 'T'는 Total의 약자이다.

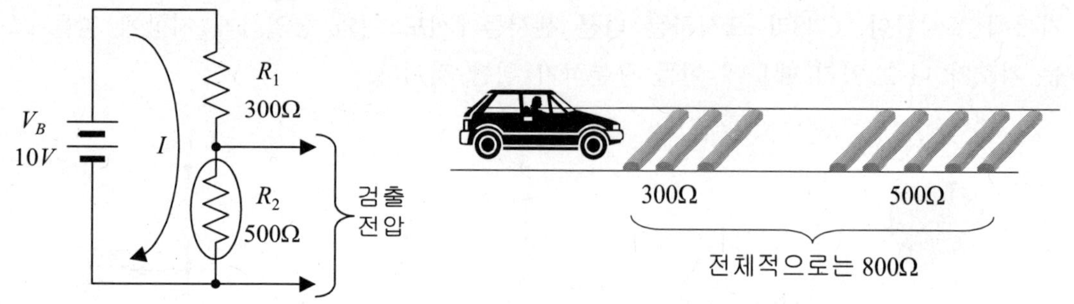

(a) 직렬회로의 예 (b) 도로의 비유

[그림 5-61] 직렬 저항의 계산

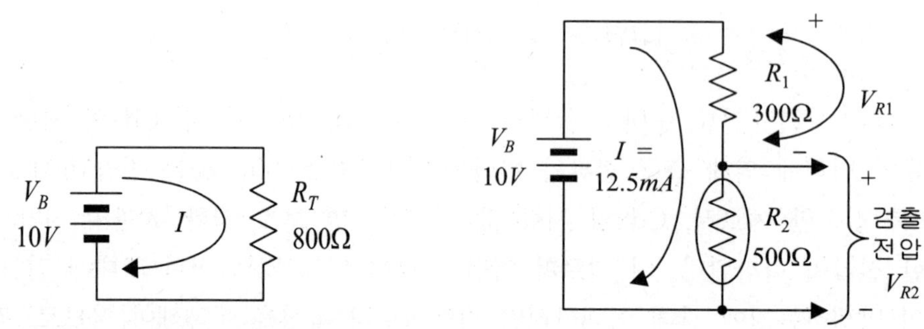

(a) 합성저항으로 다시 나타낸 회로 (b) 각 저항에서의 전압 차

[그림 5-62] 회로의 계산 예

따라서 회로 전체의 전류는 다음과 같이 계산된다.

$$I = \frac{V}{R_T} = \frac{10\,V}{800\Omega} = 12.5mA$$

따라서 CdS에 흐르는 전류가 $12.5mA$이므로 500Ω의 CdS에서 발생하는 전압은 옴의 법칙에 의해 다음과 같이 구할 수 있다.

$$V_{R2} = I \times R_2 = 12.5mA \times 500\Omega = 6.25\,V$$

참고로, 이 때 저항 R_1 양쪽에 발생하는 전압은 다음과 같이 구할 수 있다.

$$V_{R1} = I \times R_1 = 12.5mA \times 300\Omega = 3.75\,V$$

이 결과를 살펴보면 전지 전압 $10\,V$가 두 저항에 각각 $3.75\,V$와 $6.25\,V$로 나뉘어 인가되었으며, 따라서 두 저항의 전압의 합은 전지의 전압과 동일함을 알 수 있다. 이와 같이 본래의 전지전압을 각 저항들에 나뉘어 인가되는 것을 회로적인 용어로 "전압배분(電壓配分)"이라 한다.

예 제

- [그림 5-61] (a) 회로에서, CdS 센서에 빛이 비춰져 저항이 200Ω으로 줄었다면, 이 때의 검출전압을 계산하시오.

풀이) 전체저항 $R_T = 300\Omega + 200\Omega = 500\Omega$

전류는 $I = \frac{V}{R} = \frac{10V}{500\Omega} = 20mA$

따라서 검출전압은

$V_{R2} = I \times R_2 = 10mA \times 200\Omega = 2V$

[그림 5-61]의 예와 앞서 예제의 검출전압 결과를 살펴보면 CdS 저항이 300Ω일 때는 검출전압이 3.75V이고, CdS 저항이 200Ω일 때는 검출전압이 2V로서 CdS 저항이 작아지면 검출전압도 작아짐을 알 수 있다. 따라서 빛이 없으면 검출전압은 높아지고, 빛이 강할수록 검출전압이 낮아져 이를 이용해 빛을 검출할 수 있다.

③ 분압법칙에 의한 센서 출력전압 검출

앞서 CdS의 계산 예에서는 CdS의 저항값이 변화할 때 마다 그에 해당하는 전체 저항을 구하고 이를 이용해 전류를 구해 다시 CdS 저항값에 곱해야 검출전압을 계산할 수 있었다. 그러나 이와 같이 전압과 기본저항 R_1이 일정한 상태에서 CdS의 저항값만 변화할 때는 분압법칙이라는 규칙을 적용하면 훨씬 간단하게 출력전압을 계산할 수 있다.

분압법칙(分壓法則)이란 앞서 살펴본 예제에서와 같이 2개, 또는 그 이상의 저항들이 직렬로 접속되어 있는 회로에서 단지 저항값들의 비율에 의해서 각 저항들에 나타나는 전압을 간단하게 구할 수 있는 방법이다. 이 법칙을 이용하면 회로 전체의 전류를 구하는 과정을 생략하고 직접 각 저항에서 발생하는 전압강하를 계산할 수 있고, 비록 각 저항 값들을 모른다 할지라도 그 비율만 알면 전압강하들을 계산할 수 있다.

분압법칙을 살펴보기 위해 우선 2개의 저항으로 구성된 회로의 경우를 먼저 다루고, 공통점을 확인하기 위해 3개의 저항으로 구성된 회로를 살펴본다.

가. 2개 저항인 경우

[그림 5-63]과 같이 임의의 저항 회로들에 대한 분압법칙을 유도해 본다.

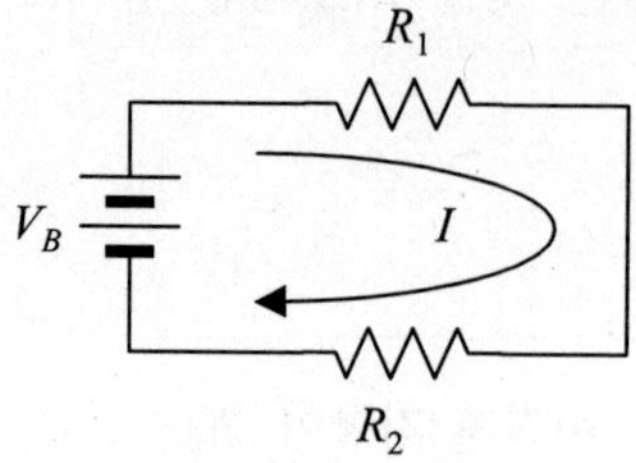

(a) 2개 저항의 경우

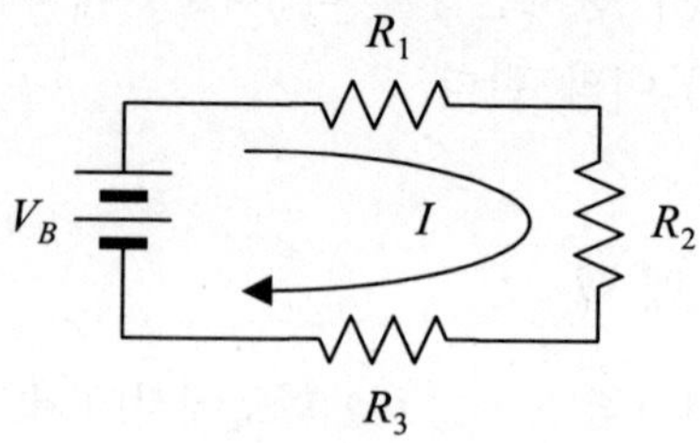

(b) 3개 저항의 경우

[그림 5-63] 분압법칙을 유도하기 위한 회로 예

[그림 5-63] (a)와 같은 2개 저항 회로의 경우 회로의 전류는 식 (5-1)과 같이 나타낼 수 있다.

$$I = \frac{V_B}{R_1 + R_2} \qquad \text{식 (5-1)}$$

각 저항에서 발생하는 전압은 식 (5-2)와 같이 구한다.

$$\begin{cases} V_{R1} = I \times R_1 \\ V_{R2} = I \times R_2 \end{cases} \qquad \text{식 (5-2)}$$

따라서 식 (5-2)에 식 (5-1)을 대입하면 식 (5-3)과 같은 전압강하를 구하는 식을 얻을 수 있다.

$$\begin{cases} V_{R1} = I \times R_1 = \dfrac{R_1}{R_1 + R_2} \cdot V_B \\ V_{R2} = I \times R_2 = \dfrac{R_2}{R_1 + R_2} \cdot V_B \end{cases} \qquad \text{식 (5-3)}$$

나. 3개 저항의 경우

식의 공통점을 찾아보기 위해 [그림 5-63] (b)와 같은 3개 저항 회로도 살펴본다. 이 회로의 전류는 식 (5-4)와 같이 나타낼 수 있다.

$$I = \frac{V_B}{R_1 + R_2 + R_3} \qquad \text{식 (5-4)}$$

각 저항에서 발생하는 전압강하는 식 (5-5)와 같이 구한다.

$$\begin{cases} V_{R1} = I \times R_1 \\ V_{R2} = I \times R_2 \\ V_{R3} = I \times R_3 \end{cases} \quad \text{식 (5-5)}$$

따라서 식 (5-5)에 식 (5-4)를 대입하면 식 (5-6)과 같은 전압식을 얻을 수 있다.

$$\begin{cases} V_{R1} = I \times R_1 = \dfrac{R_1}{R_1 + R_2 + R_3} \cdot V_B \\ V_{R2} = I \times R_2 = \dfrac{R_2}{R_1 + R_2 + R_3} \cdot V_B \\ V_{R3} = I \times R_3 = \dfrac{R_3}{R_1 + R_2 + R_3} \cdot V_B \end{cases} \quad \text{식 (5-6)}$$

2개 저항 식 (5-3)을 다시 나타내면 다음과 같다.

$$\begin{cases} V_{R1} = I \times R_1 = \dfrac{R_1}{R_1 + R_2} \cdot V_B \\ V_{R2} = I \times R_2 = \dfrac{R_2}{R_1 + R_2} \cdot V_B \end{cases} \quad \text{식 (5-3)}$$

다. 공통점

식 (5-6)과 식 (5-3)을 살펴보면 다음과 같은 성질을 가지고 있음을 알 수 있다.

$$\text{한 저항의 전압} = \frac{\text{자신 저항값}}{\text{전체 저항값}} \cdot \text{전압}$$

즉 전체 저항 값 중 자신의 저항 값 비율만큼의 전압을 나누어 가진다.

라. 센서 전압검출의 경우

[그림 5-64]는 앞서 CdS의 검출 예로 살펴봤던 회로로서, 여기에 분압법칙을 적용하면출력전압은 다음 식과 같다.

$$V_{CdS} = \frac{R_{CdS}}{R_{CdS} + R_1} \cdot V_B$$

이 식을 이용해 CdS의 저항변화에 따른 출력전압을 그래프로 그리면 [그림 5-64] (b)와 같으며, 따라서 비록 곡선이기는 하지만 빛의 량에 따라 전압이 달라지므로 빛의 유무, 또는 빛의 량을 측정할 수 있다.

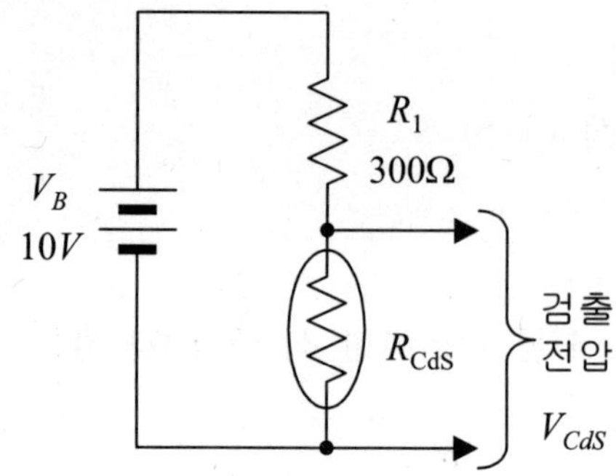

(a) 측정 회로도

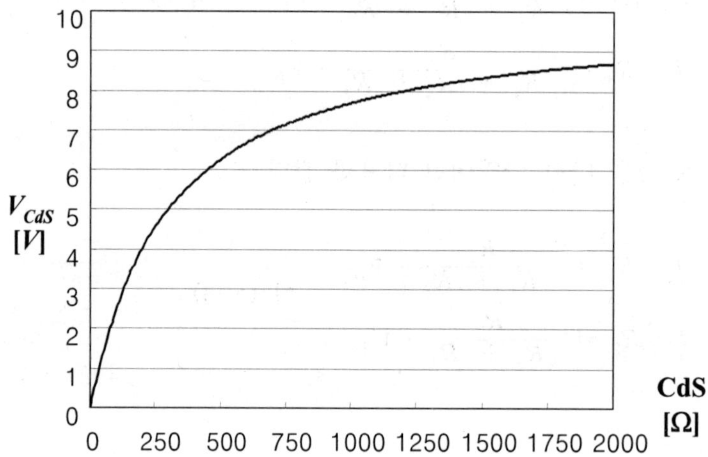

(b) 저항변화에 따른 출력전압 그래프

[그림 5-64] CdS 회로의 출력전압

④ 기준점 기준 검출방법

일반적으로 측정해야 할 대상체는 센서 변화폭의 처음부터 끝까지 사용하는 경우는 드물다. 예를 들어 온도계의 경우에도 온도계 처음부터 끝까지의 모든 변화폭을 사용하는 것이 아니라 각자 목표로 하는 기준점이 있고 그 기준점을 기준으로 측정한다. 앞서 살펴본 회로도 일반적인 응용에서는 출력이 0부터 나타나는 것이 아니라 어느 정도 값부터 나타나기 때문에 이를 기준으로 측정해야 하는 경우에는 [그림 5-65] (a)와 같은 회로를 사용한다. 이 회로는 전압 출력을 기준 전압과 비교해 그 차를 검출하는 것으로서, 전압차는 차동 증폭기에 의해 두 전압의 차이만 출력이 가능하다. 이 회로는 일반적으로 [그림 5-65] (b)와 같이 사각형 형태로 자주 표현하며, 이를 브리지(Bridge)회로라 한다. 회로에서 R_1, R_3은 센서 저항값이 변화할 때 발생하는 전압출력의 변화량을 고려해 값을 결정한다.

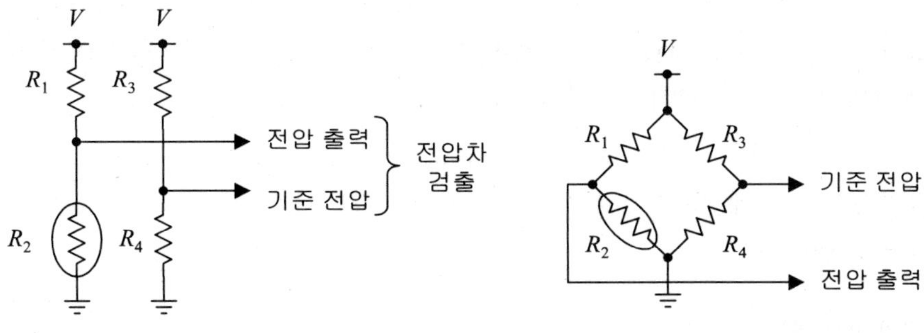

(a) 회로의 기본 원리 (b) 다시 그린 회로

[그림 5-65] 기준점 기준 검출회로 예

⑤ **CdS의 사용 예**

CdS 소자는 빛의 변화에 대한 반응속도가 느린 반면 가격이 저렴하고 견고하며 사용법이 쉬워 가전제품이나 기타 다양한 용도에 걸쳐 널리 사용되고 있으며 그 예는 다음과 같다.

가. 텔레비전의 'Magic Eye' 기능

텔레비전이나 컴퓨터 모니터에 종종 Magic Eye라는 기능이 있는데, 이는 [그림 5-66] (a)에서와 같이 모니터에 CdS가 장치되어 실내의 밝기를 감지하며, 실내의 밝기가 밝아지면 텔레비전의 화면이 자동으로 밝아지고, 실내가 어두워지면 텔레비전의 화면이 자동으로 어두워져 실내 밝기에 따라 적절한 화면 밝기가 유지되는 회로이다.

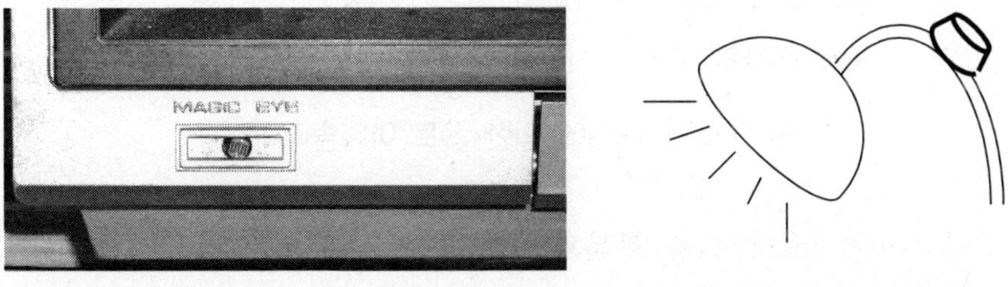

(a) 모니터의 Magic Eye 기능 (b) 가로등 자동 점멸 장치

[그림 5-66] CdS를 이용한 예

나. 가로등 자동 점멸 장치

가로등이 저녁이 되면 자동으로 켜지고 아침이 되면 자동으로 꺼지도록 제어하는 장치에도 CdS가 이용되는데, 일반적으로 [그림 5-66] (b)와 같이 가로등의 윗부분에 백색 커버를 씌운 상태로 설치된다. 가로등 아랫부분에 설치하면, 날이 어두워져 자동으로 켜졌을 때 자신이 켜는 가로등 불빛에 의해 주변이 밝다고 판단해 가로등을 다시 꺼버리

고, 전등이 꺼지면 어둡다고 판단해 다시 켜는 동작을 반복하는 "발진"이라는 현상이 발생한다. 또한 백색 커버를 씌운 것은 센서에 들어오는 빛이 주변 환경의 밝기의 평균이 되도록 한 것인데, 커버 없이 직접 빛을 감지하면, 주변은 어두운데 우연히 센서 있는 곳에 빛이 반사되어 비춰졌을 때 밝은 것으로 감지해 전등을 꺼버리기 때문이다. 백색 커버가 씌워지면 일부에 빛이 비춰지더라도 백색 커버 내부에는 전체적으로 여전히 어두우므로 전등을 켠다.

다. 조도계(照度計)

실내조명이나 실외 환경의 밝기 등을 측정할 때 사용하는 계기이다.

라. 자동카메라

카메라에 부착되어 피사체의 밝기를 측정해 플래시 사용 여부를 결정하고 카메라 렌즈의 노출을 자동 조절한다.

마. 옵토 아이솔레이터

이는 두 회로 사이가 전기적으로 절연된 상태에서 신호를 전달하는 소자로서 구조는 [그림 5-67]과 같으며, 전구에 흐르는 전류를 조절하면 광량이 변하고 CdS에 이에 비례하는 저항 값의 변화가 나타난다.

(a) 소자의 구조　　　(b) 소자 기호

[그림 5-67] CdS에 의한 옵토 아이솔레이터

따라서 [그림 5-67] (a)의 왼쪽 부분과 오른쪽 부분은 서로 물리적으로, 전기적으로 전혀 접촉이 없이 신호가 전달된다.

(5) CdS 센서를 이용한 실험

① 센서 회로의 구성

[그림 5-68] (a)는 우리가 실험에 사용할 센서회로를 나타낸 것으로서, CdS가 위쪽에 저항이 아래쪽에 위치한다. 이는 밝을수록 CdS 저항이 작아져 ADC0 출력전압은 더 높아지도록 작동한다. 즉 출력 전압은 밝기와 비례한다 볼 수 있다. [그림 5-68] (b)는 실

재 배선도를 나타낸 것으로서 회로와 동일한 배치로 구성하였다. 이와 같이 구성한 후 앞서 사용했던 프로그램(ADC)를 실행시키고 CdS 소자를 손가락으로 가려보고 조명을 비춰 밝게 하면서 밝기를 조절해보라. 밝을수록 많은 수의 LED들이 켜지는 결과를 얻을 수 있다.

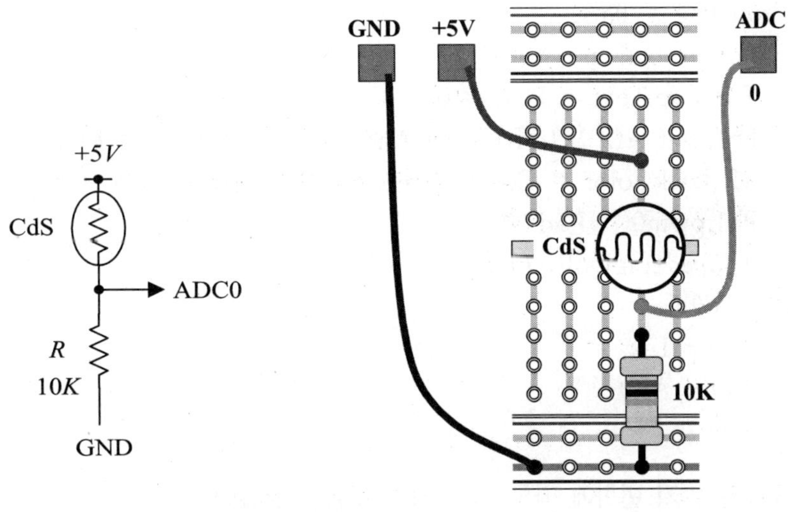

(a) 회로도 (b) 실재 배선도

[그림 5-68] CdS 센서 실험회로

② **센서에 의한 전구 밝기 제어**

이번에는 센서 입력을 이용해 이전에 실습했던 PWM에 의한 전구밝기를 제어하려 한다. [그림 5-69]에 이 배선도를 다시 나타내었다.

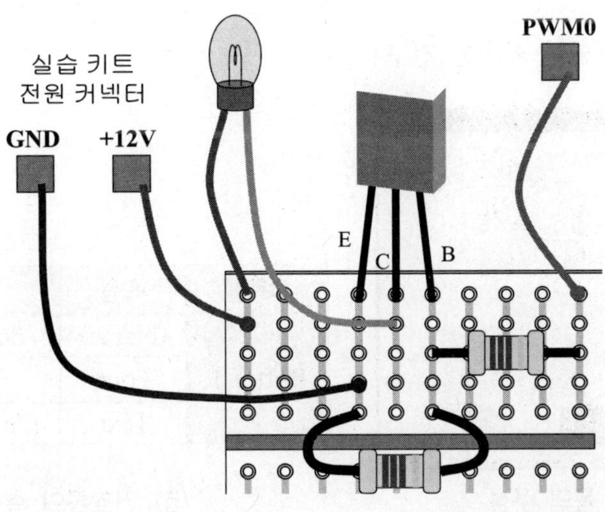

[그림 5-69] PWM에 의한 전구 밝기 제어 회로

[리스트 5-16]은 현재 ADC 프로그램에 PWM 제어를 추가한 것으로서, CdS의 밝기가 밝아질수록, 즉 아날로그 전압이 높을수록 전구의 밝기가 더 밝아지도록 제어한 것이다.

```
Private Sub Btn_ADC_Click( ... ) Handles Btn_ADC.Click
  Stop_flag = False
  While Stop_flag = False
    Txt_Dsp.Text = Pb1.adc0
    Pb1.Out_A(2 ^ ((Pb1.adc0 And 224) / 32 + 1) - 1)
    Me.BackColor = Color.FromArgb(Pb1.adc0, 0, 255 - Pb1.adc0)
    Pb1.pwm0(Pb1.adc0)
    Application.DoEvents()
  End While
  Txt_Dsp.Text = ""
  Pb1.Out_A(0)
End Sub
```

[리스트 5-16] 밝기 변화에 따른 전구 밝기 조절 프로그램

만약 주변이 어두워졌을 때 전등이 밝아지도록 하려면 [리스트 5-17]과 같이 adc값과는 반대로 PWM이 제어되도록 수정한다.

```
    Pb1.pwm0(255 - Pb1.adc0)
```

[리스트 5-17] 주변이 어두워지면 전구가 밝아지도록 변경

③ **특정 밝기가 되면 켜지는 전구**

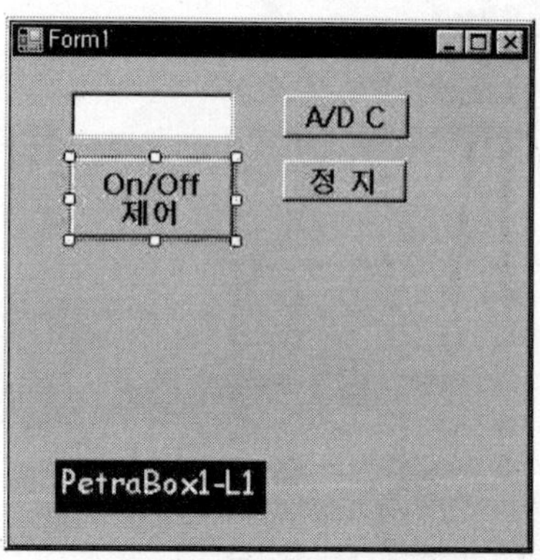

(a) 폼의 구성

컨트롤	속성	값
Button1	(Name)	Btn_on_off
	Font	굵게, 12
	Text	On/Off 제어

(b) 컨트롤의 속성

[그림 5-70] 밝기에 따른 On/off 제어 폼의 구성

이상의 과정에서 CdS의 밝기에 따라 전구의 밝기가 함께 변화하는 프로그램을 살펴봤다. 이번에는 CdS의 밝기가 어느 정도 어두워지면 전구가 켜지는 제어프로그램을 구성하려 한다. 이는 언뜻 보면 제어 결과가 디지털로 나타나므로 더 간단해 보이지만 그렇지는 않다. 디지털 제어를 위해 [그림 5-70] (a)와 같이 버튼 컨트롤을 추가하고 속성을 조절한다.

이 버튼을 클릭하면 앞서 A/D C 버튼과 동일하게 현재의 아날로그 값을 텍스트박스에 표시하고 그 값이 어느 이하일 경우 전구의 PWM을 최대로, 그 이상일 경우 PWM을 0으로 제어해 on/off할 예정이다. 또한 정지 버튼을 누르면 동작을 정지한다.

[그림 5-71]은 앞서 센서 상태에 따라 전구의 밝기를 조절했던 회로인데, 이제는 on/off 제어를 진행할 것이므로 PWM0에서 OUT_A의 0번 비트로 전선을 이동시킨다.

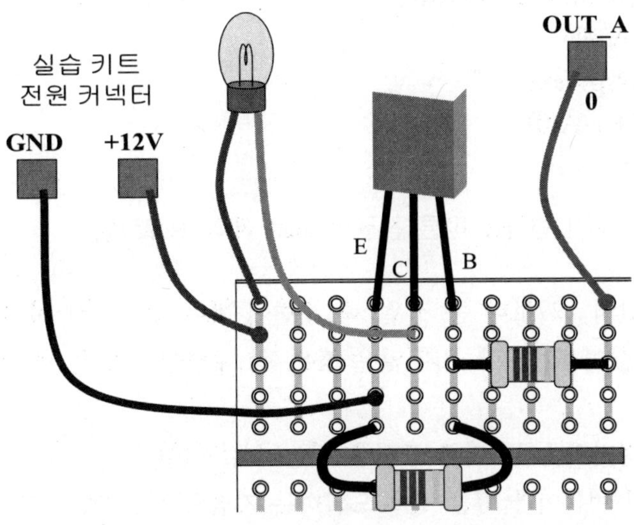

[그림 5-71] 전구 밝기 제어 회로

[리스트 5-18]은 CdS의 상태에 따라 전구를 on/off 제어하는 프로그램이다. 이를 실행시키고 CdS 센서를 손으로 가려 어둡게 했을 경우와 밝게 했을 경우 전구의 동작을 확인하라.

- 라인 2는 디지털 변환된 값을 보관하기 위한 adc라는 변수를 선언한다.
- 라인 3은 정지 버튼 플래그를 초기화한다.
- 라인 4에서 정지 버튼이 눌리지 않은 동안 라인 13까지의 사이를 계속 반복한다.
- 라인 5에서 adc0값을 읽어 adc 변수에 저장한다.
- 라인 6에서 adc 값을 텍스트박스에 표시한다.
- 라인 7에서 adc 값이 127보다 큰지 판단한다. 127보다 크다면 라인 8을 실행하고 그렇지 않다면 라인 10을 실행한다.

```
1  Private Sub Btn_on_off_Click( ... ) Handles Btn_on_off.Click
2    Dim adc As Integer
3    Stop_flag = False
4    While Stop_flag = False
5      adc = Pb1.adc0
6      Txt_Dsp.Text = adc
7      If adc > 127 Then
8        Pb1.Out_A(0) ' 전구 off
9      Else
10       Pb1.Out_A(1) ' 전구 on
11     End If
12     Application.DoEvents( )
13   End While
14   Txt_Dsp.Text = ""
15   Pb1.Out_A(0)
16 End Sub
```

[리스트 5-18] 밝기 변화에 따른 전구 on/off 제어 프로그램

- 라인 8은 adc값이 127보다 큰 경우, 즉 주변이 밝은 경우로서 이 때는 전구를 off한다.
- 라인 10은 adc값이 127보다 크지 않은 경우, 즉 주변이 어두운 경우로서 이 때는 전구를 on한다.
- 라인 12에서 정지버튼 등 다른 조작을 하는지 살펴본다.
- 라인 14는 정지 버튼이 눌렸을 경우 도달하는 지점으로서, 텍스트박스의 내용을 모두 지우고 라인 15에서 전구를 off하고 종료한다.

④ 히스테리시스 특성의 부여

이상에서 구성한 프로그램의 경우 adc값이 127보다 큰 만큼 주변이 밝다면 전구를 off시키고, 이보다 작은 만큼 어두우면 전구를 on시킨다. 그런데 CdS 소자를 손으로 점차 가려 adc값이 127에 도달하면 아주 약간의 차이에 의해서 127과 128 사이를 오갈 때 전구는 on과 off를 반복하며 불안정해진다. 특히 여러분의 주변 환경이 형광등을 사용하는 경우에는 1초에 120회 깜빡이고 있으므로 이 영향이 CdS에 그대로 미치므로 더욱 불안정한 결과가 나타난다. 앞서 센서값을 이용해 전구의 밝기를 조절할 때는 이와 같이 센서의 미세한 변화에 대해 출력은 단지 매우 약간 밝아지고 어두워지는 결과만 나타나므로 큰 문제가 되지 않지만, 현재와 같이 센서값을 이용해 on/off 제어를 진행하는 경우에는 그 결과의 차이가 매우 커진다.

이와 같이 센서의 상태, 즉 아날로그 상태를 이용해 디지털 제어를 진행하는 경우 불안정한 상태가 반드시 존재하는데, 예를 들어 에어컨이나 냉장고의 경우 온도가 몇 도 이상이면 켜지고 그 이하이면 꺼지는 제어를 진행하며, 이 때 경계값인 경우 매우 불안정한 결과가 나타난다. 또한 온도 설정에 의해 동작하는 보일러나 전기담요 등도 마찬가지이다. 따라서 아날로그 값을 이용해 디지털 제어를 진행하는 경우에는 불안정한 요소를 제거하기 위해 [그림 5-72]와 같은 히스테리시스(Hysteresis) 특성을 부여해야 한다.

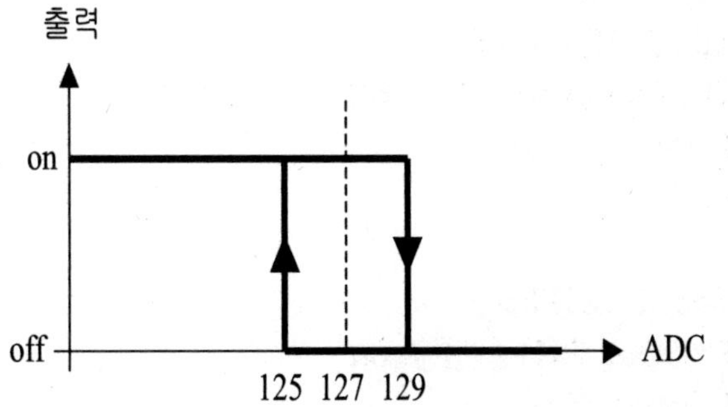

[그림 5-72] 전구 제어의 히스테리시스 특성 곡선

[그림 5-72]의 경우 전구가 켜지고 꺼지는 경계구간이 127을 기준으로 ±2 지점인 125와 129의 2곳이 존재한다. 현재 전구가 off 상태일 때는 ADC 값이 125보다 작아져야 on될 수 있고, 전구가 on 상태일 때는 ADC 값이 129보다 커야 off될 수 있다. 이와 같이 구성한 경우 만약 현재 전구가 off 상태이고 주위가 점차 어두워져 ADC 값이 127과 128 사이를 진동하고 있다면 이는 125보다 작지 않으므로 전구는 여전히 off 상태를 유지한다. 더 어두워져 125와 124 사이를 진동한다면 124가 되는 순간 전구는 on되고, 이 때는 129보다 더 커져야 다시 off되기 때문에 125와 124 사이를 진동하는 것은 전구가 on 되고 그 상태에 머무르는 결과가 나타난다.

[그림 5-72]와 같이 125부터 129의 간격을 히스테리시스 폭이라 하며, 만약 센서 출력이 125부터 129까지 흔들리는 경우라면 위 그림의 경우 출력이 불안정해질 것이다. 따라서 이러한 경우라면 이 폭을 더 크게 설정하면 불안정 상태가 해소될 수 있다.

[리스트 5-19]는 [그림 5-72]를 기준으로 구성한 프로그램으로서, 이를 가동시키고 센서를 서서히 가리면서 어떤 값에서 전구가 켜지는지, 다시 밝게 하면서 어떤 값에서 전구가 꺼지는지 확인해 보라. [리스트 5-19]의 구성은 다음과 같다.

- 라인 3에서 현재 전구의 상태를 보존하기 위한 Lamp라는 변수를 선언한다.
- 라인 8에서 Lamp 변수 상태에 따라, 즉 현재 전구의 상태에 따라 라인 9-12를 실행하거나 라인 14-17을 실행하도록 판단한다.

```
1  Private Sub Btn_on_off_Click( ... ) Handles Btn_on_off.Click
2    Dim adc As Integer
3    Dim Lamp As Boolean
4    Stop_flag = False
5    While Stop_flag = False
6      adc = Pb1.adc0
7      Txt_Dsp.Text = adc
8      If Lamp Then
9        If adc > 129 Then
10         Pb1.Out_A(0) ' 전구 off
11         Lamp = False
12       End If
13     Else
14       If adc < 125 Then
15         Pb1.Out_A(1) ' 전구 on
16         Lamp = True
17       End If
18     End If
19     Application.DoEvents()
20   End While
21   Txt_Dsp.Text = ""
22   Pb1.Out_A(0)
23 End Sub
```

[리스트 5-19] 히스테리시스 특성이 부여된 전구 on/off 제어 프로그램.

- 라인 9-12는 현재 전구가 켜져 있을 경우에 실행되는 부분으로서, 여기서는 전구가 off 되는 조건만을 판단한다. 라인 9에서 adc값이 129보다 큰지 확인해 크다면 라인 10에서 전구를 off하고 라인 11에서 전구 상태를 off로 기록한다.
- 라인 14-17은 현재 전구가 꺼져 있을 경우에 실행되는 부분으로서, 여기서는 전구가 on 되는 조건만을 판단한다. 라인 14에서 adc값이 125보다 작은지 확인해 작다면 라인 15에서 전구를 on하고 라인 16에서 전구 상태를 on으로 기록한다.

실 험

- 라인 9의 숫자와 라인 14의 숫자를 히스테리시스 폭이 더 커지도록 설정하고 실험해 동작을 확인하시오.

찾아보기

≡ 저자약력 ≡

■ 이 현 창

- 단국대학교 대학원 전자공학과 공학박사(회로 및 시스템 전공)
- 국립 천안공압대학 정보통신과 전임강사, 조교수, 부교수
- 현) 국립 공주대학교 천안공과대학 정보통신공학과 조교수, 교수

[저 서]

- 《컴퓨터 주변회로》(상학당, 2014)
- 《멀티미디어 회로》(상학당, 2011)
- 《실용전자측정》(상학당, 2010)
- 《유비쿼터스 회로》(상학당, 2007)
- 《CGI로 C-언어 정복》(상학당, 2007)
- 《유비쿼터스 컴퓨팅을 위한 센서 & 인터페이스》(성안당, 2005)
- 《전자회로》(삼보, 2004)
- 《컴퓨터 개론 및 응용》(삼보, 2003)
- 《마이크로프로세서 구조 및 실습》(남두도서, 2002)
- 《멀티미디어 기반 회로》(삼보, 2001)

■ 강 서 익

- 한양대학교 대학원 정밀기계공학과 공학박사
- 국립 천안공업대학 자동차과 전임강사, 조교수, 부교수
- 현) 국립 공주대학교 천안공과대학 기계자동차공학부 교수

[저 서]

- 《메카트로닉스》(복두출판사, 2014)
- 《디지털회로설계 및 실험》(웅보출판사, 2006)

■ 차 준 혁

- 수원대학교 경영대학원 졸업(경영학 석사)
- 현) 아주자동차대학 미래자동차학과 석사과정
- 삼성전자 종합연구소 근무
- 현) 케이제이시스템㈜ 대표이사

PC기반 사물제어 코딩

2023년 1월 15일 1판 1쇄 발행

저 자 이현창 · 강서익 · 차준혁

발행인 남 승 우

발행처 도서출판 상尚 학學 당堂

서울특별시 동작구 사당로9가길 6

TEL : 02) 595-1692~4

FAX : 02) 595-1394

E-mail : shdbooks@naver.com

신고 : 2-155호 (1968. 11. 29)

정가 32,000원

ISBN 978-89-6587-232-0 93000